교재가격으로 강의와 교재 모두잡자
'오직! 에듀파이어' 에서만

힘들고 불편하게 교재만으로 혼자 독학하기 ✕
이제 에듀파이어에서 **한방에 끝내자!**

한방에 끝내는 소방자격 온라인교육
에듀파이어

내일배움카드(국비환급과정)로 수강시
강의+교재+복습6개월!

국비과정 신청시
**교재를 무료로
제공한다고?!**

이벤트 증정 기간에 한함
6개월 복습기간 추가 제공!

문의환영
www.edufire.kr

070-4416-1190
www.edufire.kr

국비지원 과정 수강신청 절차

01 www.hrd.go.kr
회원가입 및 카드/수강신청

02 www.edufire.kr 회원가입

03 국민내일배움카드 자비부담 결제

04 www.edufire.kr 수강하기

온라인 국비지원 과정 혜택!
온라인 국비정규과정 +α 6개월 복습기간 추가!

교육상담
www.edufire.kr
070-4416-1190

한방에 끝내는 소방자격 온라인교육
에듀파이어

(주)메이크 순
혁신기술개발 / 지식재산권 / 신기술 교육

교육사업부
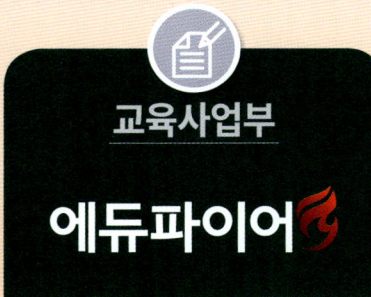

온·오프라인 교육전문기관

[Off-line] 국가 시행 교육 커리큘럼 적용
National Compatency Standard

[On-line] e-Learning
에듀파이어 원격평생교육원

기술연구사업부
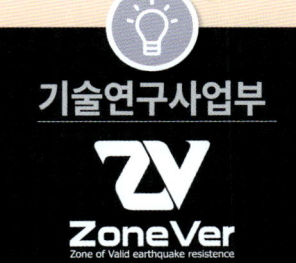

특허 출원 기술 사업

R & D + Technological innovation +
Intellectual Property

출판사업부

소방 관련 도서 전문출판

On-line & Off-line
한방에 끝내는 소방시리즈
신기술 수록 전파

make soon의 모든 제품은 특허 제품입니다.

www.makesoon.co.kr

소방설계, 공사, 감리, 점검 등
필드에서 작업하던 엔지니어들이 모여 만들었습니다.

Make Something Out Of Nothing
무에서 유를 만들겠습니다.

"수직·수평배관 4방향 버팀대에 의한 배관 지지기술"
행정안전부장관 재난안전신기술 지정 제2022-28-1호

"미래창조 과학부장관상" 수상
슬리브형 수직배관 4방향 버팀대

제13회 소방산업대상 "소방청장상" 수상
ZoneVer-S4, L4, VS, VL
선 설치 앵커볼트
(ZoneVer-Easy)

대한민국발명특허대전 "특허청장상" 수상
선 설치 앵커볼트
(ZoneVer-Easy)

서울국제발명전시회 "대 상" 수상
ZoneVer-S4, L4

서울국제발명전시회 "은 상" 수상
선 설치 앵커볼트
(ZoneVer-Easy)

HL D&I Halla "최우수상" 수상
4방향 버팀대
(ZoneVer-S4, L4, VS, VL)

대한민국안전기술대상 "행정안전부장관상" 수상
수직·수평 4방향 버팀대
(ZoneVer-S4, L4, VS, VL)

make soon .CO.LTD

두 개를 하나로 줄여드립니다

횡방향 버팀대 1개 + 종방향 버팀대 1개 = 1개의 4방향 버팀대

Zone Ver (Zone of Valid earthquake resistance)
수직 · 수평배관 4방향 흔들림 방지버팀대

소방청 중앙소방기술심의 결과
"제품 사용 승인 채택"

행정안전부장관 지정
방재신기술(NET) 제2022-28호

신기술인증
NEW EXCELLENT TECHNOLOGY

공사비와 인건비 절감을 약속합니다.

견적 및 기술검토
Tel : 051)816-5007
(대리점 모집중)

make soon
Make something out of nothing - 주식회사 메이크 순

드리는 글

소방설계, 공사, 감리, 점검 등 오랜 기간 소방관련 업무에 전념하였던
사람들이 모였습니다.
제일 밑바닥부터 시작하여 소방설비산업기사, 기사, 관리사, 기술사가 된 사람들입니다.
이들이 최선을 다해 돕겠습니다.

여러분의 선택 하나면 충분합니다.

합격에 필요한 것만 담았습니다.

바쁘신 와중에 이 책을 감수하여 주신 여러 기술사, 관리사님들께 진심으로 감사드립니다.
김희만 소방기술사님, 배규범 소방기술사/시설관리사님
이재화 소방/공조/건축기계설비기술사님, 윤석희 소방기술사/시설관리사님
홍말윤 소방기술사/소방시설관리사님

소방기술사 · 시설관리사　　이 항 준
　　　　　　　　　　　　　　　　　　공저
소방설비기사 · 산업기사　　심 민 우

목 차

핵심 빈번한 기출문제 100선 & 과년도 기출문제

핵심 빈번한 기출문제 100선 / 1
2024 과년도 기출문제 / 24-1
2023 과년도 기출문제 / 23-1
2022 과년도 기출문제 / 22-1
2021 과년도 기출문제 / 21-1
2020 과년도 기출문제 / 20-1
2019 과년도 기출문제 / 19-1

본 수험서의 특성

1️⃣ 총 20년 간의 기출문제를 분석하였고 철저하게 기출문제를 바탕으로 자료를 정리하였습니다.

2️⃣ 가장 자주 출제되는 "핵심 빈번한 기출문제"를 엄선하였습니다.

3️⃣ "핵심 빈번한 기출문제"는 당락을 좌우하는 문제들입니다. 필히 마스터 해야 합니다.

4️⃣ 소방 관련 법은 계속 개선함에 따라 잦은 개정이 있으므로 네이버 「소방365」 카페 정오표를 확인해 주시기 바랍니다.

5️⃣ '네이버 소방365(http://cafe.naver.com/365sobang)' 가입하면 저자와 실시간 일 대 일 질문을 통해 궁금증 해결이 가능합니다.

I·n·f·o·r·m·a·t·i·o·n

살아 있다면 도전하라!

'나도 한번 도전 해보지 뭐' 흔히들 얘기 하십니다. 대수롭지 않은 듯, 별것 아니라는 듯.
하지만 여러분, 혹시 도전(Challenge)이란 단어의 어원을 아시나요?
예전에는 도전이란 말의 뜻이 '전쟁을 일으켜 쟁취하다'라는 뜻이였다고 합니다.
목숨 걸고, 미친 듯이 갈망하여 이루고 싶은 마음.
여러분의 인생에서 진정으로 도전하여 이루고 싶은 무언가가 있으신가요?

여러분은 '도전' 할 준비가 되었습니까?

-심민우-

소방설비기사·산업기사 취득방법

1 **시행처** : 한국산업인력공단

원서접수는 공단 시험일정에 따라 한국산업공단 홈페이지 큐넷(www.q-net.or.kr)으로 인터넷 접수

2 **관련학과** : 대학 및 전문대학의 소방학, 건축설비공학, 기계설비학, 가스냉동학, 공조냉동학 관련학과

3 **필기 및 실기 시험의 구분**

구 분		소방설비기사 기계분야	소방설비기사 전기분야
필기	시험과목	• 소방원론 • 소방유체역학 • 소방관계법규 • 소방기계시설의 구조 및 원리	• 소방원론 • 소방전기일반 • 소방관계법규 • 소방전기시설의 구조 및 원리
	검정방법	• 객관식 4지 택일형 과목당 20문항(과목당 30분)	
	합격기준	• 100점을 만점으로 하여 과목당 40점 이상, 전과목 평균 60점 이상	
실기	시험과목	• 소방기계시설 설계 및 시공실무	• 소방전기시설 설계 및 시공실무
	검정방법	• 필답형(3시간)	
	합격기준	• 100점을 만점으로 하여 60점 이상	

4 **필기 가답안 공개** : 시험종료 익일(다음날)부터 7일간 인터넷(큐넷 : www.q-net.or.kr)으로 공개

5 실기 가답안 및 최종정답은 공개하지 않음

6 큐넷 대표전화 : 1644-8000

응시자격

등 급	응시자격
기사	1. 산업기사 등급 이상의 자격을 취득한 후 응시하려는 종목이 속하는 동일 및 유사 직무분야에서 1년 이상 실무에 종사한 사람 2. 기능사 자격을 취득한 후 응시하려는 종목이 속하는 동일 및 유사 직무분야에서 3년 이상 실무에 종사한 사람 3. 응시하려는 종목이 속하는 동일 및 유사 직무분야의 다른 종목의 기사 등급 이상의 자격을 취득한 사람 4. 관련학과의 대학졸업자 등 또는 그 졸업예정자 5. 3년제 전문대학 관련학과 졸업자 등으로서 졸업 후 응시하려는 종목이 속하는 동일 및 유사 직무분야에서 1년 이상 실무에 종사한 사람 6. 2년제 전문대학 관련학과 졸업자 등으로서 졸업 후 응시하려는 종목이 속하는 동일 및 유사 직무분야에서 2년 이상 실무에 종사한 사람 7. 동일 및 유사 직무분야의 기사 수준 기술훈련과정 이수자 또는 그 이수예정자 8. 동일 및 유사 직무분야의 산업기사 수준 기술훈련과정 이수자로서 이수 후 응시하려는 종목이 속하는 동일 및 유사 직무분야에서 2년 이상 실무에 종사한 사람 9. 응시하려는 종목이 속하는 동일 및 유사 직무분야에서 4년 이상 실무에 종사한 사람 10. 외국에서 동일한 종목에 해당하는 자격을 취득한 사람
산업기사	1. 기능사 등급 이상의 자격을 취득한 후 응시하려는 종목이 속하는 동일 및 유사 직무분야에 1년 이상 실무에 종사한 사람 2. 응시하려는 종목이 속하는 동일 및 유사 직무분야의 다른 종목의 산업기사 등급 이상의 자격을 취득한 사람 3. 관련학과의 2년제 또는 3년제 전문대학졸업자 등 또는 그 졸업예정자 4. 관련학과의 대학졸업자 등 또는 그 졸업예정자 5. 동일 및 유사 직무분야의 산업기사 수준 기술훈련과정 이수자 또는 그 이수예정자 6. 응시하려는 종목이 속하는 동일 및 유사 직무분야에서 2년 이상 실무에 종사한 사람 7. 고용노동부령으로 정하는 기능경기대회 입상자 8. 외국에서 동일한 종목에 해당하는 자격을 취득한 사람

기술사, 기사, 산업기사 응시자격 조건 체계

기술사
- 기사+실무경력 4년
- 산업기사+실무경력 6년
- 기능사+실무경력 8년
- 대졸(관련학과)+실무경력 7년
- 대졸(비관련학과)+실무경력 9년
- 실무경력 11년 등

기능장
- 산업기사(기능사)+기능대 기능장 과정 이수
- 산업기사 등급 이상+실무경력 6년
- 기능사+실무경력 8년
- 실무경력 11년 등

기 사
- 산업기사+실무경력 1년
- 기능사+실무경력 3년
- 대졸(관련학과)
- 대졸(비관련학과)+실무경력 2년
- 전문대졸(관련학과)+실무경력 2년
- 전문대졸(비관련학과)+실무경력 3년
- 실무경력 4년 등

산업기사
- 기능사+실무경력 1년
- 대졸
- 전문대졸(관련학과)
- 전문대졸(비관련학과)+실무경력 1년
- 실무경력 2년

기능사
- 자격제한 없음

산업인력공단 출제기준 및 한끝소 기사 실기 Chapter별 출제경향

소방설비기사 실기(전기분야)

직무 분야	안전관리	중직무 분야	안전관리	자격 종목	소방설비기사(전기분야)

- 직무내용 : 소방시설(전기)의 설계, 공사, 감리 및 점검업체 등에서 설계 도서류를 작성하거나 소방설비 도서류를 바탕으로 공사 관련 업무를 수행하고 완공된 소방설비의 점검 및 유지관리 업무와 소방계획수립을 통해 소화, 화재통보 및 피난 등의 훈련을 실시하는 소방안전관리자로서의 주요사항을 수행하는 직무
- 수행준거 : 1. 소방전기 설비 시공을 위하여 작업분석을 할 수 있다.
  2. 건물의 화재예방을 위하여 경보설비 등을 설치할 수 있다.
  3. 소방전기 설비를 설계, 시공할 수 있다.
  4. 소방전기시설의 조작, 유지 보수 및 시험·점검 등을 할 수 있다.

실기검정방법	필답형	시험시간	3시간

주요항목	세부항목	세세항목	Chapter별 출제경향
1. 소방전기시설 설계	1. 작업분석하기	1) 현장 여건, 요구사항 분석을 할 수 있다. 2) 기본계획 수립, 기본설계서, 실시설계서를 작성할 수 있다. 3) 공사시방서, 공사내역서를 작성할 수 있다.	Chapter 01 경보설비 : 32% ★ Chapter 02 소화설비 : 2% Chapter 03 피난구조설비 : 6% Chapter 04 소화활동설비 등 : 6% Chapter 05 소방관련 전기설비 : 8% Chapter 06 계산문제 : 13% ★ Chapter 07 도면 : 21% ★ Chapter 08 결선도 : 5% Chapter 09 시퀀스제어 : 7%
	2. 소방전기시설 구성하기	1) 자재의 상호 연관성에 대해 설명할 수 있다. 2) 소방전기시설의 기기 및 부품을 조작할 수 있다. 3) 소방전기시설의 기능 및 특성을 설명할 수 있다.	
	3. 소방전기시설 설계하기	1) 물량 및 공량을 산출할 수 있다. 2) 전기기구의 용량을 산정할 수 있다. 3) 회로방식 설정 및 회로용량을 산정할 수 있다. 4) 도면작성 및 판독을 할 수 있다. 5) 시방서의 작성 등을 할 수 있다.	시퀀스제어 7% 결선도 5% 도면 21% 경보설비 32% 계산문제 13% 소화설비 2% 피난구조설비 6% 소화활동설비 등 6% 소방관련 전기설비 8%
	4. 소방시설의 배치계획 및 설계서류 작성하기	1) 계통도를 작성할 수 있다. 2) 평면도를 작성할 수 있다. 3) 상세도를 작성할 수 있다. 4) 소방전기시설의 시공 계획수립 및 실무 작업을 수행할 수 있다.	※ 필수적으로 공부하여야 할 Chapter가 눈에 보일 것입니다. 그러나, 실제 시험 중 함정과 실수를 대비하여 준비해야 할 Chaprer를 전략적으로 체크하시기 바랍니다.

주요항목	세부항목	세세항목	Chapter별 출제경향
2. 소방전기시설 시공	1. 설계도서 검토하기	1) 설계도서상의 누락, 오류, 문제점을 검토하여 설계도서 검토서를 작성할 수 있다. 2) 설계도면, 시공상세도, 계산서를 검토하여 시공상의 문제점을 파악하고 조치할 수 있다.	
	2. 소방전기시설 시공하기	1) 자동화재탐지설비를 할 수 있다. 2) 자동화재속보설비를 할 수 있다. 3) 누전경보기설비를 할 수 있다. 4) 비상경보설비 및 비상방송설비를 할 수 있다. 5) 제연설비의 부대 전기설비를 할 수 있다. 6) 비상콘센트설비를 할 수 있다. 7) 무선통신보조설비를 할 수 있다. 8) 가스누설경보기설비를 할 수 있다. 9) 유도등 및 비상조명등설비를 할 수 있다. 10) 상용 및 비상전원설비를 할 수 있다. 11) 종합방재센터설비를 할 수 있다. 12) 소화설비의 부대 전기설비를 할 수 있다. 13) 기타 소방전기시설 관련설비를 할 수 있다.	
	3. 공사 서류 작성하기	1) 시공된 시설을 검사하여 설계도서와 일치여부를 판단할 수 있다. 2) 시공된 시설을 검사하여 관련 서류를 작성할 수 있다. 3) 공정관리 일정을 계획하여 공사일지를 작성할 수 있다.	
3. 소방전기시설 유지관리	1. 소방전기시설 운용관리하기	1) 전기기기 점검 및 조작을 할 수 있다. 2) 회로점검 및 조작을 할 수 있다. 3) 재해방지 및 안전관리를 할 수 있다. 4) 자재관리를 할 수 있다. 5) 기술 공무관리를 할 수 있다.	
	2. 소방전기시설의 유지보수 및 시험·점검하기	1) 전기기기 보수 및 점검을 할 수 있다. 2) 시험 및 검사를 할 수 있다. 3) 계측 및 고장요인 파악을 할 수 있다. 4) 유지보수관리 및 계획수립을 할 수 있다. 5) 설치된 소방시설을 정상 가동하고, 자체 점검사항을 기록할 수 있다. 6) 기록사항을 분석하여 보수·정비를 할 수 있다.	

그리스 문자 읽는 법

$A\ \alpha$	$B\ \beta$	$\Gamma\ \gamma$	$\Delta\ \delta$	$E\ \varepsilon$	$Z\ \zeta$
알파	베타	감마	델타	엡실론	지타
$H\ \eta$	$\Theta\ \theta$	$I\ \iota$	$K\ \kappa$	$\Lambda\ \lambda$	$M\ \mu$
이타	시타	요타	카파	람다	뮤
$N\ \nu$	$\Xi\ \xi$	$O\ o$	$\Pi\ \pi$	$P\ \rho$	$\Sigma\ \sigma$
뉴	크사이	오미크론	파이	로	시그마
$T\ \tau$	$Y\ \upsilon$	$\Phi\ \phi$	$X\ \chi$	$\Psi\ \psi$	$\Omega\ \omega$
타우	입실론	파이	카이	프사이	오메가

단위 환산

구 분	단위 환산				
물의 비중량	$9,800\text{N}/\text{m}^3$	=	$9,800\text{kg}/\text{m}^2\cdot\text{s}^2$	=	$1,000\text{kg}_f/\text{m}^3$
물의 밀도	$1,000\text{N}\cdot\text{s}^2/\text{m}^4$	=	$1,000\text{kg}/\text{m}^3$	=	$102\ \text{kg}_f\cdot\text{s}^2/\text{m}^4$
힘	1N	=	$1\text{kg}\cdot\text{m}/\text{s}^2$	→	단위 환산의 핵심
일	$1\text{N}\cdot\text{m}$	=	1J	=	$1\text{W}\cdot\text{s}$
동력	$1\text{kN}\cdot\text{m}/\text{s}$	=	$1\text{kJ}/\text{s}$	=	1kW
	$1\text{HP}[영국마력] = 744.8\text{N}\cdot\text{m}/\text{s} ≒ 0.745\text{kW}$ $1\text{PS}[국제마력] = 735\text{N}\cdot\text{m}/\text{s} = 0.735\text{kW}$ $1\text{kW} ≒ 1.34\text{HP} ≒ 1.36\text{PS}$				
에너지, 열	1J	=	0.24cal		$1\text{BTU} = 0.252\text{kcal}$
점도	$0.1\text{N}\cdot\text{s}/\text{m}^2$	=	$0.1\text{kg}/\text{m}\cdot\text{s}$	=	1poise

전기 기본단위

물리량	기 호	단 위	단위의 명칭	물리량	기 호	단 위	단위의 명칭
전압 (전위, 전위차)	V, U	V	Volt	전속	Φ_E	C	Coulomb
기전력	E	V	Volt	전속밀도	D	C/m²	Coulomb/meter²
전류	I	A	Ampere	유전율	ε	F/m	Farad/meter
전력(유효전력)	P	W	Watt	전기량(전하)	Q	C	Coulomb
피상전력	Pa	VA	Voltampere	정전용량	C	F	Farad
무효전력	Pr	var	Var	인덕턴스	L	H	Henry
전력량(에너지)	W	J, W·s	Joule, Watt·second	상호인덕턴스	M	H	Henry
저항률	ρ	Ω·m	Ohmmeter	주기	T	sec	second
전기저항	R	Ω	Ohm	주파수	f	Hz	Hertz
전도율	σ	℧/m	mho	각속도	ω	rad/s	radian/second
자장의 세기	H	AT/m	Ampere-turn/meter	임피던스	Z	Ω	Ohm
자속	Φ	Wb	Weber	어드미턴스	Y	℧	mho
자속밀도	B	Wb/m²	Weber/meter²	리액턴스	X	Ω	Ohm
투자율	μ	H/m	Henry/meter	컨덕턴스	G	℧, S	mho, Siemens
자하	m	Wb	Weber	서셉턴스	B	℧	mho
자장의 세기	E	V/m	Volt/meter	열량	H	cal	Calorie
자하의 세기	J	G	Gauss, Weber/meter²	힘	F	N	Newton
기자력	F	AT	Ampere turn	토크(회전력)	T	N·m	Newton meter
자화력	M	Mx/m²	Maxwell/meter²	회전속도	N_s	rpm	revolution per minute
자기모멘트	m	Wb·m	Weber meter	마력	P	HP	Horse Power

단위에 대한 각종 접두사

T 테라	G 기가	M 메가	K 킬로	H 헥토	d 데시	c 센티	m 밀리	μ 마이크로	n 나노
10^{12}	10^9	10^6	10^3	10^2	10^{-1}	10^{-2}	10^{-3}	10^{-6}	10^{-9}

소방 시설의 도시기호

분류	명칭		도시기호	사 진
배관	일반배관		———————	
	옥내·외 소화전		—— H ——	
	스프링클러		—— SP ——	
	물분무		—— WS ——	
	포소화		—— F ——	
	배수관		—— D ——	
	전선관	입상	⤢	—
		입하	⤡	
		통과	⤢	
관이음쇠	후렌지		—||—	
	유니온		—|||—	
	플러그		←⊣	
	90° 엘보		⌐	
	45° 엘보		╱	
	티		⊥	

분 류	명 칭	도시기호	사 진
관이음쇠	크로스	┼	
	맹후렌지	─┤	
	캡	─┐	
헤드류	스프링클러헤드 폐쇄형 상향식(평면도)	●	
	스프링클러헤드 폐쇄형 상향식(계통도)		
	스프링클러헤드 폐쇄형 하향식(평면도)		
	스프링클러헤드 폐쇄형 하향식(입면도)		
	스프링클러헤드 개방형 상향식(평면도)	┼○┼	
	스프링클러헤드 상향형(입면도)	↑	
	스프링클러헤드 개방형 하향식(평면도)		
	스프링클러헤드 하향형(입면도)	↓	
	스프링클러헤드 폐쇄형 상·하향식(입면도)		─
	분말·탄산가스· 할로겐헤드		

소방 시설의 도시기호

분류	명칭	도시기호	사진
헤드류	연결살수헤드		
	물분무헤드(평면도)		
	물분무헤드(입면도)		
	드렌처헤드(평면도)		
	드렌처헤드(입면도)		
	포헤드(평면도)		
	포헤드(입면도)		
	감지헤드(평면도)		〈스프링클러헤드 참고〉
	감지헤드(입면도)		
	청정소화약제방출헤드 (평면도)		
	청정소화약제방출헤드 (입면도)		
밸브류	체크밸브		
	가스체크밸브		
	게이트밸브(상시 개방)		

분 류	명 칭	도시기호	사 진
밸브류	게이트밸브(상시 폐쇄)		
	선택밸브		
	조작밸브(일반)		
	조작밸브(전자식)		
	조작밸브(가스식)		
	경보밸브(습식)		
	경보밸브(건식)		
	프리액션밸브		
	경보델류지밸브		
	프리액션밸브 수동조작함	SVP	
	플렉시블조인트		

소방 시설의 도시기호

분류	명 칭	도시기호	사 진
밸브류	솔레노이드밸브	S 또는 SOL 또는 SV	
	모터밸브		
	릴리프밸브 (이산화탄소용)		
	릴리프밸브 (일반)		
	동체크밸브		
	앵글밸브		
	FOOT 밸브		
	볼밸브		
	배수밸브		–
	자동배수밸브		
	여과망 여과망		

분류	명칭	도시기호	사 진
밸브류	자동밸브		–
	감압밸브		
	공기조절밸브		
계기류	압력계		
	연성계		
	유량계		
소화전	옥내소화전함		
	옥내소화전 방수용기구 병설		
	옥외소화전		

19

소방 시설의 도시기호

분류	명 칭	도시기호	사 진
소화전	포말소화전		
	송수구		
	방수구		
스트레이너	Y형		
	U형		
저장 탱크류	고가수조 (물올림장치)		
	압력챔버		
	포말원액탱크	(수직) (수평)	

분 류	명 칭	도시기호	사 진
레듀셔	편심레듀셔		
	원심레듀셔		
혼합장치류	프레져프로포셔너		
	라인프로포셔너		
	프레져사이드 프로포셔너		–
	기 타		–
펌프류	일반펌프		
	펌프모터(수평)		
	펌프모터(수직)		

21

소방 시설의 도시기호

분 류	명 칭	도시기호	사 진
저장용기류	분말약제 저장용기	P.D	
	저장용기		
경보설비 기기류	차동식스포트형감지기		
	보상식스포트형감지기		
	정온식스포트형감지기		
	연기감지기	S	
	감지선		
	공기관		
	열전대		
	열반도체		–
	차동식분포형 감지기의 검출기		
	발신기세트 단독형	PBL	
	발신기세트 옥내소화전 내장형	PBL	

22

분 류	명 칭	도시기호	사 진
경보설비 기기류	경계구역번호	△	-
	비상용 누름버튼	Ⓕ	-
	비상전화기	㉺T	
	비상벨	Ⓑ	
	사이렌	◁	
	모터사이렌	Ⓜ◁	
	전자사이렌	Ⓢ◁	
	조작장치	E P	-
	증폭기	AMP	
	기동누름버튼	Ⓔ	
	이온화식감지기 (스포트형)	S I	
	광전식연기감지기 (아날로그)	S A	
	광전식연기감지기 (스포트형)	S P	

소방 시설의 도시기호

분류	명칭	도시기호	사 진
경보설비 기기류	감지기간선, HIV 1.2mm×4(22C)	─ F ─//// ─	
	감지기간선, HIV 1.2mm×8(22C)	─ F ─//// //// ─	
	유도등간선 HIV 2.0mm×3(22C)	─ EX ─	
	경보부저	(BZ)	
	제어반	⊠	〈가스계일 경우〉
	표시반	▭	
	회로시험기	⊙	〈디지털〉 〈아날로그〉
	화재경보벨	(B)	
	시각경보기 (스트로브)	◇	
	수신기	⊠	〈P형〉 〈R형〉
	부수신기	▭	〈R형 부수신기〉
	중계기	▭	
	표시등	◐	
	피난구유도등	⊗	

분류	명칭		도시기호	사진
경보설비 기기류	통로유도등		→	〈거실통로유도등〉 〈계단통로유도등〉
	표시판		◁	–
	보조전원		T R	
	종단저항		∩	
제연설비	수동식제어		□	–
	천장용 배풍기			
	벽부착용 배풍기			
	배풍기	일반배풍기		–
		관로배풍기		–
	댐퍼	화재댐퍼		–
		연기댐퍼		–
		화재/연기 댐퍼		–
스위치류	압력스위치		PS	〈펌프 기동용〉 〈유수검지장치 경보용〉
	탬퍼스위치		TS	
방연 방화문	연기감지기(전용)		S	
	열감지기(전용)		◯	

소방 시설의 도시기호

분류	명칭	도시기호	사 진
방연 방화문	자동폐쇄장치	ⓔⓡ	
	연동제어기		
	배연창기동 모터	Ⓜ	〈체인모터〉 〈슬라이팅모터〉
	배연창수동조작함		-
피뢰침	피뢰부(평면도)	⊙	
	피뢰부(입면도)		
	피뢰도선 및 지붕위 도체	───	
	접지	⏚	
	접지저항 측정용 단자	⊗	
소화기류	ABC 소화기	소	
	자동확산 소화장치	자	
	주거용 주방자동소화장치	◆소▶	
	이산화탄소 소화기	Ⓒ	

분류	명칭	도시기호	사 진
소화기류	할로겐화합물 소화기	△	(그림)
기타	안테나	(기호)	-
	스피커	(기호)	(그림)
	연기방연벽	(기호)	(그림)
	화재방화벽	——	(그림) Firewall
	화재 및 연기 방화벽	(기호)	(그림) 〈방화셔터로 대체〉
	비상콘센트	(기호)	(그림)
	비상분전반	⊠	-
	가스계소화설비의 수동조작함	RM	(그림)
	전동기구동	M	-
	엔진구동	E	-
	배관행거	(기호)	(그림)
	기압계	(기호)	-
	배기구	(기호)	
	바닥은폐선	- - - - -	
	노출배선	———	
	소화가스 패키지	PAC	(그림)

소방시설의 종류

소방시설의 종류(소방시설 설치유지 및 안전관리에 관한 법률 시행령 [별표 1])

소화설비	정의 : 물, 그 밖의 **소화약제**를 사용하여 소화하는 **기계·기구** 또는 **설비**
	1. 소화기구
	   ① 소화기
	   ② 간이소화용구 : 에어로졸식 소화용구, 투척용 소화용구 및 소화약제 외의 것을 이용한 간이소화용구
	   ③ 자동확산소화기
	2. 자동소화장치
	   ① 주거용 주방자동소화장치
	   ② 상업용 주방자동소화장치
	   ③ 캐비닛형 자동소화장치
	   ④ 가스 자동소화장치
	   ⑤ 분말 자동소화장치
	   ⑥ 고체에어로졸 자동소화장치
	3. 옥내소화전설비(호스릴 옥내소화전설비를 포함)
	4. 스프링클러설비등 : 스프링클러설비, 간이스프링클러설비(캐비닛형 간이스프링클러설비를 포함), 화재조기진압용 스프링클러설비
	5. 물분무등소화설비 : 물분무소화설비, 미분무소화설비, 포소화설비, 이산화탄소소화설비, 할론소화설비, 할로겐화합물 및 불활성기체소화설비, 분말소화설비, 강화액소화설비, 고체에어로졸소화설비
	6. 옥외소화전설비

경보설비	정의 : 화재발생 사실을 **통보**하는 **기계·기구** 또는 **설비** 1. 비상경보설비(비상벨설비, 자동식 사이렌설비) 2. 단독경보형 감지기 3. 비상방송설비 4. 누전경보기 5. 자동화재탐지설비 6. 자동화재속보설비 7. 가스누설경보기 8. 통합감시시설 9. 시각경보기 10. 화재알림설비
피난구조설비	정의 : 화재가 발생할 경우 **피난**하기 위하여 사용하는 **기구** 또는 **설비** 1. 피난기구 : 피난사다리, 구조대, 완강기, 간이완강기, 그 밖에 화재안전기준으로 정하는 것 2. 인명구조기구(① 방열복, 방화복 ② 공기호흡기 ③ 인공소생기) 3. 유도등 : 피난유도선, 피난구유도등, 통로유도등, 객석유도등, 유도표지 4. 비상조명등 및 휴대용 비상조명등
소화용수설비	정의 : 화재를 **진압**하는 데 필요한 **물**을 **공급**하거나 **저장**하는 **설비** 1. 상수도 소화용수설비 2. 소화수조, 저수조, 그 밖의 소화용수설비
소화활동설비	정의 : 화재를 **진압**하거나 **인명구조** 활동을 위하여 사용하는 **설비** 1. 제연설비 2. 연결송수관설비 3. 연결살수설비 4. 비상콘센트설비 5. 무선통신보조설비 6. 연소방지설비

핵심 빈번한 기출문제 100선
& 과년도 기출문제

핵심 빈번한 기출문제 100선

2024 과년도 기출문제

2023 과년도 기출문제

2022 과년도 기출문제

2021 과년도 기출문제

2020 과년도 기출문제

2019 과년도 기출문제

소방설비기사 · 산업기사
실기합격노트(전기)
과년도문제집

핵심 빈번한 기출문제 100선

01 다음 그림과 같은 자동화재탐지설비의 평면도에서 ①~⑧의 전선가닥수를 주어진 표의 빈 칸에 쓰시오.

배점 : 8 [11년] [20년]

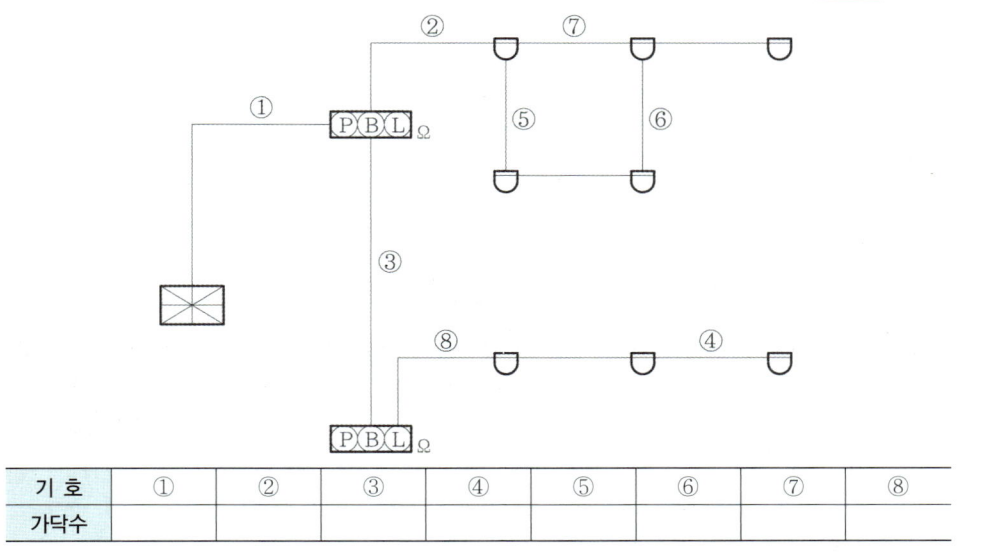

기 호	①	②	③	④	⑤	⑥	⑦	⑧
가닥수								

- **실전모범답안**

기 호	①	②	③	④	⑤	⑥	⑦	⑧
가닥수	7	4	6	4	2	2	2	4

상세해설

● 일제경보방식(기본 가닥수 : 6가닥)

번호	가닥수	전선의 사용 용도(가닥수)					
		회로 공통선	경종·표시등 공통선	경종선	표시 등선	발신 기선	회로선
		① 회로선 7가닥 초과 시마다 1가닥 추가	① 1가닥	1가닥	① 1가닥		종단저항수 또는 경계구역수 또는 발신기세트수마다
		② 조건에 따라 추가	② 조건에 따라 추가		② 조건에 따라 추가		1가닥 추가
①	7	1	1	1	1	1	2
②	4	2	–	–	–	–	2
③	6	1	1	1	1	1	1

번호	가닥수	전선의 사용 용도(가닥수)					
		회로 공통선	경종·표시등 공통선	경종선	표시 등선	발신 기선	회로선
		① 회로선 7가닥 초과 시마다 1가닥 추가	① 1가닥	1가닥	① 1가닥		종단저항수 또는 경계구역수 또는 발신기세트수마다
		② 조건에 따라 추가	② 조건에 따라 추가		② 조건에 따라 추가		1가닥 추가
④	4	2	–	–	–	–	2
⑤	2	1	–	–	–	–	1
⑥	2	1	–	–	–	–	1
⑦	2	1	–	–	–	–	1
⑧	4	2	–	–	–	–	2

Tip 평면도 상에서는 일제경보방식으로 생각하자!!

---

02 다음 도면은 어느 사무실 건물의 1층 자동화재탐지설비의 미완성 평면도를 나타낸 것이다. 이 건물은 지상 3층으로 각 층의 평면은 1층과 동일하다고 한다. 평면도 및 주어진 조건을 이용하여 각 물음에 답하시오.

배점 : 12 [09년] [20년]

[조건]
① 계통도 작성 시 각 층 수동발신기는 1개씩 설치하는 것으로 한다.
② 계단실의 감지기는 설치를 제외한다.
③ 간선의 사용 전선은 HFIX 2.5mm²이며, 공통선은 발신기 공통 1선, 경종·표시등 공통 1선을 각각 사용한다.
④ 계통도 작성 시 전선수는 최소로 한다.
⑤ 전선관공사는 후강전선관으로 콘크리트 내 매립 시공한다.
⑥ 각 실은 이중천장이 없는 구조이며, 천장에 감지기를 바로 취부한다.
⑦ 각 실의 바닥에서 천장까지 층고는 2.8m이다.
⑧ 화재로 인하여 하나의 층의 지구음향장치 또는 배선이 단락되어도 다른 층의 화재 통보에 지장이 없도록 각 층 배선 상에 유효한 조치를 하였다.

〈도면〉

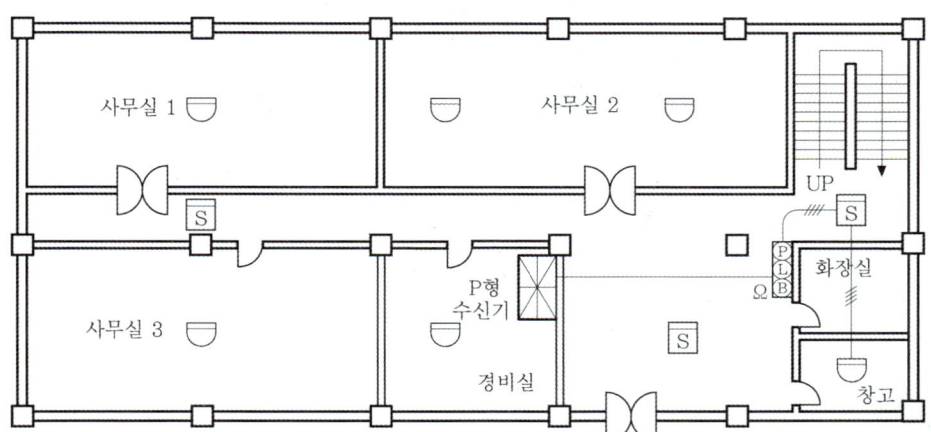

(1) 도면의 P형 수신기는 최소 몇 회로용을 사용해야 하는지 쓰시오.
(2) 수신기에서 발신기세트까지 전선가닥수는 몇 가닥이며, 여기에 사용되는 후강전선관은 몇 [mm]를 사용하는지 쓰시오.
(3) 연기감지기를 매립인 것으로 사용할 경우 도시기호를 그리시오.
(4) 배관 및 배선을 하여 자동화재탐지설비의 도면을 완성하고 전선가닥수를 표기하시오.
(5) 간선계통도를 그리시오.

• 실전모범답안
(1) 5회로용
(2) ① 가닥수 : 8가닥
    ② 후강전선관 : 28mm
(3)
(4)
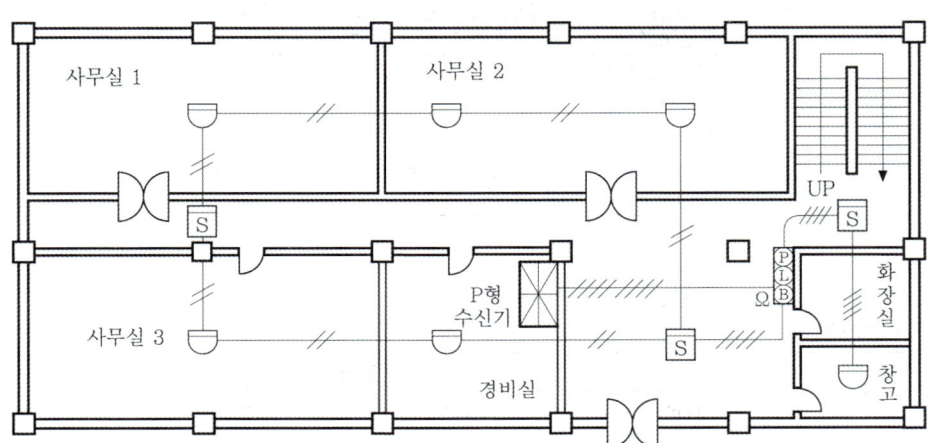

(5)

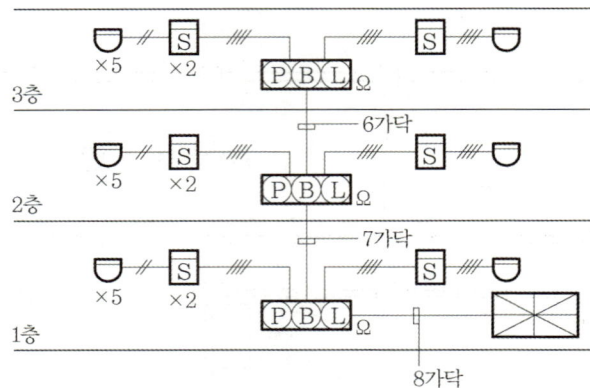

상세해설

(1) P형 수신기의 회로수

한 층에 종단저항이 1개소이므로 **층별 1회로**이다. 따라서 1회로×3개 층=3회로가 된다. 그러나, P형 수신기의 최소 회로수는 5회로이므로 **5회로용**을 선정한다.

(2) 전선가닥수 & 전선관의 굵기

① 경보방식
  ㉠ 일제경보방식 : 화재로 인한 경보 발령 시 **전** 층에 동시에 **경보**를 발하는 방식
  ㉡ 우선경보방식(직상발화) : 층수가 11층(공동주택의 경우에는 16층) 이상의 특정소방대상물은 발화층에 따라 경보하는 층을 달리하여 경보를 발할 수 있도록 할 것
  ※ 문제조건에서 **지상 3층**이므로 **일제경보방식**으로 풀어야 한다.

② 자동화재탐지설비의 전선가닥수(P형)

🔔 일제경보방식(기본 가닥수 : 7가닥)

구분	가닥수	전선의 사용 용도(가닥수)					
		회로 공통선	경종·표시등 공통선	경종선	표시등선	발신기선	회로선
		① 회로선 7가닥 초과 시마다 1가닥 추가 ② 조건에 따라 추가	① 1가닥 ② 조건에 따라 추가	1가닥	① 1가닥 ② 조건에 따라 추가		종단저항수 또는 경계구역수 또는 발신기세트수마다 1가닥 추가
1층 발신기 ↕ 수신기	8	1	1	1	1	1	3

③ 전선관의 규격

전선규격	전선관의 규격			
	16mm	22mm	28mm	36mm
1.5mm²	1~9가닥	10가닥	11~17가닥	-
2.5mm²	1~4가닥	5~7가닥	8~12가닥	13~21가닥

💡Tip 계통도 작성 시 발신기만 표시하는 경우가 많다. 감지기와 종단저항도 표시하자!!

03 다음 조건과 도면을 참조하여 각 물음에 답하시오. [배점:8] [07년]

[조건]
① 주요구조부는 내화구조이다.
② 층고는 3.5m이다.
③ 사용되는 감지기의 종별은 모두 1종으로 한다.
④ 계단의 감지기는 다른 층에 설치된 것으로 한다.
⑤ 화장실에는 감지기를 설치하지 않는다.

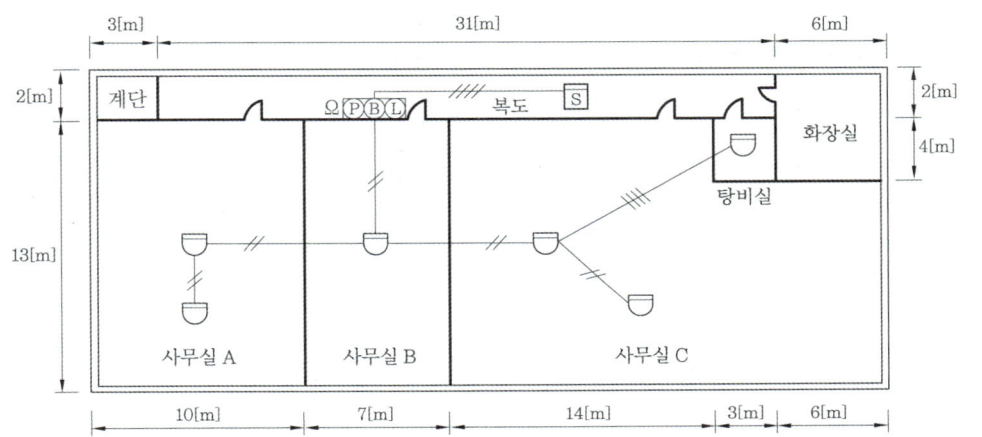

(1) 경계구역 면적 [m²]을 계산하고 그 면적에 대한 최소 경계구역수를 쓰시오.
(2) 위의 도면에서 설비상 잘못된 곳을 6가지 지적하고 바르게 설명하시오.

• 실전모범답안
(1) ① 경계구역 면적 : 594m²
    ② 최소 경계구역수 : 1경계구역
(2) ① 사무실 B에 차동식스포트형감지기가 1개 설치되어 있다. → 2개 설치해야 한다.
    ② 사무실 C에 차동식스포트형감지기가 2개 설치되어 있다. → 3개 설치해야 한다.
    ③ 복도에 연기감지기가 1개 설치되어 있다. → 2개 설치해야 한다.
    ④ 사무실 A의 배선수가 2가닥이다. → 4가닥으로 배선해야 한다.
    ⑤ 사무실 B의 배선수가 2가닥이다. → 4가닥으로 배선해야 한다.
    ⑥ 사무실 C의 일부 배선수가 2가닥이다. → 4가닥으로 배선해야 한다.

상세해설

(1) 경계구역수
  ① 수평적 경계구역

구 분	원 칙	예 외
층별	층마다	2개의 층을 하나의 경계구역으로 할 수 있는 경우 : 500m² 범위 안
면적	600m² 이하	1,000m² 이하로 할 수 있는 경우 : 주된 출입구에서 내부 전체가 보이는 것
길이	한 변의 길이 : 50m 이하	—

② 경계구역 면적
　㉠ 평면도상의 바닥면적＝(3+31+6)m×(13+2)m＝600m²
　㉡ 계단은 수직적 경계구역이므로 수평적 경계구역 면적에 산입하지 않는다.
　　∴ 경계구역 면적＝600m²−(3×2)m²＝594m²

③ 최소 경계구역수

$$\frac{594\text{m}^2}{600\text{m}^2} = 0.99 ≒ 1경계구역(소수점 이하는 절상한다.)$$

Tip 면적에 대한 최소 경계구역수(수평적 경계구역)를 구하라 하였으므로 수직적 경계구역인 계단은 산입하지 않는다!!

(2) 도면 수정
① 차동식·보상식·정온식 스포트형감지기의 부착높이에 따른 바닥면적 기준

(단위 : [m²])

부착높이 및 소방대상물의 구분		감지기의 종류						
		차동식 스포트형		보상식 스포트형		정온식 스포트형		
		1종	2종	1종	2종	특종	1종	2종
4m 미만	내화구조	90	70	90	70	70	60	20
	기타 구조	50	40	50	40	40	30	15
4m 이상 8m 미만	내화구조	45	35	45	35	35	30	−
	기타 구조	30	25	30	25	25	15	−

② 내화구조, 층고가 4m 미만, 사용되는 감지기의 종별은 모두 1종을 사용하므로 차동식스포트형(1종)의 기준면적은 90m²이다.

　㉠ B사무실의 바닥면적 : 7×13＝91m²

　　감지기의 설치개수＝$\frac{91\text{m}^2}{90\text{m}^2}$＝1.011 ≒ 2개(소수점 이하는 절상한다.)

　　∴ 2개를 설치해야 한다.

　㉡ C사무실의 바닥면적 : (23×9)m²+(14×4)m²＝263m²

　　감지기의 설치개수＝$\frac{263\text{m}^2}{90\text{m}^2}$＝2.922 ≒ 3개(소수점 이하는 절상한다.)

　　∴ 3개를 설치해야 한다.

③ 연기감지기의 복도 및 통로 설치기준
　㉠ 1종, 2종 : 보행거리 30m마다 설치
　㉡ 3종 : 보행거리 20m마다 설치
　　복도의 길이가 31m이므로

　　감지기 설치개수＝$\frac{31\text{m}}{30\text{m}}$＝1.033 ≒ 2개(소수점 이하는 절상한다.)

　　∴ 2개를 설치해야 한다.

04 다음은 내화구조인 지하 1층 지상 5층인 건물의 지상 1층 평면도이다. 각 층의 층고는 4.3m이고, 천장과 반자 사이의 높이는 0.5m이다. 각 실내에는 반자가 설치되어 있으며, 계단감지기 3층과 5층에 설치되어 있다. 조건을 참조하여 각 물음에 답하시오. 배점:9 [06년]

[조건]
① ㉮실에는 차동식스포트형감지기 2종을 설치한다.
② ㉯실에는 연기감지기 2종을 설치한다.
③ ㉰실에는 정온식스포트형감지기 1종을 설치하며, 복도에는 연기감지기 2종을 설치한다.
④ 수신기는 1층에 설치한다.
⑤ 계단감지기는 3층 발신기세트에 연결하여 배선한다.
⑥ 화재로 인하여 하나의 층의 지구음향장치 또는 배선이 단락되어도 다른 층의 화재 통보에 지장이 없도록 각 층 배선 상에 유효한 조치를 하였다.

(1) 각 실에 설치되어야 할 감지기의 설치 수량을 다음 표 안에 산출식과 함께 쓰시오.

구 분	산출식	설치수량
㉮실		
㉯실		
㉰실		
복도		

(2) (1)에서 구한 감지기 수량을 다음 평면도상에 각 감지기의 도시기호를 이용하여 그려넣고, 각 기기간을 배선하되 배선수를 명시하시오. (배선수 명시의 예 : ⫽)

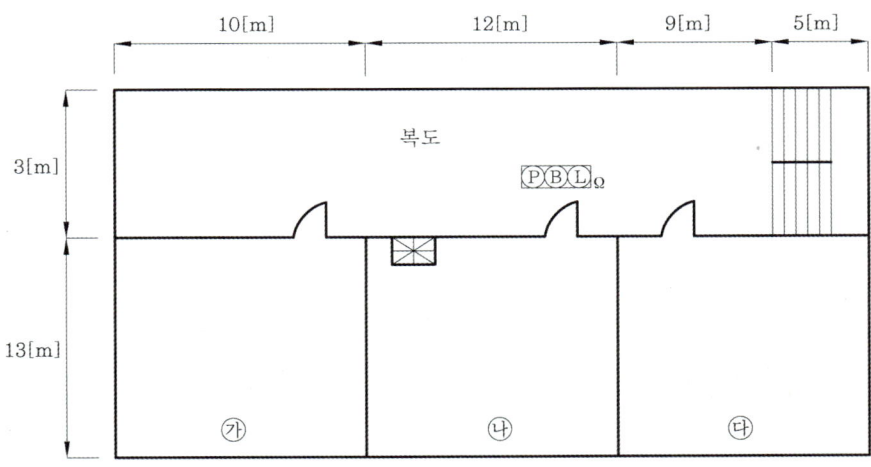

• 실전모범답안

(1)

구 분	산출식	설치수량
㉮실	$\dfrac{10 \times 13}{70} = 1.857 ≒ 2$	2개
㉯실	$\dfrac{12 \times 13}{150} = 1.04 ≒ 2$	2개
㉰실	$\dfrac{(9+5) \times 13}{60} = 3.033 ≒ 4$	4개
복도	$\dfrac{(10+12+9)}{30} = 1.033 ≒ 2$	2개

(2)

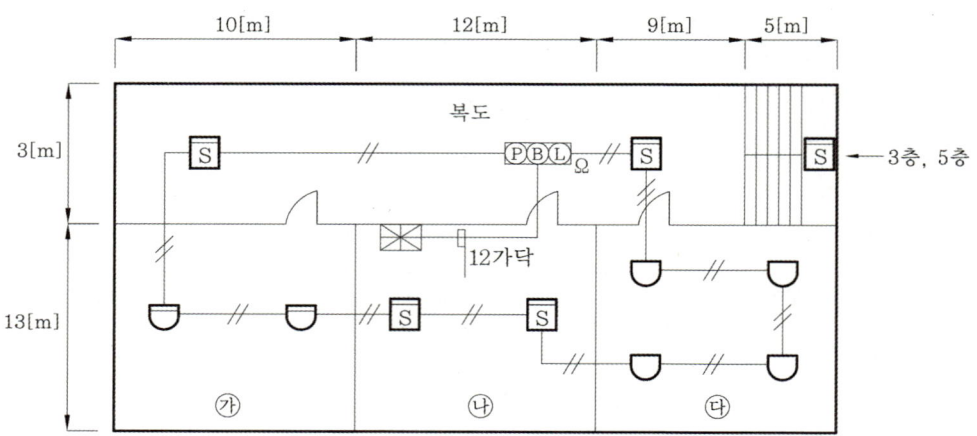

상세해설

(1) 감지기 설치수량

① 차동식·보상식·정온식 스포트형감지기의 부착높이에 따른 바닥면적 기준

(단위 : [m²])

부착높이 및 소방대상물의 구분		감지기의 종류						
		차동식 스포트형		보상식 스포트형		정온식 스포트형		
		1종	2종	1종	2종	특종	1종	2종
4m 미만	내화구조	90	70	90	70	70	60	20
	기타 구조	50	40	50	40	40	30	15
4m 이상 8m 미만	내화구조	45	35	45	35	35	30	–
	기타 구조	30	25	30	25	25	15	–

② 연기감지기의 부착높이별 바닥면적 기준

(단위 : [m²])

부착높이	감지기의 종류	
	1종 및 2종	3종
4m 미만	150	50
4m 이상 20m 미만	75	설치 불가

③ 문제에서 각 층의 층고는 4.3m이고, 천장과 반자 사이의 높이는 0.5m이므로 **바닥으로부터 반자까지의 높이**는 4.3m-0.5m=3.8m이다.

각 실에는 반자가 설치되어 있으며 반자가 설치되어 있는 경우에는 **반자에 감지기를 설치**하므로 감지기의 **부착높이**는 3.8m가 된다.

㉠ ㉮실
- 내화구조, 부착높이 4m 미만, **차동식스포트형감지기 2종**을 설치하므로 기준면적은 70m²가 된다.
- ∴ 감지기 설치수량= $\dfrac{10m \times 13m}{70m^2}$ =1.857 ≒ 2개(소수점 이하는 절상한다.)

㉡ ㉰실
- 내화구조, 부착높이 4m 미만, **정온식스포트형감지기 1종**을 설치하므로 기준면적은 60m²가 된다.
- ∴ 감지기 설치수량= $\dfrac{(9+5)m \times 13m}{60m^2}$ =3.033 ≒ 4개(소수점 이하는 절상한다.)

㉢ ㉯실
- 부착높이 4m 미만, **연기감지기 2종**을 설치하므로 기준면적은 150m²가 된다.
- ∴ 감지기 설치수량= $\dfrac{12m \times 13m}{150m^2}$ =1.04 ≒ 2개(소수점 이하는 절상한다.)

㉣ 복도
- **복도에서의 감지기 설치수량**은 바닥면적 기준이 아닌 **보행거리 기준**이다.
- 연기감지기 2종을 설치하므로 보행거리 기준은 30m가 된다.
※ 연기감지기(1종·2종) : 보행거리 30m 이하
연기감지기(3종) : 보행거리 20m 이하
- ∴ 감지기 설치수량= $\dfrac{(10+12+9)m}{30m}$ =1.033 ≒ 2개(소수점 이하는 절상한다.)

▶Tip 계단은 수직적 경계구역이므로 고려하지 않으며, 복도는 면적(m²) 기준이 아닌 보행거리(m) 기준임을 잊지 말자!

(2) 도면 작성 & 전선가닥수
① 자동화재탐지설비의 전선가닥수(P형)
층수가 5층으로서 11층 미만이므로 일제경보방식이다.

◈ 일제경보방식(기본 가닥수 : 6가닥)

번호	가닥수	전선의 사용 용도(가닥수)					
		회로 공통선	경종·표시등 공통선	경종선	표시 등선	발신 기선	회로선
		① 회로선 7가닥 초과 시마다 1가닥 추가	① 1가닥	1가닥	① 1가닥		종단저항수 또는 경계구역수 또는 발신기세트수마다 1가닥 추가
		② 조건에 따라 추가	② 조건에 따라 추가		② 조건에 따라 추가		
계단감지기↔지상 3층 발신기세트	4	2	–	–	–	–	2
지상 5층↔지상 4층	6	1	1	1	1	1	1
지상 4층↔지상 3층	7	1	1	1	1	1	2
지상 3층↔지상 2층	9	1	1	1	1	1	4
지상 2층↔지상 1층	10	1	1	1	1	1	5
지상 1층↔수신기	12	1	1	1	1	1	7
지하 1층↔지상 1층	6	1	1	1	1	1	1

② 도시기호

㉠ 설계는 **경제성**을 고려하여 **최소 물량**으로 하는 것이 원칙이며, **배선**을 **최소화**하기 위해 **루프(loop)방식**으로 하는 것이 바람직하다.

㉡ 문제에서 **계단감지기**가 **3층**과 **5층**에 설치되어 있으므로 **도면상**에 **표기**할 것. 위 사항을 고려하여 도면을 작성하면 다음과 같다.

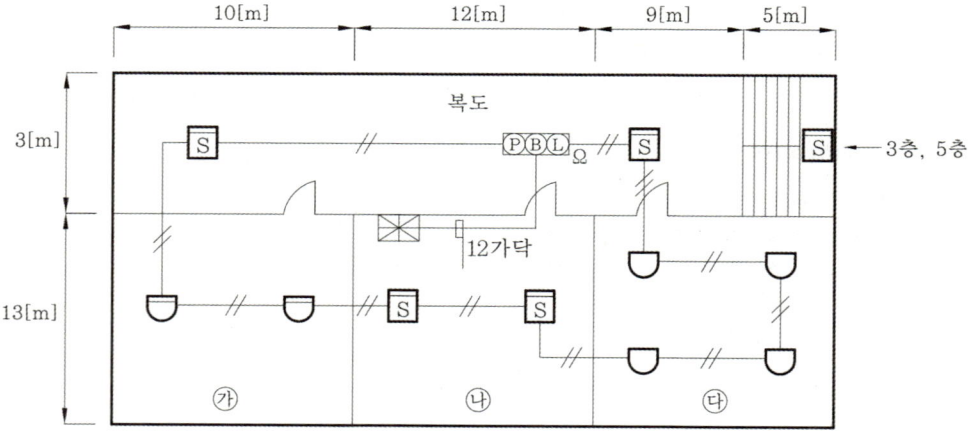

05 다음 그림과 같은 자동화재탐지설비 계통도를 보고 다음 각 물음에 답하시오. (단, 설치대상 건물의 연면적은 5,000m²이고, 화재로 인하여 하나의 층의 지구음향장치 또는 배선이 단락되어도 다른 층의 화재 통보에 지장이 없도록 각 층 배선 상에 유효한 조치를 하였다.)

배점 : 10 [03년] [04년] [18년]

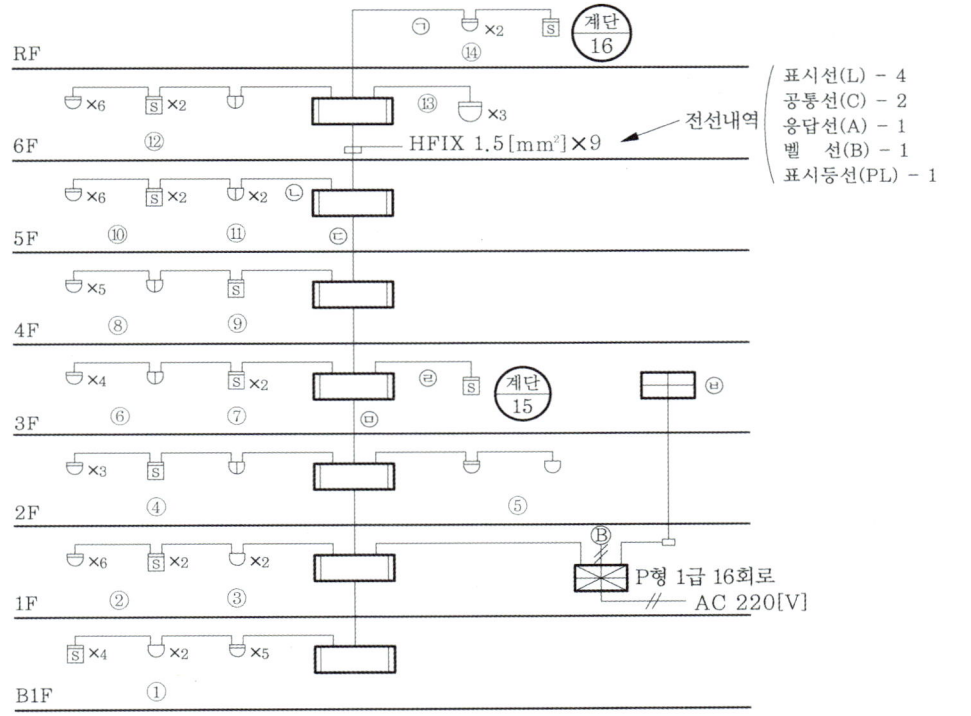

(1) ㉠~㉥의 전선가닥수는 각각 몇 가닥인지 구하시오. (단, 종단저항은 감지기 말단에 설치한 것으로 한다.)
(2) ㉥의 명칭은 무엇인지 쓰시오.
(3) 계통도상에 주어져 있는 전선내역을 참조하여 ㉢전선의 내역을 쓰시오.
(4) 계통도상에 주어져 있는 전선내역을 참조하여 ㉠전선의 내역을 쓰시오.

• **실전모범답안**
(1) ㉠ 4가닥 ㉡ 4가닥 ㉢ 11가닥 ㉣ 2가닥 ㉤ 17가닥
(2) 부수신기
(3) 공통선 3, 표시등선 1, 응답선 1, 벨선 1, 표시선 11
(4) 공통선 2, 표시선 2

상세해설

(1), (3), (4) 전선가닥수
① 경보방식
층수가 6층으로서 11층 미만이므로 일제경보방식으로 풀어야 한다.

② 자동화재탐지설비의 전선가닥수(P형)
🔥 **일제경보방식**(기본 가닥수 : 6가닥)

번호	가닥수	전선의 사용 용도(가닥수)					
		회로 공통선	경종·표시등 공통선	경종선	표시 등선	발신 기선	회로선
		① 회로선 7가닥 초과 시마다 1가닥 추가 ② 조건에 따라 추가	① 1가닥 ② 조건에 따라 추가	1가닥	① 1가닥 ② 조건에 따라 추가		종단저항수 또는 경계구역수 또는 발신기세트수마다 1가닥 추가
㉠	4	2	–	–	–	–	2
㉡	4	2	–	–	–	–	2
㉢	11	1	1	1	1	1	6
		※ 문제의 도면 6F의 전선내역을 참조하여 답안을 작성할 것 예) **공통선(2)**[공통선(1), 경종 및 표시등 공통선(1)], 표시등선(1), 발신기선(1), 전화선(1), 경종선(2), 회로선(6)					
㉣	2	1	–	–	–	–	1
㉤	17	2	1	1	1	1	11
		※ 문제의 도면 6F의 전선내역을 참조하여 답안을 작성할 것 예) **공통선(3)**[공통선(2), 경종 및 표시등 공통선(1)], 표시등선(1), 발신기선(1), 경종선(1), 회로선(11)					

※ 1. ①~⑯ ㈜은 경계구역 번호를 말한다. 따라서 경계구역은 16개, 즉 16회로이다.
  2. RF(옥상층)의 ⑭(차동식감지기)와 ⑯ ㈜은 경계구역이 다르므로 감지기 배선 또한 별도의 회로로 해야 한다.
  3. 문제의 도면 6F의 전선내역을 참조하여 배선내역을 산출한다.

---

06 다음 도면은 자동화재탐지설비의 간선계통도 및 평면도이다. 도면 및 조건을 보고 다음 각 물음에 답하시오. 배점:11 [05년]

[조건]
① 지하 1층, 지상 5층의 건물로서 전층이 기준층이며, 층고는 3m, 이중천장은 천장면으로부터 0.5m이다.
② 모든 파이프는 후강전선관이며, 천장 슬리브 및 벽체 매립배관이다.
③ 주수신반 및 소화전함은 바닥으로부터 상단까지 1.8m이며, 벽체매립으로 한다.
④ 발신기, 표시등, 경종은 소화전위의 상단에 설치한다.
⑤ 3방출 이상은 4각 박스를 사용한다.
⑥ 화재로 인하여 하나의 층의 지구음향장치 또는 배선이 단락되어도 다른 층의 화재 통보에 지장이 없도록 각 층 배선 상에 유효한 조치를 하였다.

⟨계통도⟩

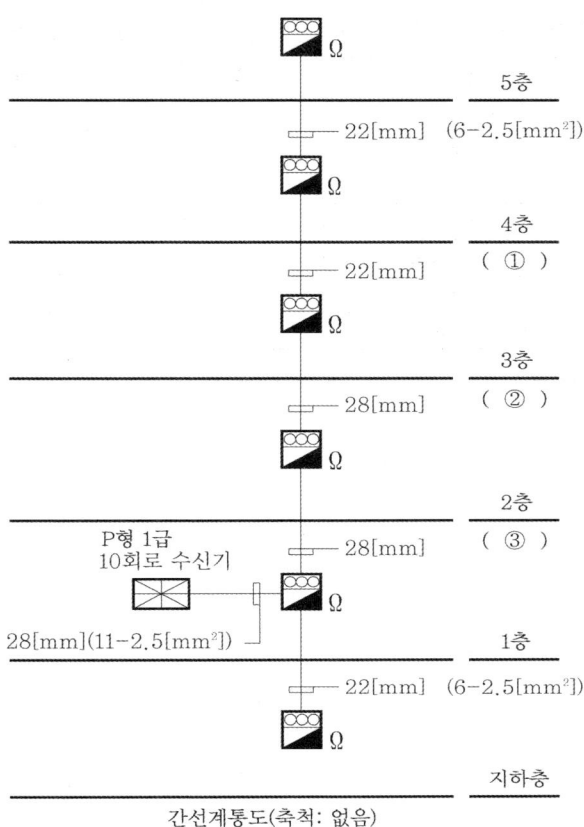

간선계통도(축척: 없음)

⟨평면도⟩

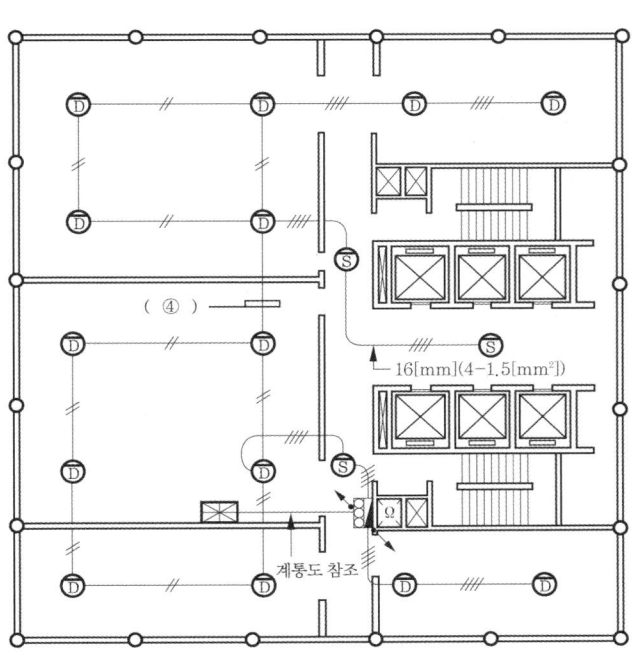

(1) 도면의 ①~④에 필요한 전선가닥수를 구하시오.
(2) 본 공사에 소요되는 물량을 산출하여 답안지의 빈 칸 ①~⑭를 채우시오.

종 류	수 량	종 류	수 량
부싱(16mm)	(①)	8각 박스	(⑧)
부싱(22mm)	(②)	4각 박스	(⑨)
부싱(28mm)	(③)	발신기함	(⑩)
로크너트(16mm)	(④)	수신기함	(⑪)
로크너트(22mm)	(⑤)	차동식스포트형감지기	(⑫)
로크너트(28mm)	(⑥)	연기감지기	(⑬)
노멀밴드(16mm)	(⑦)	경종	(⑭)

• 실전모범답안

(1) ① 7가닥
 ② 8가닥
 ③ 9가닥
 ④ 4가닥

(2)

종 류	수 량	종 류	수 량
부싱(16mm)	(228)	8각 박스	(78)
부싱(22mm)	(6)	4각 박스	(24)
부싱(28mm)	(6)	발신기함	(6)
로크너트(16mm)	(456)	수신기함	(1)
로크너트(22mm)	(12)	차동식스포트형감지기	(84)
로크너트(28mm)	(12)	연기감지기	(18)
노멀밴드(16mm)	(54)	경종	(7)

상세해설

(1) ① 경보방식
 층수가 5층으로서 11층 미만이므로 일제경보방식으로 풀어야 한다.
 ② 자동화재탐지설비의 전선가닥수(P형)

● 일제경보방식(기본 가닥수 : 6가닥)

번호	가닥수	전선의 사용 용도(가닥수)					
		회로 공통선	경종·표시등 공통선	경종선	표시 등선	발신 기선	회로선
		① 회로선 7가닥 초과 시마다 1가닥 추가 ② 조건에 따라 추가	① 1가닥 ② 조건에 따라 추가	1가닥	① 1가닥 ② 조건에 따라 추가		종단저항수 또는 경계구역수 또는 발신기세트수마다 1가닥 추가
①	7	1	1	1	1	1	2

번호	가닥수	전선의 사용 용도(가닥수)					
		회로 공통선	경종·표시등 공통선	경종선	표시 등선	발신 기선	회로선
		① 회로선 7가닥 초과 시 마다 1가닥 추가 ② 조건에 따라 추가	① 1가닥 ② 조건에 따라 추가	1가닥	① 1가닥 ② 조건에 따라 추가		종단저항수 또는 경계구역수 또는 발신기세트수마다 1가닥 추가
②	8	1	1	1	1	1	3
③	9	1	1	1	1	1	4
④	4	2	—	—	—	—	2
1층 소화전함 ↔ 수신기	11	1	1	1	1	1	6

(2) **물량 산출**

① **부싱** : 전선의 **절연피복**을 보호하기 위하여 **금속관 끝**에 취부하여 사용하는 것으로서 **전선관과 박스(Box) 또는 함의 접속개소마다** 사용한다.

② **로크너트** : **박스(Box)와 금속관을 고정**할 때 사용하는 것으로서 **박스 구멍당 2개**를 사용한다. 즉, **전선관과 박스(Box) 또는 함의 접속개소마다 2개**를 사용한다.(부싱개수×2배)

③ 부싱 및 로크너트 소요개수 산출

㉠ 16mm

도 면	구 분	부싱 개수	로크너트 개수
평면도	감지기	36	72
	소화전함	2	4
합계		38×6개 층=228	76×6개 층=456

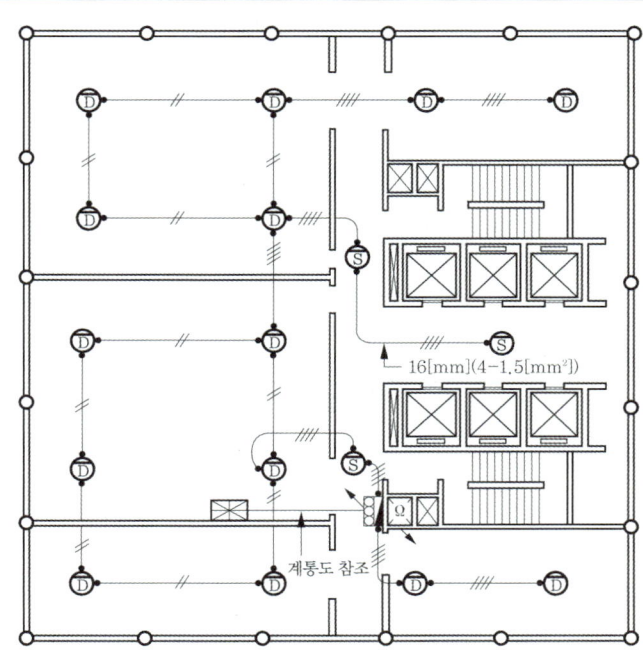

ⓛ 22mm

도 면	구 분	부싱 개수	로크너트 개수
평면도	소화전함(1층 ↔ 지하층)	2	4
	소화전함(4층 ↔ 3층)	2	4
	소화전함(5층 ↔ 4층)	2	4
	합계	6	12

ⓒ 28mm

도 면	구 분	부싱 개수	로크너트 개수
평면도	소화전함(3층 ↔ 2층)	2	4
	소화전함(2층 ↔ 1층)	2	4
	소화전함 ↔ 수신기(1층)	2	4
	합계	6	12

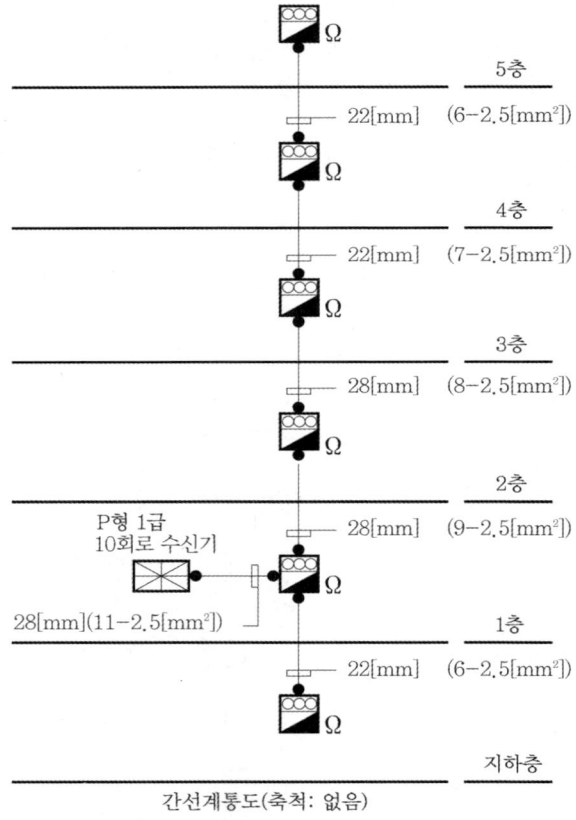

간선계통도(축척: 없음)

④ **노멀밴드** : 금속관을 직각으로 굽히는 곳에 사용한다.

⑤ 노멀밴드 소요개수 산출(16mm)

도 면	구 분	노멀밴드 개수	비 고
평면도	감지기 ↔ 감지기	7	산출 이유 : 감지기와 수동발신기의 설치높이 차이
	소화전함 ↔ 감지기	2	
합계		9×6개 층=54	

※ 그 외 : 노멀밴드(28mm) : 2개소
  (간선계통도상 1층 수신기 ↔ 소화전함에 사용되나 본 문제에서는 16mm만 답하라 하였으므로 계산에 산입하지 않는다.)

〈평면도〉

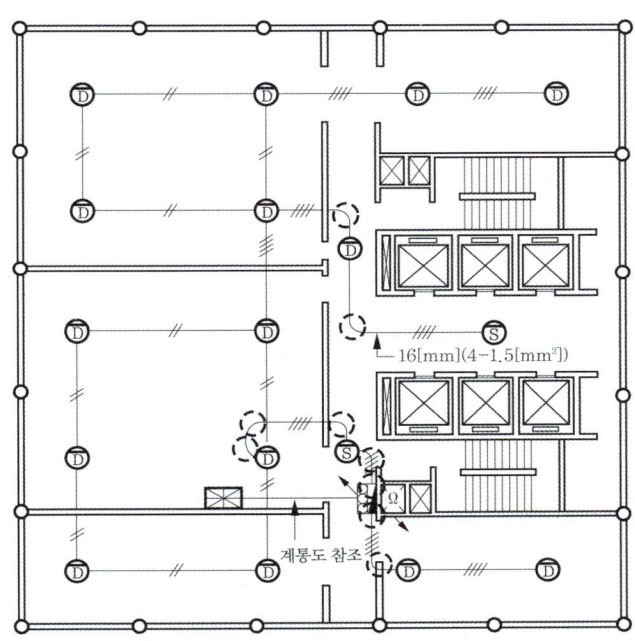

※ 28mm 노멀밴드 사용처

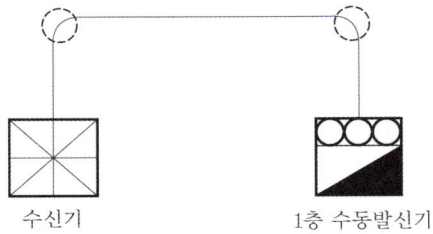

⑥ 박스(Box) 사용처

박스의 종류	사용처
4각 박스	① 4방출 이상(문제의 조건에 따라서 산출) ② 한쪽면이 2방출 이상 ③ 수신기, 부수신기, 제어반, 발신기세트, 슈퍼비죠리판넬, 수동조작함 • 전선관 매립시공, 함 매립시공 : 산출(×) ←전선관 매립시공 ←발신기세트 내함 (자체 매립형 내함을 사용하므로 4각 박스가 불필요하다.)
8각 박스	① 4각 박스 사용처 이외의 곳 ② 감지기, 유도등, 사이렌, 방출표시등, 습식밸브, 건식밸브, 준비작동식밸브, 일제살수식밸브 등

⑦ 8각 박스 소요개수 산출

문제의 조건에서 3방출 이상은 4각 박스를 사용하므로 평면도에서 감지기의 1방출, 2방출인 곳은 13개소이다.

따라서, 소요개수=13×6개 층=78개이다.

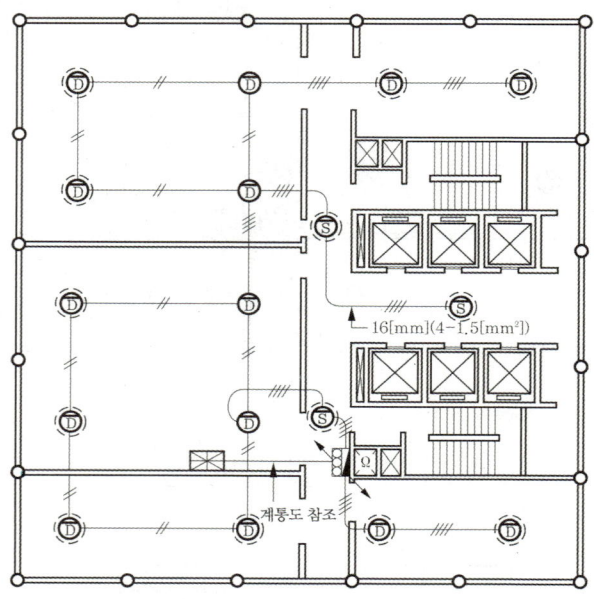

⑧ 4각 박스 소요개수 산출

문제의 조건에서 3방출 이상은 4각 박스를 사용하므로 평면도에서 감지기의 3방출, 4방출인 곳은 4개소이다.

따라서, 소요개수=4×6개 층=24개이다.

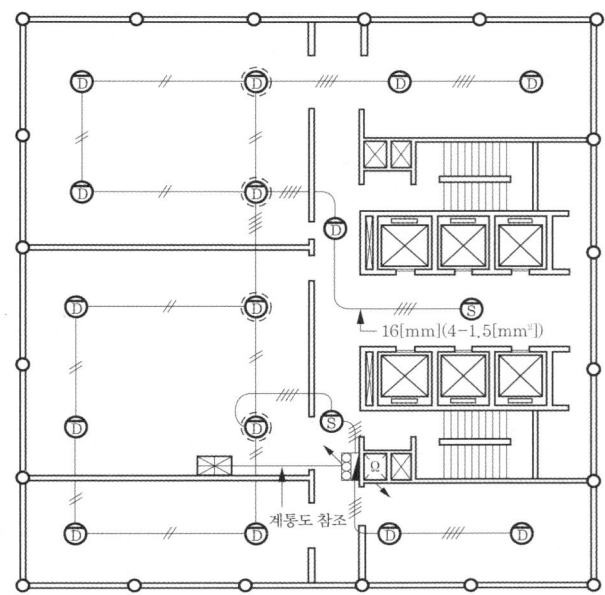

※ 문제의 조건에서 후강전선관을 매립시공하고, 수신반 및 소화전함도 매립시공하므로 수신반 및 소화전함에 대한 4각 박스는 산출하지 않는다.

⑨ 발신기함 소요개수 산출
  각 층마다 1개씩이므로 1×6개 층=6개이다.
⑩ 수신기 소요개수 산출
  1층에 1개소이다.
⑪ 차동식스포트형감지기 소요개수 산출
  1개 층에 14개소이므로 14×6개 층=84개이다.
⑫ 연기감지기 소요개수 산출
  1개 층에 3개소이므로 3×6개 층=18개이다.
⑬ 경종의 소요개수 산출
  발신기세트 내에 지구경종이 1개씩 설치되고 수신기 부근에 주경종 1개가 설치되므로 6+1=7개이다.

07 다음 도면은 자동화재탐지설비를 설계한 어느 건물의 평면도이다. 주어진 조건과 자료를 이용하여 다음 각 물음에 답하시오. 배점:12 [10년]

[조건]
① 방호대상물은 이중천장이 없는 구조이다.
② 배관공사는 콘크리트 매립, 전선관은 후강전선관을 사용한다.
③ 감지기 설치는 매립 콘크리트박스에 직접 설치하는 것으로 한다.
④ 감지기간 전선은 HFIX 1.5mm², 감지기간 배선을 제외한 전선은 HFIX 2.5mm² 전선을 사용한다.
⑤ 수신기와 발신기세트 사이의 거리는 15m이며, 22mm 후강전선관을 사용한다.
⑥ 감지기와 감지기 사이 및 발신기세트와 감지기 사이의 거리는 각각 10m이며, 16mm 후강전선관을 사용한다.
⑦ 화재로 인하여 하나의 층의 지구음향장치 또는 배선이 단락되어도 다른 층의 화재 통보에 지장이 없도록 각 층 배선 상에 유효한 조치를 하였다.

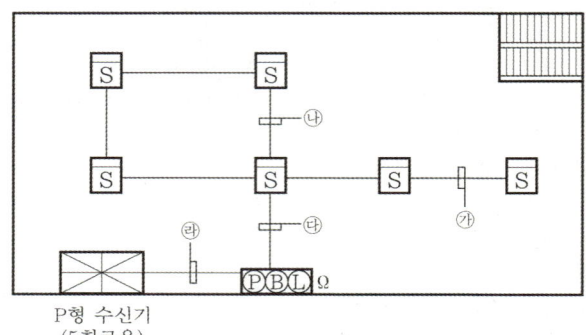

P형 수신기
(5회로용)

(1) ㉮~㉣의 전선가닥수는 각각 몇 가닥인지 구하시오.
(2) 주어진 품셈표에 의하여 공사에 소요되는 소요자재 및 설치노무비 품과 노무비를 산출하여 ①~⑩까지의 빈 칸을 채우고 총 노무비를 계산하시오. (단, 내선전공의 노임단가는 95,000원으로 적용한다.)

품 명	수 량	단 위	공량계	노임단가(원)	노무비(원)
수동발신기 P-1	(①)	개	(②)	(③)	(④)
경종	(⑤)	개	(⑥)	(⑦)	(⑧)
표시등	(⑨)	개	(⑩)	(⑪)	(⑫)
P-1 수신기	(⑬)	대	(⑭)	(⑮)	(⑯)
후강전선관(16mm)	(⑰)	m	(⑱)	(⑲)	(⑳)
후강전선관(22mm)	(㉑)	m	(㉒)	(㉓)	(㉔)
HFIX 전선(1.5mm²)	(㉕)	m	(㉖)	(㉗)	(㉘)
HFIX 전선(2.5mm²)	(㉙)	m	(㉚)	(㉛)	(㉜)
수동발신기함	(㉝)	개	(㉞)	(㉟)	(㊱)
광전식 연기감지기	(㊲)	개	(㊳)	(㊴)	(㊵)

▶▶ 핵심 빈번한 기출문제 100선

공 종	단 위	내선전공 공량	공 종	단 위	내선전공 공량
수동발신기 P-1	개	0.3	후강전선관(28mm)	m	0.14
경종	개	0.15	후강전선관(36mm)	m	0.2
표시등	개	0.2	전선 $6mm^2$ 이하	m	0.01
P-1 수신기(기본 공수)	대	6	전선 $16mm^2$ 이하	m	0.02
P-1 수신기 회선당 할증	회선	0.3	전선 $35mm^2$ 이하	m	0.031
부수신기(기본 공수)	대	3.0	수동발신기함	개	0.66
유도등	개	0.2	광전식 연기감지기	개	0.13
후강전선관(16mm)	m	0.08			
후강전선관(22mm)	m	0.11			

• 실전모범답안

(1) ㉮ 4가닥 ㉯ 2가닥 ㉰ 4가닥 ㉱ 6가닥

(2)

품 명	수 량	단 위	공량계	노임단가(원)	노무비(원)
수동발신기 P-1	(1)	개	(1×0.3=0.3)	(95,000)	(0.3×95,000=28,500)
경종	(2)	개	(2×0.15=0.3)	(95,000)	(0.3×95,000=28,500)
표시등	(1)	개	(1×0.2=0.2)	(95,000)	(0.2×95,000=19,000)
P-1 수신기	(1)	대	(6+(1×0.3)=6.3)	(95,000)	(6.3×95,000=598,500)
후강전선관(16mm)	(70)	m	(70×0.08=5.6)	(95,000)	(5.6×95,000=532,000)
후강전선관(22mm)	(15)	m	(15×0.11=1.65)	(95,000)	(1.65×95,000=156,750)
HFIX 전선(1.5mm^2)	(200)	m	(200×0.01=2)	(95,000)	(2×95,000=190,000)
HFIX 전선(2.5mm^2)	(90)	m	(90×0.01=0.9)	(95,000)	(0.9×95,000=85,500)
수동발신기함	(1)	개	(1×0.66=0.66)	(95,000)	(0.66×95,000=62,700)
광전식 연기감지기	(6)	개	(6×0.13=0.78)	(95,000)	(0.78×95,000=74,100)

상세해설

(1) 전선가닥수

① 자동화재탐지설비의 전선가닥수(P형)

◉ 일제경보방식(기본 가닥수 : 6가닥)

번호	가닥수	전선의 사용 용도(가닥수)					
		회로 공통선	경종·표시등 공통선	경종선	표시 등선	발신 기선	회로선
		① 회로선 7가닥 초과 시 마다 1가닥 추가 ② 조건에 따라 추가	① 1가닥 ② 조건에 따라 추가	1가닥	① 1가닥 ② 조건에 따라 추가		종단저항수 또는 경계구역수 또는 발신기세트수마다 1가닥 추가
㉮	4	2	–	–	–	–	2
㉯	2	1	–	–	–	–	1
㉰	4	2	–	–	–	–	2
㉱	6	1	1	1	1	1	1

※ 평면도 상에서는 일제경보방식으로 생각할 것

● 배선 내역

구 분	배선수	전선 규격	전선관 규격
㉮	4	HFIX 1.5mm²	16C
㉯	2	HFIX 1.5mm²	16C
㉰	4	HFIX 1.5mm²	16C
㉱	6	HFIX 2.5mm²	22C

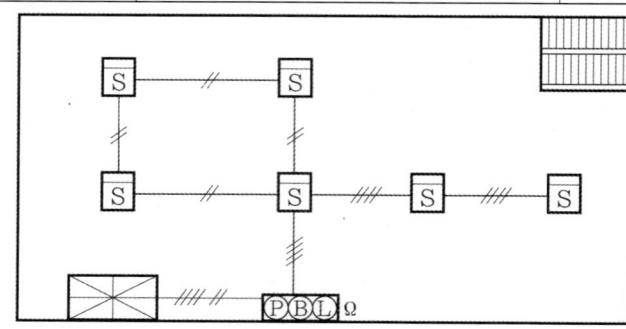

P형 1급 수신기
(5회로용)

(2) 품셈표

품셈표란 건축 시 인력이나 기계로 만드는 데 드는 단위당 노력과 능률 및 재료를 수량으로 나타낸 것으로서 생산에 소요되는 비용을 산정하기 위한 기술을 말한다.

- 공량계=수량×내선전공 공량
- 노임단가 : 문제의 단서에서 95,000원
- 노무비 : 공량계×노임단가

① 수동발신기 P형
  ㉠ 수량 : 1개
  ㉡ 공량계 : 1개×0.3=0.3
  ㉢ 노무비 : 0.3×95,000원=28,500원

② 경종
  ㉠ 수량 : 2개(주경종 1개+지구경종 1개)
  ㉡ 공량계 : 2개×0.15=0.3
  ㉢ 노무비 : 0.3×95,000원=28,500원
  ※ 주경종 : 수신기 내부 또는 직근에 1개 설치
     지구경종 : 발신기세트 내부에 1개 설치

③ 표시등
  ㉠ 수량 : 1개
  ㉡ 공량계 : 1개×0.2=0.2
  ㉢ 노무비 : 0.2×95,000원=19,000원

④ P형 수신기
  ㉠ 수량 : 1대
  ㉡ 공량계 : 기본공수+회선당 할증이며 문제의 도면에서 종단저항이 1개이므로 1회선이다.
     따라서, 기본공수 6+(1×0.3)=6.3
  ㉢ 노무비 : 6.3×95,000원=598,500원

⑤ 후강전선관(16mm)
    ㉠ **수량** : 조건 ⑥에서 감지기와 감지기 사이 발신기세트와 감지기 사이의 거리는 각각 10m이며,
        16mm 후강전선관을 사용하므로 10m×7개소=**70m**
    ㉡ **공량계** : 10m×7개소×0.08=**5.6**
    ㉢ **노무비** : 5.6×95,000원=**532,000원**

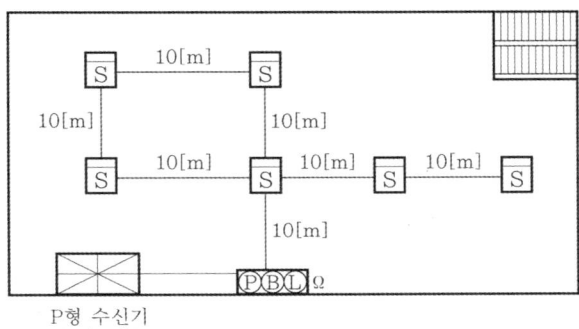

⑥ 후강전선관(22mm)
    ㉠ **수량** : 조건 ⑤에서 수신기와 발신기세트 사이의 거리는 15m이며, 22mm 후강전선관을 사용
        하므로 15m×1개소=**15m**
    ㉡ **공량계** : 15m×0.11=**1.65**
    ㉢ **노무비** : 1.65×95,000원=**156,750원**

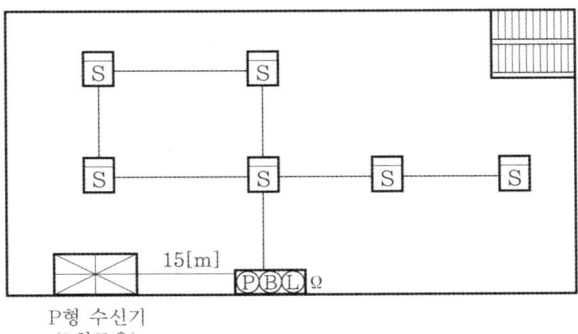

⑦ HFIX 전선(1.5mm²)
    ㉠ **수량** : 조건 ④에서 감지기간 전선은 HFIX 1.5mm²를 사용하므로
        [(2가닥×4개소)+(4가닥×3개소)]×10m=**200m**
    ㉡ **공량계** : 200m×0.01=**2**
    ㉢ **노무비** : 2×95,000원=**190,000원**
    ※ 전선 6mm² 이하를 적용한다.

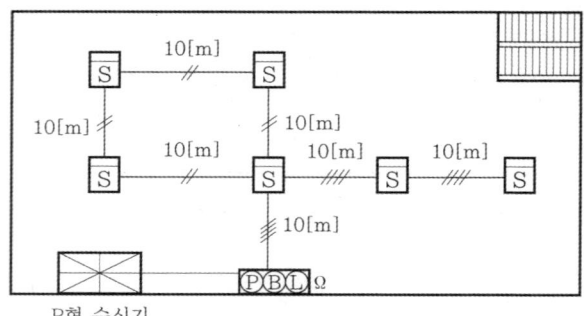

⑧ HFIX 전선(2.5mm²)
　　㉠ 수량 : 조건 ④에서 감지기간 배선을 제외한 전선은 HFIX 2.5mm²를 사용하므로
　　　　(6가닥×1개소)×15m=**90m**
　　㉡ 공량계 : 90m×0.01=**0.9**
　　㉢ 노무비 : 0.9×95,000원=**85,500원**

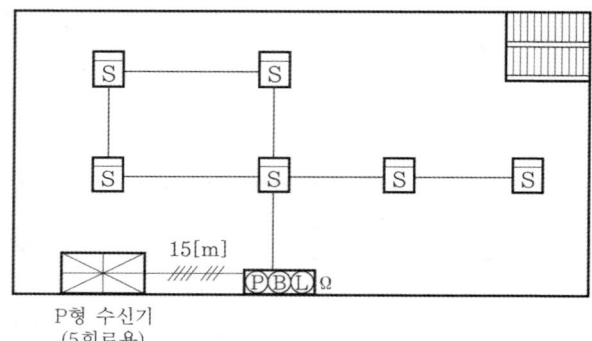

⑨ 수동발신기함
　　㉠ 수량 : **1개**
　　㉡ 공량계 : 1개×0.66=**0.66**
　　㉢ 노무비 : 0.66×95,000원=**62,700원**
⑩ 광전식 연기감지기
　　㉠ 수량 : **6개**
　　㉡ 공량계 : 6개×0.13=**0.78**
　　㉢ 노무비 : 0.78×95,000원=**74,100원**

〈총 노무비〉
　총 노무비=28,500+28,500+19,000+598,500+532,000+156,750+190,000+85,500+62,700
　　　　　　+74,100
　　　　　=**1,775,550원**

▶▶ 핵심 빈번한 기출문제 100선

08 기동용 수압개폐장치를 이용한 옥내소화전설비의 계통도를 보고 다음 각 물음에 답하시오.

배점 : 9   [09년]

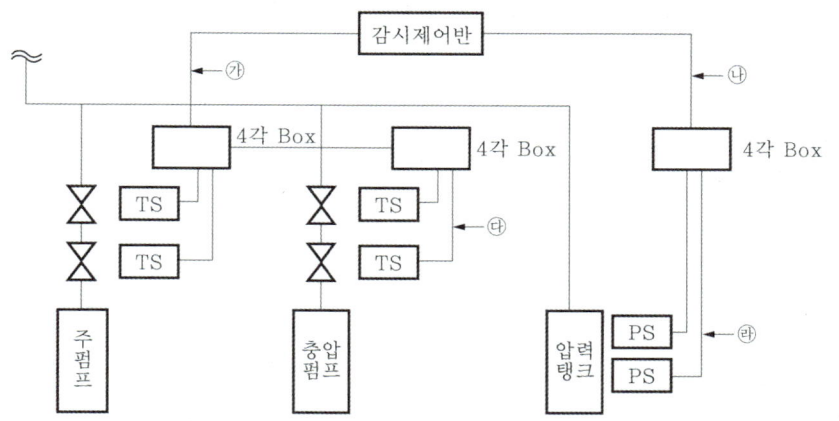

(1) 도면의 ㉮~㉱에 해당하는 전선의 가닥수를 쓰시오.
(2) 옥내소화전설비에는 제어반을 설치하되, 감시제어반과 동력제어반으로 구분하여 설치해야 한다. 다음 각 물음에 답하시오.
  ① 각 펌프의 작동여부를 확인할 수 있는 (㉠) 및 (㉡) 기능이 있어야 할 것
  ② 각 펌프를 (㉢) 및 (㉣)으로 작동시키거나 작동을 중단시킬 수 있어야 할 것
  ③ 비상전원을 설치한 경우에는 (㉤) 및 (㉥)의 공급여부를 확인할 수 있어야 할 것
  ④ 수조 또는 물올림탱크가 (㉦)로 될 때 표시등 및 음향으로 경보할 것
  ⑤ 기동용 수압개폐장치의 압력스위치 회로, 수조 또는 물올림탱크의 감시 회로마다 (㉧) 및 (㉨)을 할 수 있어야 할 것

• 실전모범답안

(1) ㉮ 5가닥   ㉯ 3가닥   ㉰ 2가닥   ㉱ 2가닥
(2) ① 각 펌프의 작동여부를 확인할 수 있는 (㉠ 표시등) 및 (㉡ 음향경보) 기능이 있어야 할 것
   ② 각 펌프를 (㉢ 수동) 및 (㉣ 자동)으로 작동시키거나 작동을 중단시킬 수 있어야 할 것
   ③ 비상전원을 설치한 경우에는 (㉤ 상용전원) 및 (㉥ 비상전원)의 공급여부를 확인할 수 있어야 할 것
   ④ 수조 또는 물올림탱크가 (㉦ 저수위)로 될 때 표시등 및 음향으로 경보할 것
   ⑤ 기동용 수압개폐장치의 압력스위치 회로, 수조 또는 물올림탱크의 감시 회로마다 (㉧ 도통시험) 및 (㉨ 작동시험)을 할 수 있어야 할 것

상세해설

(1) 전선가닥수
  ① 배선내역

구 분	배선수	용 도
㉮	5	공통 1, TS(탬퍼스위치) 4
㉯	3	공통 1, PS(압력스위치) 2
㉰	2	TS(탬퍼스위치) 2(공통 1, TS 1)
㉱	2	PS(압력스위치) 2(공통 1, PS 1)

09 다음은 준비작동식 스프링클러설비의 계통도이다. 그림을 보고 각 물음에 답하시오. (단, 감지기 공통선과 전원 공통선을 분리해서 사용하고, 프리액션밸브용 압력스위치, 탬퍼스위치 및 솔레노이드밸브의 공통선은 1가닥을 사용한다.)

배점 : 7 [10년]

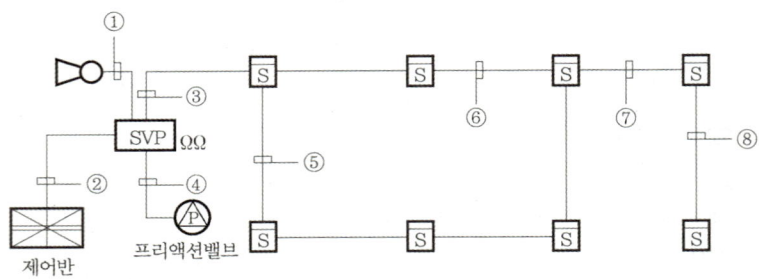

(1) 그림을 보고 ①~⑧까지의 가닥수를 쓰시오.

기 호	①	②	③	④	⑤	⑥	⑦	⑧
가닥수								

(2) ②의 가닥수와 배선내역을 쓰시오.

②	가닥수	내 역

• 실전모범답안

(1)
기 호	①	②	③	④	⑤	⑥	⑦	⑧
가닥수	2	9	8	4	4	4	8	4

(2)
②	가닥수	내 역
	9	전원 +, −, 감지기 A, 사이렌, 감지기 B, 기동, 밸브개방확인, 밸브주의, 감지기 공통

상세해설

(1) 전선가닥수

① 준비작동식 스프링클러설비의 전선가닥수

기본 가닥수	감시제어반(수신반) ↔ SVP (기본 가닥수 : 8가닥)								SVP(슈퍼비죠리판넬) ↔ 준비작동식밸브 (프리액션밸브, P/V) (기본 가닥수 : 4가닥)			
	전원 +	전원 −	감지기A	사이렌	감지기B	기동	밸브개방확인	밸브주의(TS)	공통	TS	PS	SOL
가닥수의 추가 조건	1가닥		① 준비작동식밸브(프리액션밸브(P/V)) 수마다 1가닥씩 추가 ② 밸브주의(TS)선은 조건에 따라 추가						① 기본 4가닥 ② 조건에 따라 추가			

※ 1. 문제의 조건에서 감지기 공통선을 별도로 사용하라고 하였을 경우 감지기 공통선 1가닥을 추가할 것
　2. 사이렌선 : 지하층에 관한 문제에서 우선경보방식의 조건이 있을 경우 지하 모든 층에 경보가 되므로 1가닥으로 산출한다.
　3. 기타 배선 : 문제의 조건에 따라 추가 가능
② 배선내역

구 분	배선수	배선의 용도
①	2	사이렌 2(공통 1, 사이렌 1)
②	9	전원 +, −, 감지기 A, 사이렌, 감지기 B, 기동, 밸브개방확인, 밸브주의, 감지기 공통
③	8	공통 4, 회로 4
④	4	공통선, TS(탬퍼스위치), PS압력(압력스위치), SOL(솔레노이드밸브)
⑤	4	공통 2, 회로 2
⑥	4	공통 2, 회로 2
⑦	8	공통 4, 회로 4
⑧	4	공통 2, 회로 2

※ 1. 문제 조건에서 감지기 공통선과 전원 공통선은 분리해서 사용하므로 ②의 기본 가닥수는 10가닥이 된다.
　2. 문제 조건에서 프리액션밸브용 압력스위치(PS), 탬퍼스위치(TS) 및 솔레노이드밸브(SOL)의 공통선은 1가닥을 사용한다.

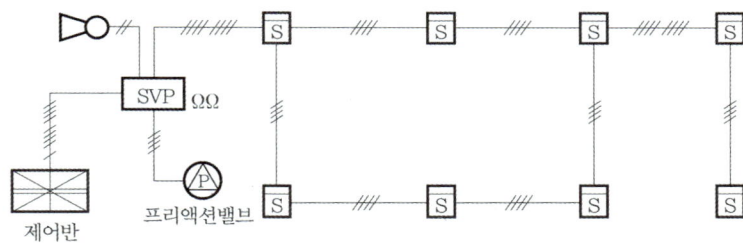

10 내화구조인 지하 1층, 2층, 3층의 주차장에 프리액션형의 스프링클러 시설을 하고 차동식스포트형감지기 2종을 설치하여 소화설비와 연동하는 감지기 배선을 하려고 한다. 주어진 평면도를 이용하여 다음 각 물음에 답하시오. (단, 층고는 3.6m이다.)　배점 : 14　[03년] [09년] [18년]

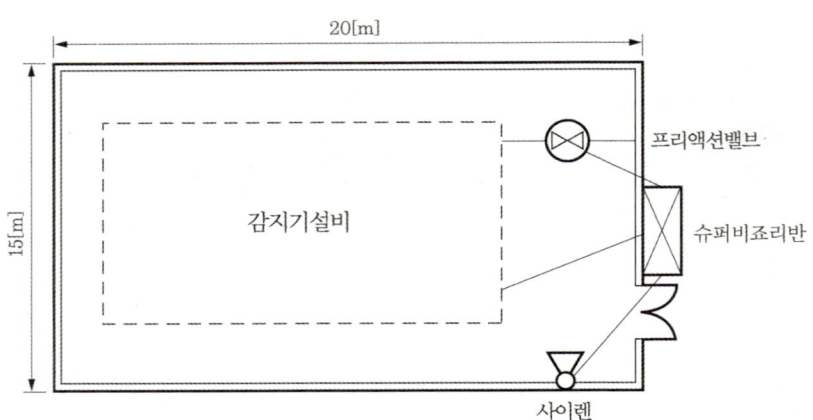

(1) 본 주차장에 필요한 감지기 수량을 산정하시오.
(2) 각 설비 및 감지기간 배선도를 작성하고 배선에 필요한 가닥수를 평면도에 직접 표기하시오.
(3) 본 설비의 계통도를 작성하고, 계통도상에 전선수를 쓰시오.

• 실전모범답안

(1) 30개

(2)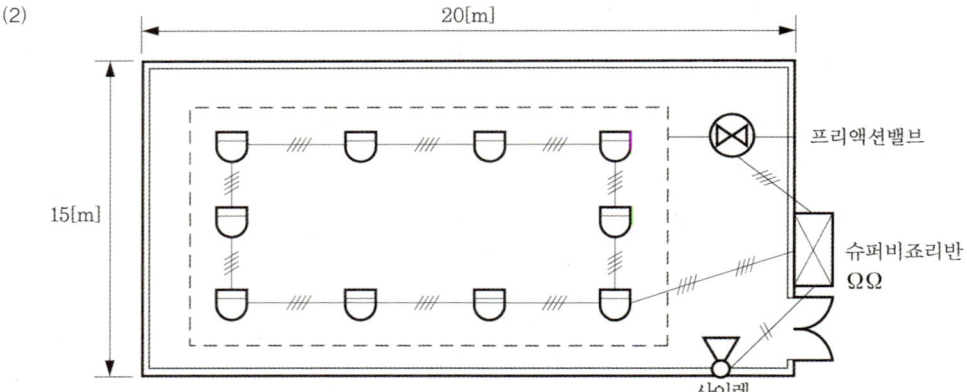

(3)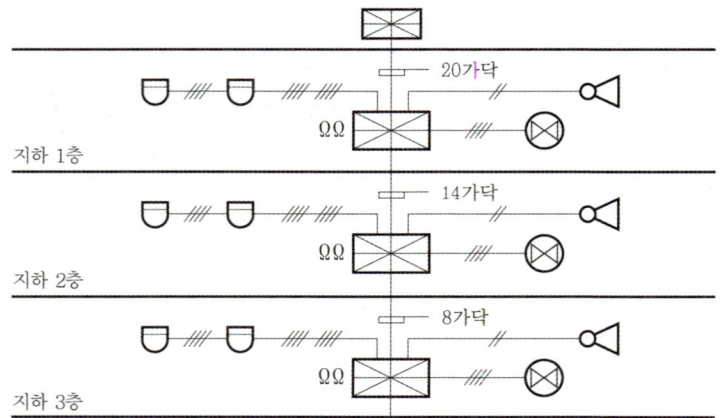

(1) 감지기 수량

① 차동식·보상식·정온식스포트형감지기의 부착높이에 따른 바닥면적 기준

(단위 : [m²])

부착높이 및 소방대상물의 구분		감지기의 종류						
		차동식 스포트형		보상식 스포트형		정온식 스포트형		
		1종	2종	1종	2종	특종	1종	2종
4m 미만	내화구조	90	70	90	70	70	60	20
	기타 구조	50	40	50	40	40	30	15
4m 이상 8m 미만	내화구조	45	35	45	35	35	30	-
	기타 구조	30	25	30	25	25	15	-

문제 조건에서 내화구조, 차동식스포트형 2종, 층고가 4m 미만이므로 기준면적은 70m²가 된다. 따라서 감지기 설치개수는,

$$\frac{20m \times 15m}{70m^2} = 4.285 ≒ 5개 (소수점 이하는 절상)한다.$$

준비작동식 스프링클러설비는 교차회로방식이므로 5개×2회로=10개
3개 층이므로 10개×3개 층=30개가 된다.

(2) 전선가닥수

① 배선내역

구 분	배선수	배선의 용도
감지기 ↔ 감지기	4	공통 2, 회로 2
감지기 ↔ SVP	8	공통 4, 회로 4
프리액션밸브 ↔ SVP	4	공통선, TS(탬퍼스위치), PS압력(압력스위치), SOL(솔레노이드밸브)
사이렌 ↔ SVP	2	사이렌 2(공통 1, 사이렌 1)

(3) 계통도 작성

① 준비작동식 스프링클러설비의 전선가닥수

기본 가닥수	감시제어반(수신반) ↔ SVP (기본 가닥수 : 8가닥)							SVP(슈퍼비죠리판넬) ↔ 준비작동식밸브 (프리액션밸브, P/V) (기본 가닥수 : 4가닥)			
	전원+	전원-	감지기A	사이렌	감지기B	기동	밸브개방확인	밸브주의(TS)	공통	TS	PS	SOL
가닥수의 추가 조건	1가닥		① 준비작동식밸브(프리액션밸브(P/V)) 수마다 1가닥씩 추가 ② 밸브주의(TS)선은 조건에 따라 추가						① 기본 4가닥 ② 조건에 따라 추가			

※ 1. 문제의 조건에서 감지기 공통선을 별도로 사용하라고 하였을 경우 감지기 공통선 1가닥을 추가할 것
  2. 사이렌선 : 지하층에 관한 문제에서 우선경보방식의 조건이 있을 경우 지하 모든 층에 경보가 되므로 1가닥으로 산출한다.
  3. 기타 배선 : 문제의 조건에 따라 추가 가능

② 배선내역

구 분	배선수	배선의 용도
지하 1층	20	전원 +, −, (감지기 A, 사이렌, 감지기 B, 기동, 밸브개방확인, 밸브주의)×3
지하 2층	14	전원 +, −, (감지기 A, 사이렌, 감지기 B, 기동, 밸브개방확인, 밸브주의)×2
지하 3층	8	전원 +, −, 감지기 A, 사이렌, 감지기 B, 기동, 밸브개방확인, 밸브주의
SVP ↔ 프리액션밸브	4	공통선, TS(탬퍼스위치), PS압력(압력스위치), SOL(솔레노이드밸브)
사이렌	2	사이렌 2(공통 1, 사이렌 1)

Tip 준비작동식 스프링클러설비의 경우 감지기회로가 A, B 두 회로이므로 슈퍼비죠리판넬에서의 종단저항은 2개임을 주의하자!!

11 다음 그림은 CO_2설비의 부대 전기 평면도를 나타낸 것이다. 주어진 조건과 도면을 이용하여 다음 각 물음에 답하시오. 　　　　　　　　　　　　　　　　　배점 : 9 [06년]

[조건]
① 본 CO_2 대상지역의 천장은 이중천장이 없는 구조이다.
② CO_2 수동조작함과 CO_2 컨트롤 판넬간의 배선은
　⊕ · ⊖ 전원 : 2선
　감지기 : 2선
　수동기동 : 1선
　방출표시등 : 1선
　사이렌 : 1선
　방출지연스위치 : 1선이다.
③ 배관은 후강스틸 전선관을 사용하며 슬래브 내 매립시공하는 것으로 한다.

▶▶ 핵심 빈번한 기출문제 100선

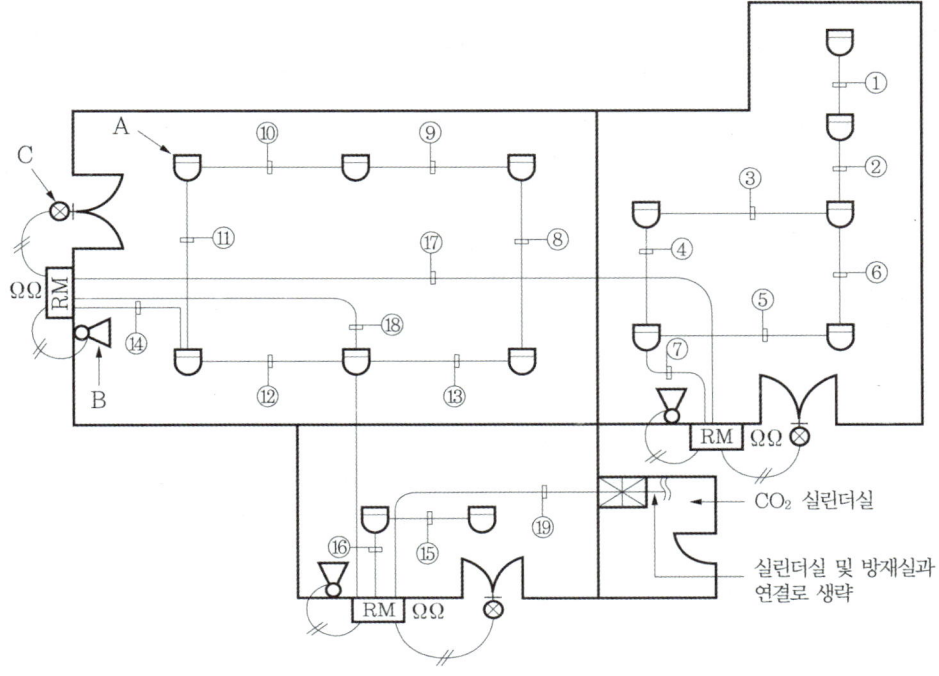

(1) 도면 ①~⑲까지의 전선수는 각각 몇 가닥인지 구하시오.
(2) 도면 A~C의 명칭은 무엇인지 쓰시오. (단, 종류가 구분되어야 할 것은 구분된 명칭까지 상세히 밝히도록 하시오.)

• **실전모범답안**
(1) ① 4가닥 ② 8가닥 ③ 4가닥 ④ 4가닥 ⑤ 4가닥 ⑥ 4가닥 ⑦ 8가닥 ⑧ 4가닥 ⑨ 4가닥 ⑩ 4가닥 ⑪ 4가닥 ⑫ 4가닥 ⑬ 4가닥 ⑭ 8가닥 ⑮ 4가닥 ⑯ 8가닥 ⑰ 8가닥 ⑱ 13가닥 ⑲ 18가닥
(2) A : 차동식스포트형감지기
    B : 사이렌
    C : 방출표시등(벽붙이형)

상세해설

(1) 배선내역

구 분	배선수	배선의 용도
①, ③~⑥, ⑧~⑬, ⑮	4	공통 2, 회로 2
②, ⑦, ⑭, ⑯	8	공통 4, 회로 4
⑰	8	전원 +, −, 감지기 A, 사이렌, 감지기 B, 기동스위치, 방출표시등, 방출지연스위치
⑱	13	전원 +, −, (감지기 A, 사이렌, 감지기 B, 기동스위치, 방출표시등)×2, 방출지연스위치
⑲	18	전원 +, −, (감지기 A, 사이렌, 감지기 B, 기동스위치, 방출표시등)×3, 방출지연스위치

12 전산실에 할론소화설비를 설치하려고 한다. 건축물의 구조는 내화구조이고 층간 높이가 3.6m, 바닥면적이 600m²일 때 다음 물음에 답하시오. 배점 : 12 [07년]

(1) 해당 장소에 적합한 감지기의 종류 및 수량에 대하여 쓰시오. (단, 설치해야 할 감지기는 2종을 설치한다.)
(2) 감지기의 회로방식과 이 방식을 사용하는 목적에 대하여 쓰시오.
(3) 다음 조건을 고려하여 도면을 완성하시오.

[조건]
① 전역방출방식
② 천장은폐배선 시공
③ 후강전선관 적용

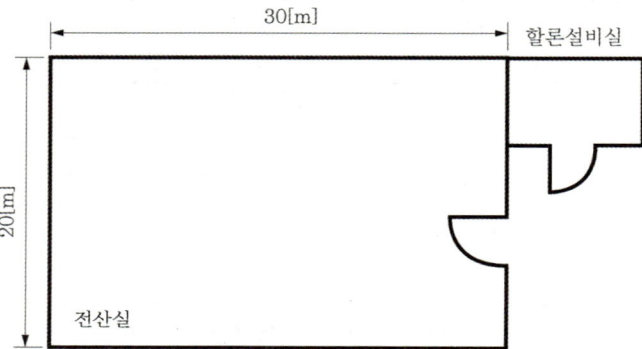

(4) 할론소화설비의 작동이 감지기 작동에 의한 것임을 가정할 때, 작동 순서에 대하여 설명하시오.

• 실전모범답안

(1) ① 감지기의 종류 : 연기감지기(광전식스포트형) 2종
    ② 8개
(2) ① 회로방식 : 교차회로방식
    ② 회로방식의 목적 : 설비의 오작동을 방지하기 위해
(3)

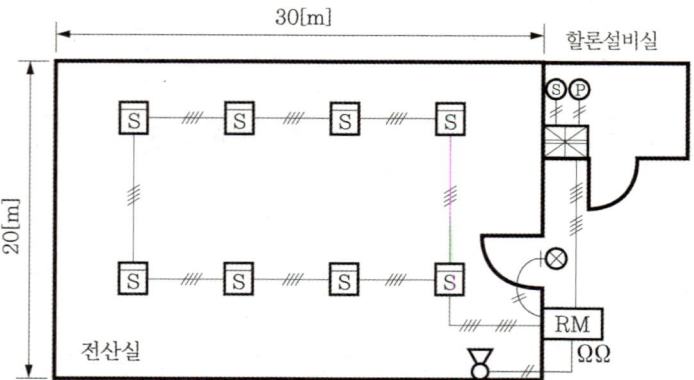

(4) ① 감지기 작동(A회로 또는 B회로)
② 제어반에 화재표시등 및 지구표시등 점등
③ 사이렌 경보
④ 감지기 작동(B회로 또는 A회로)
⑤ 솔레노이드밸브 작동
⑥ 기동용기 개방
⑦ 소화약제 방출
⑧ 압력스위치 작동
⑨ 방출표시등 점등

상세해설

(1) 감지기의 종류 및 수량
① 설치장소별 감지기 적응성

설치장소		적응열감지기					적응연기감지기					불꽃감지기	비고
환경상태	적응장소	차동식 스포트형	차동식 분포형	보상식 스포트형	정온식	열아날로그식	이온화식 스포트형	광전식 스포트형	이온아날로그식 스포트형	광전아날로그식 스포트형	광전식 분리형	광전아날로그식 분리형		
훈소화재의 우려가 있는 장소	전화기기실, 통신기기실, 전산실, 기계제어실							○			○	○	○	

② 연기감지기 부착높이별 바닥면적 기준

(단위 : [m²])

부착높이	감지기의 종류	
	1종 및 2종	3종
4m 미만	150	50
4m 이상 20m 미만	75	설치 불가

조건에 따라 **층고가 4m 미만**이므로 **기준면적은 150m²**가 된다.
따라서, **감지기 설치개수**는 다음과 같다.

$$\frac{30\text{m} \times 20\text{m}}{150\text{m}^2} = 4개$$

할론소화설비는 교차회로 배선방식이므로 4개×2회로=8개

13 도면과 같은 컴퓨터실에 독립적으로 할론소화설비를 하려고 한다. 이 설비를 자동적으로 동작시키기 위한 전기설계를 하시오.

배점 : 13 [06년]

[조건]
① 평면도 및 제어계통도만 작성할 것
② 감지기의 종류를 명시할 것
③ 배선 상호간에 사용되는 전선류와 전선 가닥수를 표시할 것
④ 심벌은 임의로 사용하고 심벌 부근에 심벌명을 기재할 것
⑤ 실의 높이는 4m이며 지상 2층에 컴퓨터실이 있음

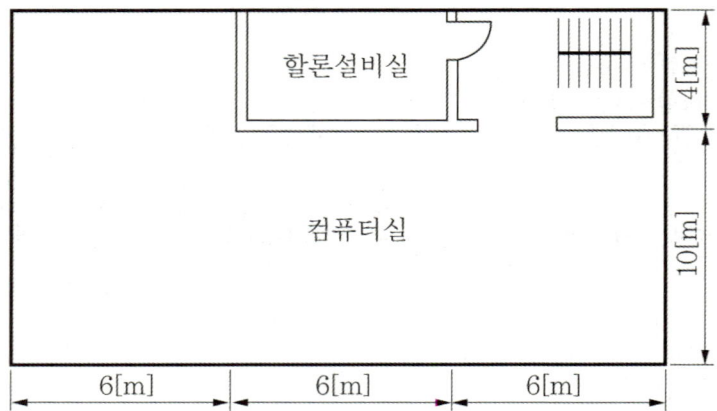

(1) 평면도를 작성하시오.
(2) 제어계통도를 작성하시오.

• 실전모범답안

(1)

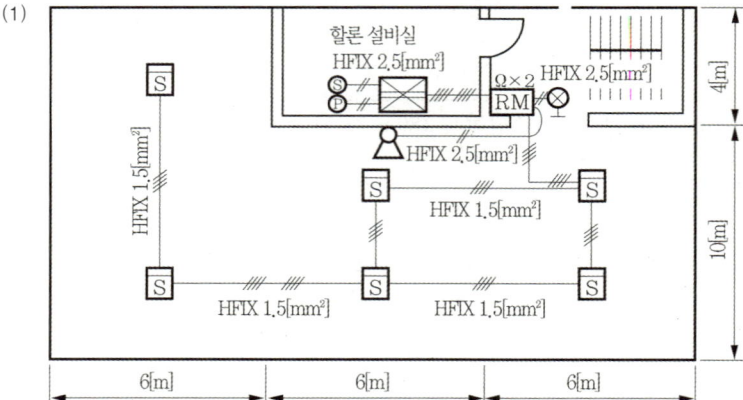

(2)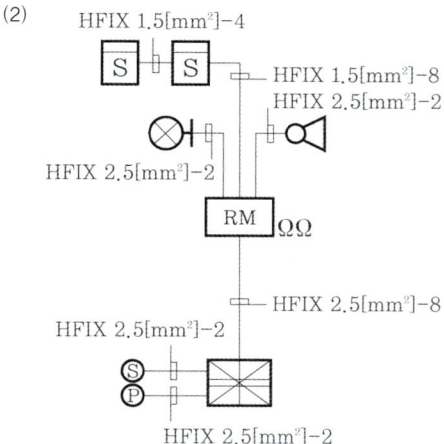

상세해설

① 설치장소별 감지기 적응성

설치장소		적응열감지기					적응연기감지기					불꽃감지기	비고
환경상태	적응장소	차동식 스포트형	차동식 분포형	보상식 스포트형	정온식	열아날로그식	이온화식 스포트형	광전식 스포트형	이온아날로그식 스포트형	광전아날로그식 스포트형	광전식 분리형	광전아날로그식 분리형		
훈소 화재의 우려가 있는 장소	전화기기실, 통신기기실, 전산실, 기계제어실							○		○	○	○		

② 연기감지기 부착높이별 바닥면적 기준

(단위 : [m²])

부착높이	감지기의 종류	
	1종 및 2종	3종
4m 미만	150	50
4m 이상 20m 미만	75	설치 불가

층고가 4m 이상이고 연기감지기(광전식스포트형) 2종을 설치하므로 **기준면적은 75m²**가 된다.
따라서, **감지기 설치개수**는 다음과 같다.
$$\frac{(6+6+6)m \times (10+4)m - (6+6)m \times 4m}{75m^2} = 2.72 ≒ 3개(소수점 이하는 절상)$$
할론소화설비는 교차회로 배선방식이므로 3개×2회로=6개

③ 배선내역

구 분	배선수	배선의 용도
할론제어반 ↔ 수동조작함	8	전원 +, -, 감지기 A, 사이렌, 감지기 B, 기동스위치, 방출표시등, 방출지연스위치
감지기 ↔ 감지기	4	공통 2, 회로 2
수동조작함 ↔ 감지기	8	공통 4, 회로 4
수동조작함 ↔ 사이렌	2	사이렌 2(공통 1, 사이렌 1)
수동조작함 ↔ 방출표시등	2	방출표시등 2(공통 1, 방출표시등 1)
할론제어반 ↔ 솔레노이드밸브	2	SOL(솔레노이드밸브) 2(공통 1, SOL 1)
할론제어반 ↔ 압력스위치	2	PS(압력스위치) 2(공통 1, PS 1)

14 다음 도면은 상가매장에 설치되어 있는 제연설비의 전기적인 계통도이다. 조건을 참조하여 ⓐ~ⓔ까지의 배선수와 각 배선의 용도를 쓰시오. 배점: 10 [05년] [08년]

[조건]
① 모든 댐퍼는 모터기동방식이며, 별도의 복구선은 없는 것으로 한다.
② 배선수는 운전조작상 필요한 최소 전선수를 쓰도록 한다.

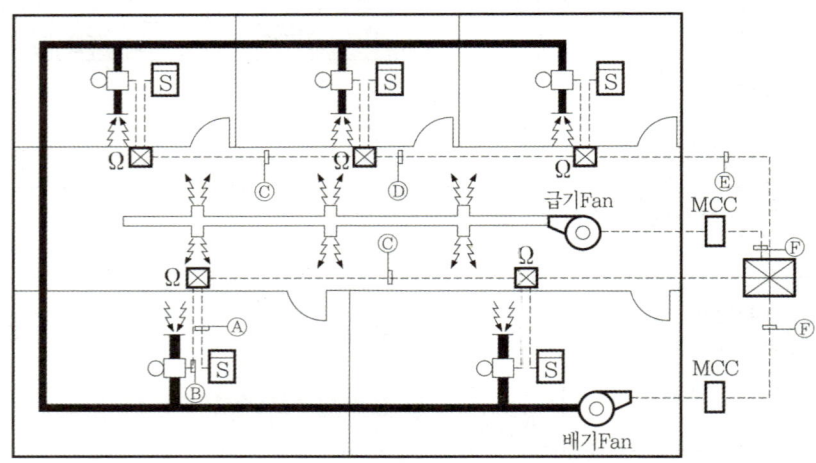

(단위 : mm²)

기 호	구 분	배선의 종류	배선수	배선의 용도
Ⓐ	감지기 ↔ 수동조작함			
Ⓑ	댐퍼 ↔ 수동조작함			
Ⓒ	수동조작함 ↔ 수동조작함			
Ⓓ	수동조작함 ↔ 수동조작함			
Ⓔ	수동조작함 ↔ 수신반			
Ⓕ	MCC ↔ 수신반			

• 실전모범답안

기 호	구 분	배선의 종류	배선수	배선의 용도
Ⓐ	감지기 ↔ 수동조작함	HFIX 1.5mm²	4	공통 2, 회로 2
Ⓑ	댐퍼 ↔ 수동조작함	HFIX 2.5mm²	4	전원 +, −, 기동, 배기댐퍼 개방확인
Ⓒ	수동조작함 ↔ 수동조작함	HFIX 2.5mm²	5	전원 +, −, 회로, 기동, 배기댐퍼 개방확인
Ⓓ	수동조작함 ↔ 수동조작함	HFIX 2.5mm²	8	전원 +, −, (회로, 기동, 배기댐퍼 개방확인)×2
Ⓔ	수동조작함 ↔ 수신반	HFIX 2.5mm²	11	전원 +, −, (회로, 기동, 배기댐퍼 개방확인)×3
Ⓕ	MCC ↔ 수신반	HFIX 2.5mm²	5	공통, 기동, 정지, 기동표시등, 정지표시등

상세해설

(1) 전선가닥수

① 상가(거실) 제연설비의 전선가닥수(밀폐형 상가(거실))

기본 가닥수	감시제어반(수신반) ↔ 수동조작함 (기본 가닥수 : 5가닥)					감시제어반(수신반) ↔ MCC (기본 가닥수 : 5가닥)				
	전원 +	전원 −	회로 (감지기)	기동	배기댐퍼 개방확인	공통	ON (기동)	OFF (정지)	FAN 기동 표시등	FAN 정지 표시등
가닥수의 추가 조건	1가닥		배기댐퍼수마다 1가닥씩 추가			1가닥				

※ 1. 문제의 조건에서 감지기 공통선을 별도로 사용하라고 하였을 경우 감지기 공통선 1가닥을 추가할 것
 2. 복구스위치선 추가 조건
  ㉠ 자동복구방식 : 복구스위치선(×)
  ㉡ 수동복구방식(기동, 복구형 댐퍼방식) : 복구스위치선 1가닥

② 배선내역

구 분	배선수	전선규격	전선관 규격	배선의 용도
Ⓐ	4	HFIX 1.5mm²	16C	공통 2, 회로 2
Ⓑ	4	HFIX 2.5mm²	16C	전원 +, −, 기동, 배기댐퍼 개방확인
Ⓒ	5	HFIX 2.5mm²	22C	전원 +, −, 회로, 기동, 배기댐퍼 개방확인
Ⓓ	8	HFIX 2.5mm²	28C	전원 +, −, (회로, 기동, 배기댐퍼 개방확인)×2
Ⓔ	11	HFIX 2.5mm²	28C	전원 +, −, (회로, 기동, 배기댐퍼 개방확인)×3
Ⓕ	5	HFIX 2.5mm²	22C	공통, 기동, 정지, 기동표시등, 정지표시등

※ 1. 도면에서 통로 부분은 급기, 거실 부분은 배기이다.
 2. 도면에서 통로(급기댐퍼) 부분은 상시 개방된 급기구를 설치하여 급기 FAN에 의해 일제 급기한다.
 3. 도면에서 급기댐퍼 부분에 대한 가닥수는 산출하지 않는다. 따라서, 기본 가닥수에 급기댐퍼 개방확인선은 제외된다.

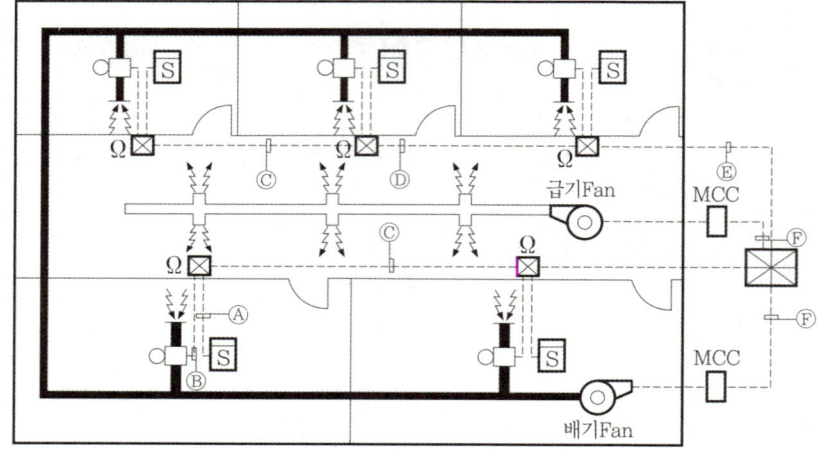

15 도면은 전실제연설비의 전기적인 계통도이다. 이 계통도와 주어진 조건에 의하여 다음 각 물음에 답하시오.

배점 : 13 [04년]

[조건]
① 기동 시에는 솔레노이드 기동방식으로 하고 복구 시에는 모터복구방식을 채택한다.
② 터미널보드(TB)에 감지기 종단저항을 내장한다.
③ 중계기와 중계기 사이에는 전원 ⊕·⊖, 신호 2선을 사용하는 것으로 한다.
④ 수동조작함(RM)에서는 댐퍼개방확인이 급기·배기 댐퍼 중 하나만 확인되는 것으로 한다.
⑤ "(3)"항의 답안작성 예 :

선번호	기능명칭
1	×××
2	○○○
3	△△△
⋮	⋮

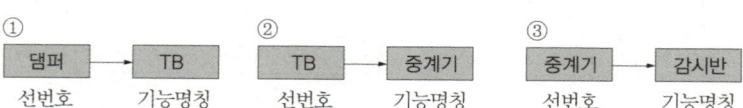

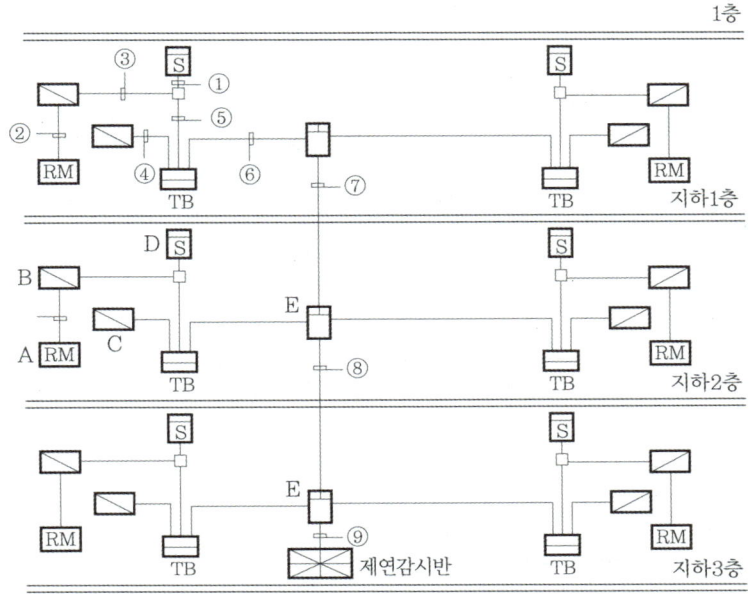

(1) 전원 공통선과 감지기 공통선을 별개로 사용할 경우 ①∼⑨까지에 배선되어야 할 전선의 가닥수는 최소 몇 가닥이 필요한지 구하시오.
(2) A∼E까지의 명칭을 쓰시오.
(3) 급기 또는 배기 댐퍼에서 터미널보드(TB), 터미널보드에서 중계기, 중계기에서 수신반(감시반)까지 연결되는 각 선로의 전기적인 기능 명칭을 쓰시오.

- **실전모범답안**
(1) ① 4가닥 ② 4가닥 ③ 5가닥 ④ 4가닥 ⑤ 9가닥
   ⑥ 8가닥 ⑦ 4가닥 ⑧ 4가닥 ⑨ 4가닥
(2) A : 수동조작함
   B : 급기댐퍼 또는 배기댐퍼
   C : 배기댐퍼 또는 급기댐퍼
   D : 연기감지기
   E : 중계기
(3)

① 댐퍼 → TB		② TB → 중계기		③ 중계기 → 감시반	
선번호	기능명칭	선번호	기능명칭	선번호	기능명칭
1	전원⊕	1	전원⊕	1	전원⊕
2	전원⊖	2	전원⊖	2	전원⊖
3	기동	3	기동	3	신호선
4	댐퍼개방확인	4	수동기동확인	4	신호선
		5	급기댐퍼 개방확인		
		6	배기댐퍼 개방확인		
		7	회로(감지기)		
		8	감지기 공통		

상세해설

(1), (3) 전선가닥수 & 용도

① 전실(부속실) 제연설비의 전선가닥수

기본 가닥수	감시제어반(수신반) ↔ 수동조작함 (기본 가닥수 : 5가닥)						감시제어반(수신반) ↔ MCC (기본 가닥수 : 5가닥)				
	전원+	전원-	회로 (감지기)	기동	수동 기동 확인	급기 댐퍼 개방 확인	배기 댐퍼 개방 확인	공통	ON (기동)	OFF (정지)	FAN 기동 표시등	FAN 정지 표시등
가닥수의 추가 조건	1가닥		제연구역마다 1가닥씩 추가					1가닥				

※ 1. 조건에서 감지기 공통선을 별도로 사용하라고 하였을 경우 감지기 공통선 1가닥을 추가할 것
  2. 복구스위치선 추가 조건
  ㉠ 자동복구방식 : 복구스위치선(×)
  ㉡ 수동복구방식(기동, 복구형 댐퍼방식) : 복구스위치선 무조건 1가닥

> **참고** 전실(부속실) 제연설비
> ㉠ 수동조작함(RM) ↔ 급기댐퍼(4가닥)
>   전원 +, -, 수동기동확인, 급기댐퍼 개방확인
> ㉡ 급기댐퍼 ↔ 단자반(TB)(5가닥)
>   전원 +, -, 기동, 수동기동확인, 급기댐퍼 개방확인
> ㉢ 배기댐퍼 ↔ 단자반(TB)(4가닥)
>   전원 +, -, 기동, 배기댐퍼 개방확인

② 자동화재탐지설비의 전선가닥수(R형)

기본 가닥수	수신기 ↔ 중계기, 중계기 ↔ 중계기		중계기 ↔ 각 Local 기기
	전원선 2	신호선(통신선) 2	
가닥수의 추가 조건	기타 전화선 등은 조건에 따라 추가		P형 System에 준한다.

③ 배선내역

구 분	배선수	배선의 용도
①	4	감지기 공통 2, 회로 2
②	4	전원 +, -, 수동기동확인, 댐퍼개방확인
③	5	전원 +, -, 기동, 수동기동확인, 댐퍼개방확인
④	4	전원 +, -, 기동, 댐퍼개방확인
⑤	9	전원 +, -, 회로 2, 기동, 수동기동확인, 댐퍼개방확인, 감지기 공통 2
⑥	8	전원 +, -, 회로, 기동, 수동기동확인, 급기댐퍼 개방확인, 배기댐퍼 개방확인, 감지기 공통
⑦	4	전원 +, -, 신호선 2
⑧	4	전원 +, -, 신호선 2
⑨	4	전원 +, -, 신호선 2

※ 1. 문제에서 감지기 공통선을 별개로 사용하므로 추가한다.
  2. 모터복구방식=자동복구방식(복구선(×))

3. 문제의 조건에서 수동조작함(RM)에서는 댐퍼개방확인이 급기·배기 댐퍼 중 하나만 확인되는 것으로 한다고 하였으므로, 배선내역 ②, ③, ⑤에서 댐퍼개방확인선은 1가닥이 된다. 만약, 수동조작함(RM)에서 댐퍼개방확인이 급기·배기 댐퍼 둘다 확인되는 것인 경우에는 댐퍼개방확인선이 2가닥(급기댐퍼 개방확인, 배기댐퍼 개방확인)이 된다.

④ 선로의 전기적인 기능명칭

① 댐퍼 → TB

선번호	기능명칭
1	전원⊕
2	전원⊖
3	기동
4	댐퍼개방확인

② TB → 중계기

선번호	기능명칭
1	전원⊕
2	전원⊖
3	기동
4	수동기동확인
5	급기댐퍼 개방확인
6	배기댐퍼 개방확인
7	회로(감지기)
8	감지기 공통

③ 중계기 → 감시반

선번호	기능명칭
1	전원⊕
2	전원⊖
3	신호선
4	신호선

(2) 명칭
① **급기댐퍼** : 제연구역(전실(부속실))에 신선한 공기를 공급하기 위하여 급기구에 설치하는 장치
② **수동조작함** : 전 층의 제연구역(전실(부속실))에서 설치된 급기댐퍼 및 해당 층의 배기댐퍼 등을 작동시키는 장치
③ **배기댐퍼** : 제연구역 외의 연기를 옥외로 배출시키기 위하여 배기구에 설치하는 장치
※ 도면에 댐퍼의 구분이 없으므로, B와 C의 해답은 바뀌어도 관계 없다.

16 다음은 6층 이상의 사무실 건물에 시설하는 배연창설비의 전기적 계통도이다. 그림을 보고 답안지의 Ⓐ~Ⓓ까지의 배선수와 각 배선의 용도를 답안지에 쓰시오. 배점:8 [03년] [09년] [18년]

[조건]
① 전원장치의 AC 전원공급은 수신기에서 공급하지 않고 현장에 있는 분전반에서 공급한다.
② 사용 전선은 HFIX 전선이다.
③ 배선수는 운전조작상 필요한 최소 전선수를 쓰도록 한다.
④ 전동구동장치는 솔레노이드방식이다.
⑤ 화재감지기가 작동되거나 수동조작함의 스위치를 ON시키면 배연창이 동작되어 수신기에 동작상태를 표시하게 된다.

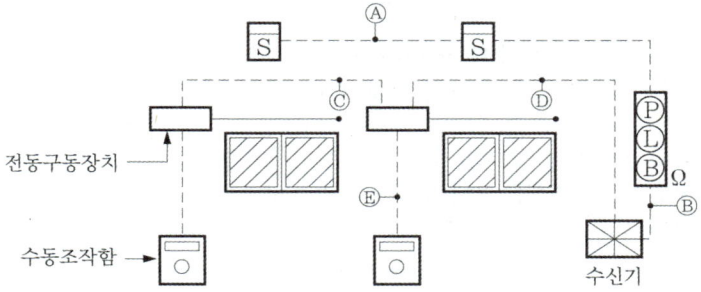

기호	구 분	배선수	배선굵기	배선의 용도
Ⓐ	감지기 ↔ 감지기		1.5mm²	
Ⓑ	발신기 ↔ 수신기		2.5mm²	
Ⓒ	전동구동장치 ↔ 전동구동장치		2.5mm²	
Ⓓ	전동구동장치 ↔ 수신기		2.5mm²	
Ⓔ	전동구동장치 ↔ 수동조작함	3	2.5mm²	공통, 기동, 확인

• 실전모범답안

구분	구 간	배선수	배선굵기	배선의 용도
Ⓐ	감지기 ↔ 감지기	4	1.5mm²	공통 2, 회로 2
Ⓑ	발신기 ↔ 수신기	6	2.5mm²	회로 공통선, 경종표시등 공통선, 경종선, 표시등선, 발신기선, 회로선
Ⓒ	전동구동장치 ↔ 전동구동장치	3	2.5mm²	공통, 기동, 배연창 개방확인
Ⓓ	전동구동장치 ↔ 수신기	5	2.5mm²	공통, 기동 2, 배연창 개방확인 2
Ⓔ	전동구동장치 ↔ 수동조작함	3	2.5mm²	공통, 기동, 배연창 개방확인

17 다음은 기동용 수압개폐장치를 사용하는 옥내소화전설비와 P형 발신기세트를 겸용한 전기설비의 계통도이다. 각 물음에 답하시오.   배점:8 [08년]

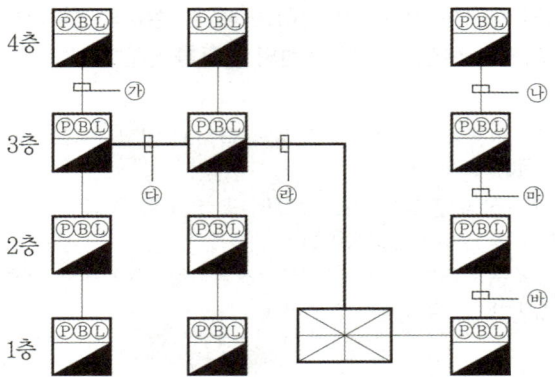

(1) 기호 ㉮~㉯의 전선가닥수를 표시하시오. (단, 화재로 인하여 하나의 층의 지구음향장치 또는 배선이 단락되어도 다른 층의 화재 통보에 지장이 없도록 각 층 배선 상에 유효한 조치를 하였다.)
(2) 종단저항의 설치기준 3가지를 쓰시오.
(3) 감지기회로의 전로저항은 몇 [Ω] 이하이어야 하는지 쓰시오.
(4) 정격전압의 몇 [%] 전압에서 음향을 발할 수 있어야 하는지 쓰시오.

• 실전모범답안
  (1) ㉮ 8가닥 ㉯ 8가닥 ㉰ 11가닥 ㉱ 16가닥 ㉲ 9가닥 ㉳ 10가닥
  (2) ① 점검 및 관리가 쉬운장소에 설치할 것
      ② 전용함을 설치하는 경우 그 설치높이는 바닥으로부터 1.5m 이내로 할 것
      ③ 감지기회로의 끝부분에 설치하며, 종단감지기에 설치할 경우에는 구별이 쉽도록 해당 감지기의 기판 및 감지기 외부 등에 별도의 표시를 할 것
  (3) 50Ω
  (4) 80%

상세해설

(1) 배선내역

구 분	배선수	배선의 용도
㉮	8	회로 공통선 1, 경종·표시등 공통선 1, 경종선 1, 표시등선 1, 발신기선 1, 회로선 1, 펌프기동표시등 2(공통 1, 펌프기동표시등 1)
㉯	8	회로 공통선 1, 경종·표시등 공통선 1, 경종선 1, 표시등선 1, 발신기선 1, 회로선 1, 펌프기동표시등 2(공통 1, 펌프기동표시등 1)
㉰	11	회로 공통선 1, 경종·표시등 공통선 1, 경종선 1, 표시등선 1, 발신기선 1, 회로선 4, 펌프기동표시등 2(공통 1, 펌프기동표시등 1)
㉱	16	회로 공통선 2, 경종·표시등 공통선 1, 경종선 1, 표시등선 1, 발신기선 1, 회로선 8, 펌프기동표시등 2(공통 1, 펌프기동표시등 1)
㉲	9	회로 공통선 1, 경종·표시등 공통선 1, 경종선 1, 표시등선 1, 발신기선 1, 회로선 2, 펌프기동표시등 2(공통 1, 펌프기동표시등 1)
㉳	10	회로 공통선 1, 경종·표시등 공통선 1, 경종선 1, 표시등선 1, 발신기선 1, 회로선 3, 펌프기동표시등 2(공통 1, 펌프기동표시등 1)

※ 1. 문제의 조건에 따라 지상 4층이므로 일제경보방식이다. 즉, 경종선은 1가닥으로 일정하다.
   2. 기동용 수압개폐장치는 자동방식이다.

18 사무실(1동)과 공장(2동)으로 구분되어 있는 건물에 자동화재탐지설비의 P형 1급 발신기세트와 습식 스프링클러설비를 설치하고, 수신기는 경비실에 설치하였다. 경보방식은 동별 구분 경보방식을 적용하였으며, 옥내소화전의 가압송수장치는 기동용 수압개폐장치를 사용할 경우에 다음 물음에 답하시오.

배점 : 10 [08년] [18년]

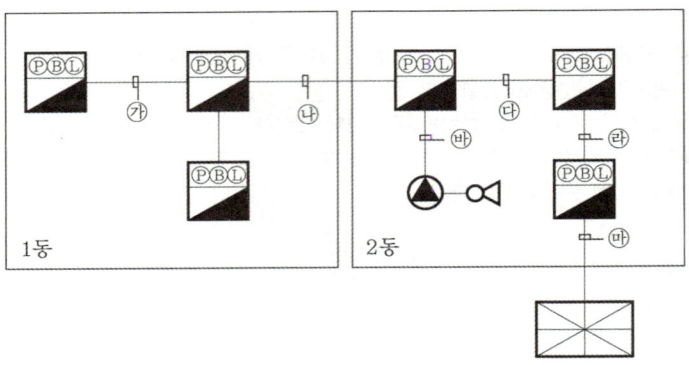

P형 1급 수신기

(1) 빈 칸 ㉮, ㉰, ㉱, ㉲ 안에 전선가닥수 및 전선의 용도를 쓰시오. (단, 스프링클러설비와 자동화재탐지설비의 공통선은 각각 별도로 사용하며, 전선은 최소 가닥수를 적용한다.)

기호	가닥수	자동화재탐지설비							스프링클러설비			
		용도1	용도2	용도3	용도4	용도5	용도6	용도7	용도1	용도2	용도3	용도4
㉮												
㉯	10	응답	지구3	지구공통	경종	표시등	경종표시등공통	펌프기동표시등 2				
㉰												
㉱												
㉲												
㉳	4								압력스위치	탬퍼스위치	사이렌	공통

(2) 공장동에 설치한 폐쇄형헤드를 사용하는 습식 스프링클러의 유수검지장치용 음향장치는 어떤 경우에 울리게 되는지 쓰시오.
(3) 습식 스프링클러 유수검지장치용 음향장치는 담당구역의 각 부분으로부터 하나의 음향장치까지의 수평거리를 몇 [m] 이하로 해야 하는지 쓰시오.

• 실전모범답안

(1)

기호	가닥수	자동화재탐지설비							스프링클러설비			
		용도1	용도2	용도3	용도4	용도5	용도6	용도7	용도1	용도2	용도3	용도4
㉮	8	응답	지구	지구공통	경종	표시등	경종표시등공통	펌프기동표시등 2	–	–	–	–
㉯	10	응답	지구3	지구공통	경종	표시등	경종표시등공통	펌프기동표시등 2	–	–	–	–
㉰	16	응답	지구4	지구공통	경종2	표시등	경종표시등공통	펌프기동표시등 2	압력스위치	탬퍼스위치	사이렌	공통
㉱	17	응답	지구5	지구공통	경종2	표시등	경종표시등공통	펌프기동표시등 2	압력스위치	탬퍼스위치	사이렌	공통

기 호	가닥수	자동화재탐지설비							스프링클러설비			
		용도1	용도2	용도3	용도4	용도5	용도6	용도7	용도1	용도2	용도3	용도4
㉺	18	응답	지구6	지구공통	경종2	표시등	경종표시등공통	펌프기동표시등 2	압력스위치	탬퍼스위치	사이렌	공통
㉻	4	–	–	–	–	–	–	–	압력스위치	탬퍼스위치	사이렌	공통

(2) ① 폐쇄형헤드 개방 시 유수검지장치의 압력스위치가 작동하는 경우
   ② 시험장치의 시험밸브 개방 시 유수검지장치의 압력스위치가 작동하는 경우
(3) 25m

19 다음은 기동용 수압개폐장치를 사용하는 옥내소화전함과 습식 스프링클러설비가 설치된 지상 6층 호텔의 계통도이다. 다음 각 물음에 답하시오. (단, 해당 소방대상물의 경보방식은 우선경보방식으로 하며, 알람밸브 1차 측에는 밸브주의 스위치가 설치되어 있고, 화재로 인하여 하나의 층의 지구음향장치 또는 배선이 단락되어도 다른 층의 화재 통보에 지장이 없도록 각 층 배선 상에 유효한 조치를 하였다.) [배점:8] [10년]

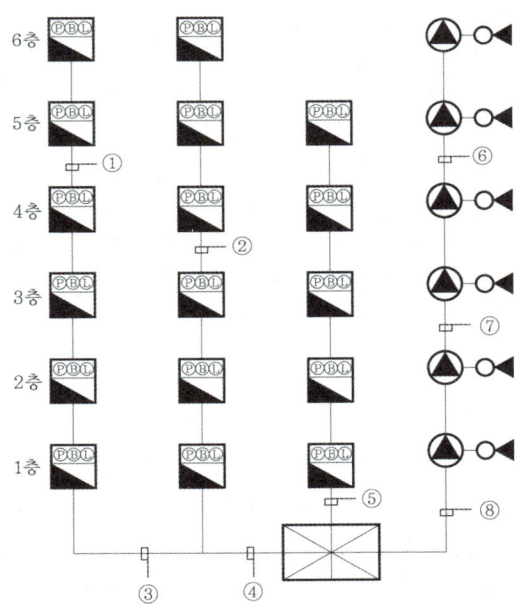

(1) 기호 ①~⑧의 가닥수를 쓰시오.
(2) 경계구역이 7경계구역이 초과될 시 추가되는 배선의 명칭을 쓰시오.
(3) 기호 ④에 들어가는 회로선은 몇 가닥인지 구하시오.
(4) 기호 ③에 들어가는 경종선은 몇 가닥인지 구하시오.
(5) 기호 ④에 들어가는 경종선은 몇 가닥인지 구하시오.

• 실전모범답안
(1) ① 10가닥 ② 12가닥 ③ 18가닥 ④ 25가닥
    ⑤ 16가닥 ⑥ 7가닥   ⑦ 13가닥 ⑧ 19가닥
(2) 회로 공통선
(3) 12가닥
(4) 6가닥
(5) 6가닥

상세해설

(1) 배선내역

구 분	배선수	배선의 용도
①	10	회로 공통선 1, 경종·표시등 공통선 1, 경종선 2, 표시등선 1, 발신기선 1, 회로선 2, 펌프기동표시등 2 (공통선 1, 펌프기동표시등 1)
②	12	회로 공통선 1, 경종·표시등 공통선 1, 경종선 3, 표시등선 1, 발신기선 1, 회로선 3, 펌프기동표시등 2 (공통선 1, 펌프기동표시등 1)
③	18	회로 공통선 1, 경종·표시등 공통선 1, 경종선 6, 표시등선 1, 발신기선 1, 회로선 6, 펌프기동표시등 2 (공통선 1, 펌프기동표시등 1)
④	25	회로 공통선 2, 경종·표시등 공통선 1, 경종선 6, 표시등선 1, 발신기선 1, 회로선 12, 펌프기동표시등 2 (공통선 1, 펌프기동표시등 1)
⑤	16	회로 공통선 1, 경종·표시등 공통선 1, 경종선 5, 표시등선 1, 발신기선 1, 회로선 5, 펌프기동표시등 2 (공통선 1, 펌프기동표시등 1)
⑥	7	공통 1, PS(압력스위치) 2, TS(탬퍼스위치) 2, 사이렌 2
⑦	13	공통 1, PS(압력스위치) 4, TS(탬퍼스위치) 4, 사이렌 4
⑧	19	공통 1, PS(압력스위치) 6, TS(탬퍼스위치) 6, 사이렌 6

※ 1. 자동화재탐지설비 : 층수가 11층 미만이지만 문제의 조건에 따라 우선경보방식으로 산출한다.
  2. 옥내소화전설비 : 문제의 조건에 따라 기동용 수압개폐장치를 사용하므로 자동방식으로 산출한다.
  3. 습식 스프링클러설비 : 밸브주의 스위치(TS)의 경우 화재안전기준에 의해 설치해야 하므로, 문제의 단서에 별도로 '밸브주의 스위치(TS)를 설치하지 않는다.'라는 조건이 없는 한 전선가닥수 산출 시 포함한다.

20 다음은 자동화재탐지설비와 준비작동식 스프링클러설비의 계통도이다. 그림을 보고 다음 각 물음에 답하시오. (단, 감지기 공통선과 전원 공통선은 분리해서 사용하고, 프리액션밸브용 압력스위치, 탬퍼스위치 및 솔레노이드밸브의 공통선은 1가닥을 사용한다.) 배점:8 [11년]

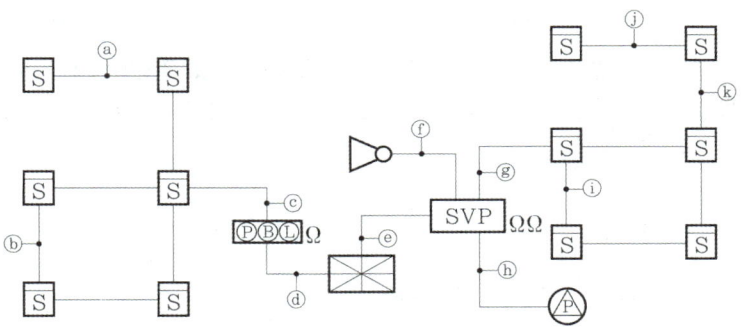

(1) 그림을 보고 ⓐ~ⓚ까지의 가닥수를 쓰시오.

기 호	ⓐ	ⓑ	ⓒ	ⓓ	ⓔ	ⓕ	ⓖ	ⓗ	ⓘ	ⓙ	ⓚ
가닥수											

(2) ⓔ의 가닥수와 배선내역을 쓰시오.

	가닥수	내 역
ⓔ		

• 실전모범답안

(1)

기 호	ⓐ	ⓑ	ⓒ	ⓓ	ⓔ	ⓕ	ⓖ	ⓗ	ⓘ	ⓙ	ⓚ
가닥수	4	2	4	6	9	2	8	4	4	4	8

(2)

	가닥수	내 역
ⓔ	9	전원 +, -, 감지기 A, 사이렌, 감지기 B, SOL 기동, 밸브개방확인, 밸브주의, 감지기 공통

상세해설

(1) 배선내역

구 분	배선수	배선의 용도
ⓐ	4	공통 2, 회로 2
ⓑ	2	공통, 회로
ⓒ	4	공통 2, 회로 2
ⓓ	6	회로 공통선 1, 경종표시등 공통선 1, 경종 1, 표시등선 1, 발신기선 1, 회로선 1
ⓔ	9	전원 +, -, 감지기 A, 사이렌, 감지기 B, 기동, 밸브개방확인, 밸브주의, 감지기 공통
ⓕ	2	사이렌 2(공통 1, 사이렌 1)
ⓖ	8	공통 4, 회로 4
ⓗ	4	공통, PS(압력스위치), TS(탬퍼스위치), SOL(솔레노이드밸브)
ⓘ	4	공통 2, 회로 2
ⓙ	4	공통 2, 회로 2
ⓚ	8	공통 4, 회로 4

※ ⓔ : 문제의 단서에 따라 감지기 공통선과 전원 공통선은 분리해서 사용하므로, 감지기 공통선 1가닥을 추가한다.

21 다음 그림은 할론소화설비 기동용 연기감지기의 회로를 잘못 결선한 그림이다. 잘못 결선된 부분을 바로잡아 옳은 결선도를 그리고 잘못 결선한 이유를 설명하시오. (단, 종단저항은 제어반 내에 설치된 것으로 본다.) 배점:8 [11년]

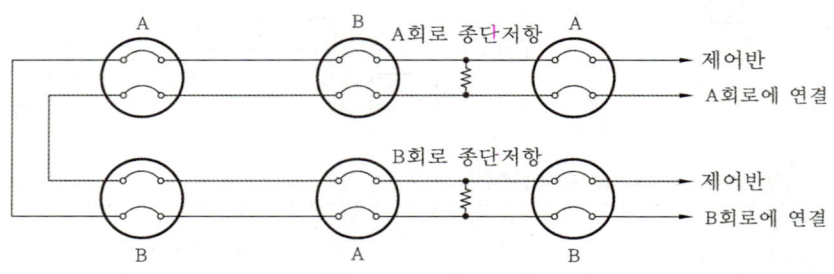

• 실전모범답안

(1)

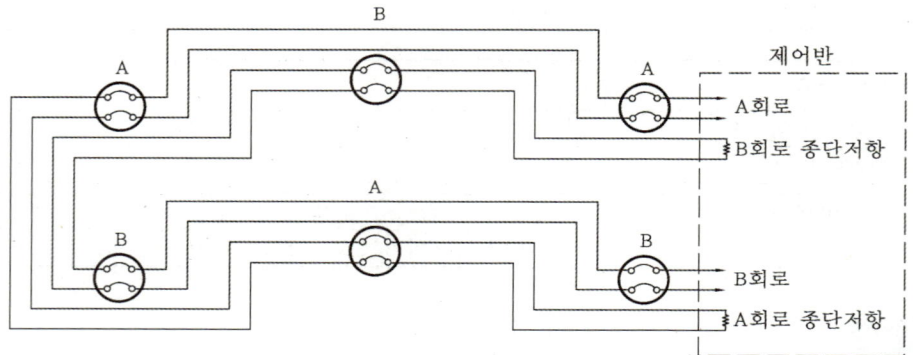

(2) ① A, B 두 회로 모두 종단저항이 회로의 끝 부분에 설치되어 있지 않다.
② 할론소화설비는 설비의 오작동을 방지하기 위하여 교차회로방식으로 해야 한다.

22 P형 1급 수동발신기에서 Ⓐ~ⓒ 단자의 명칭을 쓰고 내부결선을 완성하여 각 단자와 연결하시오. 또한 LED, 푸시버튼(Push button)의 기능을 간략하게 설명하시오. 배점:8 [06년] [15년]

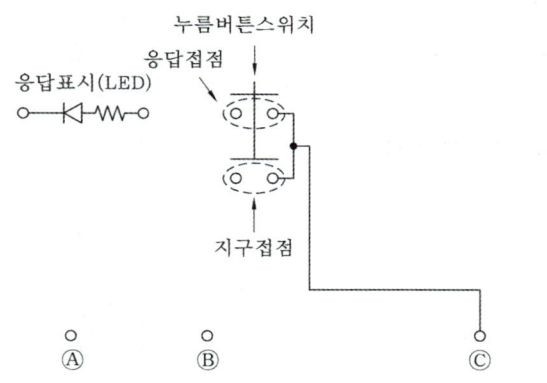

- 실전모범답안
(1) Ⓐ : 응답선, Ⓑ : 지구선, ⓒ : 공통선
(2) 내부결선도

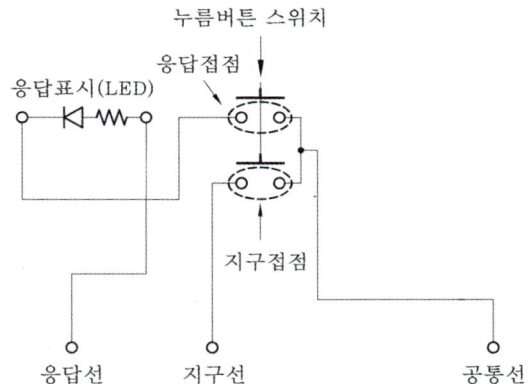

(3) 기능 설명
① LED : 발신기의 신호가 수신기에 전달되었는가를 확인하는 램프
② 누름버튼스위치 : 수동조작에 의하여 수신기에 화재신호를 보내는 장치

23 P형 1급 5회로 수신기와 수동발신기, 경종, 표시등 사이를 결선하시오. (단, 방호대상물은 우선경보방식으로 적용한다.)
배점 : 7 [09년] [16년]

[수동발신기 단자 명칭]
응답, 지구, 공통

발신기 / 표시등 / 경종
3층, 2층, 1층, 지하1층

단자: 응답, 지구1회로, 지구2회로, 지구3회로, 지구4회로, 지구5회로, 발신기공통, 표시등, 경종·표시등 공통, 경종

- 실전모범답안

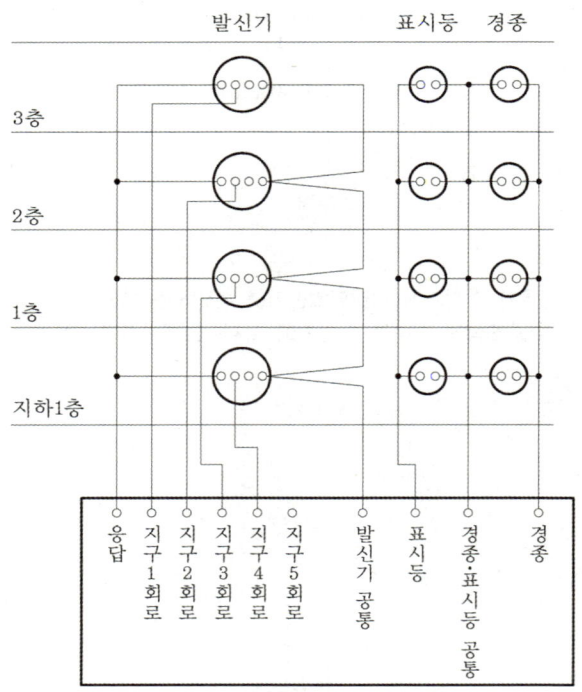

상세해설 발신기 공통선(=지구 공통선, 회로 공통선, 신호 공통선, 감지기 공통선)

발신기 공통선은 송배선방식으로 배선해야 하므로 답안과 같이 결선해야 한다. 다음과 같이 결선하면 잘못된 결선방법이다.

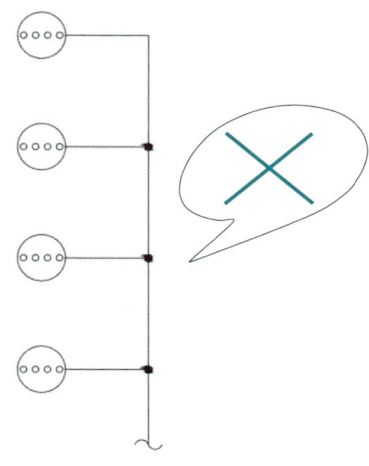

| 잘못 결선된 발신기 공통선 |

24 다음은 자동화재탐지설비의 P형 1급 수신기의 미완성 결선도이다. 다음 각 물음에 답하시오.

배점 : 10 [20년]

(1) 결선도를 완성하시오. (단, 발신기에 설치된 단자는 왼쪽으로부터 응답, 지구, 공통이다.)
(2) 종단저항은 어느선과 어느선 사이에 연결해야 하는지 쓰고, 각 기구의 명칭을 쓰시오.
(3) 발신기창의 상부에 설치하는 표시등의 색은?
(4) 발신기표시등은 그 불빛의 부착면으로부터 몇 도 이상의 범위 안에서 몇 [m]의 거리에서 식별 할 수 있어야 하는지 쓰시오.

• 실전모범답안

(1)

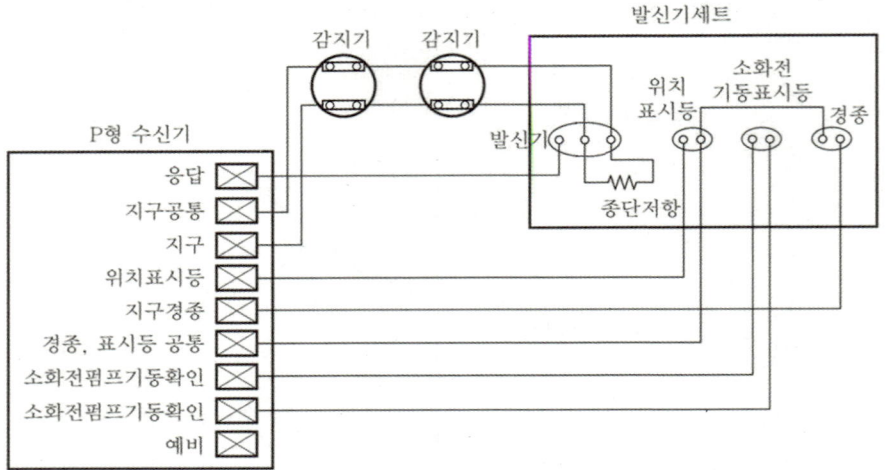

(2) 지구선과 지구공통선
(3) 적색
(4) 15° 이상의 범위 안에서 10m 거리에서 식별

상세해설

(3), (4) 발신기의 설치기준(NFTC 203)
  ① **조작**이 **쉬운 장소**에 설치하고, 스위치는 바닥으로부터 **0.8[m]** 이상 **1.5[m]** 이하의 높이에 설치할 것
  ② 특정소방대상물의 **층**마다 설치하되, 해당 층의 각 부분으로부터 하나의 발신기까지의 **수평거리**가 **25[m]** 이하가 되도록 할 것. 다만, **복도** 또는 **별도로 구획된 실**로서 **보행거리**가 **40[m]** 이상일 경우에는 **추가**로 설치해야 한다.
  ③ **기둥** 또는 **벽**이 설치되지 아니한 **대형공간**의 경우 발신기는 설치대상장소의 **가장 가까운 장소**의 **벽** 또는 **기둥** 등에 설치 할 것
  ④ 발신기의 **위치**를 표시하는 **표시등**은 함의 **상부**에 설치하되, 그 불빛은 부착면으로부터 **15° 이상**의 **범위 안**에서 **부착지점**으로부터 **10[m] 이내**의 어느 **곳**에서도 **쉽게 식별**할 수 있는 **적색등**으로 해야 한다.

25 비상방송설비의 확성기(Speaker) 회로에 음량조정기를 설치하고자 한다. 결선도를 그리시오.

배점 : 6   [04년] [10년] [12년] [19년]

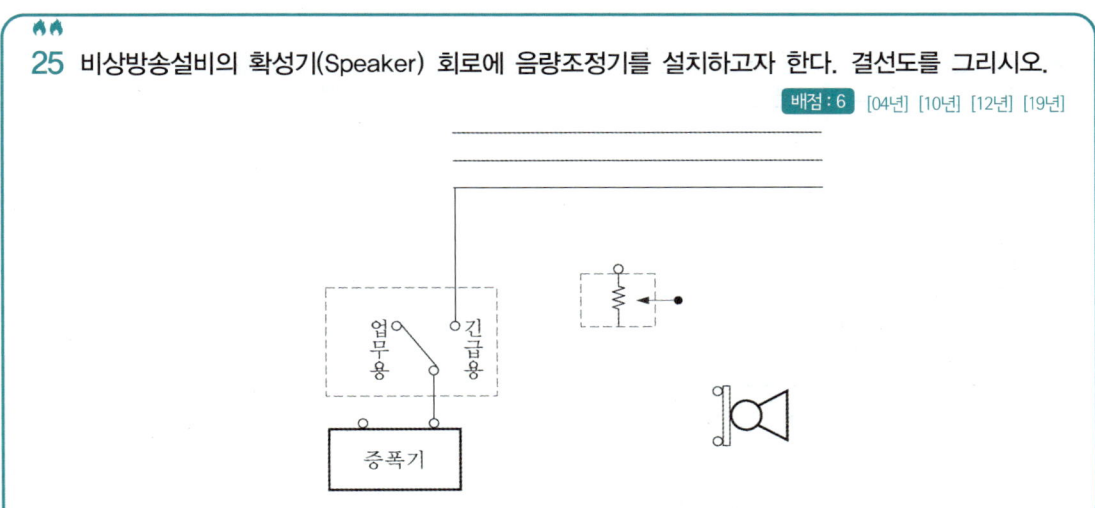

- 실전모범답안

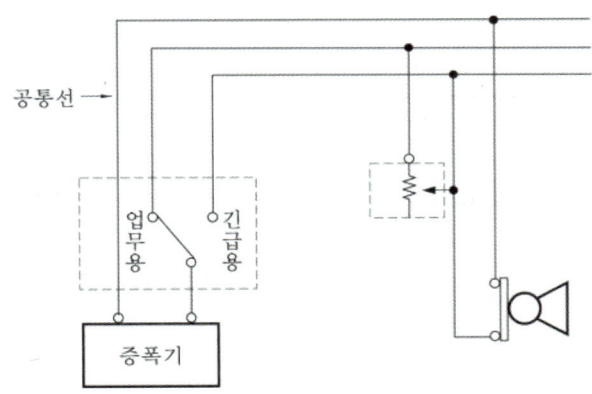

상세해설

(1) 3선식 배선

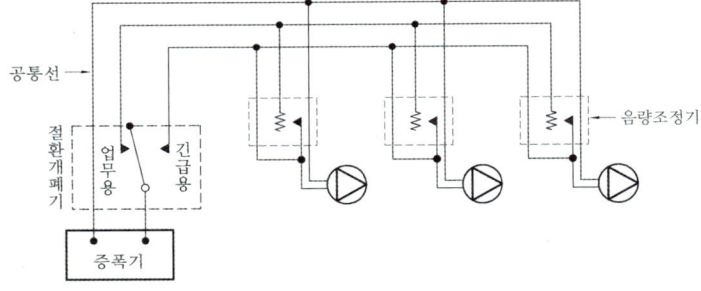

① **업무용 배선** : 음량조정기의 가변저항과 결선
② **비상용(긴급용) 배선** : 음량조정기의 가변저항을 거치지 않고 직접 스피커(확성기)와 결선

26 다음은 유도등의 2선식 배선과 3선식 배선의 미완성 결선도이다. 결선을 완성하고 두 결선방식을 비교하여 두 가지로 쓰시오.

배점 : 8   [06년] [08년] [11년] [15년] [19년]

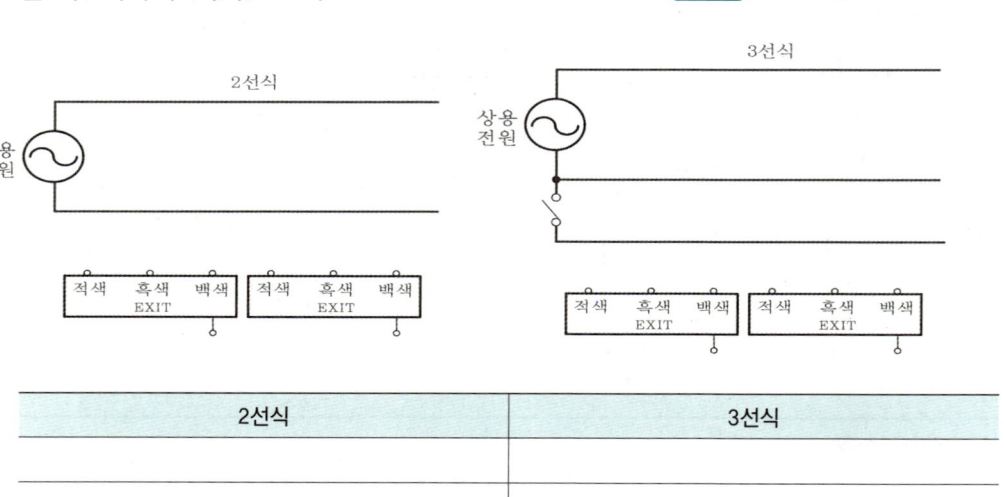

2선식	3선식

• 실전모범답안

(1) 2선식 배선과 3선식 배선의 비교

구 분	2선식	3선식
배선 방법	(2선식 결선도)	(3선식 결선도)
내용	1. 평상 시 교류전원에 의해 점등되어 있다. 2. 상용전원의 정전 또는 단선 시 자동적으로 비상전원에 의한 점등이 20분 또는 60분 이상 점등된 후 소등된다. 3. 점멸기에 의한 소등 시 비상전원에 충전이 되지 않으므로 점멸기를 설치하지 않는다.	1. 평상 시 소등, 화재 시 점등된다.(비상전원은 상시 충전상태) 2. 상용전원의 정전 또는 단선 시 자동적으로 비상전원에 의한 점등이 20분 또는 60분 이상 점등된 후 소등된다. 3. 점멸기에 의한 소등 시 유도등은 소등되나, 비상전원에 충전은 계속된다.

27 어떤 감지기의 구조를 나타낸 그림이다. 다음 각 물음에 답하시오.

배점 : 6 [05년] [14년] [15년] [17년]

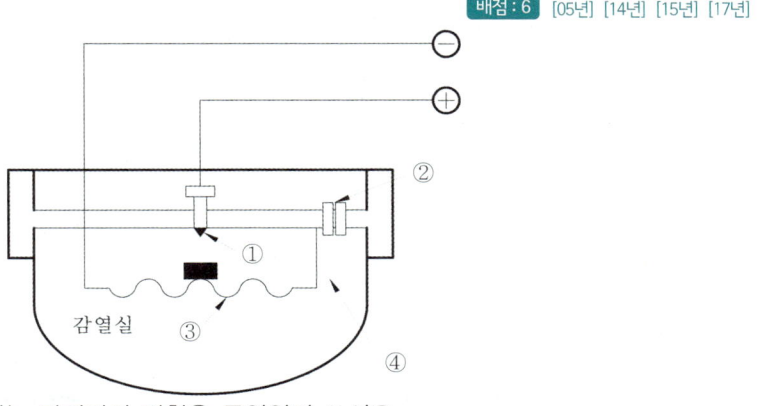

(1) 위의 그림이 나타내는 감지기의 명칭은 무엇인지 쓰시오.
(2) ①~④의 명칭을 쓰시오.
(3) ②의 역할을 쓰시오.
(4) 이 감지기의 동작원리를 설명하시오.

• **실전모범답안**
(1) 차동식스포트형감지기
(2) ① 접점 ② 리크구멍 ③ 다이어프램 ④ 감열실
(3) 오작동방지
(4) 화재발생 시 감열실의 공기가 팽창하여 다이어프램을 밀어올려 접점이 붙어 수신기에 신호를 보낸다.

28 다음은 정온식감지선형감지기에 관한 사항이다. 다음 각 물음에 답하시오.

배점 : 10 [12년]

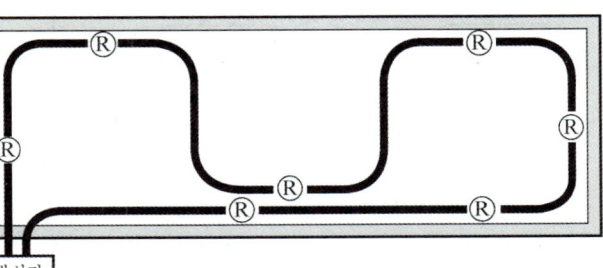

(1) 내화구조의 건축물에 1종 감지기를 설치할 경우에 감지구역의 각 부분과의 수평거리는 최대 몇 [m]인지 쓰시오.
(2) 감지기 사이가 늘어지지 않도록 하기 위하여 어떤 장치를 사용하여 시공해야 하는지 2가지를 쓰시오.

(3) 감지기의 굴곡반경은 몇 [cm] 이상이어야 하는지 쓰시오.
(4) 분전반 내부에는 무엇을 이용해야 돌기를 바닥에 고정시키는지 쓰시오.
(5) 그림에서 'R'은 무엇을 의미하는지 쓰시오.
(6) 발신기와 감지기의 단자 사이에는 몇 가닥의 전선을 연결해야 하는지 쓰시오.

• 실전모범답안
(1) 4.5m
(2) ① 보조선
    ② 고정금구
(3) 5cm
(4) 접착제
(5) 정온식감지선형감지기
(6) 4가닥

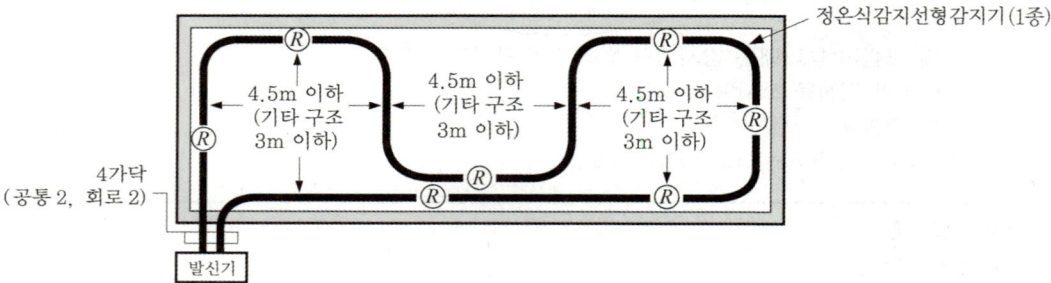

29 다음은 공기관식 차동식분포형감지기의 설치도면이다. 다음 각 물음에 답하시오. (단, 주요구조부를 내화구조로 한 소방대상물인 경우이다.) 배점:8 [08년] [11년] [14년] [20년]

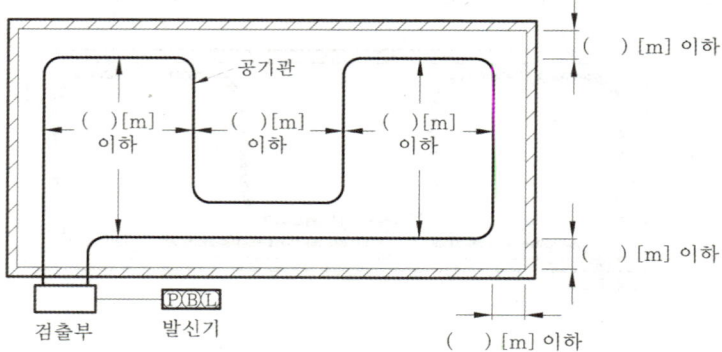

(1) 내화구조일 경우의 공기관 상호간의 거리와 감지구역의 각 변과의 거리는 몇 [m] 이하가 되도록 해야 하는지 도면의 ( ) 안에 쓰시오.
(2) 종단저항을 발신기에 설치할 경우 차동식분포형감지기의 검출부와 발신기 간에 연결해야 하는 전선의 가닥수를 도면에 표기하시오.

(3) 공기관의 노출 부분의 길이는 몇 [m] 이상이 되어야 하는지 쓰시오.
(4) 검출부의 설치높이를 쓰시오.
(5) 검출 부분에 접속하는 공기관의 길이는 몇 [m] 이하로 해야 하는지 쓰시오.
(6) 공기관의 재질은 무엇인지 쓰시오.
(7) 검출부는 몇 도 이하로 해야 하는지 쓰시오.
(8) 공기관의 두께와 외경은 각각 몇 [mm] 이상인지 쓰시오.

• 실전모범답안
(1), (2)

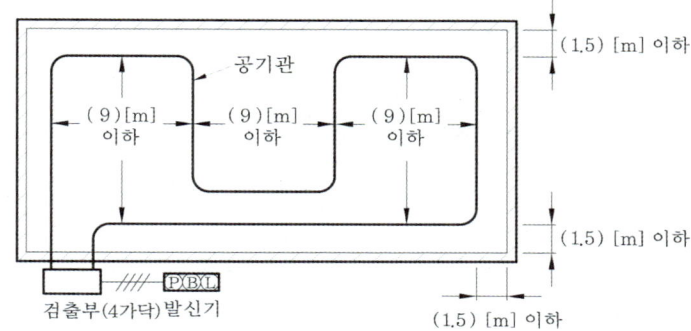

(3) 20m
(4) 바닥으로부터 0.8m 이상 1.5m 이하
(5) 100m
(6) 동관(중공동관)
(7) 5°
(8) ① 두께 : 0.3mm 이상   ② 외경 : 1.9mm 이상

---

30 제1종 연기감지기의 설치기준에 대하여 다음 ( ) 안의 빈 칸을 채우시오. 배점:4 [11년]

(1) 계단 및 경사로에 있어서는 수직거리 (①)m마다(3종에 있어서는 10m)마다 1개 이상으로 할 것
(2) 복도 및 통로에 있어서는 보행거리 (②)m(3종에 있어서는 20m)마다 1개 이상으로 할 것
(3) 감지기는 벽 또는 보로부터 (③)m 이상 떨어진 곳에 설치할 것
(4) 천장 또는 반자 부근에 (④)가 있는 경우에는 그 부근에 설치할 것

• 실전모범답안
(1) 계단 및 경사로에 있어서는 수직거리 (① 15)m마다 1개 이상으로 할 것
(2) 복도 및 통로에 있어서는 보행거리 (② 30)m마다 1개 이상으로 할 것
(3) 감지기는 벽 또는 보로부터 (③ 0.6)m 이상 떨어진 곳에 설치할 것
(4) 천장 또는 반자 부근에 (④ 배기구)가 있는 경우에는 그 부근에 설치할 것

31 그림은 광전식분리형감지기에 대한 도면이다. 도면을 참고하여 다음 각 물음에 답하시오.

배점 : 5 [07년] [16년] [18년] [19년]

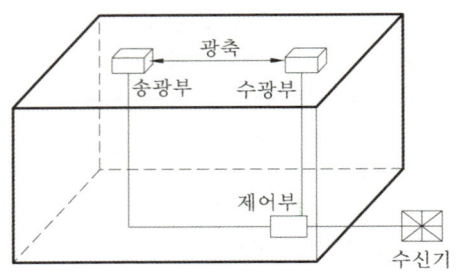

(1) 감지기의 (①)은 햇빛을 직접 받지 않도록 설치할 것
(2) 감지기의 광축길이는 (②) 범위 이내일 것
(3) 감지기의 수광부는 설치된 뒷벽으로부터 (③)m 이내 위치에 설치할 것
(4) 광축의 높이는 천장 등 높이의 (④)% 이상일 것
(5) 광축은 나란한 벽으로부터 (⑤)m 이상 이격하여 설치할 것

• 실전모범답안

(1) 감지기의 (① 수광면)은 햇빛을 직접 받지 않도록 설치할 것
(2) 감지기의 광축길이는 (② 공칭감시거리) 범위 이내일 것
(3) 감지기의 수광부는 설치된 뒷벽으로부터 (③ 1)m 이내 위치에 설치할 것
(4) 광축의 높이는 천장 등 높이의 (④ 80)% 이상일 것
(5) 광축은 나란한 벽으로부터 (⑤ 0.6)m 이상 이격하여 설치할 것

32 자동화재탐지설비의 감지기 설치기준 중 축적기능이 있는 감지기를 사용하는 경우 3가지와 축적기능이 없는 감지기를 사용하는 경우 3가지를 쓰시오. 배점 : 6 [07년] [10년] [11년] [14년] [15년] [21년]

(1) 축적기능이 있는 감지기를 사용하는 경우
(2) 축적기능이 없는 감지기를 사용하는 경우

• 실전모범답안

(1) 축적기능이 있는 감지기를 사용하는 장소(경우)
  ① 지하층·무창층 등으로서 환기가 잘 되지 않는 장소
  ② 실내면적이 40m² 미만인 장소
  ③ 감지기의 부착면과 실내바닥과의 거리가 2.3m 이하인 곳으로서 일시적으로 발생한 열·연기 또는 먼지 등으로 인하여 화재신호를 발신할 우려가 있는 장소
(2) 축적기능이 없는 감지기를 사용하는 장소(경우)
  ① 교차회로방식에 사용되는 감지기
  ② 급속한 연소확대가 우려되는 장소에 사용되는 감지기
  ③ 축적기능이 있는 수신기에 연결하여 사용하는 감지기

33 [유형1] 지하층·무창층 등으로서 환기가 잘 되지 아니하거나 실내면적이 40m² 미만인 장소, 감지기의 부착면과 실내바닥과의 거리가 2.3m 이하인 장소로서 일시적으로 발생한 열·연기 또는 먼지 등으로 인하여 화재신호를 발신할 우려가 있는 장소에 설치가능한 감지기(교차회로 방식의 적용이 필요없는 감지기) 5가지를 쓰시오. (단, 축적방식의 감지기는 축적기능이 있는 수신기에 접속하지 않은 것으로 한다.)
[유형2] 비화재보의 우려가 있는 곳에 설치가 가능한 감지기 5가지를 쓰시오.
[유형3] 교차회로 배선의 감지기에 사용하지 않는 감지기 5가지를 쓰시오.

배점 : 5   [07년] [12년] [20년]

- 실전모범답안
  ① 아날로그방식의 감지기
  ② 다신호방식의 감지기
  ③ 축적방식의 감지기
  ④ 복합형 감지기
  ⑤ 정온식감지선형 감지기

상세해설

※ 감지기의 적응성
(1) 지하층, 무창층 등으로서 환기가 잘 되지 아니하거나 실내면적이 40[m²] 미만인 장소, 감지기의 부착면과 실내바닥과의 거리가 2.3[m] 이하인 곳으로서 일시적으로 발생한 열, 연기 또는 먼지 등으로 인하여 화재신호를 발신할 우려가 있는 장소에 설치가 가능한 감지기
(2) 비화재보의 우려가 있는 곳에 설치가 가능한 감지기
(3) 교차회로방식 배선의 감지기에 사용되지 않는 감지기
(4) 지하공동구에 설치가 가능한 감지기
※ (1), (2), (3), (4)에 적응성이 있는 감지기
  ① 아날로그방식의 감지기
  ② 다신호방식의 감지기
  ③ 축적방식의 감지기
  ④ 복합형감지기
  ⑤ 정온식감지선형감지기
  ⑥ 분포형감지기
  ⑦ 불꽃감지기
  ⑧ 광전식분리형감지기

34 다음과 같은 장소에 차동식스포트형감지기 2종을 설치하는 경우와 광전식스포트형 2종을 설치하는 경우 최소 감지기 소요개수를 산정하시오. (단, 주요구조부는 내화구조, 감지기의 설치높이는 3m이다.)

배점: 6 [07년] [19년]

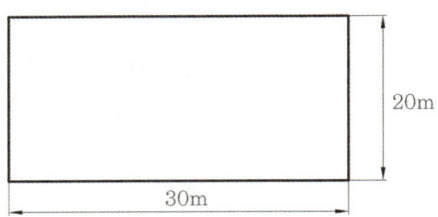

(1) 차동식스포트형감지기(2종) 소요개수
(2) 광전식스포트형감지기(2종) 소요개수

• 실전모범답안

(1) $\dfrac{30m \times 20m}{70m^2} = 8.571 ≒ 9개$

∴ 차동식스포트형감지기 2종 개수 = 9개
• 답 : 9개

(2) $\dfrac{30m \times 20m}{150m^2} = 4개$

∴ 광전식스포트형감지기 2종 개수 = 4개
• 답 : 4개

상세해설

(1) 차동식·보상식·정온식 스포트형감지기의 부착높이에 따른 바닥면적 기준

(단위 : [m²])

부착높이 및 소방대상물의 구분		감지기의 종류						
		차동식스포트형		보상식스포트형		정온식스포트형		
		1종	2종	1종	2종	특종	1종	2종
4m 미만	주요구조부를 내화구조로 한 특정소방대상물 또는 그 부분	90	70	90	70	70	60	20
	기타 구조의 특정소방대상물 또는 그 부분	50	40	50	40	40	30	15

조건에 따라 **차동식스포트형 2종, 내화구조, 층고 4m 미만**이므로 기준면적은 70m²이 된다. 따라서 감지기 설치개수는 $\dfrac{30m \times 20m}{70m^2} = 8.571 ≒ 9개$(소수점 이하는 절상)

(2) 연기감지기의 부착높이별 바닥면적 기준

(단위 : [m²])

부착높이	감지기의 종류	
	1종 및 2종	3종
4m 미만	150	50
4m 이상 20m 미만	75	설치 불가

조건에 따라 광전식스포트형 2종, 층고 4m 미만이므로 기준면적은 150m²이 된다. 따라서 감지기 설치개수는
$\dfrac{30\text{m} \times 20\text{m}}{150\text{m}^2} = 4$개

35. 자동화재탐지설비의 화재안전기준에 의한 감지기의 설치제외장소 중 5가지를 쓰시오.

배점 : 6 [10년] [13년] [14년] [16년]

- 실전모범답안
  (1) 천장 또는 반자의 높이가 20m 이상인 장소(부착높이에 따라 적응성이 있는 장소는 제외한다.)
  (2) 헛간 등 외부와 기류가 통하는 장소로서 감지기에 따라 화재발생을 유효하게 감지할 수 없는 장소
  (3) 부식성가스가 체류하고 있는 장소
  (4) 고온도 및 저온도로서 감지기의 기능이 정지되기 쉽거나 감지기의 유지관리가 어려운 장소
  (5) 목욕실·욕조나 샤워시설이 있는 화장실·기타 이와 유사한 장소

36. 화재에 의한 열, 연기 또는 불꽃(화염) 이외의 요인에 의하여 자동화재탐지설비가 작동하여 화재경보를 발하는 것을 "비화재보(Unwanted Alarm)"라 한다. 즉, 자동화재탐지설비가 정상적으로 작동하였다고 하더라도 화재가 아닌 경우의 경보를 "비화재보"라 하며 비화재보의 종류는 다음과 같이 구분할 수 있다.

> (1) 설비 자체의 결함이나 오동작 등에 의한 경우(False Alarm)
>   ① 설비 자체의 기능상 결함
>   ② 설비의 유지관리 불량
>   ③ 실수나 고의적인 행위가 있을 때
> (2) 주위상황이 대부분 순간적으로 화재와 같은 상태(실제 화재와 유사한 환경이나 상황)로 되었다가 정상상태로 복귀하는 경우(일과성 비화재보 : Nuisance Alarm)

위 설명 중 "(2)"항의 일과성 비화재보로 볼 수 있는 Nuisance Alarm에 대한 방지책을 5가지만 쓰시오.

배점 : 8 [07년] [09년] [18년]

- 실전모범답안
  ① 비화재보에 적응성 있는 감지기의 선정
  ② 설치장소의 환경에 적응하는 감지기의 설치
  ③ 특수감지기 및 인텔리전트 수신기의 사용
  ④ 감지기 설치장소의 주위환경 개선
  ⑤ 경년변화에 따른 유지·보수

37. 자동화재탐지설비의 수신기의 설치기준을 5가지만 쓰시오.

배점 : 5 [14년]

• 실전모범답안
① 수위실 등 상시 사람이 근무하는 장소에 설치할 것. 다만, 사람이 상시 근무하는 장소가 없는 경우에는 관계인이 쉽게 접근할 수 있고 관리가 용이한 장소에 설치할 수 있다.
② 수신기의 음향기구는 그 음량 및 음색이 다른 기기의 소음 등과 명확히 구별될 수 있는 것으로 할 것
③ 수신기는 감지기, 중계기 또는 발신기가 작동하는 경계구역을 표시할 수 있는 것으로 할 것
④ 하나의 경계구역은 하나의 표시등 또는 하나의 문자로 표시되도록 할 것
⑤ 수신기의 조작스위치는 바닥으로부터 높이가 0.8m 이상 1.5m 이하인 장소에 설치할 것

38 [유형1] P형 수신기와 R형 수신기의 특성을 비교하여 4가지를 쓰시오.
[유형2] 공장이나 초대형 건물에서 P형 수신기보다 R형 수신기를 많이 사용하는 이유 4가지만 기술하시오. `배점:4` [04년] [05년] [06년] [12년]

• 실전모범답안
① 선로수가 적어 경제적이다.
② 신축, 변경, 증설이 용이하다.
③ 신호의 전달이 확실하다.
④ 유지관리가 쉽다.

39 공통선을 시험하는 목적과 그 방법 및 가부판정의 기준을 쓰시오. `배점:5` [04년] [06년] [08년] [11년] [17년] [18년]

(1) 목적
(2) 방법
(3) 가부판정의 기준

• 실전모범답안
(1) 목적
공통선이 담당하고 있는 경계구역수의 적정여부를 확인하기 위한 시험
(2) 공통선 시험방법
① 수신기 내 접속단자의 회로 공통선을 1선 제거한다.
② 회로도통시험의 예에 따라 회로선택스위치를 회로별로 선택한다.
③ 전압계 또는 LED를 확인하여 단선을 나타내는 경계구역의 회선수를 확인한다.
(3) 가부판정의 기준
공통선이 담당하고 있는 경계구역수가 7 이하일 것

40 발신기를 손으로 눌러서 경보를 발생시킨 뒤 수신기에서 복구시켰는데도 화재신호가 복구되지 않았다. 그 원인과 해결방안을 쓰시오. (단, 감지기를 수동으로 시험한 다음에는 수신기에서 복구가 된다고 한다.) `배점:3` [09년] [12년] [21년]

• 실전모범답안
① 원인 : 발신기의 누름스위치가 복구되지 않았기 때문에
② 해결방안 : 발신기의 누름스위치를 다시 눌러 누름스위치를 복구시킨 후, 수신기의 복구스위치를 누른다.

41 중계기의 설치기준 3가지를 쓰시오. 배점 : 6 [03년] [04년] [11년] [20년]

• 실전모범답안
① 수신기에서 직접 감지기회로의 도통시험을 하지 않는 것에 있어서는 수신기와 감지기 사이에 설치할 것
② 조작 및 점검에 편리하고 화재 및 침수 등의 재해로 인한 피해를 받을 우려가 없는 장소에 설치할 것
③ 수신기에 따라 감시되지 않는 배선을 통하여 전력을 공급받는 것에 있어서는 전원입력측의 배선에 과전류 차단기를 설치하고 해당 전원의 정전이 즉시 수신기에 표시되는 것으로 하며, 상용전원 및 예비전원의 시험을 할 수 있도록 할 것

42 지상 15층, 지하 5층, 연면적 5,000m²인 특정소방대상물에 자동화재탐지설비의 음향장치를 설치하고자 한다. 다음 각 물음에 답하시오. 배점 : 5 [08년] [16년] [20년]
(1) 지상 11층에서 화재가 발생한 경우 경보를 발해야 하는 층을 쓰시오.
(2) 지상 1층에서 화재가 발생한 경우 경보를 발해야 하는 층을 쓰시오.
(3) 지하 1층에서 화재가 발생한 경우 경보를 발해야 하는 층을 쓰시오.

• 실전모범답안
(1) 지상 11층, 지상 12층, 지상 13층, 지상 14층, 지상 15층
(2) 지상 1층, 지상 2층, 지상 3층, 지상 4층, 지상 5층, 지하 1층, 지하 2층, 지하 3층, 지하 4층, 지하 5층
(3) 지상 1층, 지하 1층, 지하 2층, 지하 3층, 지하 4층, 지하 5층

43 청각장애인용 시각경보장치의 설치기준에 대한 다음 (   ) 안을 완성하시오. 배점 : 3 [15년] [17년] [20년]
(1) 공연장·집회장·관람장 또는 이와 유사한 장소에 설치하는 경우에는 시선이 집중되는 (①) 등에 설치할 것
(2) 바닥으로부터 (②)m 이하의 높이에 설치할 것. 다만, 천장높이가 2m 이하는 천장에서 (③)m 이내의 장소에 설치해야 한다.

• 실전모범답안
(1) 공연장·집회장·관람장 또는 이와 유사한 장소에 설치하는 경우에는 시선이 집중되는 (① 무대부) 등에 설치할 것
(2) 바닥으로부터 (② 2m 이상 2.5)m 이하의 높이에 설치할 것. 다만, 천장높이가 2m 이하는 천장에서 (③ 0.15)m 이내의 장소에 설치해야 한다.

44 지하 2층, 지상 6층인 내화구조 건물에서 자동화재탐지설비를 설치하고자 한다. 조건을 참조하여 다음 각 물음에 답하시오. 배점:8 [12년]

[조건]
① 지하 2층에서 지상 6층까지의 직통계단은 1개소이다.
② 각 층은 차동식스포트형감지기 1종을 설치하고, 계단은 연기감지기 2종을 설치한다.
③ 6층 바닥면적은 480m²(화장실 없음), 5층 이하의 층은 바닥면적이 640m²이고 샤워시설이 있는 화장실 면적은 각 층별로 50m²이다. 지하 1층과 지상 1층의 높이가 4.5m이며 기타 층은 높이가 3.8m이다.
④ 복도는 없는 구조이다.

(1) 경계구역수를 구하시오.
(2) 감지기 수량을 종류별로 계산하시오.

• 실전모범답안
(1) 〈수평적 경계구역〉
① 지하 2층~지상 5층 : $\dfrac{640}{600} = 1.066 \fallingdotseq 2$
  $2 \times 7 = 14$경계구역
② 지상 6층 : $\dfrac{480}{600} = 0.8 \fallingdotseq 1$경계구역

〈수직적 경계구역〉
① 지상층 : $\dfrac{4.5\mathrm{m} + (3.8 \times 5)\mathrm{m}}{45\mathrm{m}} = 0.522 \fallingdotseq 1$경계구역
② 지하층 : $\dfrac{4.5\mathrm{m} + 3.8\mathrm{m}}{45\mathrm{m}} = 0.184 \fallingdotseq 1$경계구역

∴ 전체 경계구역수 = 14+1+1+1 = 17경계구역
• 답 : 17경계구역

(2) 〈차동식스포트형감지기 1종〉
① 지하 2층 : $\dfrac{320}{90} = 3.555 \fallingdotseq 4$개, $\dfrac{(320-50)}{90} = 3$개, 4+3=7개
② 지하 1층, 지상 1층 : $\dfrac{320}{45} = 7.111 \fallingdotseq 8$개, $\dfrac{(320-50)}{45} = 6$개, 8+6=14개, 14개×2개 층 = 28개
③ 지상 2층~지상 5층 : $\dfrac{320}{90} = 3.555 \fallingdotseq 4$개, $\dfrac{(320-50)}{90} = 3$개, 4+3=7개, 7개×4개 층 = 28개
④ 지상 6층 : $\dfrac{480}{90} = 5.333 \fallingdotseq 6$개

∴ 차동식스포트형감지기 1종 개수 = 7+28+28+6 = 69개
• 답 : 69개

〈연기감지기 2종〉
• 지하층 : $\dfrac{4.5+3.8}{15} = 0.553 \fallingdotseq 1$개
• 지상층 : $\dfrac{4.5+(3.8\times 5)}{15} = 1.566 \fallingdotseq 2$개

∴ 연기감지기 2종 개수 : 1+2 = 3개
• 답 : 3개

상세해설

(1) 경계구역수

① 수평적 경계구역

구 분	원 칙	예 외
면적	600m²	1,000m² 이하로 할 수 있는 경우 : 주된 출입구에서 내부 전체가 보이는 경우

[조건]
- 지하 2층~지상 5층 : 640m²
- 지상 6층 : 480m²

하나의 경계구역의 면적은 600m² 이하이므로 다음과 같이 산출한다. (한 변의 길이 50m 이하의 규정은 조건에 언급되지 않았으므로 무시한다.)

㉠ 지하 2층~지상 5층 : $\dfrac{640\text{m}^2}{600\text{m}^2} = 1.066 ≒ 2$경계구역

2경계구역×7개 층=14경계구역

㉡ 지상 6층 : $\dfrac{480\text{m}^2}{600\text{m}^2} = 0.8 ≒ 1$경계구역

② 수직적 경계구역

구 분	계단, 경사로	E/V 승강로(권상기실이 있는 경우 권상기실), 린넨슈트, 파이프 피트 및 덕트
높이	45m 이하	제한 없음
지하층	별도의 경계구역으로 할 것(다만, 지하 1층만 있을 경우에는 지상층과 하나의 경계구역으로 할 수 있다.)	제한 없음

[조건]
- 지하 1층, 지상 1층 : 4.5m
- 지하 2층, 지상 2층~지상 6층 : 3.8m

계단 및 경사로의 경우 하나의 경계구역의 수직거리는 45m 이하로 하고, 지하층의 계단은 별도로 하나의 경계구역(지하층의 층수가 1일 경우는 제외)으로 해야 하므로 다음과 같이 산출한다.

㉠ 지하층 : $\dfrac{4.5\text{m} + 3.8\text{m}}{45\text{m}} = 0.184 ≒ 1$경계구역

㉡ 지상층 : $\dfrac{4.5\text{m} + (3.8 \times 5)\text{m}}{45\text{m}} = 0.522 ≒ 1$경계구역

∴ 전체 경계구역수 = 14+1+1+1 = 17경계구역

(2) 감지기 개수

(단위 : [m²])

부착높이 및 소방대상물의 구분		감지기의 종류						
		차동식 스포트형		보상식 스포트형		정온식 스포트형		
		1종	2종	1종	2종	특종	1종	2종
4m 미만	주요구조부를 내화구조로 한 특정소방대상물 또는 그 부분	90	70	90	70	70	60	20
	기타 구조의 특정소방대상물 또는 그 부분	50	40	50	40	40	30	15

(단위 : [m²])

부착높이 및 소방대상물의 구분		감지기의 종류						
		차동식 스포트형		보상식 스포트형		정온식 스포트형		
		1종	2종	1종	2종	특종	1종	2종
4m 이상 8m 미만	주요구조부를 내화구조로 한 특정소방대상물 또는 그 부분	45	35	45	35	35	30	설치 불가
	기타 구조의 특정소방대상물 또는 그 부분	30	25	30	25	25	15	설치 불가

[조건]
- 각 층은 **차동식스포트형감지기 2종** 설치
- **계단**은 연기감지기 2종 설치
- 면적
  - 지하 2층~지상 5층 : 640m²
  - 지상 6층 : 480m²
- 층고
  - 지하 1층, 지상 1층 : 4.5m
  - 지하 2층, 지상 2층~지상 6층 : 3.8m
- **샤워시설**이 있는 **화장실** 면적 : 50m²(6층은 화장실 없음)

① **차동식스포트형감지기 1종**
  ㉠ 문제의 조건에서 **화장실**에 **샤워시설**이 설치되어 있으므로 화장실의 면적 50m²는 감지기 개수 산정 시 고려하지 않는다.
  ㉡ '(1)'의 해설에서 **수평적 경계구역**은 2이므로 각 층 면적 640m²를 두 개로 나누면 320m²가 되지만, 하나의 **경계구역**에서 샤워시설이 있는 **화장실 면적 50m²를 제외**하면 다음과 같다.

- 지하 2층 : $\dfrac{320m^2}{90m^2} = 3.555 ≒ 4개$, $\dfrac{270m^2}{90m^2} = 3개$

  4+3=7개

- 지하 1층, 지상 1층 : $\dfrac{320m^2}{45m^2} = 7.111 ≒ 8개$, $\dfrac{270m^2}{45m^2} = 6개$

  8+6=14개, 14개×2층=28개

- 지상 2층~지상 5층 : $\dfrac{320m^2}{90m^2} = 3.555 ≒ 4개$, $\dfrac{270m^2}{90m^2} = 3개$

  4+3=7개, 7개×4층=28개

- 지상 6층 : $\dfrac{480m^2}{90m^2} = 5.333 ≒ 6개$

∴ 차동식스포트형감지기 1종의 전체 수량=7+28+28+6=**69개**

② **연기감지기 2종**
  연기감지기 2종을 **계단** 및 **경사로**에 설치하는 경우에는 수직거리 **15m**마다 1개씩 설치해야 하며, **지하층의 계단**(지하층의 층수가 1일 경우는 제외)은 **지상층**과 **별도**로 **경계구역**을 해야 하므로 다음과 같이 산출한다.

  ㉠ 지하층 : $\dfrac{4.5m + 3.8m}{15m} = 0.553 ≒ 1개$

  ㉡ 지상층 : $\dfrac{4.5m + (3.8 \times 5)m}{15m} = 1.566 ≒ 2개$

∴ 연기감지기 2종 전체수량=1+2=**3개**

45 다음 그림과 같은 내화구조의 건축물에 자동화재탐지설비를 설치하고자 한다. 조건을 참조하여 다음 각 물음에 답하시오.

배점:6 [07년]

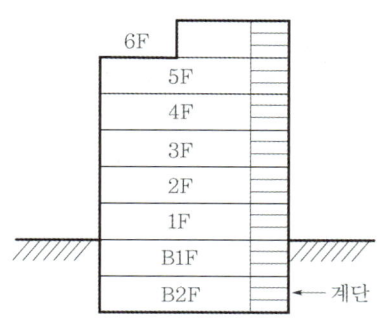

[조건]
① 각 층의 층고는 지상 1층, 지하 1층, 지하 2층은 4.5m이고 지상 2층에서 지상 6층은 3.5m이다.
② 지하 2층~지상 6층의 직통계단은 1개소이다.
③ 각 층의 반자는 고려하지 않는다.
④ 각 층은 차동식스포트형(1종)감지기를 설치한다.
⑤ 각 층의 복도는 없다.
⑥ 각 층별 면적의 경우는 지상 6층은 150m², 나머지 모든 층의 면적은 각각 750m²이다. 단, 각 층의 면적에는 샤워시설이 있는 화장실 면적이 포함되어 있다.
⑦ 각 층에는 샤워시설이 있는 화장실이 50m²의 면적을 갖는다. (단, 지상 6층에는 화장실이 없다.)

(1) 도면의 전체 경계구역수를 구하시오.
(2) 차동식감지기의 설치 시 전체 개수를 산정하시오.
(3) 계단에 연기감지기(2종)의 설치 시 전체 개수와 설치장소를 함께 표현하시오.

• **실전모범답안**
(1) 〈수평적 경계구역〉

① 지하 2층~지상 5층 : $\frac{750}{600} = 1.25 ≒ 2$

　　2×7개 층=14경계구역

② 지상 6층 : $\frac{150}{600} = 0.25 ≒ 1$경계구역

〈수직적 경계구역〉

③ 지상층 계단 : $\frac{4.5+(3.5×5)}{45} = 0.488 ≒ 1$개

④ 지하층 계단 : $\frac{4.5×2}{45} = 0.2 ≒ 1$개

∴ 전체 경계구역수=14+1+1+1=17경계구역
• 답 : 17경계구역

(2) ① 지하 2층~지상 1층 : $\frac{375}{45}=8.333 ≒ 9개$, $\frac{325}{45}=7.222 ≒ 8개$

　　　9+8=17개, 17개×3개 층=51개

② 지상 2층~지상 5층 : $\frac{375}{90}=4.166 ≒ 5개$, $\frac{325}{90}=3.611 ≒ 4개$

　　　5+4=9개, 9개×4개 층=36개

③ 지상 6층 : $\frac{150\text{m}^2}{90\text{m}^2}=1.666 ≒ 2개$

∴ 차동식스포트형감지기 1종 개수=51+36+2=89개

• 답 : 89개

(3) • 지상층 계단 : $\frac{4.5+(3.5×5)}{15}=1.466 ≒ 2개$

• 지하층 계단 : $\frac{4.5×2}{15}=0.6 ≒ 1개$

∴ 연기감지기의 전체 개수 : 1+2=3개

• 답 : 3개

```
                    6F ┐    S
                    5F
                    4F
                    3F    S
                    2F
                    1F
               //// B1F  //
                    B2F      ← 계단
```

상세해설

(1) 경계구역수

① 수평적 경계구역

구 분	원 칙	예 외
층별	층마다	2개의 층을 하나의 **경계구역**으로 할 수 있는 경우 : 500m² 범위 안
면적	600m²	1,000m² 이하로 할 수 있는 경우 : 주된 **출입구**에서 **내부 전체**가 보이는 경우
길이	한 변의 길이 : 50m 이하	지하구 : 700m 이하

[조건]
• 면적
　－ 지하 2층~지상 5층 : 750m²
　－ 지상 6층 : 150m²

하나의 **경계구역**의 **면적**은 600m² 이하이므로 다음과 같이 산출한다.(한 변의 길이 50m 이하의 규정은 조건에 언급되지 않았으므로 무시한다.)

㉠ 지하 2층~지상 5층 : $\frac{750\text{m}^2}{600\text{m}^2}=1.25 ≒ 2경계구역$(소수점 이하는 절상)

2경계구역×7개 층=14경계구역

ⓛ 지상 6층 : $\dfrac{150\text{m}^2}{600\text{m}^2} = 0.25 ≒ 1$경계구역(소수점 이하는 절상)

Tip 화장실 면적은 경계구역 면적에 포함된다. 샤워시설이 있는 화장실의 경우 감지기 설치제외에 해당하는 것이므로 경계구역 면적과는 별개로 생각해야 한다.

② 수직적 경계구역

구 분	계단, 경사로	E/V 승강로(권상기실이 있는 경우 권상기실), 린넨슈트, 파이프 피트 및 덕트
높이	45m 이하	제한 없음
지하층	별도의 경계구역으로 할 것(다만, 지하 1층만 있을 경우에는 지상층과 하나의 경계구역으로 할 수 있다.)	제한 없음

[조건]
- 층고
  - 지하 2층~지상 1층 : 4.5m
  - 지상 2층~지상 6층 : 3.5m

계단 및 경사로의 경우 하나의 경계구역의 수직거리는 45m 이하로 하고, 지하층의 계단은 별도로 하나의 경계구역(지하층의 층수가 1일 경우는 제외)으로 해야 하므로 다음과 같이 산출한다.

① 지하층 계단 : $\dfrac{4.5\text{m} \times 2\text{개 층}}{45\text{m}} = 0.2 ≒ 1$경계구역(소수점 이하는 절상)

② 지상층 계단 : $\dfrac{4.5\text{m} + (3.5\text{m} \times 5\text{개 층})}{45\text{m}} = 0.488 ≒ 1$경계구역(소수점 이하는 절상)

∴ 전체 경계구역수 = 14+1+1+1 = 17경계구역

(2) **차동식스포트형, 보상식스포트형, 정온식스포트형 감지기의 부착높이에 따른 바닥면적기준**

(단위 : [m²])

부착높이 및 소방대상물의 구분		감지기의 종류						
		차동식스포트형		보상식스포트형		정온식스포트형		
		1종	2종	1종	2종	특종	1종	2종
4m 미만	주요구조부를 내화구조로 한 특정소방대상물 또는 그 부분	90	70	90	70	70	60	20
	기타 구조의 특정소방대상물 또는 그 부분	50	40	50	40	40	30	15
4m 이상 8m 미만	주요구조부를 내화구조로 한 특정소방대상물 또는 그 부분	45	35	45	35	35	30	설치 불가
	기타 구조의 특정소방대상물 또는 그 부분	30	25	30	25	25	15	설치 불가

[조건]
- 차동식스포트형감지기 1종 설치
- 면적
  - 지하 2층~지상 5층 : 750m²
  - 지상 6층 : 150m²
- 층고
  - 지하 2층~지상 1층 : 4.5m
  - 지상 2층~지상 6층 : 3.5m
- 샤워시설이 있는 화장실 면적 : 50m²

① 차동식스포트형감지기 1종
  ㉠ 문제의 조건에서 **화장실**에 **샤워시설**이 설치되어 있으므로 화장실의 면적 50m²는 감지기 개수 산정 시 고려하지 않는다.
  ㉡ '(1)'의 해설에서 지하 2층~지상 5층까지의 **수평적 경계구역**은 2이므로 각 층 면적 750m²를 두 개로 나누면 375m²가 되지만, 하나의 **경계구역**에서 **샤워시설**이 있는 **화장실 면적 50m²**를 **제외**하면 다음과 같다.

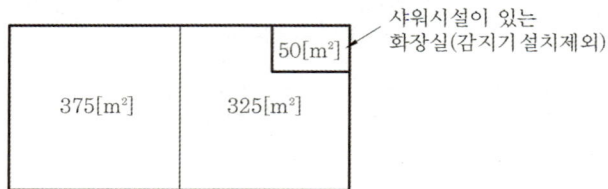

- 지하 2층~지상 1층 : $\dfrac{375\text{m}^2}{45\text{m}^2}=8.333 ≒ 9$개, $\dfrac{325\text{m}^2}{45\text{m}^2}=7.222 ≒ 8$개(소수점 이하는 절상)
  9+8=17개, 17개×3층=**51개**

- 지상 2층~지상 5층 : $\dfrac{375\text{m}^2}{90\text{m}^2}=4.166 ≒ 5$개, $\dfrac{325\text{m}^2}{90\text{m}^2}=3.611 ≒ 4$개(소수점 이하는 절상)
  5+4=9개, 9개×4개 층=**36개**

- 지상 6층 : $\dfrac{150\text{m}^2}{90\text{m}^2}=1.666 ≒ 2$개

∴ 차동식스포트형감지기 1종의 전체 수량=51+36+2=**89개**

(3) 연기감지기의 설치기준(NFTC 203 2.4.3.10)
감지기는 복도 및 통로에 있어서는 **보행거리 30m**(3종에 있어서는 **20m**)마다, **계단** 및 **경사로**에 있어서는 **수직거리 15m**(3종에 있어서는 **10m**)마다 1개 이상으로 할 것

[조건]
- 연기감지기 2종 설치
- 층고
  - 지하 2층~지상 1층 : 4.5m
  - 지상 2층~지상 6층 : 3.5m

연기감지기 2종을 **계단** 및 **경사로**에 설치하는 경우에는 수직거리 **15m**마다 1개씩 설치해야 하며, **지하층의 계단**(지하층의 층수가 1일 경우는 **제외**)은 **지상층**과 **별도**로 **경계구역**을 해야 하므로 다음과 같이 산출한다.

① 지하층 계단 : $\dfrac{4.5\text{m}\times 2\text{개 층}}{15\text{m}}=0.6 ≒ 1$개(소수점 이하는 절상)
② 지상층 계단 : $\dfrac{4.5\text{m}+(3.5\text{m}\times 5\text{개 층})}{15\text{m}}=1.466 ≒ 2$개(소수점 이하는 절상)

∴ 연기감지기의 전체 개수 : 1+2=**3개**

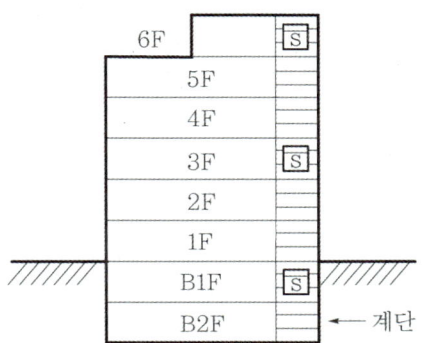

※ **계단**에 **연기감지기**를 설치하는 경우 **지상층**은 **최상층**(본 문제에서는 6층)

46 다음은 자동화재탐지설비의 화재안전기준에서의 배선 관련사항이다. 각 물음에 답하시오.

배점 : 8 [06년] [20년]

(1) 자동화재탐지설비의 GP형 수신기의 감지기회로의 배선에 있어서 하나의 공통선에 접속할 수 있는 경계구역은 몇 개 이하이어야 하는지 쓰시오.
(2) 자동화재탐지설비의 감지기회로의 전로저항은 몇 [Ω] 이하이어야 하는지 쓰시오.
(3) 수신기의 각 회로별 종단에 설치되는 감지기에 접속되는 배선의 전압은 감지기 정격전압의 몇 [%] 이상이어야 하는지 쓰시오.
(4) 감지기회로 및 부속회로의 전로와 대지 사이 및 배선 상호간의 절연저항은 1경계구역마다 직류 250V의 절연저항측정기를 사용하여 측정하였을 때 절연저항이 몇 [Ω] 이상이 되도록 해야 하는가?

• **실전모범답안**
(1) 7개
(2) 50Ω
(3) 80%
(4) 0.1MΩ

47 감지기회로의 배선에 대한 다음 각 물음에 답하시오.

배점 : 6 [15년] [16년]

(1) 송배선식에 대하여 설명하시오.
(2) 송배선식의 적응 감지기를 3가지만 쓰시오.
(3) 교차회로의 방식에 대하여 설명하시오.
(4) 교차회로방식의 적용설비 5가지만 쓰시오.

• **실전모범답안**
(1) 수신기에서 회로도통시험을 용이하게 하기 위하여 배선의 도중에서 분기하지 않는 방식
(2) ① 차동식스포트형감지기
    ② 정온식스포트형감지기
    ③ 보상식스포트형감지기

(3) 설비의 오작동을 방지하기 위하여 2개 이상의 회로가 교차되도록 설치하여 인접한 2개 이상의 회로가 동시에 작동해야 설비가 작동되도록 하는 방식
(4) ① 준비작동식 스프링클러설비
② 일제살수식 스프링클러설비
③ 이산화탄소소화설비
④ 할론소화설비
⑤ 분말소화설비

48 다음은 자동화재속보설비의 절연저항에 대한 내용이다. ( )에 알맞은 내용을 쓰시오.

배점 : 4 [12년] [20년]

자동화재속보설비의 절연된 (①)와 외함 간의 절연저항은 직류 500V의 절연저항계로 측정한 값은 (②)MΩ 이상이어야 하고 교류입력측과 외함 간에는 (③)MΩ 이상이어야 한다. 그리고 절연된 선로 간의 절연저항은 직류 500V의 절연저항계로 측정한 값이 (④)MΩ 이상이어야 한다.

• 실전모범답안
자동화재속보설비의 절연된 (① 충전부)와 외함 간의 절연저항은 직류 500V의 절연저항계로 측정한 값은 (② 5)MΩ 이상이어야 하고 교류입력측과 외함 간에는 (③ 20)MΩ 이상이어야 한다. 그리고 절연된 선로 간의 절연저항은 직류 500V의 절연저항계로 측정한 값이 (④ 20)MΩ 이상이어야 한다.

49 단독경보형 감지기의 설치기준이다. ( ) 안에 들어갈 알맞은 내용을 채우시오.

배점 : 5 [14년] [16년] [21년]

(1) 각 실마다 설치하되, 바닥면적 (①)m²를 초과하는 경우에는 (①)m²마다 1개 이상을 설치해야 한다.
(2) 이웃하는 실내의 바닥면적이 각각 (②)m² 미만이고 벽체 상부의 전부 또는 일부가 개방되어 이웃하는 실내와 공기가 상호 유통되는 경우에는 이를 (③)의 실로 본다.
(3) (④)를 주전원으로 사용하는 단독경보형 감지기는 정상적인 작동상태를 유지할 수 있도록 주기적으로 (④)를 교환할 것
(4) 상용전원을 주전원으로 사용하는 단독경보형 감지기의 (⑤)는 제품검사에 합격한 것을 사용할 것

• 실전모범답안
(1) 각 실마다 설치하되, 바닥면적 (① 150)m²를 초과하는 경우에는 (① 150)m²마다 1개 이상을 설치해야 한다.
(2) 이웃하는 실내의 바닥면적이 각각 (② 30)m² 미만이고 벽체 상부의 전부 또는 일부가 개방되어 이웃하는 실내와 공기가 상호 유통되는 경우에는 이를 (③ 1개)의 실로 본다.
(3) (④ 건전지)를 주전원으로 사용하는 단독경보형 감지기는 정상적인 작동상태를 유지할 수 있도록 주기적으로 (④ 건전지)를 교환할 것
(4) 상용전원을 주전원으로 사용하는 단독경보형 감지기의 (⑤ 2차 전지)는 제품검사에 합격한 것을 사용할 것

50 다음은 비상방송설비에 대한 기준이다. ( ) 안에 들어갈 알맞은 내용을 채우시오.

배점 : 3 [04년] [05년] [06년] [11년] [13년] [14년] [18년] [19년] [20년] [21년]

(1) 확성기의 음성입력은 (①)W 이상(실내에 설치하는 것에 있어서는 1W 이상일 것)
(2) 음량조절기를 설치한 경우 음량조정기의 배선은 (②)으로 할 것
(3) 조작부의 조작스위치는 바닥으로부터 (③)의 높이에 설치할 것
(4) 증폭기 및 (④)는 수위실 등 상시 사람이 근무하는 장소로서 점검이 편리하고 방화상 유효한 곳에 설치할 것
(5) 기동장치에 따른 화재신호를 수신한 후 필요한 음량으로 화재발생 상황 및 피난에 유효한 방송이 자동으로 개시될 때까지의 소요시간은 (⑤) 이내로 할 것

• 실전모범답안

(1) 확성기의 음성입력은 (① 3)W 이상(실내에 설치하는 것에 있어서는 1W 이상일 것)
(2) 음량조절기를 설치한 경우 음량조정기의 배선은 (② 3선식)으로 할 것
(3) 조작부의 조작스위치는 바닥으로부터 (③ 0.8m 이상, 1.5m 이하)의 높이에 설치할 것
(4) 증폭기 및 (④ 조작부)는 수위실 등 상시 사람이 근무하는 장소로서 점검이 편리하고 방화상 유효한 곳에 설치할 것
(5) 기동장치에 따른 화재신호를 수신한 후 필요한 음량으로 화재발생 상황 및 피난에 유효한 방송이 자동으로 개시될 때까지의 소요시간은 (⑤ 10초) 이내로 할 것

51 어떤 고층건축물(연면적 3,500m²)에 비상방송설비를 설치하려고 한다. 설치기준에 대하여 물음에 답하시오.

배점 : 6 [06년] [12년] [14년] [18년]

(1) 경보방식은 어떤 방식으로 해야 하는지 그 방식을 쓰고, 그 방식의 발화층에 대한 경보층의 구체적인 경우를 3가지로 구분하여 설명하시오.
(2) 확성기의 설치층과 그 설치위치에 대한 기준을 설명하시오.
(3) 조작부의 조작스위치는 어느 위치에 설치해야 하는지 그 위치를 설명하시오.

• 실전모범답안

(1) ① 경보방식 : 우선경보방식
② 발화층에 대한 경보층의 구체적인 경우

발화층	경보층
2층 이상	발화층+직상 4개 층
1층	발화층+직상 4개 층+지하층
지하층	발화층+직상층+기타 지하층

(2) ① 설치 층 : 각 층마다 설치
② 그 층의 각 부분으로부터 하나의 확성기까지의 수평거리가 25m 이하가 되도록 하고, 해당 층의 각 부분에 유효하게 경보를 발할 수 있도록 설치할 것
(3) 바닥으로부터 0.8m 이상 1.5m 이하

52 다음은 누전경보기에 대한 그림이다. 각 물음에 답하시오.   배점 : 7 [04년] [18년] [19년]

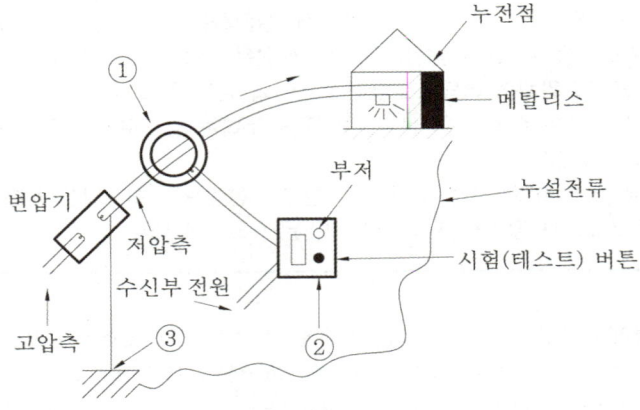

(1) ①~②에 대한 명칭을 쓰시오.
(2) 누전경보기의 공칭작동 전류치는 몇 [mA] 이하인지 쓰시오.
(3) 전원은 각 극에 개폐기 및 몇 [A] 이하의 과전류차단기를 설치해야 하는지 쓰시오. 또한, 배선용 차단기로 할 경우 몇 [A] 이하의 것으로 각 극을 개폐할 수 있는 것을 설치해야 하는지 쓰시오.

• 실전모범답안
(1) ① 영상변류기
    ② 수신기
(2) 200mA
(3) ① 과전류차단기 : 15A
    ② 배선용 차단기 : 20A

53 도면은 누전경보기의 설치 회로도이다. 이 회로를 보고 다음 각 물음에 답하시오. (단, 회로는 단상 3선식이며 도면의 잘못된 부분은 모두 정상회로로 수정한 것으로 가정하고 답할 것)
배점 : 14 [06년] [10년] [11년] [17년]

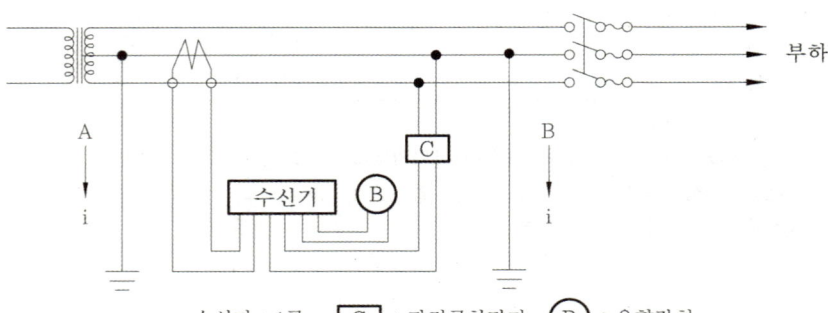

(1) 회로에서 틀린 부분을 3가지만 지적하여 바른 방법을 설명하시오.
(2) 회로에서의 수신기는 경계전로의 전류가 몇 [A] 초과의 것이어야 하는지 쓰시오.
(3) 회로의 음향장치에서 음량은 장치의 중심으로부터 1m 떨어진 위치에서 몇 [dB] 이상이 되어야 하는지 쓰시오.
(4) 회로에서 C 에 사용하는 과전류차단기의 용량은 몇 [A] 이하이어야 하는지 쓰시오.
(5) 회로의 음향장치는 정격전압의 몇 [%] 전압에서 음향을 발할 수 있어야 하는지 쓰시오.
(6) 회로에서 변류기의 절연저항을 측정하였을 경우 절연저항값은 몇 [MΩ] 이상이어야 하는지 쓰시오. (단, 1차 코일 또는 2차 코일과 외부 금속부와의 사이로 차단기의 개폐부에 DC 500V 메거 사용)
(7) 누전경보기의 공칭작동 전류치는 몇 [mA] 이하이어야 하는지 쓰시오.

• **실전모범답안**
(1) 올바른 누전경보기의 설치 도면

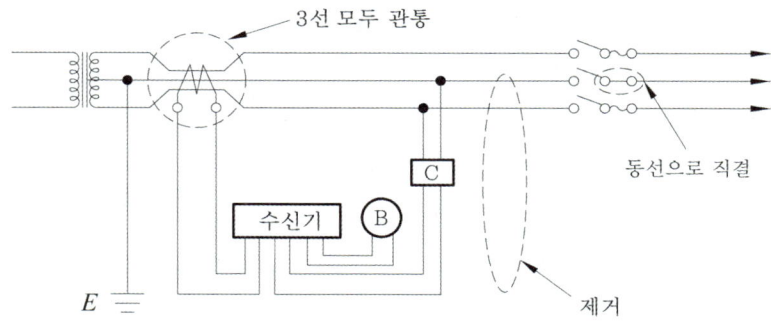

① • 틀린 부분 : 단상 3선식 변압기 2차측에 영상변류기가 중성선(2선)에만 관통시켜 설치되어 있다.
  • 올바른 방법 : 영상변류기에 3선을 모두 관통시켜 설치한다.
② • 틀린 부분 : 접지선이 영상변류기의 전원측(A)과 부하측(B)에 설치되어 있다.
  • 올바른 방법 : 영상변류기의 부하측(B)에 설치된 접지선을 제거한다.
③ • 틀린 부분 : 개폐기 2차측 중성선에 퓨즈가 설치되어 있다.
  • 올바른 방법 : 개폐기 2차측 중성선에 동선으로 직결하여 설치한다.
(2) 60A
(3) 70dB
(4) 15A
(5) 80%
(6) 5MΩ
(7) 200mA

54. 가스누설경보기에 관한 사항이다. 다음 각 물음에 답하시오.

배점:8 [03년] [08년] [10년] [11년] [13년] [17년] [20년]

(1) 수신 개시로부터 가스누설표시까지의 소요시간은 몇 초 이내이며, 지구등은 등이 켜질 때 어떤 색으로 표시되어야 하는지 쓰시오.
(2) 가스누설경보기의 분류
    ① 구조에 따라 (①)형, (②)형
    ② 용도에 따라 (③)용, (④)용과 (⑤)용
(3) 예비전원으로 사용하는 축전지의 종류를 쓰시오.
(4) 예비전원의 용량에 대하여 간단히 쓰시오.
    ① 1회선용 :
    ② 2회로 이상 :
(5) 경보기와 절연된 충전부와 외함간 및 절연된 선로간의 절연저항은 DC 500V 절연저항계로 측정한 값이 각각 몇 [MΩ] 이상이어야 하는지 쓰시오.
    ① 절연된 충전부의 외함간 :
    ② 절연된 선로간 :
(6) 주음향장치의 공업용과 고장표시장치용은 각각 몇 [dB] 이상인지 쓰시오.
(7) 가스누설경보기 중 가스누설을 검지하여 중계기 또는 수신부에 가스누설의 신호를 발신하는 부분 또는 가스누설을 검지하여 이를 음향으로 경보하고 동시에 중계기 또는 수신부에 가스누설의 신호를 발신하는 부분은 무엇인지 쓰시오.

- 실전모범답안
(1) ① 60초
    ② 황색
(2) ① 단독 ② 분리
    ③ 가정 ④ 영업 ⑤ 공업
(3) 알칼리계 2차 축전지, 리튬계 2차 축전지, 무보수 밀폐형 연축전지
(4) ① 감시상태를 20분간 지속한 후 유효하게 작동되어 10분간 경보를 발할 수 있는 용량
    ② 연결된 모든 회로에 대하여 감시상태를 10분간 지속한 후 2회선을 유효하게 작동시키고 10분간 경보를 발할 수 있는 용량
(5) ① 5MΩ 이상
    ② 20MΩ 이상
(6) ① 공업용 : 90dB
    ② 고장표시장치용 : 60dB
(7) 탐지부

55. 옥내소화전설비에 대한 다음 각 물음에 답하시오.

배점:7 [08년] [13년] [17년] [19년]

(1) 비상전원의 종류 3가지를 쓰시오.
(2) 비상전원의 설치기준 5가지를 쓰시오.

• **실전모범답안**
(1) ① 자가발전설비
    ② 축전지설비
    ③ 전기저장장치
(2) ① 점검에 편리하고 화재 및 침수 등의 재해로 인한 피해를 받을 우려가 없는 곳에 설치할 것
    ② 옥내소화전설비를 유효하게 20분 이상 작동할 수 있어야 할 것
    ③ 상용전원으로부터 전력의 공급이 중단된 때에는 자동으로 비상전원으로부터 전력을 공급받을 수 있도록 할 것
    ④ 비상전원(내연기관의 기동 및 제어용 축전기를 제외한다)의 설치장소는 다른 장소와 방화구획 할 것. 이 경우 그 장소에는 비상전원의 공급에 필요한 기구나 설비 외의 것(열병합발전설비에 필요한 기구나 설비는 제외한다)을 두어서는 아니 된다.
    ⑤ 비상전원을 실내에 설치하는 때에는 그 실내에 비상조명등을 설치할 것

---

56 스프링클러설비의 감시제어반에서 도통시험 및 작동시험을 할 수 있어야 하는 회로 5가지를 쓰시오. 배점 : 3 [09년] [10년] [17년]

• **실전모범답안**
① 기동용 수압개폐장치의 압력스위치회로
② 수조 또는 물올림탱크의 저수위감시회로
③ 유수검지장치 또는 일제개방밸브의 압력스위치회로
④ 일제개방밸브를 사용하는 설비의 화재감지기회로
⑤ 급수배관에 설치되어 급수를 차단할 수 있는 개폐밸브의 폐쇄상태 확인회로

---

57 피난구유도등에 대한 내용이다. 다음 각 물음에 답하시오. 배점 : 6 [09년] [12년] [13년] [20년] [21년]
(1) 피난구유도등의 설치장소를 3가지만 쓰시오.
(2) 피난구유도등은 피난구의 바닥으로부터 높이 몇 [m] 이상의 곳에 설치해야 하는지 쓰시오.
(3) 피난구유도등 표시면의 색상을 쓰시오.
(4) 피난구유도등은 상용전원으로 등을 켜는 경우 직선거리 몇 [m]의 위치에서 보통시력에 의하여 표시면의 그림문자, 색체 및 화살표가 함께 표시된 경우에는 화살표가 쉽게 식별되어야 하는지 쓰시오.

• **실전모범답안**
(1) ① 옥내로부터 직접 지상으로 통하는 출입구 및 그 부속실의 출입구
    ② 직통계단·직통계단의 계단실 및 그 부속실의 출입구
    ③ 안전구획된 거실로 통하는 출입구
(2) 1.5m
(3) 녹색 바탕에 백색표시
(4) 30m

58 3선식 배선에 의하여 상시 충전되는 유도등의 전기회로에 점멸기를 설치하는 경우에는 어느 때에 점등되도록 해야 하는지 그 기준을 5가지 쓰시오.

배점:5 [04년] [07년] [09년] [10년] [11년] [13년] [14년] [18년] [21년]

- 실전모범답안
  ① 자동화재탐지설비의 감지기 또는 발신기가 작동되는 때
  ② 비상경보설비의 발신기가 작동되는 때
  ③ 상용전원이 정전되거나 전원선이 단선되는 때
  ④ 방재업무를 통제하는 곳 또는 전기실의 배전반에서 수동으로 점등하는 때
  ⑤ 자동소화설비가 작동되는 때

59 다음은 통로유도등에 관한 사항이다. 다음 각 물음에 답하시오.

배점:6 [08년] [17년] [20년]

(1) ①, ②, ③에 알맞은 내용을 쓰시오.

구 분	복도통로유도등	거실통로유도등	계단통로유도등
설치장소	복도	(①)	계단
설치방법	구부러진 모퉁이 및 설치된 통로유도등을 기점으로 보행거리 20m마다	(②)	각 층의 경사로참 또는 계단참마다
설치높이	(③)	바닥으로부터 높이 1.5m 이상	바닥으로부터 높이 1m 이하

(2) 벽면에 설치하는 통로유도등과 바닥에 매설하는 통로유도등의 조도의 측정방법과 조도기준에 대하여 각각 쓰시오.
(3) 통로유도등 표시면의 색상을 쓰시오.

- 실전모범답안
(1) ① 거실의 통로
    ② 구부러진 모퉁이 및 보행거리 20m마다
    ③ 바닥으로부터 높이 1m 이하
(2) ① 벽면에 설치하는 통로유도등 : 통로유도등의 바로 밑의 바닥으로부터 수평으로 0.5m 떨어진 지점에서 측정하여 1lx 이상
    ② 바닥에 매설하는 통로유도등 : 통로유도등의 직상부 1m의 높이에서 측정하여 1lx 이상
(3) 백색 바탕에 녹색표시

▶▷ 핵심 빈번한 기출문제 100선

60 그림과 같은 건축물의 평면도에 객석유도등을 설치하고자 한다. 다음 각 물음에 답하시오.

배점 : 6   [07년] [11년] [18년]

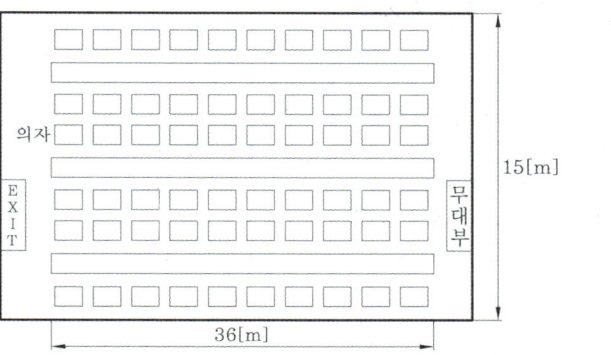

(1) 객석유도등의 총 설치 개수를 구하시오.
(2) 강당의 중앙 및 좌우 통로에 객석유도등을 설치하시오. (단, 유도등 표시는 •로 표기할 것)

- **실전모범답안**
(1), (2) 객석유도등의 설치

$$\text{객석유도등의 설치 개수} = \frac{\text{객석통로의 직선부분의 길이[m]}}{4} - 1$$

객석유도등의 설치 개수 $= \dfrac{36\text{m}}{4} - 1 =$ **8개**

∴ 8개×3개 통로＝**24개**

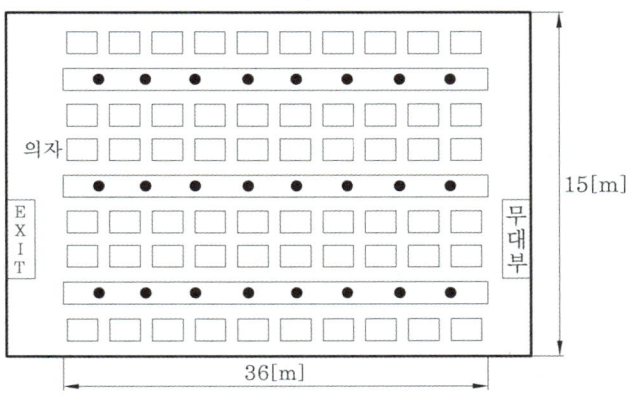

61 피난유도선은 햇빛이나 전등불에 따라 축광하거나 전류에 따라 빛을 발하는 유도체로서, 어두운 상태에서 피난을 유도할 수 있도록 띠 형태로 설치되는 피난유도시설이다. 축광방식의 피난유도선의 설치기준 5가지를 쓰시오. 배점:6 [12년] [21년]

- 실전모범답안
  ① 구획된 각 실로부터 주출입구 또는 비상구까지 설치할 것
  ② 바닥으로부터 높이 50cm 이하의 위치 또는 바닥면에 설치할 것
  ③ 피난유도표시부는 50cm 이내의 간격으로 연속되도록 설치할 것
  ④ 부착대에 의하여 견고하게 설치할 것
  ⑤ 외부의 빛 또는 조명장치에 의하여 상시 조명이 제공되거나 비상조명등에 의한 조명이 제공되도록 설치할 것

62 휴대용 비상조명등을 설치해야 하는 특정소방대상물에 대한 사항이다. 소방시설 적용기준으로 알맞은 내용을 ( ) 안에 쓰시오. 배점:4 [11년] [18년] [20년]
(1) (①)시설
(2) 수용인원 (②)명 이상의 영화상영관, 판매시설 중 대규모 점포, 철도 및 도시철도 시설 중 지하역사, 지하가 중 (③)

- 실전모범답안
(1) (① 숙박)시설
(2) 수용인원 (② 100)명 이상의 영화상영관, 판매시설 중 대규모 점포, 철도 및 도시철도 시설 중지하역사, 지하가 중 (③ 지하상가)

63 비상콘센트설비에 대한 다음 각 물음에 답하시오. (단, 전압은 단상교류 220V를 사용한다.) 배점:10 [04년] [07년] [08년] [19년] [20년]
(1) 비상콘센트설비를 설치하는 목적을 쓰시오.
(2) 비상콘센트설비의 배선의 설치기준에서 전원회로의 배선과 그 밖의 배선 종류에 대해 쓰시오.
(3) 콘센트에 3kW용 송풍기를 연결하여 운전하면 몇 [A]의 전류가 흐르는지 구하시오. (단, 송풍기의 역률은 65%이다.)
(4) 지상 25층 아파트에서 비상콘센트를 설치해야 할 층에 1개씩 설치한다고 하며 비상콘센트는 몇 개가 필요한지 구하시오. (단, 지하층은 고려하지 않는다) 또한, 하나의 전용회로의 전선용량은 어떻게 결정하는지 상세히 쓰시오.

- 실전모범답안
(1) 화재발생 시 소방대의 필요한 전원을 전용회선으로 공급하기 위하여
(2) ① 전원회로의 배선 : 내화배선
  ② 그 밖의 배선 : 내화배선 또는 내열배선

(3) • 계산과정

$$\frac{3 \times 10^3}{220 \times 0.65} = 20.979 ≒ 20.98A$$

• 답 : 20.98A

(4) ① 비상콘센트수 : 15개
② 하나의 전용회로의 전선용량 결정방법 : 각 비상콘센트(3개 이상인 경우에는 3개)의 공급용량을 합한 용량 이상

상세해설

(3) 단상전력

$P = VI\cos\theta$

여기서, P : 단상 교류전력[W]
V : 전압[V]
I : 전류[A]
$\cos\theta$: 역률

∴ 전류 $I = \dfrac{P}{V\cos\theta} = \dfrac{3 \times 10^3 \text{W}}{220\text{V} \times 0.65} = 20.979\text{A} ≒ 20.98\text{A}$

(4) 비상콘센트 설치 개수 및 전원회로의 전선용량
① 비상콘센트 설치 개수
㉠ 비상콘센트설비의 설치대상(소방시설 설치 및 관리에 관한 법률 시행령 [별표 4])

설치대상	설치조건
층수가 11층 이상인 특정소방대상물	11층 이상의 층
지하 3층 이상이고 지하층 바닥면적의 합계가 1,000㎡ 이상	지하층의 모든 층
터널	500m 이상

㉡ 비상콘센트는 **층수**(**지하층을 제외한 층수**)가 **11층** 이상인 특정소방대상물의 **11층** 이상의 층마다 **설치**하므로 각 층당 1개씩 설치할 경우 **11층**에서 **25층**까지 **15개**가 설치된다.

---

64 비상콘센트설비에 대한 사항이다. 다음 각 물음에 답하시오. 배점 : 7 [03년] [05년] [11년] [17년]

(1) 전원회로의 종류, 전압 및 그 공급용량을 쓰시오.
(2) 하나의 전용회로에 설치하는 비상콘센트는 몇 개 이하로 해야 하는지 쓰시오.
(3) 비상콘센트의 그림기호(심벌)를 그리시오.
(4) 전원부와 외함 사이의 절연저항값과 절연내력의 방법 및 판정방법에 대해 쓰시오.

• 실전모범답안

(1)

구 분	전 압	공급용량
단상교류	220V	1.5kVA 이상

(2) 10개

(3) ⊙ ⊙

(4) ① 절연저항값 : 500V 절연저항계로 측정할 때 20MΩ 이상
    ② 절연내력
        ㉠ 시험방법 : 다음의 실효전압을 가한다.
            • 정격전압이 150V 이하인 경우 : 1,000V의 실효전압
            • 정격전압이 150V 이상인 경우 : 정격전압에 2를 곱하여 1,000을 더한 실효전압
        ㉡ 판정방법 : 1분 이상 견딜 것

65 비상콘센트설비에 대한 다음 각 물음에 답하시오. 배점:7 [03년] [10년] [11년] [12년] [13년] [19년] [20년]

(1) 하나의 전용회로에 설치하는 비상콘센트가 7개 있다. 이 경우 전선의 용량은 비상콘센트 몇 개의 공급용량을 합한 용량 이상의 것으로 하는지 쓰시오. (단, 각 비상콘센트의 공급용량은 최소로 한다.)
(2) 비상콘센트설비의 전원부와 외함 사이의 절연저항을 500V 절연저항계로 측정하였더니 30MΩ이었다. 이 설비에 대한 절연저항의 적합성 여부를 구분하고 그 이유를 설명하시오.
(3) 비상콘센트의 플러그접속기는 구체적으로 어떤 형(종류)의 플러그접속기를 사용해야 하는지 쓰시오.
(4) 비상콘센트설비의 상용전원회로의 배선은 다음의 경우에 어디에서 분기하여 전용배선으로 하는지를 설명하시오.
    ① 저압수전인 경우 :
    ② 특고압수전 또는 고압수전인 경우 :
(5) 비상콘센트의 검상시험방법 및 판정기준을 쓰시오.

• 실전모범답안
(1) 3개
(2) ① 적합성 여부 : 적합
    ② 이유 : 비상콘센트설비의 전원부와 외함 사이의 절연저항은 전원부와 외함 사이를 500V 절연저항계로 측정할 때 20MΩ 이상이므로
(3) 접지형 2극
(4) ① 저압수전인 경우 : 인입개폐기의 직후
    ② 특고압수전 또는 고압수전인 경우 : 전력용 변압기 2차측의 주차단기 1차측 또는 2차측
(5) ① 검상시험방법 : 검상기를 접지형 2극 플러그접속기에 접속한다.
    ② 판정기준 : 검상기가 정상적으로 작동할 것

66 비상콘센트설비 전원회로의 설치기준에 관한 다음 빈 칸을 완성하시오. 배점:5 [14년] [18년]

(1) 전원회로는 각 층에 있어서 (①)되도록 설치할 것. 다만, 설치해야 할 층의 비상콘센트가 1개인 때에는 하나의 회로로 할 수 있다.
(2) 전원회로는 (②)에서 전용회로로 할 것. 다만, 다른 설비회로의 사고에 따른 영향을 받지 않도록 되어 있는 것에 있어서는 그렇지 않다.
(3) 콘센트마다 (③)를 설치해야 하며, (④)가 노출되지 않도록 할 것
(4) 하나의 전용회로에 설치하는 비상콘센트는 (⑤) 이하로 할 것

• 실전모범답안
(1) ① 2 이상
(2) ② 주배전반
(3) ③ 배선용 차단기 ④ 충전부
(4) ⑤ 10개

67 무선통신보조설비의 누설동축케이블 등에 대한 설치기준이다. ( ) 안을 채우시오.

배점 : 10 [04년] [05년] [08년] [11년] [12년] [13년] [14년] [15년] [20년]

(1) 누설동축케이블은 (①)의 것으로서 습기 등의 환경조건에 의해 전기적 특성이 변질되지 아니하는 것으로 할 것
(2) 누설동축케이블 및 안테나는 고압의 전로로부터 (②)m 이상 떨어진 위치에 설치할 것(해당 전로에 (③)를 유효하게 설치한 경우에는 제외)
(3) 누설동축케이블 및 동축케이블은 화재에 따라 해당 케이블의 피복이 소실된 경우에 케이블 본체가 떨어지지 않도록 (④)m 이내마다 금속제 또는 자기제 등의 지지금구로 벽·천장·기둥 등에 견고하게 고정할 것. 다만, 불연재료로 구획된 반자 안에 설치하는 경우에는 그렇지 않다.
(4) 누설동축케이블의 끝 부분에는 (⑤)을 견고하게 설치할 것
(5) 동축케이블의 임피던스는 (⑥)Ω으로 하고 이에 접속하는 안테나·분배기 기타의 장치는 해당 임피던스에 적합한 것으로 해야 한다.
(6) 소방전용 주파수대에서 전파의 전송 또는 복사에 적합한 것으로서 (⑦)의 것으로 할 것

• 실전모범답안
(1) 누설동축케이블은 (① 불연 또는 난연성)의 것으로서 습기 등의 환경조건에 의해 전기적 특성이 변질되지 아니하는 것으로 할 것
(2) 누설동축케이블 및 안테나는 고압의 전로로부터 (② 1.5)m 이상 떨어진 위치에 설치할 것(해당 전로에 (③ 정전기 차폐장치)를 유효하게 설치한 경우에는 제외)
(3) 누설동축케이블 및 동축케이블은 화재에 따라 해당 케이블의 피복이 소실된 경우에 케이블 본체가 떨어지지 않도록 (④ 4)m 이내마다 금속제 또는 자기제 등의 지지금구로 벽·천장·기둥 등에 견고하게 고정할 것. 다만, 불연재료로 구획된 반자 안에 설치하는 경우에는 그렇지 않다.
(4) 누설동축케이블의 끝 부분에는 (⑤ 무반사 종단저항)을 견고하게 설치할 것
(5) 동축케이블의 임피던스는 (⑥ 50)Ω으로 하고 이에 접속하는 안테나·분배기 기타의 장치는 해당 임피던스에 적합한 것으로 해야 한다.
(6) 소방전용 주파수대에서 전파의 전송 또는 복사에 적합한 것으로서 (⑦ 소방전용)의 것으로 할 것

68 무선통신보조설비에 사용되는 무반사 종단저항의 설치위치 및 설치목적을 쓰시오.

배점 : 3 [05년] [10년] [13년] [21년]

• 실전모범답안
① 설치위치 : 누설동축케이블의 끝부분
② 설치목적 : 전송로로 전송되는 전자파가 종단에서 반사되어 교신을 방해하는 것을 방지하기 위하여 설치한다.

69 무선통신보조설비의 증폭기를 설치하려고 한다. ( ) 안에 알맞은 말을 쓰시오.

배점 : 7 [03년] [04년] [05년] [06년] [13년]

(1) 상용전원은 전기가 정상적으로 공급되는 (①), (②) 또는 (③)으로 하고, 전원까지의 배선은 (④)으로 할 것
(2) 증폭기의 전면에는 주회로 전원의 정상 여부를 표시할 수 있는 (⑤) 및 (⑥)를 설치할 것
(3) 증폭기에는 비상전원이 부착된 것으로 하고 해당 비상전원용량은 무선통신보조설비를 유효하게 (⑦)분 이상 작동시킬 수 있는 것으로 할 것

- 실전모범답안
(1) 상용전원은 전기가 정상적으로 공급되는 (① 축전지설비), (② 전기저장장치) 또는 (③ 교류전압 옥내간선)으로 하고, 전원까지의 배선은 (④ 전용)으로 할 것
(2) 증폭기의 전면에는 주회로 전원의 정상 여부를 표시할 수 있는 (⑤ 표시등) 및 (⑥ 전압계)를 설치할 것
(3) 증폭기에는 비상전원이 부착된 것으로 하고 해당 비상전원용량은 무선통신보조설비를 유효하게 (⑦ 30) 분 이상 작동시킬 수 있는 것으로 할 것

70 다음 그림은 상시 전원이 정전 시에 상시 전원에서 예비전원으로 바꾸는 경우이다. 기호 Ⓐ와 Ⓑ의 명칭을 쓰시오.

배점 : 4 [09년] [15년] [19년]

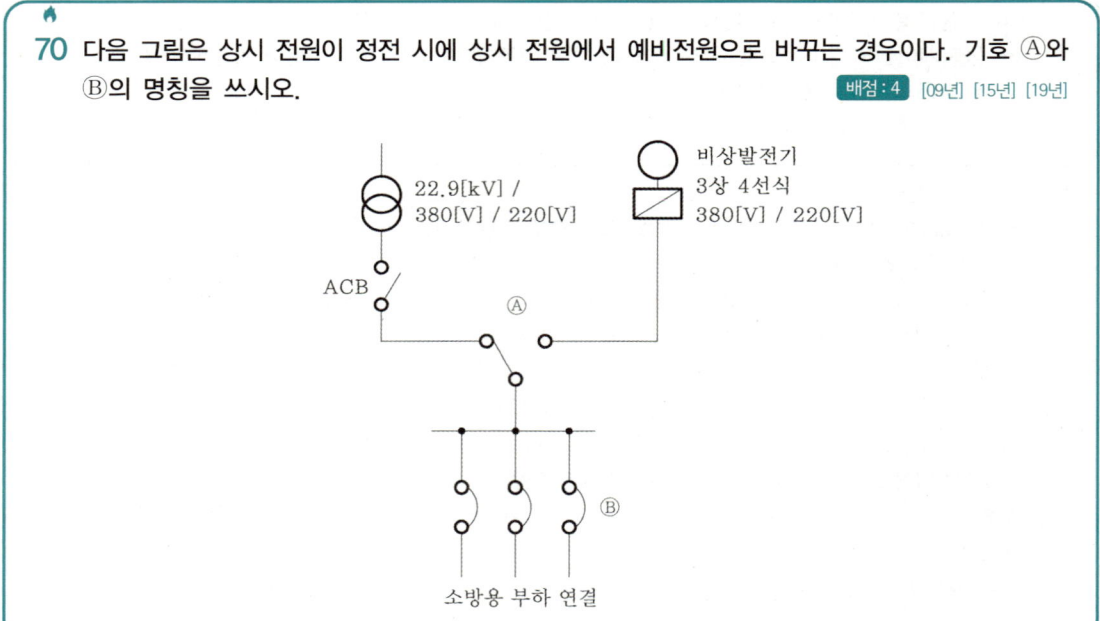

- 실전모범답안
Ⓐ 자동절환개폐기
Ⓑ 배선용 차단기

71 다음 표를 보고 각 설비에서 해당되는 비상전원에 ○ 표시를 하시오. 배점:5 [10년] [15년] [17년]

구 분	자가발전설비	축전지설비	비상전원수전설비
옥내소화전설비, 제연설비, 연결송수관설비			
비상콘센트설비			
자동화재탐지설비, 유도등, 비상방송설비			
스프링클러설비			

• 실전모범답안

구 분	자가발전설비	축전지설비	비상전원수전설비
옥내소화전설비, 제연설비, 연결송수관설비	○	○	
비상콘센트설비	○	○	○
자동화재탐지설비, 유도등, 비상방송설비		○	
스프링클러설비	○	○	○

72 그림과 같이 1개의 등을 2개소에서 점멸이 가능하도록 하려고 한다. 다음 각 물음에 답하시오. 배점:6 [05년] [20년]

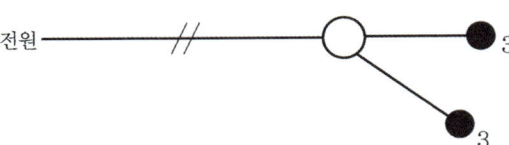

(1) ●₃의 명칭을 구체적으로 쓰시오.
(2) 배선에 배선가닥수를 표시하시오.
(3) 전선접속도(실제배선도)를 그리시오.

• 실전모범답안
(1) 3로 점멸기
(2)

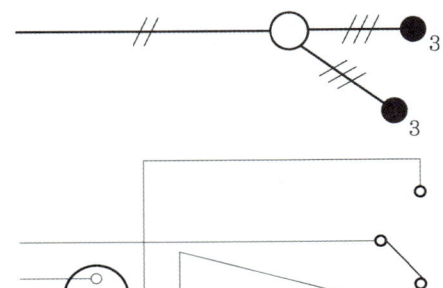

(3)

73 지상 20m 되는 곳에 500m³의 고가수조가 있다. 이 고가수조에 양수하기 위하여 15kW의 전동기를 사용한다면 몇 분 후에 고가수조에 물이 가득 차는지 구하시오. (단, 펌프효율은 75[%]이고, 여유계수는 1.2이다.)

배점 : 4 [10년] [11년] [12년] [18년] [20년]

- 실전모범답안

$$t = \frac{9.8 \times 500 \times 20 \times 1.2}{15 \times 0.75} = 10{,}453.333 초$$

$$\therefore \frac{10{,}453.333}{60} = 174.222 ≒ 174.22 분$$

- 답 : 174.22분

상세해설

$P\eta t = 9.8QHK$	전동기용량(시간)
P : 전동기의 용량[kW]	→ 15kW
η : 효율	→ 75%
t : 시간[s]	→ $t = \dfrac{9.8QHK}{P\eta}$ [풀이 ①]
Q : 토출량(양수량)[m³]	→ 500m³
H : 전양정[m]	→ 20m
K : 여유계수(전달계수)	→ 1.2

① 전동기용량

$$t = \frac{9.8QHK}{P\eta} = \frac{9.8 \times 500\text{m}^3 \times 20\text{m} \times 1.2}{15\text{kW} \times 0.75} = 10{,}453.333 초$$

$$\therefore \frac{10{,}453.333}{60} = 174.222 ≒ 174.22 분$$

74 펌프용 전동기로 매 분당 13m³의 물을 높이 20m인 탱크에 양수하려고 한다. 이때 각 물음에 답하시오. (단, 펌프용 전동기의 효율은 70%, 역률은 80%이고, 여유계수는 1.15이다.)

배점 : 6 [06년] [08년] [14년] [21년]

(1) 펌프용 전동기의 용량은 몇 [kW]인지 구하시오.
(2) 이 펌프용 전동기의 역률을 95%로 개선하려면 전력용 콘덴서는 몇 [kVA]인지 구하시오.

- 실전모범답안

(1) $P = \dfrac{9.8 \times 13 \times \dfrac{1}{60} \times 20 \times 1.15}{0.7} = 69.766 ≒ 69.77\text{kW}$

- 답 : 69.77kW

(2) $Q_C = 69.77 \times \left(\dfrac{\sqrt{1-0.8^2}}{0.8} - \dfrac{\sqrt{1-0.95^2}}{0.95} \right) = 29.395 ≒ 29.4 \text{kVA}$

• 답 : 29.4kVA

상세해설

$P = \dfrac{9.8QHK}{\eta}$	전동기용량(수계소화설비의 펌프)
P : 전동기의 용량[kW]	→ $P = \dfrac{9.8QHK}{\eta}$ [풀이①]
Q : 토출량(양수량)[m³/s]	→ $13\text{m}^3 \times \dfrac{1\text{min}}{60\text{s}}$
H : 전양정[m]	→ 20m
K : 여유계수(전달계수)	→ 1.15
η : 효율	→ 70%

(1) 전동기의 용량

① 전동기용량

∴ 전동기용량 $P = \dfrac{9.8 \times 13\text{m}^3 \times \frac{1}{60}\sec \times 20\text{m} \times 1.15}{0.7} = 69.766 ≒ \mathbf{69.77\text{kW}}$

(2) 전력용 콘덴서의 용량

$\begin{aligned} Q_C &= P(\tan\theta_1 - \tan\theta_2) \\ &= P\left(\dfrac{\sin\theta_1}{\cos\theta_1} - \dfrac{\sin\theta_2}{\cos\theta_2} \right) \\ &= P\left(\dfrac{\sqrt{1-\cos^2\theta_1}}{\cos\theta_1} - \dfrac{\sqrt{1-\cos^2\theta_2}}{\cos\theta_2} \right)[\text{kVA}] \end{aligned}$	전력용 콘덴서의 용량
Q_C : 콘덴서의 용량[kVA]	→ $= P\left(\dfrac{\sqrt{1-\cos^2\theta_1}}{\cos\theta_1} - \dfrac{\sqrt{1-\cos^2\theta_2}}{\cos\theta_2} \right)[\text{kVA}]$ [풀이①]
P : 유효전력[kW]	→ (1)에서 구한 값
$\cos\theta_1$: 개선 전 역률	→ 80%
$\cos\theta_2$: 개선 후 역률	→ 90%

① 콘덴서의 용량

∴ 콘덴서의 용량 $Q_C = 69.77 \times \left(\dfrac{\sqrt{1-0.8^2}}{0.8} - \dfrac{\sqrt{1-0.95^2}}{0.95} \right) = 29.395 ≒ \mathbf{29.4\text{kVA}}$

75 지상 31m 되는 곳에 수조가 있다. 이 수조에 분당 12m³의 물을 양수하는 펌프용 전동기를 설치하여 3상 전력을 공급하려고 한다. 펌프효율이 65%이고, 펌프측 동력에 10%의 여유를 둔다고 할 때 다음 각 물음에 답하시오. (단, 펌프용 3상 농형 유도전동기의 역률은 100%로 가정한다.)

배점 : 4 [03년] [05년] [12년] [20년] [21년]

(1) 펌프용 전동기의 용량은 몇 [kW]인지 구하시오.
(2) 3상 전력을 공급하고자 단상변압기 2대를 V결선하여 이용하고자 한다. 단상변압기 1대의 용량은 몇 [kVA]인지 구하시오.

• 실전모범답안

(1) $P = \dfrac{9.8 \times 12 \times \dfrac{1}{60} \times 31 \times 1.1}{0.65} = 102.824 ≒ 102.82\text{kW}$

• 답 : 102.82kW

(2) $P = \dfrac{102.82}{\sqrt{3}} = 59.363 ≒ 59.36\text{kVA}$

• 답 : 59.36kVA

상세해설

(1) 전동기의 용량

$P = \dfrac{9.8QHK}{\eta}$	전동기용량(수계소화설비의 펌프)
P : 전동기의 용량[kW]	→ $P = \dfrac{9.8QHK}{\eta}$ [풀이①]
Q : 토출량(양수량)[m³/s]	→ $12\text{m}^3 \times \dfrac{1\text{min}}{60\text{s}}$
H : 전양정[m]	→ 31
K : 여유계수(전달계수)	→ 1.1
η : 효율	→ 65%

① 전동기용량

∴ 전동기의 용량 $P = \dfrac{9.8 \times 12\text{m}^3 \times \dfrac{1}{60}\sec \times 31\text{m} \times 1.1}{0.65} = 102.824 ≒ 102.82\text{kW}$

(2) V결선 시의 단상변압기 1대의 용량

$P_V = \sqrt{3}\,P_1 = P_A$	V결선 시의 단상변압기 1대의 용량
P_V : V결선 시 변압기의 출력[kVA]	→ $P_V = \sqrt{3}\,P_1$
P_1 : 단상변압기 1대의 용량[kVA]	→ $P_1 = \dfrac{P_A}{\sqrt{3}}$ [풀이①]
P_A : 부하용량[kVA]	→ (1)에서 구한 값

① V결선의 단상변압기 1대의 용량

∴ V결선의 단상변압기 1대의 용량 $P_1 = \dfrac{P_A}{\sqrt{3}} = \dfrac{102.82}{\sqrt{3}} = 59.363 ≒ 59.36\text{kVA}$

76
바닥면적 150m²인 어느 사무실을 50lx의 조도가 되게 하려면 2,500lm, 40W인 비상조명등을 몇 개 설치해야 하는지 구하시오. (단, 조명률 50%, 감광보상률 1.25이다.) 배점 : 4 [12년]

- 실전모범답안

$$N = \frac{150 \times 50 \times 1.25}{2,500 \times 0.5} = 7.5 \fallingdotseq 8$$

- 답 : 8개

상세해설

$FUN = AED = \dfrac{AE}{M}$	등의 개수
F : 광속[lm]	→ 2,500lm
U : 조명률[%]	→ 50%
N : 등 개수	→ $N = \dfrac{AED}{FU}$ [풀이①]
A : 단면적[m²]	→ 150m²
E : 조도[lx]	→ 50lx
D : 감광보상률$\left(\dfrac{1}{M}\right)$[%]	→ 1.25
M : 유지율	

① 등의 개수

∴ 등의 개수 $N = \dfrac{AED}{FU} = \dfrac{150\text{m}^2 \times 50\text{lx} \times 1.25}{2,500\text{lm} \times 0.5} = 7.5 \fallingdotseq 8$개 (소수점 이하 절상)

77
3상 380V, 60Hz, 4P, 75HP의 전동기가 있다. 다음 각 물음에 답하시오. (단, 슬립은 5%이다.) 배점 : 4 [05년] [09년] [11년] [20년]

(1) 동기속도는 몇 [rpm]인지 구하시오.
(2) 회전속도는 몇 [rpm]인지 구하시오.

- 실전모범답안

(1) $N_s = \dfrac{120 \times 60}{4} = 1,800\text{rpm}$

- 답 : 1,800rpm

(2) $N = 1,800(1-0.05) = 1,710\text{rpm}$

- 답 : 1,710rpm

상세해설

(1) 동기속도

$N_s = \dfrac{120f}{P}$	동기속도
N_s : 동기속도[rpm]	→ $N_s = \dfrac{120f}{P}$ [풀이①]
f : 주파수[Hz]	→ 60Hz
P : 극수	→ 4

① 동기속도

∴ 동기속도 $N_s = \dfrac{120 \times 60\text{Hz}}{4} = 1,800\text{rpm}$

(2) 회전속도

$N = \dfrac{120f}{P}(1-s) = N_s(1-s)$	회전속도
N : 회전속도[rpm]	→ ①
f : 주파수[Hz]	→ 60Hz
P : 극수	→ 4
s : 슬립	→ 5%
N_s : 동기속도[rpm]	→ (1)에서 구한 값

∴ 회전속도 $N = 1,800(1-0.05) = 1,710\text{rpm}$

---

78 P형 1급 수신기와 감지기와의 배선회로에서 종단저항은 11kΩ, 배선저항은 50Ω, 릴레이저항은 550Ω이며 회로전압이 DC 24V일 때 다음 각 물음에 답하시오. 배점 : 4 [07년] [15년] [16년] [18년]

(1) 평소 감시전류는 몇 [mA]인지 구하시오.
(2) 감지기가 동작할 때 (화재 시)의 전류는 몇 [mA]인지 구하시오. (단, 배선저항은 고려하지 않는다.)

• 실전모범답안

(1) $I = \dfrac{24}{550 + 50 + 11 \times 10^3} = 0.002068\text{A} = 2.068\text{mA} ≒ 2.07\text{mA}$

• 답 : 2.07mA

(2) $I = \dfrac{24}{550} = 0.043636\text{A} = 43.636\text{mA} ≒ 43.64\text{mA}$

• 답 : 43.64A

> ▶▶ 핵심 빈번한 기출문제 100선

상세해설

(1) 감시전류 $I = \dfrac{회로전압}{릴레이저항 + 배선저항 + 종단저항}$

∴ 감시전류 $I = \dfrac{24}{550 + 50 + 11 \times 10^3} = 0.002068\text{A} = 2.068\text{mA} ≒ \mathbf{2.07\text{mA}}$

(2) 작동전류 $I = \dfrac{회로전압}{릴레이저항 + 배선저항}$

∴ 작동전류 $I = \dfrac{24}{550} = 0.043636\text{A} = 43.636\text{mA} ≒ \mathbf{43.64\text{mA}}$

(이 문제에서는 단서 조건에 따라 배선저항을 포함하지 않으나, 별도의 단서 조항이 없을 시에는 배선저항을 고려하여 동작전류를 구한다.)

---

79 유도전동기 부하에 사용할 비상용 자가발전설비를 하려고 한다. 이 설비에 사용된 발전기의 조건을 보고 다음 각 물음에 답하시오. (단, 차단용량의 여유율은 25%를 계산다.)

배점:4 [06년] [09년] [10년] [14년] [16년] [17년]

[조건]
① 부하는 단일부하로서 유도전동기이다.
② 기동용량이 700kVA이고 기동 시 전압강하는 20%까지 허용한다.
③ 발전기의 과도리액턴스는 25%로 본다.

(1) 발전기용량은 이론상 몇 [kVA] 이상의 것을 선정해야 하는지 구하시오.
(2) 발전기용 차단기의 차단용량은 몇 [MVA]인지 구하시오.

• **실전모범답안**

(1) $P_n = \left(\dfrac{1}{0.2} - 1\right) \times 0.25 \times 700 = 700\text{kVA}$

• 답 : 700kVA

(2) $P_s = \dfrac{700 \times 10^{-3}}{0.25} \times 1.25 = 3.5\text{MVA}$

• 답 : 3.5MVA

상세해설

(1) 비상용 자가발전기의 용량

$P_n \geq \left(\dfrac{1}{e} - 1\right) X_L P$	비상용 자가발전기의 용량
P_n : 발전기용량[kVA]	➔ $P_n \geq \left(\dfrac{1}{e} - 1\right) X_L P$ [풀이①]
e : 허용전압강하	➔ 20%
X_L : 과도리액턴스	➔ 25%
P : 기동용량[kVA] ($= \sqrt{3} \times$ 정격전압 $\times$ 기동전류)	➔ 700kVA

① 비상용 자가발전기의 용량

∴ 비상용 자가발전기의 용량 $P_n = \left(\dfrac{1}{0.2} - 1\right) \times 0.25 \times 700 = 700\text{kVA}$

(2) 비상용 자가발전기 차단기의 용량

$P_s \geq \dfrac{P_n}{X_L} \times 1.25$	비상용 자가발전기 차단기의 용량
P_s : 차단기용량[kVA]	→ $P_s \geq \dfrac{P_n}{X_L} \times 1.25$ [풀이①]
P_n : 발전기용량[kVA]	→ (1)에서 구한 값
X_L : 과도리액턴스	→ 25%

① 비상용 자가발전기 차단기의 용량

$1\text{kVA} = 10^{-3}\text{MVA}$이므로

∴ 비상용 자가발전기 차단기의 용량

$P_s = \dfrac{700 \times 10^{-3}}{0.25} \times 1.25 = 3.5\text{MVA}$

★★★

80 전로의 절연열화에 의한 화재를 방지하기 위하여 절연저항을 측정하여 전로의 유지보수에 활용해야 한다. 절연저항 측정에 관한 다음 각 물음에 답하시오. 　배점：5　[04년] [07년] [10년] [13년]

(1) 220[V] 전로에서 전선과 대지 사이의 절연저항이 0.2MΩ이라면 누설전류는 몇 [mA]인지 구하시오.

(2) 감지기회로 및 부속회로의 전로와 대지 사이 및 배선 상호간의 절연저항을 1경계구역마다 직류 250V의 절연저항 측정기로 측정하여 몇 [MΩ] 이상이 되도록 해야 하는지 구하시오.

• 실전모범답안

(1) $I = \dfrac{220}{0.2 \times 10^6} = 0.0011\text{A} = 1.1\text{mA}$

• 답 : 1.1mA

(2) 0.1MΩ

상세해설

(1) 누설전류

$I = \dfrac{V}{R}$	누설전류
I : 전류(누설전류)[A]	→ $I = \dfrac{V}{R}$ [풀이①]
V : 전압[V]	→ 220V
R : 저항(절연저항)[Ω]	→ 0.2MΩ × 10⁶

① 누설전류

∴ 누설전류 $I = \dfrac{220\text{V}}{0.2 \times 10^6} = 0.0011\text{A} = 1.1\text{mA}$

(2) 절연저항시험

절연저항계	구 분	절연저항	예 외
직류(DC) 250[V]	• 1경계구역	0.1[MΩ] 이상	
	• 비상방송설비 150[V] 이하	0.1[MΩ] 이상	
	• 비상방송설비 150[V] 초과	0.2[MΩ] 이상	
직류(DC) 500[V]	• 수신기 • 자동화재속보설비 • 비상경보설비 • 가스누설경보기	5[MΩ] 이상	• 절연된 선로간-20[MΩ] 이상 • 교류입력측과 외함간-20[MΩ] 이상
	• 누전경보기 • 유도등 • 비상조명등 • 시각경보장치	5[MΩ] 이상	
	• 경종 • 표시등 • 발신기 • 중계기 • 비상콘센트	20[MΩ] 이상	
	• 감지기	50[MΩ] 이상	정온식감지선형감지기 : 1,000[MΩ] 이상
	• 수신기(10회로 이상) • 가스누설경보기(10회로 이상)	50[MΩ] 이상	

★★★

81 수신기로부터 배선거리 100m의 위치에서 모터 사이렌이 접속되어 있다. 사이렌이 명동될 때 사이렌의 단자전압을 구하시오. (단, 수신기는 정전압 출력이라고 하고 전선은 2.5mm² HFIX 전선이며, 사이렌의 정격전력은 48W라고 가정한다. 전압변동에 의한 부하전류의 변동은 무시한다. 2.5mm² 동선의 km당 전기저항은 8.75Ω이라고 한다.) 배점:5 [05년] [08년] [10년] [17년] [20년]

• 실전모범답안

$I = \dfrac{48}{24} = 2\text{A}$

$R = \dfrac{100}{1,000} \times 8.75 = 0.875\,\Omega$

∴ $V_r = 24 - (2 \times 2 \times 0.875) = 20.5\text{V}$

• 답 : 20.5V

상세해설

● 전압강하

(1) 단상 2선식

$e = V_s - V_r = 2IR$	전압강하(3상 3선식)
e : 전압강하[V]	
V_s : 입력전압[V]	
V_r : 출력전압(단자전압)[V]	
I : 전류[A]	→ $I = \dfrac{P}{V}$
R : 저항[Ω]	→ $\dfrac{100\text{m}}{1{,}000\text{m}} \times 8.75\,\Omega$

모터사이렌은 단상 2선식이므로 (1)의 식을 적용한다.

① 전류 $I = \dfrac{P}{V} = \dfrac{48}{24} = 2\text{A}$

② 배선저항(R)은 km당 전기저항이 8.75Ω이므로 100m일 때 0.875Ω이 된다.

∴ 단자전압 $V_r = V_s - 2IR = 24 - (2 \times 2\text{A} \times 0.875\,\Omega) = 20.5\text{V}$

★★★

82 수위실에서 460m 떨어진 지하 1층, 지상 7층에 연면적 5,000m²의 공장에 자동화재탐지 설비를 설치하였는데 경종, 표시등이 각 층에 2회로(전체 16회로)일 때 다음 물음에 답하시오. (단, 표시등 30mA/개, 경종 50mA/개를 소모하고, 전선은 HFIX 2.5mm²를 사용하며, 경보방식은 우선경보방식으로 한다.)   배점:8 [07년] [11년] [13년] [14년] [16년]

(1) 표시등의 총 소요전류 [A]를 구하시오.
(2) 지상 1층에서 발화되었을 때 경종의 소요전류 [A]를 구하시오.
(3) 지상 1층에서 발화되었을 때 수위실과 공장 간의 전압강하를 구하시오.
(4) 성능기준상 음향장치는 정격전압의 80%에서 동작해야 하는데 이때 (3)에서 계산한 내용으로 음향장치는 동작할 수 있는지 설명하시오.
(5) 표시등 및 경종에 사용되는 전선의 종류를 쓰시오.

• 실전모범답안
(1) $I = 30\text{mA} \times 16\text{개} = 480\text{mA} = 0.48\text{A}$
  • 답 : 0.48A
(2) $I = 50\text{mA} \times 2\text{개} \times 6\text{개 층} = 600\text{mA} = 0.6\text{A}$
  • 답 : 0.3A
(3) $e = \dfrac{35.6 \times 460 \times (0.48 + 0.6)}{1{,}000 \times 2.5} = 7.074 ≒ 7.07\text{V}$
  • 답 : 7.07V
(4) 출력전압이 최소 작동전압보다 낮으므로 음향을 발할 수 없다.
(5) 450/750V 저독성 난연 가교 폴리올레핀 절연전선

상세해설

(1) 표시등의 소요전류

표시등은 1회로당 1개씩 설치된다.(문제조건에서 16회로이므로 16개 설치)

∴ 소요전류 $I = 30\text{mA} \times 16\text{개} = 480\text{mA} = 0.48\text{A}$

(2), (6) 경종의 소요전류 & 경보방식

① **우선경보방식** : 층수가 **11층 이상**인 특정소방대상물 또는 **16층 이상**인 공동주택의 경우 적용

발화층	경보층
2층 이상	발화층 + 직상 4개 층
1층	발화층 + 직상 4개 층 + 지하층
지하층	발화층 + 직상층 + 기타 지하층

② **경종의 소요전류**
   ㉠ 경종은 1회로당 1개씩 설치된다.(문제조건에서 각 층에 2회로씩이므로 한 개 층에 2개 설치)
   ㉡ 문제 조건에 따라 우선경보방식의 건물이므로 화재 시 경종이 가장 많이 작동하는 층은 1층이 된다.
   ㉢ 따라서, 1층을 기준으로 계산하면 본 문제에서는 6개 층(지하층, 1층, 2층, 3층, 4층, 5층)에 경보가 발하게 된다.

∴ 소요전류 $I = 50\text{mA} \times 2\text{개} \times 6\text{개 층} = 600\text{mA} = 0.6\text{A}$

(3) 전압강하

구 분	전선단면적
단상 2선식	$A = \dfrac{35.6LI}{1{,}000e}$
3상 3선식	$A = \dfrac{30.8LI}{1{,}000e}$
단상 3선식, 3상 4선식	$A = \dfrac{17.8LI}{1{,}000e'}$

$A = \dfrac{35.6LI}{1{,}000e}$	전선의 단면적(단상 2선식)
A : 전선단면적[mm²]	→ 2.5mm²
L : 선로길이[m]	→ 460m
I : 전부하전류[A]	→ (1)에서 구한 값
e : 각 선로간의 전압강하[V]	→ $e = \dfrac{35.6LI}{1{,}000A}$ [풀이①]
e' : 각 선로간의 1선과 중심선 사이의 전압강하[V]	

표시등 및 경종은 단상 2선식이므로 (1), (2)에서 계산된 소요전류를 사용하여 계산한다.

① **전압강하**

∴ 전압강하 $e = \dfrac{35.6LI}{1{,}000A} = \dfrac{35.6 \times 460\text{m} \times (0.48 + 0.6)\text{A}}{1{,}000 \times 2.5\text{mm}^2} = 7.074 ≒ 7.07\text{V}$

(4) 자동화재탐지설비 음향장치의 구조 및 성능(NFTC 203 제8조)

음향장치는 **정격전압**의 **80%** 전압에서 음향을 발할 수 있는 것으로 할 것

① 자동화재탐지설비의 정격전압은 DC 24V이므로 **동작전압**=24×0.8=**19.2V**
② 출력전압(단자전압)은 (3)에서 구한 전압강하를 빼면 된다.
   출력전압 V = 24V − 7.07V = 16.93V
③ 화재안전기준상 음향장치의 최소 동작전압인 **19.2V**보다 출력전압(**16.93V**)이 낮으므로 음향을 발할 수 없다.

83 비상용 조명부하가 6,000W이고 방전시간은 30분이며 연축전지 HS형 54셀, 허용 최저전압 97V, 최저축전지온도 5℃일 때 다음 각 물음에 답하시오. 배점:6 [09년] [10년] [11년] [16년] [18년]
[연축전지의 용량환산시간 K(상단은 900-2,000[Ah], 하단은 900[Ah]이다.)]

형식	온도[℃]	10분			30분		
		1.6[V]	1.7[V]	1.8[V]	1.6[V]	1.7[V]	1.8[V]
CS	25	0.9 0.8	1.15 1.06	1.6 1.42	1.41 1.34	1.6 1.55	2.0 1.88
	5	1.15 1.1	1.35 1.25	2.0 1.8	1.75 1.75	1.85 1.8	2.45 2.35
	−5	1.35 1.25	1.6 1.5	2.65 2.25	2.05 2.05	2.2 2.2	3.1 3.0
HS	25	0.58	0.7	0.93	1.03	1.14	1.38
	5	0.62	0.74	1.05	1.11	1.22	1.54
	−5	0.68	0.82	1.15	1.2	1.35	1.68

(1) 축전지의 1셀당 공칭전압은 얼마인지 구하시오.
(2) 축전지용량을 구하시오. (단, 전압은 100[V]이며 연축전지의 용량환산시간 K는 표와 같으며 보수율은 0.8이라고 한다.)
(3) 연축전지와 알칼리축전지의 공칭전압을 쓰시오.

- 실전모범답안

(1) $\dfrac{97}{54}$ = 1.796 ≒ 1.8 V/cell

   • 답 : 1.8V/cell

(2) $I = \dfrac{6,000}{100} = 60\text{A}$

   $C = \dfrac{1}{0.8} \times 1.54 \times 60 = 115.5\text{Ah}$

   • 답 : 115.5Ah

(3) ① 연축전지 : 2V
    ② 알칼리축전지 : 1.2V

상세해설

(1) 축전지의 공칭전압

$$축전지의\ 공칭전압 = \frac{허용\ 최저전압[V]}{셀(cell)수}$$

$\therefore$ 축전지의 공칭전압 $= \frac{97}{54} = 1.796 ≒ 1.8V/cell$

(2) 축전지의 용량(시간에 따른 방전전류가 일정한 경우)

$C = \frac{1}{L}KI$	축전지의 용량(시간에 따라 방전전류가 일정한 경우)
C : 축전지용량[Ah]	→ $C = \frac{1}{L}KI$ [풀이③]
L : 용량저하율(보수율)	→ 0.8
K : 용량환산시간[h]	→ 표를 이용한 용량환산시간 구하기 [풀이①]
I : 방전전류[A]	→ $I = \frac{P}{V}$ [풀이②]

① 문제 조건에서 **방전시간이 30분**, 형식이 **HS형**, 최저축전지온도가 5[℃], (1)에서 구한 축전지의 공칭전압이 1.8[V]이므로 주어진 표에 의해서 **용량환산시간**(K)는 1.54가 된다.

형식	온도[℃]	10분			30분		
		1.6[V]	1.7[V]	1.8[V]	1.6[V]	1.7[V]	1.8[V]
CS	25	0.9 0.8	1.15 1.06	1.6 1.42	1.41 1.34	1.6 1.55	2.0 1.88
	5	1.15 1.1	1.35 1.25	2.0 1.8	1.75 1.75	1.85 1.8	2.45 2.35
	−5	1.35 1.25	1.6 1.5	2.65 2.25	2.05 2.05	2.2 2.2	3.1 3.0
HS	25	0.58	0.7	0.93	1.03	1.14	1.38
	5	0.62	0.74	1.05	1.11	1.22	**1.54**
	−5	0.68	0.82	1.15	1.2	1.35	1.68

② **방전전류**를 구하면

$I = \frac{P}{V} = \frac{6,000W}{100V} = 60A$

③ 따라서, **축전지용량**

$C = \frac{1}{0.8} \times 1.54h \times 60A = \mathbf{115.5Ah}$

84. 예비전원설비에 대한 다음 각 물음에 답하시오. [배점:5] [03년] [12년] [15년]

(1) 그림의 충전방식은 어떤 충전방식인지 그 명칭을 쓰고, 충전기와 축전지의 기능을 설명하시오.
① 충전방식 :
② 충전기와 축전지의 기능 :

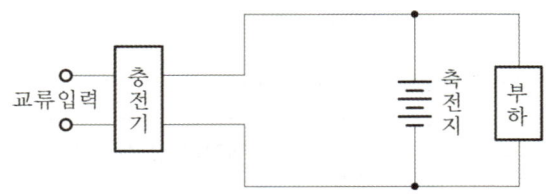

(2) 알칼리축전지의 정격용량은 200Ah, 상시 부하는 8kW, 표준전압은 100V인 충전기의 2차 충전전류는 몇 [A]인지 구하시오.

- **실전모범답안**
(1) ① 충전방식 : 부동충전방식
② 충전기와 축전지의 기능
㉠ 충전기 : 축전지의 자기방전을 보충함과 동시에 상용부하에 대한 전력공급을 부담
㉡ 축전지 : 충전기가 부담하기 어려운 일시적인 대전류부하를 부담

(2) 2차 충전전류 = $\dfrac{200}{5} + \dfrac{8 \times 10^3}{100}$ = 120A

- 답 : 120A

상세해설

(1) ① 충전방식 : 부동충전방식
② 충전기와 축전지의 기능
㉠ 충전기 : 축전지의 자기방전을 보충함과 동시에 상용부하에 대한 전력공급을 부담
㉡ 축전지 : 충전기가 부담하기 어려운 일시적인 대전류부하를 부담

(2) 120A

(2) 2차 충전전류

$$2차 충전전류[A] = \dfrac{축전지의\ 정격용량}{축전지의\ 공칭용량} + \dfrac{상시부하}{표준전압}$$

알칼리축전지의 공칭용량은 5Ah이므로

∴ 2차 충전전류[A] = $\dfrac{200}{5} + \dfrac{8 \times 10^3}{100}$ = 120A

85. 저항이 100Ω인 경동선의 온도가 20℃이고 이 온도에서 저항온도계수가 0.00393이다. 경동선의 온도가 100℃로 상승할 때 저항값 [Ω]은 얼마인지 구하시오. [배점:4] [09년] [10년] [13년] [20년]

• 실전모범답안
$R_2 = 100 \times [1 + 0.00393 \times (100 - 20)] = 131.44 \, \Omega$

• 답 : 131.44Ω

상세해설

$R_2 = R_1[1 + \alpha_{t1}(t_2 - t_1)]$

여기서, R_2 : $t_2[℃]$에서의 도체의 저항[Ω] → ①
R_1 : $t_1[℃]$에서의 도체의 저항[Ω] → 100Ω
a_{t1} : $t_1[℃]$에서의 저항온도계수 → 0.00393
t_2 : 상승 후 온도[℃] → 100℃
t_1 : 상승 전 온도[℃] → 200℃

∴ 경동선의 저항(도체의 저항)
$R_2 = 100 \times [1 + 0.00393 \times (100℃ - 20℃)] = 131.44 \, \Omega$

86 다음의 표와 같이 두 입력 A와 B가 주어질 때 주어진 논리소자의 명칭과 출력에 대한 진리표를 완성하시오.

배점 : 7 [06년] [08년] [11년]

입력	AND							
A B								
0 0	0							
0 1	0							
1 0	0							
1 1	1							

• 실전모범답안

입 력	AND	NAND	OR	NOR	NOR	OR	NAND	AND
A B								
0 0	0	1	0	1	1	0	1	0
0 1	0	1	1	0	0	1	1	0
1 0	0	1	1	0	0	1	1	0
1 1	1	0	1	0	0	1	0	1

87 논리식 $Z=(A+B+C) \cdot (A \cdot B \cdot C+D)$를 릴레이회로(유접점회로)와 논리회로(무접점회로)로 바꾸어 그리시오.
배점 : 6   [03년] [05년] [17년]

- 실전모범답안
(1)

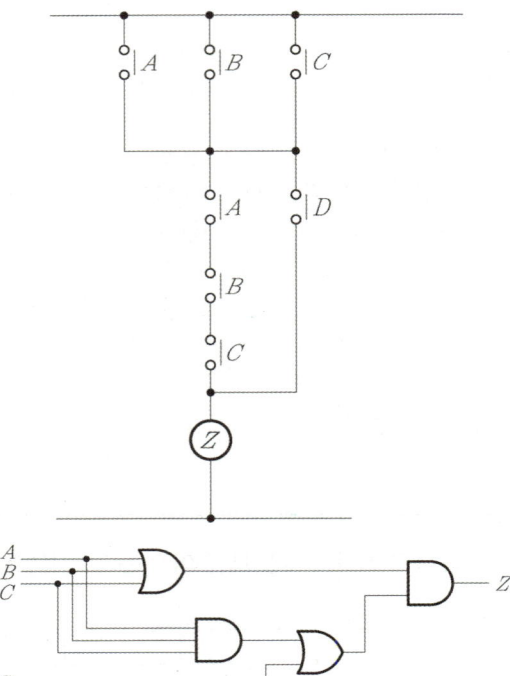

(2)

88 다음 그림과 같은 유접점 시퀀스회로에 대해 각 물음에 답하시오.
배점 : 3   [04년] [16년]

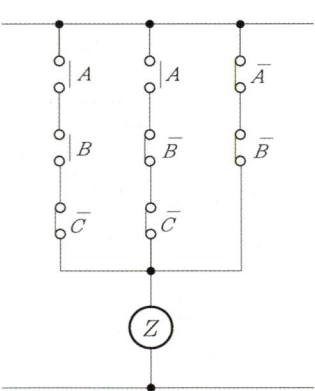

(1) 그림의 시퀀스회로를 가장 간략화한 논리식으로 표현하시오.
(2) (1)에서 가장 간략화한 논리식을 무접점 논리회로로 그리시오.

▶▷ 핵심 빈번한 기출문제 100선

• **실전모범답안**
(1) $Z = \overline{A}\,\overline{B} + A\overline{C}$
(2)

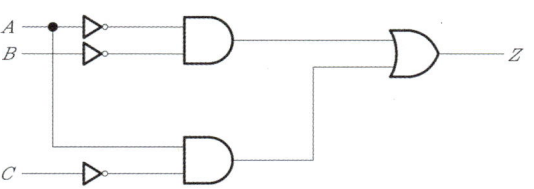

상세해설

(1) 논리식
문제의 시퀀스회로를 간략화하면 다음과 같다.
$Z = A \cdot B \cdot \overline{C} + A \cdot \overline{B} \cdot \overline{C} + \overline{A} \cdot \overline{B}$ ……($A \cdot \overline{C}$ 공통)
$ = A\overline{C}(B + \overline{B}) + \overline{A}\,\overline{B}$ …… ($B + \overline{B} = 1$)
$ = A\overline{C} + \overline{A}\,\overline{B}$
$ = \overline{A}\,\overline{B} + A\overline{C}$

(2) 무접점 논리회로

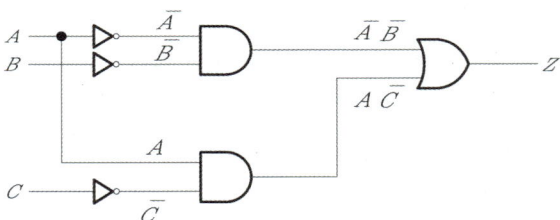

🔥
89 그림과 같은 시퀀스회로에서 X접점이 닫혀서 폐회로가 될 때 타이머 T_1(설정시간 : t_1), T_2(설정시간 : t_2), 릴레이 R, 신호등 PL에 대한 타임차트를 완성하시오. (단, 설정시간 이외의 시간지연은 없다고 본다.)

배점 : 4 [03년] [08년] [21년]

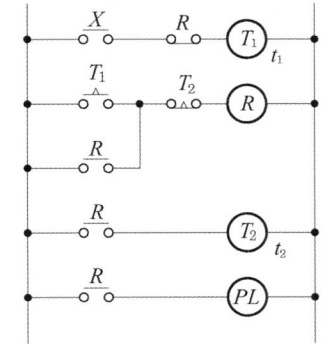

	t_1	t_2	t_1	t_2	t_1	t_2
X	▨	▨	▨	▨	▨	▨
T_1						
R						
T_2						
PL						

• 실전모범답안

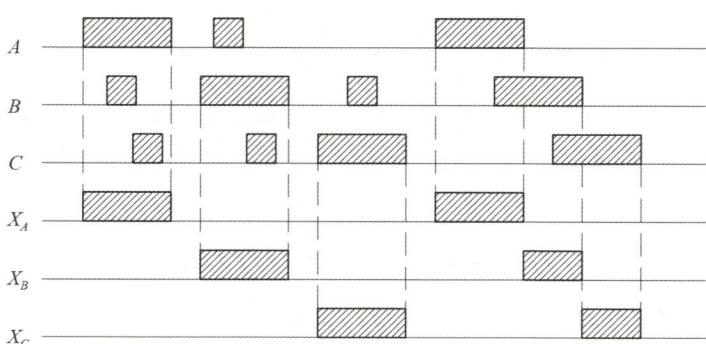

상세해설

① 한시동작접점(—o͡o— , —o͡ₒo—)

  ㉠ 한시동작 a접점(—o͡o—) : "닫힘"일 때에 시간지연이 있다.
  ㉡ 한시동작 b접점(—o͡ₒo—) : "열림"일 때에 시간지연이 있다.

② 동작설명

  • X 접점이 닫히면서 타이머 계전기 T_1에 전류가 흘러 여자된다. (t_1 설정시간 동안)

  • t_1 설정시간이 경과하게 되면 한시동작 a접점(—o͡o—)가 닫히면서 계전기 R이 여자되어 계전기 a접점(—o͡o—)은 닫히고, 계전기 b접점(—o͡ₒo—)은 열려 자기유지된다. 이후 타이머 계전기(t_2 설정시간 동안) T_1은 소자되고, 타이머 계전기 T_2는 여자, PL은 점등된다.

  • t_2 설정시간이 경과하게 되면 한시동작 b접점(—o͡ₒo—)가 열리면서 계전기 R이 소자되어 계전기 a접점(—o͡o—)은 열리고, 계전기 b접점(—o͡ₒo—)은 닫혀 계전기 T_2는 소자되고, PL은 소등되며 다시 타이머 계전기 T_1은 여자된다. 이것을 계속 반복한다.

90 3개의 입력 A, B, C가 주어졌을 때 출력 X_A, X_B, X_C의 상태를 그림과 같은 타임차트(Time Chart)로 나타내었다. 다음 각 물음에 답하시오. 배점:6 [06년] [09년] [20년] [21년]

(1) 타임차트를 참고하여 X_A, X_B, X_C에 대한 논리식을 쓰시오.
(2) 타임차트를 참고하여 동일한 동작이 되도록 유접점회로를 그리시오.
(3) 타임차트를 참고하여 동일한 동작이 되도록 무접점회로를 그리시오.

• **실전모범답안**

(1) • $X_A = A \cdot \overline{X_B} \cdot \overline{X_C}$
 • $X_B = B \cdot \overline{X_A} \cdot \overline{X_C}$
 • $X_C = C \cdot \overline{X_A} \cdot \overline{X_B}$

(2)
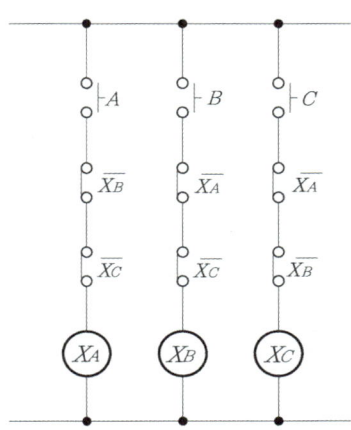

(3)
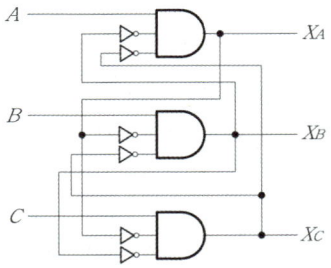

상세해설

(1) 인터록(Inter Lock)회로
  상대동작 금지회로라고도 하며 **우선도가 높은 측의 회로를 ON**시키면 상대측의 회로는 열려서 작동되지 않도록 하는 방식의 회로(**서로 상대측에 b접점으로 구성**된다.)
  A 입력 시 X_A만 출력되며, X_B, X_C는 동작되지 않는다.
  $X_A = A \cdot \overline{X_B} \cdot \overline{X_C}$
  마찬가지로 B와 C 입력 시도 동일하게 상대측 회로는 출력되지 않는다.
  • 스위치 A를 먼저 누르면 X_A가 동작되고 인터록접점 X_A가 열린다. 따라서 이후 스위치 B 또는 C를 눌러도 X_B, X_C는 동작되지 않는다.

- 스위치 B를 먼저 누르면 X_B가 동작되고 인터록접점 X_B가 열린다. 따라서 이후 스위치 A 또는 C를 눌러도 X_A, X_C는 동작되지 않는다.
- 스위치 C를 먼저 누르면 X_C가 동작되고 인터록접점 X_C가 열린다. 따라서 이후 스위치 A 또는 B를 눌러도 X_A, X_B는 동작되지 않는다.
- 또한 스위치 A를 먼저 눌렀을 때 동작시점부터 복귀시점까지 X_A가 동작되고 이후 스위치 B를 눌렀을 때 X_A 복귀시점부터 X_B가 동작되며 이후 스위치 C를 눌렀을 때 X_B 복귀시점부터 X_C가 동작된다.

(2), (3) 논리회로(AND, NOT)

게이트	논리회로	논리식	시퀀스회로
AND	A, B → X	$X = A \cdot B = AB$	A, B 직렬, X_a
NOT	A → X	$X = \overline{A}$	A, X_b

91
다음은 전자개폐기에 의한 펌프용 전동기의 기동정지회로이다. 다음 동작설명과 같이 동작이 되도록 푸시버튼스위치 a, b 접점과 전자개폐기 보조 a, b 접점을 도면에 그려 넣으시오.

배점 : 6 [06년] [07년] [18년]

[동작설명]
- 배선용 차단기 MCCB를 넣으면 녹색램프 GL이 켜진다.
- 푸시버튼스위치 a접점을 누르면 전자개폐기 코일 MC에 전류가 흘러 주접점 MC가 닫히고, 전동기가 회전되는 동시에 GL램프가 꺼지고 RL램프가 켜진다. 이 때 푸시버튼스위치에서 손을 떼어도 이 동작은 계속된다.
- 푸시버튼스위치 b접점을 누르면 전동기가 멈추고 RL램프는 꺼지며, GL램프가 다시 점등된다.

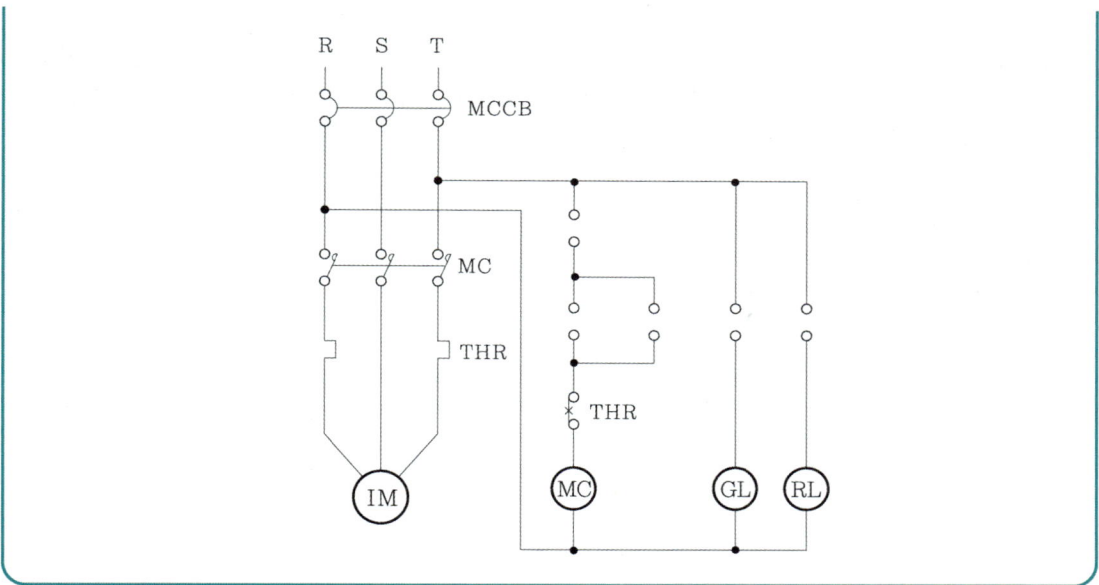

- 실전모범답안

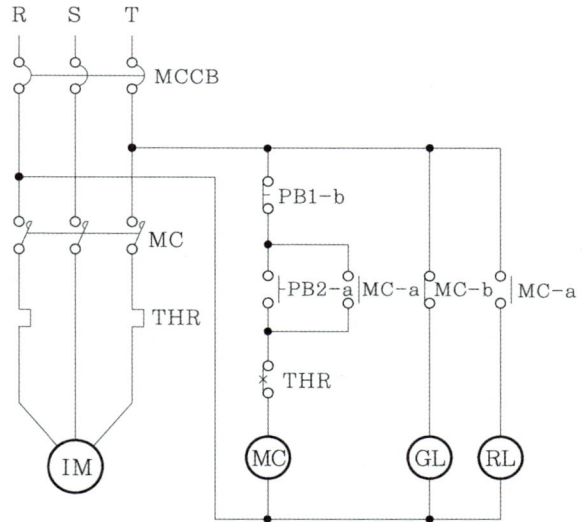

※ [본문] (1), ② 내용 참조

92 유도전동기의 운전을 현장측과 제어실측 어느 쪽에서도 기동 및 정지제어가 가능하도록 가장 간단하게 배선하시오. (단, 푸시버튼스위치 기동용(PB-ON) 2개, 정지용(PB-OFF) 2개, 전자접촉기 a접점 1개(자기유지용)를 사용할 것)

배점 : 7 [03년] [05년] [06년] [13년] [21년]

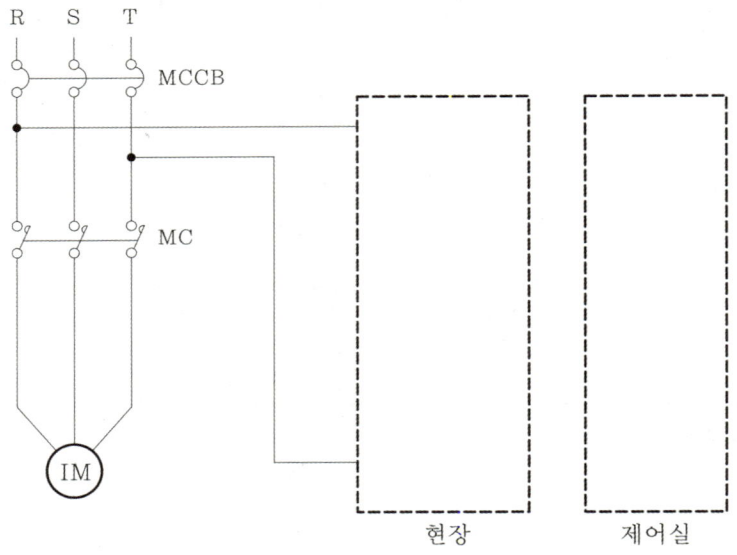

• 실전모범답안

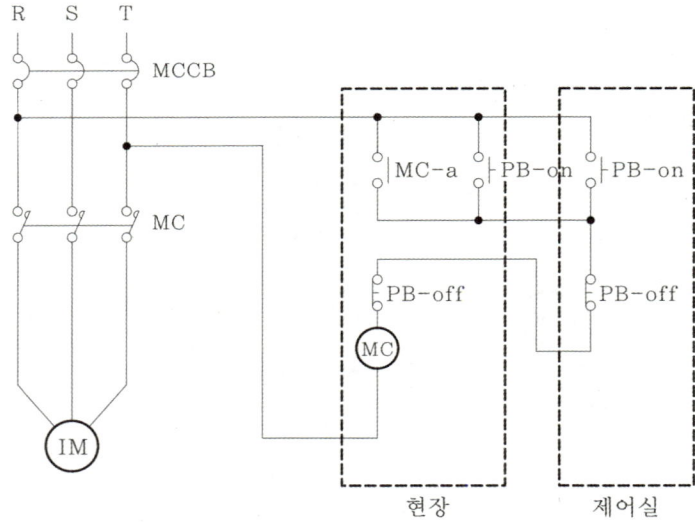

※ [본문] (1), ② 내용 참조

93 다음은 플롯스위치(float switch)에 의한 펌프모터의 레벨제어에 관한 미완성 도면이다. 도면을 보고 다음 각 물음에 답하시오.

배점 : 4 [09년] [10년]

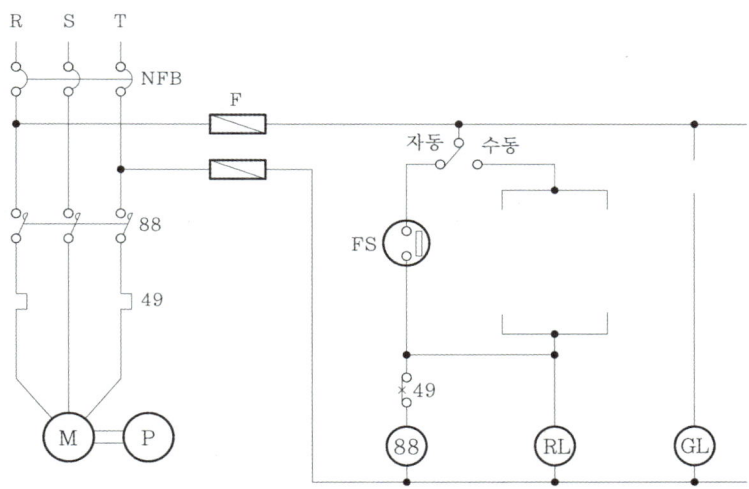

(1) 배선용 차단기(NFB)의 명칭을 원어(우리말 발음)로 쓰고 이 차단기의 특징을 쓰시오.
(2) 제어회로 '49'의 명칭을 쓰시오.
(3) 동작 접점을 '수동'으로 연결하였을 때 푸시버튼스위치(PB-on, PB-off)와 접촉기 접점만으로 제어회로를 구성하시오. (단, 전원을 투입하면 'GL램프'는 점등되나 PB-on 스위치를 ON하면 'GL램프'는 소등되고 'RL램프'는 점등된다.)

• 실전모범답안

(1) ① 원어 : No Fuse Breaker
   ② 특징 : 퓨즈를 사용하지 않아 차단 후에도 반복하여 재투입이 가능하며 반영구적으로 사용이 가능하다.
(2) 회전기 온도계전기(열동계전기)
(3)

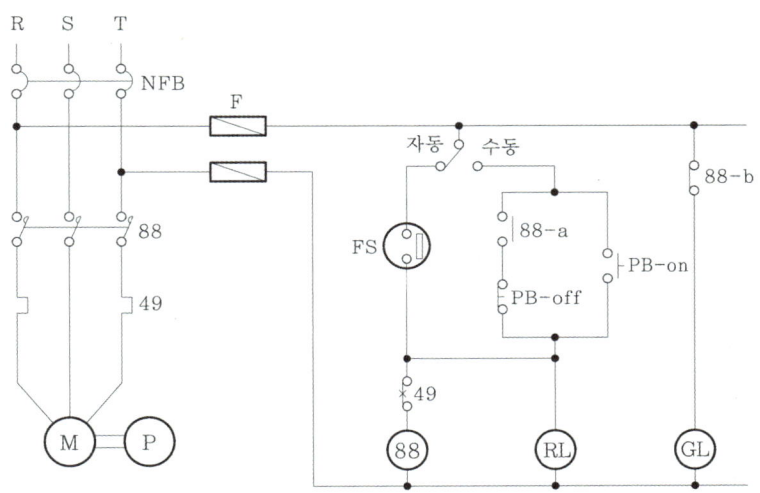

※ [본문] (1), ① 내용 참조

94 도면은 상용전원과 예비전원의 전환회로이다. 미완성된 부분을 완성하시오.

배점 : 5 [04년] [09년] [10년] [11년] [15년] [19년]

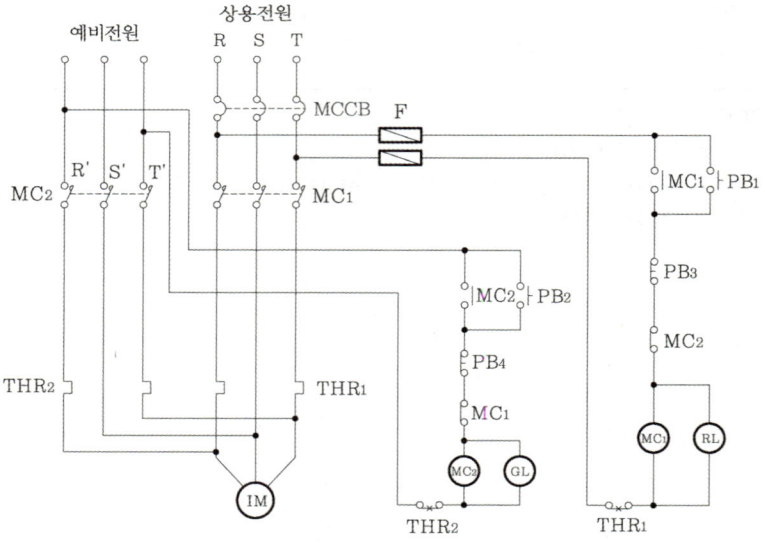

• 실전모범답안

※ [본문] (1), ② 내용 참조

95 도면은 Y-△ 기동회로의 미완성 회로이다. 이 회로를 보고 다음 각 물음에 답하시오.

배점 : 5 [03년] [13년] [18년]

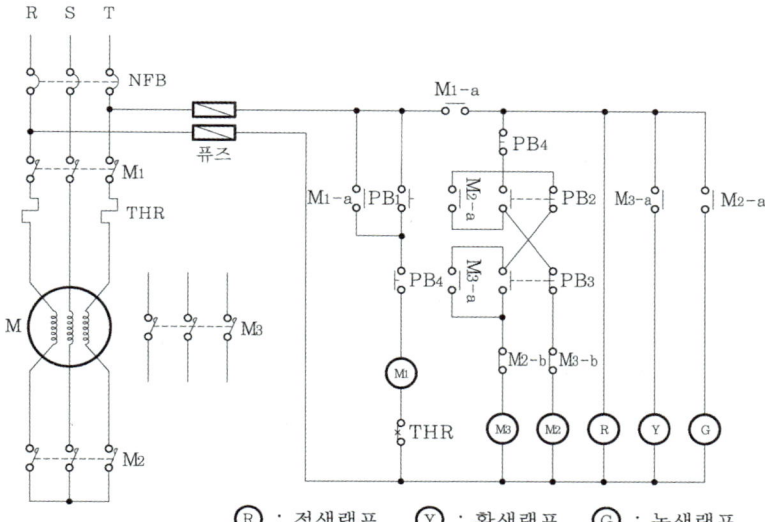

Ⓡ : 적색램프   Ⓨ : 황색램프   Ⓖ : 녹색램프

(1) 주회로 부분의 미완성된 Y-△ 회로를 완성하시오.
(2) 누름버튼스위치 PB_1을 누르면 어느 램프가 점등되는지 쓰시오.
(3) 전자개폐기 Ⓜ₁ 이 동작되고 있는 상태에서 PB_2을 눌렀을 때 어느 램프가 점등되는지 쓰시오.
(4) 전자개폐기 Ⓜ₁ 이 동작되고 있는 상태에서 PB_3을 눌렀을 때 어느 램프가 점등되는지 쓰시오.
(5) THR은 무엇을 나타내는지 쓰시오.
(6) NFB의 우리말(원어에 대한 우리말) 명칭을 쓰시오.

• 실전모범답안
(1)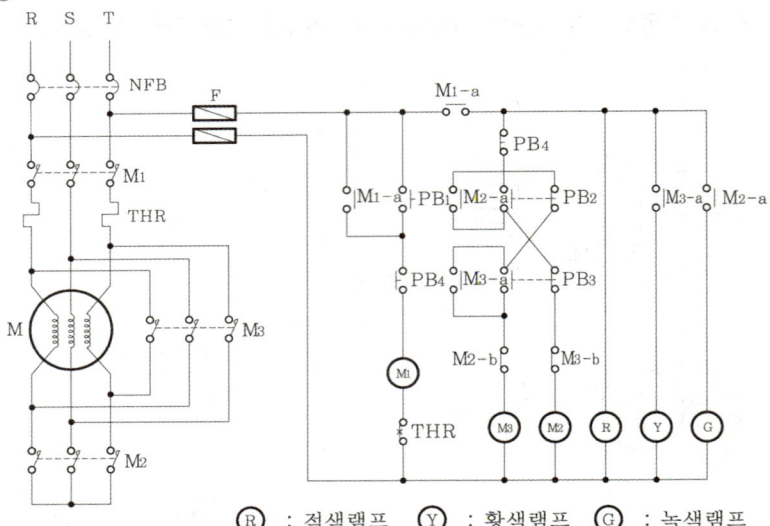

(2) Ⓡ 램프
(3) Ⓖ 램프
(4) Ⓨ 램프
(5) 열동계전기 b접점
(6) 배선용차단기

96 다음과 같은 배선도가 나타내는 의미를 모두 쓰시오.   배점:4 [04년] [07년]

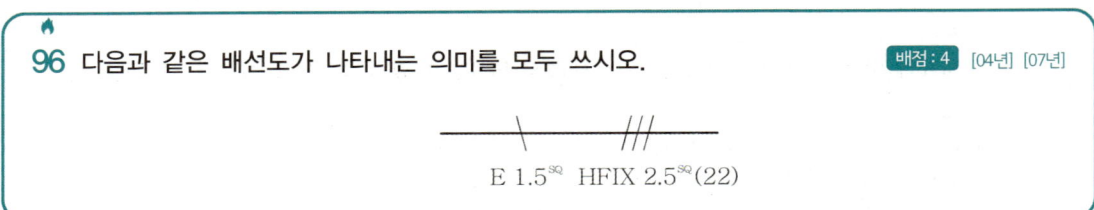

• 실전모범답안
22mm 후강전선관에 2.5mm² 450/750V 저독성 난연 가교 폴리올레핀 절연전선 3가닥과 1.5mm² 접지선 1가닥을 넣은 천장은폐배선

상세해설

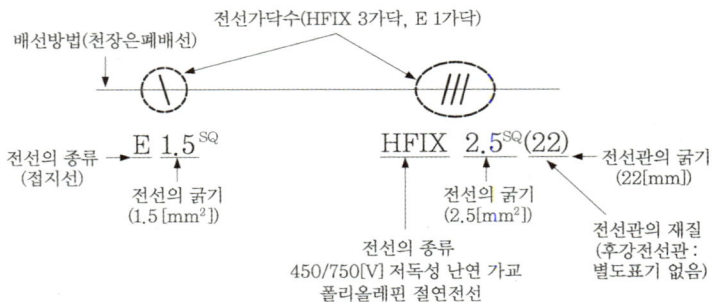

97 저압 옥내배선의 금속관공사에 있어서 금속관과 박스 그 밖의 부속품은 다음 각 호에 의하여 시설해야 한다. ( ) 안에 알맞은 말을 쓰시오. 배점 : 7 [04년] [07년] [08년] [09년] [11년] [14년] [16년] [19년]

(1) 금속관을 구부릴 때 금속관의 단면이 심하게 (①)되지 아니하도록 구부려야 하며, 그 안측의 (②)은 관 안지름의 (③)배 이상이 되어야 한다.
(2) 아우트렛박스(Outlet Box) 사이 또는 전선 인입구를 가지는 기구 사이의 금속관에는 (④)개소를 초과하는 (⑤) 굴곡개소를 만들어서는 아니 된다. 굴곡개소가 많은 경우 또는 관의 길이가 (⑥)m를 넘는 경우에는 (⑦)를 설치하는 것이 바람직하다.

• 실전모범답안
(1) 금속관을 구부릴 때 금속관의 단면이 심하게 (① 변형)되지 아니하도록 구부려야 하며, 그 안측의 (② 반지름)은 관 안지름의 (③ 6)배 이상이 되어야 한다.
(2) 아우트렛박스(Outlet Box) 사이 또는 전선 인입구를 가지는 기구 사이의 금속관에는 (④ 3)개소를 초과하는 (⑤ 직각 또는 직각에 가까운) 굴곡개소를 만들어서는 아니 된다. 굴곡개소가 많은 경우 또는 관의 길이가 (⑥ 30)m를 넘는 경우에는 (⑦ 풀박스)를 설치하는 것이 바람직하다.

98 저압 옥내배선의 금속관공사(배선)에 이용되는 부품의 명칭을 쓰시오. 배점 : 8 [03년] [10년] [14년]

(1) 노출배관공사에서 관을 직각으로 굽히는 곳에 사용하는 부품
(2) 금속관을 아우트렛박스에 로크너트만으로 고정하기 어려울 때 보조적으로 사용하는 부품
(3) 금속전선관 상호간을 접속하는 데 사용되는 부품
(4) 전선의 절연피복을 보호하기 위하여 금속관 끝에 취부하여 사용되는 부품
(5) 금속관과 박스를 고정시킬 때 사용되는 부품

• 실전모범답안
(1) 유니버설 엘보
(2) 링리듀셔
(3) 커플링
(4) 부싱
(5) 로크너트

99 그림은 금속관공사의 한 예이다. 다음 물음에 답하시오. 배점:6 [03년] [05년] [07년] [12년] [16년]

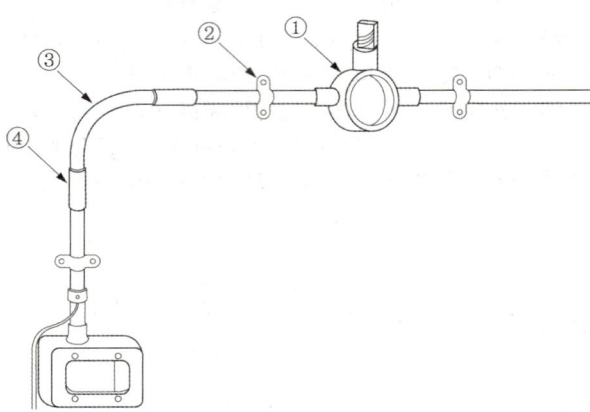

(1) ①~④에 들어갈 부품명칭을 쓰시오.
(2) 노출배관으로 시공할 경우 ③을 대체할 부품은 무엇인지 쓰시오.

• 실전모범답안
(1) ① 환형 3방출 정크션박스
　　② 새들
　　③ 노멀밴드
　　④ 커플링
(2) 유니버설 엘보

100 소방용 케이블과 다른 용도의 케이블을 배선전용실에 함께 배선할 때 다음 각 물음에 답하시오. 배점:3 [09년] [10년] [11년] [17년]

(1) 소방용 케이블을 내화성능을 갖는 배선전용실 등의 내부에 소방용이 아닌 케이블과 함께 노출하여 배선할 때 소방용 케이블과 다른 용도의 케이블 간의 피복과 피복간의 이격거리는 몇 [cm] 이상이어야 하는지 쓰시오.

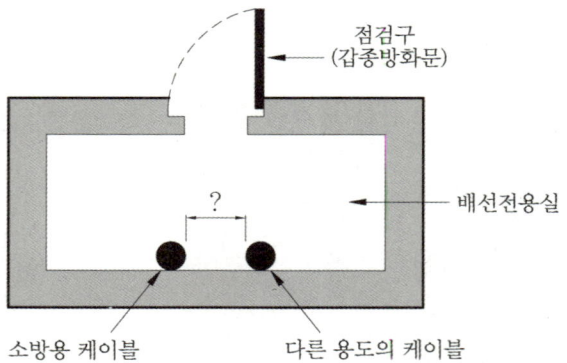

(2) 부득이 하여 "(1)"과 같이 이격시킬 수 없는 불연성 격벽을 설치한 경우에 격벽의 높이는 굵은 케이블 지름의 몇 배 이상이어야 하는지 쓰시오.

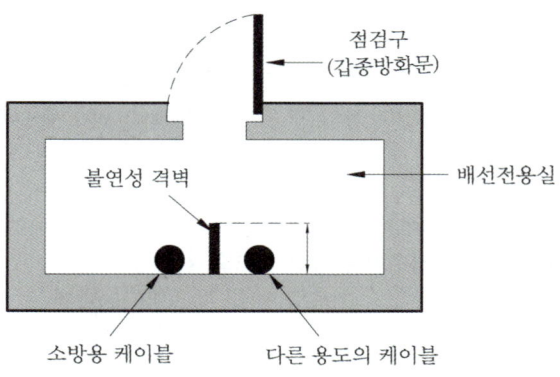

- **실전모범답안**
  (1) 15cm
  (2) 1.5배

【 수험자 채점 주의사항 】

1. 수험자 인적사항 및 계산식을 포함한 답안작성은 검은색 필기구만 사용해야 하며, **그 외 연필류, 유색 필기구 등을 사용한 답안은 채점하지 않으며, 0점 처리됩니다.**
2. 답안 내용은 간단, 명료하게 작성하여야 하며, **답란에 불필요한 낙서나 특이한 기록, 특정인임을 암시하는 내용 등 부정한 목적이 있었다고 판단될 경우에는 모든 득점이 0점** 처리됩니다.
3. 계산문제는 답란에 반드시 계산과정과 답을 기해해야 하며, **계산식이 없는 답은 0점** 처리됩니다.
4. 계산과정에서 발생하는 소수는 문제 요구사항에 따르고, 명시가 없을 경우 소수점 이하 셋째자리에서 반올림하여 둘째자리로 답해야 합니다.
5. **문제의 요구사항에서 단위가 주어진 경우 계산식 및 답에서 생략**되어도 되며, **기타의 경우 계산식 및 답란에 단위를 기재하지 않을 경우에는 틀린 답으로 간주**합니다.
6. 문제에서 요구한 가지수 이상을 답란에 표기할 경우 답란 기재 순으로 요구한 가지수(항목수)만 채점하며, 한 항목에 여러 가지를 기재하더라도 한 가지로 보며, 그 중 정답과 오답이 함께 기재된 경우 오답으로 처리됩니다.
7. 수험자는 타인과 불필요한 행위는 금지되며, 이를 위반하게 되면 실격 조치되오니 주의하시기 바랍니다.
8. 답안 정정 시 정정하고자 하는 단어에 두 줄(=)을 긋고 다시 기재 가능하며, 수정테이프 등은 사용할 수 없으며, 수정테이프 사용 시 채점대상에서 제외됩니다.

【 수험자 일반 주의사항 】

1. 시험문제를 받는 즉시 응시하고자 하는 종목의 문제지가 맞는지 확인해야 합니다.
2. 시험문제지 총면수, 문제번호 순서, 인쇄상태 등을 확인하고(확인 이후 시험문제지 교체불가), 서험번호 및 성명을 답안지에 기재해야 합니다.
3. 부정 또는 불공정한 방법으로 시험을 치르는 등 부정행위자로 처리될 경우 해당 시험을 중지 또는 무효로 하고, 3년간 국가기술자격시험검정의 응시자격이 정지됩니다.
4. **계산기를 사용할 때 커버를 제거하고 특정공식이나 수식이 입력되는 계산기는 메모리를 초기화한 후 사용하며, 초기화되지 않은 전자계산기 및 유사 전자제품은 적발시 부쟁행위로 간주**합니다.
5. 시험 중 통신기기 및 전자기기(휴대폰 및 스마트워치 등)을 지참하거나 사용할 수 없습니다.
6. **문제 및 답안지, 채점기준은 공개하지 않습니다.**
7. 복합형 시험의 경우 시험의 전 과정(필답형, 작업형) 등 응시하지 않은 경우 채점대상에서 제외합니다.
8. 국가기술자격 시험문제는 일부 또는 전부가 저작권법상 보호되는 저작물이고, 저작권자는 한국산업인력공단입니다. 문제의 일부 또는 전부를 무단 복제, 배포, 출판, 전자출판하는 등 저작권을 침해하는 일체의 행위를 금합니다.

→ 수험당일 수험생 준비사항 : 신분증/수험표/공학용 계산기 (허용 가능 공학용 계산기 기종 주의 必!)

연번	제조사	허용 기종군
1	카시오 (CASIO)	FX-901 ~ 999
2	카시오 (CASIO)	FX-501 ~ 599
3	카시오 (CASIO)	FX-301 ~ 399
4	카시오 (CASIO)	FX-80 ~ 120
5	샤프 (SHARP)	EL-501 ~ 599
6	샤프 (SHARP)	EL-5100, EL-5230, EL-5250, EL-5500
7	캐논 (CANON)	F-715SG, F-788SG, F-792SGA
8	유니원 (UNIONE)	UC-400M, UC-600E, UC-800X
9	모닝글로리 (MORNING GLORY)	ECS-101

2024년도 제1회 국가기술자격 실기시험문제

자격종목	소방설비기사(전기)	형별	A	수험번호	
시험시간	3시간	일시		성명	

【문제 1】 연축전지와 알칼리축전지에 대한 다음 각 물음에 답하시오. (8점)

(1) 다음은 연축전지에 대한 반응식이다. 빈 칸에 들어갈 알맞은 것을 적으시오.

$$PbO_2 \ + \ 2H_2SO_4 \ + \ Pb \ \xrightleftharpoons[\text{충전}]{\text{방전}} \ (\quad) \ + \ 2H_2O \ + \ PbSO_4$$

(2) 연축전지와 알칼리축전지의 허용전압은 각각 몇 [V/cell]인지 쓰시오.

(3) 그림과 같은 충전방식은 무엇인지 쓰시오.

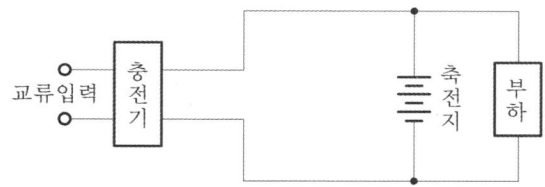

(4) 200V의 비상용 조명부하를 60W 100등, 30W 70등을 설치하려고 한다. 연축전지 HS형 100cell, 시간은 30분, 최저축전지온도는 5℃, 최저허용전압은 195V일 때 점등에 필요한 축전지의 용량을 구하시오. (단, 보수율은 0.8, 용량환산시간계수는 1.2이다.)

【문제 2】 가로 20m, 세로 15m인 방재센터에 동일한 조명이 40개가 설치되어 있다. 이 때 광속을 구하시오. (단, 평균조도는 100lx, 조명률 50%, 유지율은 85%이다.) (4점)

【문제 3】 부착높이 15m 이상 20m 미만에 설치가능한 감지기 4가지를 쓰시오. (4점)
①
②
③
④

【문제 4】 지상 10m 되는 곳에 1,000m³의 저수조가 있다. 이 저수조에 양수하기 위하여 펌프효율이 80%, 여유계수가 1.2, 용량이 15kW인 전동기를 사용한다면 몇 분 후에 저수조에 물이 가득 차는지 구하시오. (단, 답을 적을 때 소수점을 내림으로 계산한다.) (4점)

【문제 5】 다음은 비상콘센트설비의 화재안전성능기준에 대한 내용이다. 각 물음에 답하시오. (6점)
(1) 하나의 전용회로에 설치하는 비상콘센트는 7개이다. 이 경우 전선의 용량은 비상콘센트 몇 개의 공급용량을 합한 용량 이상의 것으로 하여야 하는지 쓰시오.
(2) 비상콘센트의 보호함 상부에 설치하는 표시등의 색은 무슨 색인지 쓰시오.
(3) 비상콘센트설비의 전원부와 외함 사이를 500V 절연저항계로 측정할 때, 30MΩ으로 측정되었다. 절연저항의 적합 여부와 그 이유를 쓰시오.

【문제 6】 자동화재탐지설비 및 시각경보장치의 화재안전기준 중 감지기회로의 도통시험을 위한 종단저항 설치기준 3가지를 쓰시오. (4점)
①
②
③

【문제 7】 그림과 같은 시퀀스회로에서 X접점이 닫혀서 폐회로가 될 때 타이머 T_1(설정시간 : t_1), T_2(설정시간 : t_2), 릴레이 R, 신호등 PL에 대한 타임차트를 완성하시오. (단, 설정시간 이외의 시간지연은 없다고 본다.) (6점)

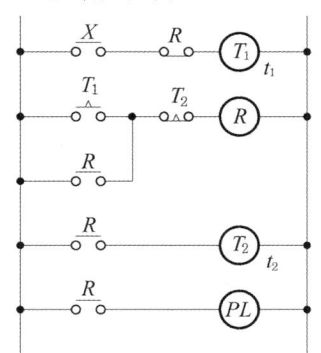

	t_1	t_2	t_1	t_2	t_1	t_2
X						
T_1						
R						
T_2						
PL						

【문제 8】 다음은 누전경보기의 화재안전기술기준 중 설치방법에 대한 내용이다. 다음 빈 칸에 알맞은 답을 적으시오. (6점)

> 경계전로의 정격전류가 (①)를 초과하는 전로에 있어서는 1급 누전경보기를, (①) 이하의 전로에 있어서는 (②) 누전경보기 또는 (③) 누전경보기를 설치할 것. 다만, 정격전류가 (①)를 초과하는 경계전로가 분기되어 각 분기회로의 정격전류가 (①) 이하가 되는 경우 당해 분기회로마다 (③)누전경보기를 설치할 때에는 당해 경계전로에 (②) 누전경보기를 설치한 것으로 본다.

①
②
③

【문제 9】 다음의 표와 같이 두 입력 A와 B가 주어질 때, 주어진 논리소자의 명칭과 출력에 대한 진리표를 완성하시오. (단, ① ~ ⑦은 각각 세로가 모두 맞아야 정답으로 인정된다.) (7점)

명칭	AND	①	②	③	④	⑤	⑥	⑦
입력 A B								
0 0	0							
0 1	0							
1 0	0							
1 1	1							

【문제 10】 비상콘센트설비의 화재안전기술기준에 관한 내용이다. 빈 칸에 알맞은 내용을 적으시오. (3점)

> (1) 비상콘센트설비의 전원회로는 단상교류 (①)인 것으로서, 그 공급용량은 1.5kVA 이상인 것으로 할 것
> (2) 비상콘센트의 플러그접속기는 (②) 플러그접속기(KS C 8305)를 사용해야 한다.
> (3) 비상콘센트의 플러그접속기의 (③)에는 접지공사를 해야 한다.

①
②
③

【문제 11】 다음은 단독경보형감지기의 화재안전성능기준 중 설치기준에 관련된 내용이다. ( ) 안에 알맞은 내용을 쓰시오. (5점)

(1) 각 실마다 설치하되, 바닥면적 (①)m²를 초과하는 경우에는 (①)m²마다 (②) 이상 설치하여야 한다.
(2) 계단실은 최상층의 (③) 천장에 설치할 것
(3) (④)를 주전원으로 사용하는 단독경보형감지기는 정상적인 작동상태를 유지할 수 있도록 주기적으로 건전지를 교환할 것
(4) 상용전원을 주전원으로 사용하는 단독경보형감지기의 (⑤)는 제품검사에 합격한 것을 사용할 것

①
②
③
④
⑤

【문제 12】 3로 스위치 2개를 설치하였을 경우 〈조건〉을 참고하여 점등, 소등이 되도록 다음 미완성 배선도를 완성하시오. (6점)

〈조건〉

회로가 접속되어 있을 때	회로가 교차될 때

〈배선도〉

【문제 13】 특정소방대상물에 공기관식 차동식분포형감지기를 설치하고자 한다. 다음 각 물음에 답하시오. (8점)

(1) 일반구조일 경우와 내화구조일 경우의 공기관 상호간의 거리는 각각 몇 [m] 이하이어야 하는지 쓰시오.
　① 일반구조 :
　② 내화구조 :
(2) 하나의 검출부분에 접속하는 공기관의 길이는 몇 [m] 이하이어야 하는지 쓰시오.
(3) 바닥으로부터의 높이 조건을 상세히 적으시오.
(4) 감지구역마다 공기관의 노출부분의 길이는 몇 [m] 이상이어야 하는지 쓰시오.

【문제 14】 누전경보기의 화재안전기술기준 중 전원에 대한 기준 3가지를 적으시오. (5점)
①
②
③

【문제 15】 비상방송을 할 때에는 자동화재탐지설비의 지구음향장치의 작동을 정지시킬 수 있는 미완성 결선도를 다음 〈범례〉 및 〈조건〉을 참고하여 완성하시오. (5점)

〈범례〉
- ○─○ : 발신기스위치(PB-on)
- ⟨ : 자동전환스위치
- ○─○ : 복구스위치
- R_1, R_2 : 계전기(릴레이 R_1, R_2)
- ⌒ : 감지기
- B : 지구경종

─〈 조 건 〉─
① 발신기스위치를 누르거나 화재에 의하여 감지기가 작동되면 계전기 R_1이 여자되어 자기유지되며 R_{1-a} 접점에 의하여 경종이 작동된다.
② 복구스위치를 누르면 계전기 R_1이 소자되고 경종이 작동을 정지한다.
③ 발신기스위치 또는 감지기에 의하여 경종 작동 중 전환스위치를 비상방송설비 쪽으로 이동하면 계전기 R_2가 여자되고 R_{2-b} 접점에 의하여 경종이 작동을 정지한다.

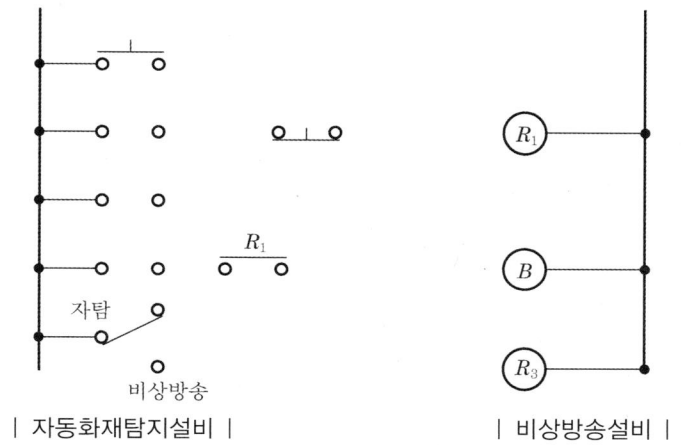

| 자동화재탐지설비 | | 비상방송설비 |

【문제 16】 화재에 의한 열, 연기 또는 불꽃(화염) 이외의 요인에 의하여 자동화재탐지설비가 작동하여 화재경보를 발하는 것을 "비화재보(Unwanted Alarm)"라 한다. 즉, 자동화재탐지설비가 정상적으로 작동하였다고 하더라도 화재가 아닌 경우의 경보를 "비화재보"라 하며 비화재보의 종류는 다음과 같이 구분할 수 있다. (8점)

> 주위상황이 대부분 순간적으로 화재와 같은 상태(실제 화재와 유사한 환경이나 상황)로 되었다가 정상상태로 복귀하는 경우(일과성 비화재보 : Nuisance Alarm)

위 설명 중 일과성 비화재보로 볼 수 있는 Nuisance Alarm에 대한 방지책을 4가지만 쓰시오.
①
②
③
④

【문제 17】 지하 3층, 지상 11층인 어느 특정소방대상물에 설치된 자동화재탐지설비 음향장치의 설치기준에 관한 사항이다. 다음의 표와 같이 화재가 발생하였을 경우 우선적으로 경보하여야 하는 층을 빈 칸에 표시하시오. (단, 공동주택이 아니고, 경보표시는 '●'을 사용한다. 각각 세로부분이 모두 맞아야 정답으로 인정된다.) (6점)

구 분	3층 화재 시	2층 화재 시	1층 화재 시	지하 1층 화재 시	지하 2층 화재 시	지하 3층 화재 시
7층						
6층						
5층						
4층						
3층	●					
2층		●				
1층			●			
지하 1층				●		
지하 2층					●	
지하 3층						●

【문제 18】 3φ, 380[V], 60[Hz], 4P, 75[HP]의 전동기가 있다. 다음 물음에 답하시오. (5점)
(1) 동기속도는 몇 [rpm]인지 구하시오.
(2) 회전속도가 1,730[rpm]일 때 슬립은 몇 [%]인지 구하시오.

2024년도 제2회 국가기술자격 실기시험문제

자격종목	소방설비기사(전기)	형별	A	수험번호	
시험시간	3시간	일시		성명	

【문제 1】 다음은 자동화재탐지설비의 화재안전기준에서의 배선 관련사항이다. 각 물음에 답하시오. (6점)

(1) 감지기회로 및 부속회로의 전로와 대지 사이 및 배선 상호간의 절연저항은 1경계구역마다 직류 250V의 절연저항 측정기를 사용하여 측정하였을 때, 절연저항이 몇 [MΩ] 이상이 되도록 하여야 하는지 쓰시오.

(2) GP형 수신기의 감지기회로의 배선에 있어서 하나의 공통선에 접속할 수 있는 경계구역은 몇 개 이하이어야 하는지 쓰시오.

(3) 감지기회로의 종단저항 설치기준을 2가지만 쓰시오.
   ①
   ②

【문제 2】 옥내소화전설비의 비상전원으로 자가발전설비, 축전지설비 또는 전기저장장치를 설치할 때 비상전원 설치기준 3가지를 쓰시오. (5점)
①
②
③

【문제 3】 다음은 어느 특정소방대상물의 평면도이다. 건축물의 주요구조부는 내화구조이고, 층의 높이는 4.5m일 때 다음 각 물음에 답하시오. (단, 차동식스포트형감지기 1종을 설치한다.) (7점)

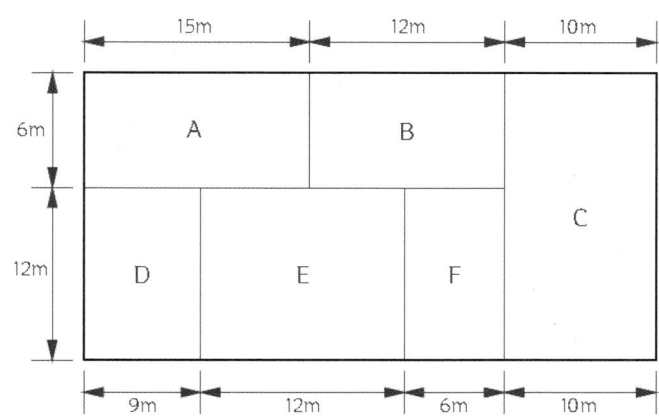

(1) 각 실별로 설치하여야 할 감지기의 수량을 구하시오.

구 분	계산과정	답
A		
B		
C		
D		
E		
F		

(2) 총 경계구역수를 구하시오.

【문제 4】 다음 도면은 내화구조인 특정소방대상물에 설치된 공기관식 차동식분포형감지기에 대한 것이다. 다음 각 물음에 답하시오. (8점)

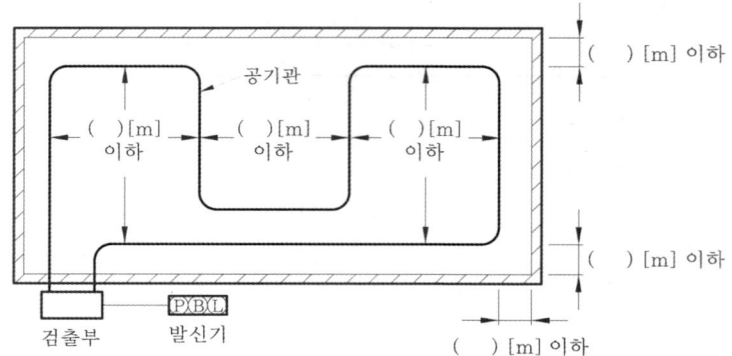

(1) 공기관과 감지구역의 각 변과의 수평거리와 공기관 상호간의 거리를 그림의 (   ) 안에 알맞은 답을 쓰시오.
(2) 발신기에 종단저항을 설치하는 경우 검출부와 발신기간의 배선수를 도면에 표시하시오.
(3) 공기관의 노출부분은 감지구역마다 몇 [m] 이상이 되도록 하여야 하는지 쓰시오.
(4) 하나의 검출부에 접속하는 공기관의 길이는 몇 [m] 이하가 되도록 하여야 하는지 쓰시오.
(5) 검출부는 몇 도 이상 경사되지 않도록 설치하여야 하는지 쓰시오.
(6) 검출부의 설치높이를 쓰시오.
(7) 공기관의 재질을 쓰시오.

【문제 5】 지상 25m 되는 곳에 수조가 있다. 이 수조에 분당 20m³의 물을 양수하는 펌프용 전동기를 설치하여 3상 전력을 공급하려고 한다. 펌프효율이 70%이고, 펌프측 동력에 15%의 여유를 둔다고 할 때 다음 각 물음에 답하시오. (단, 펌프용 3상 농형 유도전동기의 역률은 85[%]로 가정한다.)
(5점)
(1) 펌프용 전동기의 용량은 몇 [kW]인지 구하시오.
(2) 3상 전력을 공급하고자 단상변압기 2대를 V결선하여 이용하고자 한다. 단상변압기 1대의 용량은 몇 [kVA]인지 구하시오.

【문제 6】 다음은 한국전기설비규정(KEC)에서 규정하는 전기적 접속에 대한 내용이다. (   ) 안에 알맞은 말을 넣으시오. (5점)

(1) 배선설비가 바닥, 벽, 지붕, 천장, 칸막이, 중공벽 등 건축구조물을 관통하는 경우, 배선설비가 통과한 후에 남는 개구부는 관통 전의 건축구조 각 부재에 규정된 (①)에 따라 밀폐하여야 한다.

(2) 내화성능이 규정된 건축구조 부재를 관통하는 (②)는 제1에서 요구한 외부의 밀폐와 마찬가지로 관통 전에 각 부의 내화등급이 되도록 내부도 밀폐하여야 한다.

(3) 관련 제품 표준에서 자기소화성으로 분류되고 최대 내부단면적이 (③)mm² 이하인 전선관, 케이블트렁킹 및 (④)은 다음과 같은 경우라면 내부적으로 밀폐하지 않아도 된다.
- 보호등급 IP33에 관한 KS C IEC 60529(외곽의 방진 보호 및 방수 보호 등급)의 시험에 합격한 경우
- 관통하는 건축 구조체에 의해 분리된 구획의 하나 안에 있는 배선설비의 단말이 보호등급 IP33에 관한 KS C IEC 60529(외함의 밀폐 보호등급 구분(IP코드))의 시험에 합격한 경우

(4) 배선설비는 그 용도가 (⑤)을 견디는데 사용되는 건축구조 부재를 관통해서는 안 된다. 다만, 관통 후에도 그 부재가 하중에 견딘다는 것을 보증할 수 있는 경우는 제외한다.

【문제 7】 차동식스포트형감지기의 구조에 관한 다음 그림에서 ①~④의 명칭을 쓰시오. (4점)

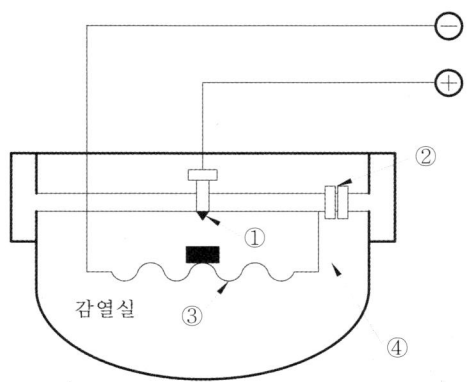

①
②
③
④

【문제 8】이산화탄소 소화설비의 음향경보장치를 설치하려고 한다. 다음 각 물음에 답하시오.
(4점)
(1) 방호구역 또는 방호대상물이 있는 구획의 각 부분으로부터 하나의 확성기까지의 수평거리는 몇 [m] 이하로 하여야 하는지 쓰시오.
(2) 소화약제의 방사 개시 후 몇 분 이상 경보를 발하여야 하는지 쓰시오.

【문제 9】소방시설 설치 및 관리에 관한 법령 시행령에 따라 가스누설경보기를 설치해야 하는 대상 5가지를 쓰시오. (단, 가스시설이 설치된 경우만 해당한다.) (5점)
①
②
③
④
⑤

【문제 10】다음은 비상콘센트를 보호하기 위한 비상콘센트 보호함의 설치기준이다. ( ) 안에 알맞은 내용을 쓰시오. (5점)
(1) 보호함에는 쉽게 개폐할 수 있는 (①)을 설치할 것
(2) 보호함 표면에 "(②)"라고 표시한 표지를 할 것
(3) 보호함 상부에 (③)색의 (④)을 설치할 것. 다만, 비상콘센트의 보호함을 옥내소화전함 등과 접속하여 설치하는 경우에는 (⑤) 등의 표시등과 겸용할 수 있다.

【문제 11】 다음은 화재안전기준에 따른 내화배선의 공사방법에 관한 사항이다. ( ) 안에 알맞은 말을 쓰시오. (5점)

(1) 금속관·2종 금속제 가요전선관 또는 (①)에 수납하여 내화구조로 된 벽 또는 바닥 등에 벽 또는 바닥의 표면으로부터 (②) 이상의 깊이로 매설해야 한다. 다만, 다음의 기준에 적합하게 설치하는 경우에는 그렇지 않다.
  - 배선을 내화성능을 갖는 배선전용실 또는 배선용 샤프트·피트·덕트 등에 설치하는 경우
  - 배선전용실 또는 배선용 샤프트·피트·덕트 등에 다른 설비의 배선이 있는 경우에는 이로부터 (③) 이상 떨어지게 하거나 소화설비의 배선과 이웃하는 다른 설비의 배선 사이에 배선지름(배선의 지름이 다른 경우에는 가장 큰 것으로 한다)의 (④) 이상의 높이의 불연성 격벽을 설치하는 경우

(2) 내화전선은 (⑤)공사의 방법에 따라 설치해야 한다.

【문제 12】 공구를 사용하는데 따른 손실비용을 의미하는 공구손료의 적용범위를 쓰시오. (3점)

【문제 13】 비상콘센트설비 상용전원의 배선은 다음의 경우에 어디에서 분기하여 전용배선으로 하는지 설명하시오. (4점)
(1) 저압수전인 경우 :
(2) 특고압수전 또는 고압수전인 경우 :

【문제 14】 열전대식 차동식분포형감지기는 제어백효과를 이용한 감지기이다. 다음 각 물음에 답하시오. (6점)
(1) 제어백효과를 설명하시오.
(2) 열전대의 정의를 쓰시오.
(3) 열전대의 재료로 가장 우수한 금속은 무엇인지 쓰시오.

【문제 15】 다음은 누전경보기의 형식승인 및 제품검사의 기술기준에 대한 내용이다. 각 물음에 답하시오. (6점)
(1) 전구는 사용전압의 몇 [%]인 교류전압을 20시간 연속하여 가하는 경우. 단선, 현저한 광속변화, 흑화, 전류의 저하 등이 발생하지 않아야 하는지 쓰시오.
(2) 전구는 몇 개 이상을 병렬로 접속하여야 하는지 쓰시오.
(3) 누전경보기의 공칭작동전류치는 몇 [mA] 이하이어야 하는지 쓰시오.

【문제 16】 다음 그림과 같은 논리회로를 보고 각 물음에 답하시오. (9점)

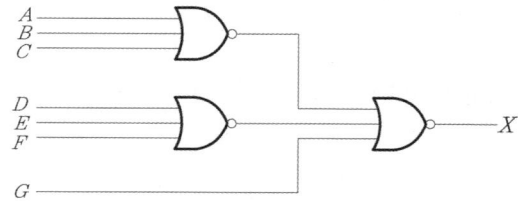

(1) 논리식으로 가장 간단히 표현하시오.
(2) AND, OR, NOT 회로를 이용한 등가회로로 그리시오.
(3) 유접점회로(릴레이회로)로 그리시오.

【문제 17】 수위실에서 600m 떨어진 지하 1층, 지상 5층의 특정소방대상물에 자동화재탐지설비를 설치하였는데 경종, 표시등이 각 층에 2회로(전체 12회로)일 때 다음 물음에 답하시오. (단, 소요전류는 표시등 30mA/개, 경종 50mA/개를 소모하고, 전선은 HFIX 2.5mm²를 사용한다.) (8점)

(1) 표시등 및 경종의 최대소요전류[A]와 총 소요전류[A]를 구하시오.

   ① 표시등의 최대소요전류

   ② 경종의 최대소요전류

   ③ 총 소요전류

(2) 지상 1층에서 화재가 발생하였을 때 수위실과 공장 간의 전압강하는 얼마인지 구하시오.

(3) 자동화재탐지설비의 음향장치는 정격전압의 몇 [%] 전압에서 음향을 발할 수 있어야 하는지 쓰시오.

(4) '(2)'의 계산한 내용으로 음향장치는 동작할 수 있는지 설명하시오.

【문제 18】 P형 1급 수신기와 감지기와의 배선회로에서 종단저항은 4.7kΩ, 배선저항은 28Ω, 릴레이저항은 12Ω이며 회로전압이 DC 24V일 때 다음 각 물음에 답하시오. (5점)

(1) 평소 감시전류는 몇 [mA]인지 구하시오.

(2) 감지기가 동작할 때 (화재 시)의 전류는 몇 [mA]인지 구하시오. (단, 배선저항은 고려하지 않는다.)

2024년도 제3회 국가기술자격 실기시험문제

자격종목	소방설비기사(전기)	형별	A	수험번호	
시험시간	3시간	일시		성명	

【문제 1】 다음 도면은 유도전동기 가동·정지회로의 미완성 도면이다. 다음 각 물음에 답하시오.
(8점)

─── 〈 동작 설명 〉 ───
① 전원이 투입되면 표시램프 GL이 점등되도록 한다.
② 전동기 기동용 푸시버튼스위치를 누르면 전자접촉기 MC가 여자되고, MC-a 접점에 의해 자기유지되며 RL이 점등된다. 동시에 전동기가 기동되고, GL등이 소등된다.
③ 전동기가 정상운전 중 정지용 푸시버튼스위치를 누르거나 열동계전기가 작동되면 전동기는 정지하고 최초의 상태로 복귀한다.

(1) 다음과 같이 주어진 기구를 이용하여 보조회로(제어회로)를 완성하시오. (단, 기구의 개수 및 접점을 최소로 할 것)

- 전자접촉기 : (MC)
- 기동용 표시등 : (GL)
- 정지용 표시등 : (RL)
- 열동계전기 : THR
- 누름버튼스위치 ON용 PBS-ON :
- 누름버튼스위치 OFF용 PBS-OFF :

(2) 주회로에 대한 □의 내부를 주어진 도면에 완성하시오.
(3) 열동계전기(THR)가 동작되는 경우 2가지를 쓰시오.

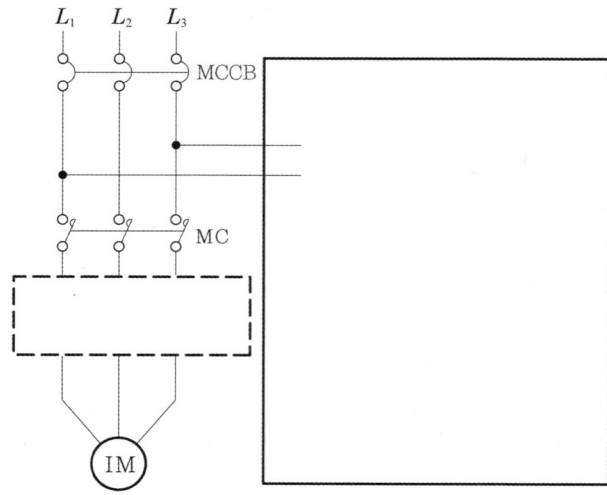

【문제 2】 누전경보기의 형식승인 및 제품검사의 기술기준을 참고하여 다음 각 물음에 답하시오.
(5점)

(1) 감도조정장치를 갖는 누전경보기의 최대치는 몇 [A]인가?

(2) 다음은 변류기의 전로개폐시험에 대한 내용이다. 빈 칸을 완성하시오.

> 변류기는 출력단자에 부하저항을 접속하고, 경계전로에 당해 변류기의 정격전류의 150%인 전류를 흘린 상태에서 경계전로의 개폐를 (   )회 반복하는 경우 그 출력전압치는 공칭 작동전류치의 42%에 대응하는 출력전압치 이하이어야 한다.

(3) 변류기는 DC 500V의 절연저항계로 시험을 하는 경우 5MΩ 이상이어야 한다. 측정위치 3곳을 쓰시오.
  ①
  ②
  ③

【문제 3】 예비전원설비로 이용되는 축전지에 대한 다음 각 물음에 답하시오. (6점)

(1) 자기방전량만을 항상 충전하는 방식의 명칭을 쓰시오.
  •

(2) 비상용 조명부하 200V용, 50W, 80등, 30W, 70등이 있다. 방전시간은 30분이고, 축전지는 HS형 110cell이며, 허용최저전압은 190V, 최저축전지온도가 5℃일 때 축전지용량[Ah]을 구하시오. (단, 경년용량저하율은 0.8, 용량환산시간은 1.2h이다.)
  • 계산과정 :
  • 답 :

(3) 연축전지와 알칼리축전지의 공칭전압[V]을 쓰시오.
  ① 연축전지 :
  ② 알칼리축전지 :

【문제 4】 다음 도면을 보고 각 물음에 답하시오. (6점)

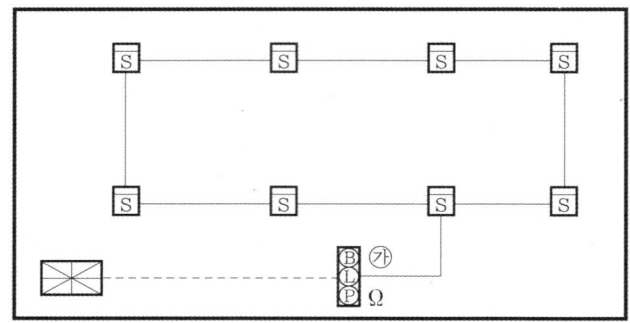

(1) ㉮는 수동으로 화재신호를 발신하는 P형 발신기세트이다. 발신기세트와 수신기 간의 배선길이가 15m인 경우 전선은 총 몇 [m]가 필요한지 산출하시오. (단, 층고, 할증 및 여유율 등은 고려하지 않는다.)
  • 계산과정 :
  • 답 :

(2) 상기 건물에 설치된 감지기가 2종인 경우 8개의 감지기가 최대로 감지할 수 있는 감지구역의 바닥면적[m²] 합계를 구하시오. (단, 천장높이는 5m인 경우이다.)
  • 계산과정 :
  • 답 :

(3) 감지기와 감지기 간, 감지기와 P형 발신기세트 간의 길이가 각각 10m인 경우 전선관 및 전선물량을 산출과정과 함께 쓰시오. (단, 층고, 할증 및 여유율 등은 고려하지 않는다.)

품 명	규 격	산출과정	물량[m]
전선관	16C		
전선	HFIX 1.5mm²		

【문제 5】 3상 380V, 기동전류 135A, 기동토크 150%인 전동기가 있다. 이 전동기를 Y-△ 기동 시 기동전류[A]와 기동토크[%]를 구하시오. (6점)
(1) 기동전류
  • 계산과정 :
  • 답 :
(2) 기동토크
  • 계산과정 :
  • 답 :

【문제 6】 비상조명등의 설치기준에 관한 사항이다. 다음 각 물음에 답하시오. (6점)
(1) 다음 빈 칸을 완성하시오.
- 조도는 비상조명등이 설치된 장소의 각 부분의 바닥에서 (①) 이상이 되도록 할 것
- 예비전원을 내장하는 비상조명등에는 평상시 점등 여부를 확인할 수 있는 (②)를 설치하고 해당 조명 등을 유효하게 작동시킬 수 있는 용량의 축전지와 예비전원 충전장치를 내장할 것

(2) 예비전원을 내장하지 않은 비상조명등의 비상전원 설치기준 2가지를 쓰시오.
  ①
  ②

【문제 7】 다음은 연기감지기에 대한 내용으로 각 물음에 답하시오. (6점)
(1) 광전식스포트형감지기(산란광식)의 작동원리를 쓰시오.
  •
(2) 광전식분리형감지기(감광식)의 작동원리를 쓰시오.
  •
(3) 광전식스포트형감지기의 적응장소 2가지를 쓰시오. (단, 환경은 연기가 멀리 이동해서 감지기에 도달하는 장소로 한다.)
  ①
  ②

【문제 8】 다음은 국가화재안전기준에서 정하는 옥내소화전설비의 전원 및 비상전원 설치기준에 대한 설명이다. ( ) 안에 알맞은 용어를 쓰시오. (6점)
(1) 비상전원은 옥내소화전설비를 유효하게 (①)분 이상 작동할 수 있어야 한다.
(2) 비상전원을 실내에 설치하는 때에는 그 실내에 (②)을(를) 설치하여야 한다.
(3) 상용전원이 저압수전인 경우에는 (③)의 직후에서 분기하여 전용 배선으로 하여야 한다.

【문제 9】 어떤 건물의 사무실 바닥면적이 700m²이고, 천장높이가 4m로서 내화구조이다. 이 사무실에 차동식스포트형(2종) 감지기를 설치하려고 한다. 최소 몇 개가 필요한지 구하시오. (4점)
• 계산과정 :
• 답 :

【문제 10】 단독경보형감지기의 설치기준이다. ( ) 안에 들어갈 알맞은 내용을 채우시오. (5점)
(1) 각 실마다 설치하되, 바닥면적이 (①)m²를 초과하는 경우에는 (①)m² 마다 1개 이상 설치할 것
(2) 이웃하는 실내의 바닥면적이 각각 (②)m² 미만이고 벽체 상부의 전부 또는 일부가 개방되어 이웃하는 실내와 공기가 상호 유통되는 경우에는 이를 (③)개의 실로 본다.
(3) 최상층의 (④)의 천장[외기가 상통하는 (④)의 경우를 제외한다]에 설치할 것
(4) 상용전원을 주전원으로 사용하는 단독경보형감지기의 (⑤)는 법 제40조에 따라 제품검사에 합격한 것을 사용할 것

【문제 11】 전부하 시 출력 8kW, 출력 2kW에서의 효율이 80%가 되는 전동기가 있다. 다음 물음에 답하시오. (6점)
⑴ 전부하 시 출력 8kW와 출력 2kW 전동기의 동손의 관계는?
⑵ 전부하 시 철손[kW]과 동손[kW]을 구하시오.
  • 계산과정 :
  • 답 :

【문제 12】 소방시설 설치 및 관리에 관한 법률 시행령에 따라 소방설비의 분류 중 경보설비의 종류를 8가지 쓰시오. (8점)
①
②
③
④
⑤
⑥
⑦
⑧

【문제 13】 가로 15m, 세로 5m인 특정소방대상물에 이산화탄소소화설비를 설치하려고 한다. 연기감지기의 최소 개수를 구하시오. (단, 감지기의 설치높이는 3m이다.) (3점)
- 계산과정 :
- 답 :

【문제 14】 특정소방대상물에 설치된 소방시설 등을 구성하는 전부 또는 일부를 개설, 이전 또는 정비하는 소방시설공사의 착공신고 대상 3가지를 쓰시오. (단, 고장 또는 파손 등으로 인하여 작동시킬 수 없는 소방시설을 긴급히 교체하거나 보수하여야 하는 경우에는 신고하지 않을 수 있다.) (6점)
①
②
③

【문제 15】 역률 80%, 용량 100kVA의 펌프 전동기가 있다. 여기에 역률 60%, 용량 50kVA의 전동기를 추가로 설치하려고 할 때 전동기 합성 역률을 90%로 개선하고자 하는 경우 필요한 전력용 콘덴서의 용량[kVA]을 구하시오. (6점)
- 계산과정 :
- 답 :

【문제 16】 다음 그림은 휘트스톤 브리지 평형회로를 나타낸 것이다. 평형조건을 만족하도록 하는 R_2의 조건을 구하시오. (5점)

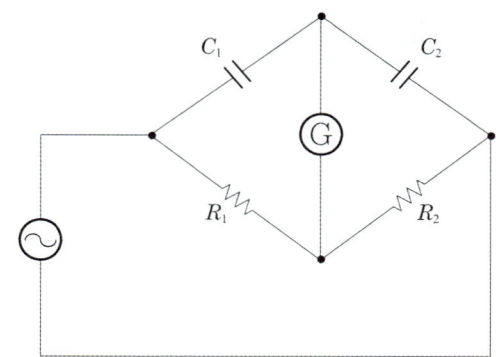

• 계산과정 :
• 답 :

【문제 17】 한국전기설비규정(KEC)에서 규정하는 금속관공사의 시설조건에 관한 내용이다. (   ) 안에 알맞은 말을 넣으시오. (5점)
(1) 전선은 절연전선[(①   )을 제외한다]일 것
(2) 전선은 (②   )일 것. 다만, 다음의 것은 적용하지 않는다.
 • 짧고 가는 금속관에 넣은 것
 • 단면적 (③   )mm²(알루미늄선은 16mm²) 이하의 것
(3) 전선은 금속관 안에서 (④   )이 없도록 할 것
(4) 관의 끝 부분에는 전선의 피복을 손상하지 아니하도록 (⑤   )을 사용할 것

【문제 18】 자동화재탐지설비 수신기의 동시 작동시험의 목적을 쓰시오. (3점)
•

해설 2024 과년도 기출문제

○ 1회

01 연축전지와 알칼리축전지에 대한 다음 각 물음에 답하시오. 　　배점:8

(1) 다음은 연축전지에 대한 반응식이다. 빈 칸에 들어갈 알맞은 것을 적으시오.

$$PbO_2 + 2H_2SO_4 + Pb \underset{충전}{\overset{방전}{\rightleftarrows}} (\quad) + 2H_2O + PbSO_4$$

(2) 연축전지와 알칼리축전지의 허용전압은 각각 몇 [V/cell]인지 쓰시오.
(3) 그림과 같은 충전방식은 무엇인지 쓰시오.

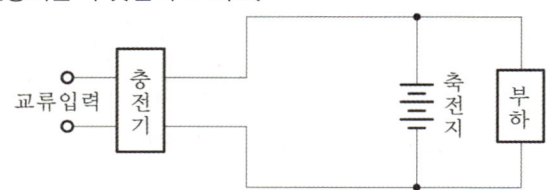

(4) 200V의 비상용 조명부하를 60W 100등, 30W 70등을 설치하려고 한다. 연축전지 HS형 100cell, 시간은 30분, 최저축전지온도는 5℃, 최저허용전압은 195V일 때 점등에 필요한 축전지의 용량을 구하시오. (단, 보수율은 0.8, 용량환산시간계수는 1.2이다.)

• 실전모범답안

(1) $PbSO_4$
(2) 연축전지 : 2V/cell
　　알칼리축전지 : 1.2V/cell
(3) 부동충전방식
(4) $I = \dfrac{(60 \times 100) + (30 \times 70)}{220} = 40.5[A]$

$\therefore C = \dfrac{1}{0.8} \times 1.2 \times 40.5 = 60.75[Ah]$

상세해설

축전지의 용량(시간에 따른 방전전류가 일정한 경우)

$C = \dfrac{1}{L}KI$	축전지의 용량(시간에 따라 방전전류가 일정한 경우)
C : 축전지용량[Ah]	→ $C = \dfrac{1}{L}KI$ [풀이②]
L : 용량저하율(보수율)	→ 0.8
K : 용량환산시간[h]	→ 1.2[h]
I : 방전전류[A]	→ $I = \dfrac{P}{V}$ [풀이①]

① 방전전류

$$방전전류\ I = \dfrac{(60 \times 100) + (30 \times 70)}{220} = 40.5[A]$$

② 축전지 용량

$$\therefore 축전지의\ 용량\ C = \dfrac{1}{0.8} \times 1.2[h] \times 40.5[A] = 60.75[Ah]$$

---

02 가로 20m, 세로 15m인 방재센터에 동일한 조명이 40개가 설치되어 있다. 이 때 광속을 구하시오. (단, 평균조도는 100lx, 조명률 50%, 유지율은 85%이다.) 배점 : 4

- **실전모범답안**

$$F = \dfrac{(20 \times 15) \times 100}{0.85 \times 0.5 \times 40} = 1764.71[lm]$$

- **답** : 1,764.71[lm]

상세해설

$FUN = AED = \dfrac{AE}{M}$	광 속
F : 광속[lm]	→ [풀이①]
U : 조명률[%]	→ 50[%]
N : 등 개수	→ 40개
A : 단면적[m²]	→ 20[m]×15[m]
E : 조도[lx]	→ 100[lx]
D : 감광보상률$\left(\dfrac{1}{M}\right)$[%]	
M : 유지율	→ 85[%]

① 광속

광속 $F = \dfrac{AE}{MUN} = \dfrac{(20 \times 15) \times 100}{0.85 \times 0.5 \times 40} = 1,764.71\,[\text{lm}]$

---

03 부착높이 15m 이상 20m 미만에 설치가능한 감지기 4가지를 쓰시오.   배점 : 4

①
②
③
④

- **실전모범답안**
  ① 이온화식 1종
  ② 광전식(스포트형, 분리형, 공기흡입형) 1종
  ③ 연기복합형
  ④ 불꽃감지기

상세해설

감지기의 부착높이별 설치기준

부착높이	감지기의 종류
4m 미만	• 차동식(스포트형, 분포형) • 보상식스포트형 • 정온식(스포트형, 감지선형) • 이온화식 또는 광전식(스포트형, 분리형, 공기흡입형) • 열복합형 • 연기복합형 • 열연기복합형 • 불꽃감지기
4m 이상 8m 미만	• 차동식(스포트형, 분포형) • 보상식스포트형 • **정온식(스포트형**, 감지선형) **특종 또는 1종** • 이온화식 1종 또는 2종 • 광전식(스포트형, 분리형, 공기흡입형) 1종 또는 2종 • 열복합형 • 연기복합형 • 열연기복합형 • 불꽃감지기
8m 이상 15m 미만	• 차동식분포형 • 이온화식 1종 또는 2종 • 광전식(스포트형, 분리형, 공기흡입형) 1종 또는 2종 • 연기복합형 • 불꽃감지기

부착높이	감지기의 종류
15m 이상 20m 미만	• 이온화식 1종 • 광전식(스포트형, 분리형, 공기흡입형) 1종 • 연기복합형 • 불꽃감지기
20m 이상	• 불꽃감지기 • 광전식(분리형, 공기흡입형) 중 아날로그방식

04 지상 10m 되는 곳에 1,000m³의 저수조가 있다. 이 저수조에 양수하기 위하여 펌프효율이 80%, 여유계수가 1.2, 용량이 15kW인 전동기를 사용한다면 몇 분 후에 저수조에 물이 가득 차는지 구하시오. (단, 답을 적을 때 소수점을 내림으로 계산한다.) 배점: 4

• 실전모범답안

$$t = \frac{9.8 \times 1,000 \times 10 \times 1.2}{15 \times 0.8} = 9,800[초]$$

$$\frac{9,800}{60} = 163.33[분]$$

∴ 163[분]

• 답 : 163[분]

상세해설

$P\eta t = 9.8QHK$	전동기용량(시간)
P : 전동기의 용량[kW]	→ 15[kW]
η : 효율	→ 80[%]
t : 시간[s]	→ $t = \frac{9.8QHK}{P\eta}$ [풀이①]
Q : 토출량(양수량)[m³]	→ 1,000[m³]
H : 전양정[m]	→ 10[m]
K : 여유계수(전달계수)	→ 1.2

① **전동기 용량**

$$∴ t = \frac{9.8QHK}{P\eta} = \frac{9.8 \times 1,000[m^3] \times 10[m] \times 1.2}{15[kW] \times 0.8} = 9,800[초]$$

$$\frac{9,800}{60} = 163.33[분] \quad ∴ \mathbf{163[분]}$$

05 다음은 비상콘센트설비의 화재안전성능기준에 대한 내용이다. 각 물음에 답하시오. [배점: 6]

(1) 하나의 전용회로에 설치하는 비상콘센트는 7개이다. 이 경우 전선의 용량은 비상콘센트 몇 개의 공급용량을 합한 용량 이상의 것으로 하여야 하는지 쓰시오.
(2) 비상콘센트의 보호함 상부에 설치하는 표시등의 색은 무슨 색인지 쓰시오.
(3) 비상콘센트설비의 전원부와 외함 사이를 500V 절연저항계로 측정할 때, 30MΩ으로 측정되었다. 절연저항의 적합 여부와 그 이유를 쓰시오.

- 실전모범답안
  (1) 3개
  (2) 적색
  (3) ① 적합성 여부 : 적합
      ② 이유 : 비상콘센트설비의 전원부와 외함 사이의 절연저항은 전원부와 외함 사이를 500V 절연저항계로 측정할 때 20MΩ 이상이므로

06 자동화재탐지설비 및 시각경보장치의 화재안전기준 중 감지기회로의 도통시험을 위한 종단저항 설치기준 3가지를 쓰시오. [배점: 4]

①
②
③

- 실전모범답안
  ① 점검 및 관리가 쉬운 장소에 설치할 것
  ② 전용함을 설치하는 경우 그 설치높이는 바닥으로부터 1.5m 이내로 할 것
  ③ 감지기회로의 끝부분에 설치하며, 종단감지기에 설치할 경우에는 구별이 쉽도록 해당 감지기의 기판 및 감지기 외부 등에 별도의 표시를 할 것

07 그림과 같은 시퀀스회로에서 X접점이 닫혀서 폐회로가 될 때 타이머 T_1(설정시간 : t_1), T_2(설정시간 : t_2), 릴레이 R, 신호등 PL에 대한 타임차트를 완성하시오. (단, 설정시간 이외의 시간지연은 없다고 본다.) [배점: 6]

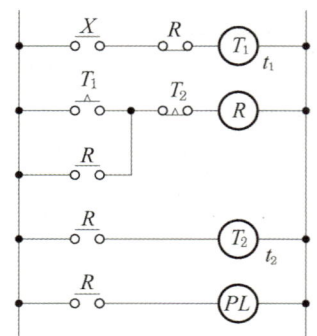

• 실전모범답안

상세해설

① 한시동작접점(—o⌒o— , —o⌓o—)
  ㉠ 한시동작 a접점(—o⌒o—) : "닫힘"일 때에 시간지연이 있다.
  ㉡ 한시동작 b접점(—o⌓o—) : "열림"일 때에 시간지연이 있다.

② 동작설명
  • X 접점이 닫히면서 타이머 계전기 T_1에 전류가 흘러 여자된다. (t_1 설정시간 동안)
  • t_1 설정시간이 경과하게 되면 한시동작 a접점($\overset{T_1}{—o⌒o—}$)가 닫히면서 계전기 R이 여자되어 계전기 a접점($\overset{R}{—o\;o—}$)은 닫히고, 계전기 b접점(oRo)은 열려 자기유지된다. 이후 타이머 계전기(t_2 설정시간 동안) T_1은 소자되고, 타이머 계전기 T_2는 여자, PL은 점등된다.
  • t_2 설정시간이 경과하게 되면 한시동작 b접점($\overset{T_2}{—o⌓o—}$)가 열리면서 계전기 R이 소자되어 계전기 a접점($\overset{R}{—o\;o—}$)은 열리고, 계전기 b접점(oRo)은 닫혀 계전기 T_2는 소자되고, PL은 소등되며 다시 타이머 계전기 T_1은 여자된다. 이것을 계속 반복한다.

---

08 다음은 누전경보기의 화재안전기술기준 중 설치방법에 대한 내용이다. 다음 빈 칸에 알맞은 답을 적으시오.

배점 : 6

> 경계전로의 정격전류가 (①)를 초과하는 전로에 있어서는 1급 누전경보기를, (①) 이하의 전로에 있어서는 (②) 누전경보기 또는 (③) 누전경보기를 설치할 것. 다만, 정격전류가 (①)를 초과하는 경계전로가 분기되어 각 분기회로의 정격전류가 (①) 이하가 되는 경우 당해 분기회로마다 (③)누전경보기를 설치할 때에는 당해 경계전로에 (②)누전경보기를 설치한 것으로 본다.

• 실전모범답안
  ① 60A
  ② 1급
  ③ 2급

상세해설

NFTC 205 2.1.1.1
경계전로의 정격전류가 60A를 초과하는 전로에 있어서는 1급 누전경보기를, 60A 이하의 전로에 있어서는 1급 또는 2급 누전경보기를 설치할 것. 다만, 정격전류가 60A를 초과하는 경계전로가 분기되어 각 분기회로의 정격전류가 60A 이하로 되는 경우 당해 분기회로마다 2급 누전경보기를 설치한 때에는 당해 경계전로에 1급 누전경보기를 설치한 것으로 본다.

---

09 다음의 표와 같이 두 입력 A와 B가 주어질 때, 주어진 논리소자의 명칭과 출력에 대한 진리표를 완성하시오. (단, ①~⑦은 각각 세로가 모두 맞아야 정답으로 인정된다.) [배점 : 7]

명칭 입력	AND	①	②	③	④	⑤	⑥	⑦
A B								
0 0	0							
0 1	0							
1 0	0							
1 1	1							

• 실전모범답안

입력	AND	NAND	OR	NOR	NOR	OR	NAND	AND
A B								
0 0	0	1	0	1	1	0	1	0
0 1	0	1	1	0	0	1	1	0
1 0	0	1	1	0	0	1	1	0
1 1	1	0	1	0	0	1	0	1

---

10 비상콘센트설비의 화재안전기술기준에 관한 내용이다. 빈 칸에 알맞은 내용을 적으시오. [배점 : 3]

(1) 비상콘센트설비의 전원회로는 단상교류 (①)인 것으로서, 그 공급용량은 1.5kVA 이상인 것으로 할 것
(2) 비상콘센트의 플러그접속기는 (②) 플러그접속기(KS C 8305)를 사용해야 한다.
(3) 비상콘센트의 플러그접속기의 (③)에는 접지공사를 해야 한다.

• 실전모범답안
(1) ① 220V
(2) ② 접지형 2극
(3) ③ 칼받이의 접지극

11 다음은 단독경보형감지기의 화재안전성능기준 중 설치기준에 관련된 내용이다. (   ) 안에 알맞은 내용을 쓰시오.

배점 : 5

> (1) 각 실마다 설치하되, 바닥면적 (①)m²를 초과하는 경우에는 (①)m²마다 (②) 이상 설치하여야 한다.
> (2) 계단실은 최상층의 (③) 천장에 설치할 것
> (3) (④)를 주전원으로 사용하는 단독경보형감지기는 정상적인 작동상태를 유지할 수 있도록 주기적으로 건전지를 교환할 것
> (4) 상용전원을 주전원으로 사용하는 단독경보형감지기의 (⑤)는 제품검사에 합격한 것을 사용할 것

• 실전모범답안
  (1) ① 150
      ② 1
  (2) ③ 계단실
  (3) ④ 건전지
  (4) ⑤ 2차 전지

12 3로 스위치 2개를 설치하였을 경우 〈조건〉을 참고하여 점등, 소등이 되도록 다음 미완성 배선도를 완성하시오.

배점 : 6

〈조건〉

회로가 접속되어 있을 때	회로가 교차될 때

〈배선도〉

• 실전모범답안

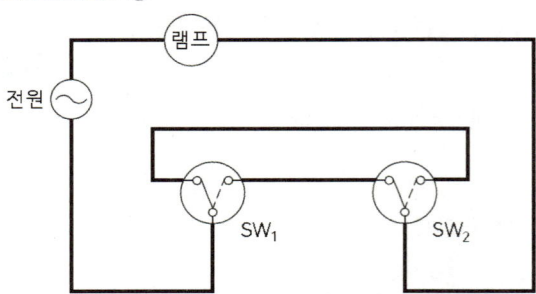

13 특정소방대상물에 공기관식 차동식분포형감지기를 설치하고자 한다. 다음 각 물음에 답하시오. 〔배점 : 8〕

(1) 일반구조일 경우와 내화구조일 경우의 공기관 상호간의 거리는 각각 몇 [m] 이하이어야 하는지 쓰시오.
 ① 일반구조 :
 ② 내화구조 :
(2) 하나의 검출부분에 접속하는 공기관의 길이는 몇 [m] 이하이어야 하는지 쓰시오.
(3) 바닥으로부터의 높이 조건을 상세히 적으시오.
(4) 감지구역마다 공기관의 노출부분의 길이는 몇 [m] 이상이어야 하는지 쓰시오.

• 실전모범답안
 (1) ① 6m
  ② 9m
 (2) 100m
 (3) 바닥으로부터 0.8m 이상 1.5m 이하
 (4) 20m

14 누전경보기의 화재안전기술기준 중 전원에 대한 기준 3가지를 적으시오. 〔배점 : 5〕
 ①
 ②
 ③

• 실전모범답안
 ① 전원은 분전반으로부터 전용회로로 하고, 각 극에 개폐기 및 15A 이하의 과전류차단기(배선용 차단기에 있어서는 20A 이하의 것으로 각 극을 개폐할 수 있는 것)를 설치할 것
 ② 전원을 분기할 때는 다른 차단기에 따라 전원이 차단되지 않도록 할 것
 ③ 전원의 개폐기에는 "누전경보기용"이라고 표시한 표지를 할 것

15 비상방송을 할 때에는 자동화재탐지설비의 지구음향장치의 작동을 정지시킬 수 있는 미완성 결선도를 다음 범례 및 조건을 참고하여 완성하시오.

배점:5

〈범례〉
- ⊶ : 발신기스위치(PB-on)
- ⊷ : 자동전환스위치
- ⊸⊶ : 복구스위치
- R_1, R_2 : 계전기(릴레이 R_1, R_2)
- ⌒ : 감지기
- Ⓑ : 지구경종

[조건]
① 발신기스위치를 누르거나 화재에 의하여 감지기가 작동되면 계전기 R_1이 여자되어 자기유지되며 R_{1-a}접점에 의하여 경종이 작동된다.
② 복구스위치를 누르면 계전기 R_1이 소자되고 경종이 작동을 정지한다.
③ 발신기스위치 또는 감지기에 의하여 경종 작동 중 전환스위치를 비상방송설비 쪽으로 이동하면 계전기 R_2가 여자되고 R_{2-b}접점에 의하여 경종이 작동을 정지한다.

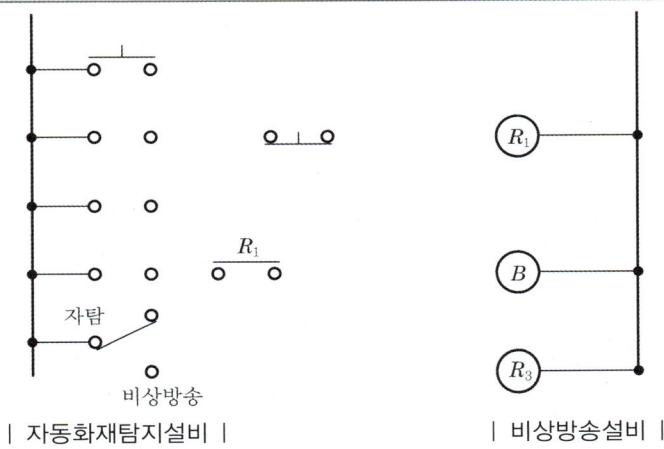

| 자동화재탐지설비 | | 비상방송설비 |

- 실전모범답안

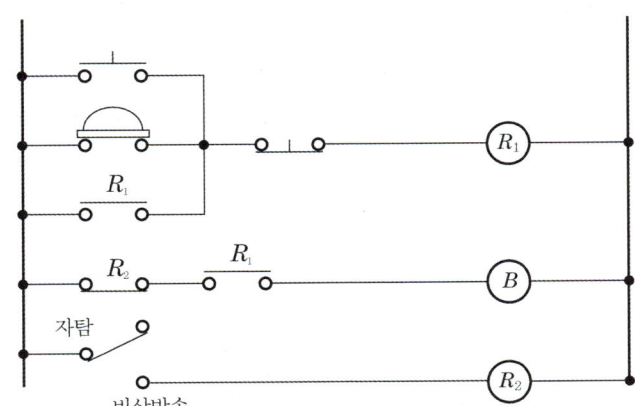

16 화재에 의한 열, 연기 또는 불꽃(화염) 이외의 요인에 의하여 자동화재탐지설비가 작동하여 화재경보를 발하는 것을 "비화재보(Unwanted Alarm)"라 한다. 즉, 자동화재탐지설비가 정상적으로 작동하였다고 하더라도 화재가 아닌 경우의 경보를 "비화재보"라 하며 비화재보의 종류는 다음과 같이 구분할 수 있다.

배점:8

> 주위상황이 대부분 순간적으로 화재와 같은 상태(실제 화재와 유사한 환경이나 상황)로 되었다가 정상상태로 복귀하는 경우(일과성 비화재보 : Nuisance Alarm)

위 설명 중 일과성 비화재보로 볼 수 있는 Nuisance Alarm에 대한 방지책을 4가지만 쓰시오.
①
②
③
④

• 실전모범답안
① 비화재보에 적응성 있는 감지기의 선정
② 감지기 설치장소의 주위환경 개선
③ 설치장소의 환경에 적응하는 감지기의 설치
④ 경년변화에 따른 유지·보수

17 지하 3층, 지상 11층인 어느 특정소방대상물에 설치된 자동화재탐지설비 음향장치의 설치기준에 관한 사항이다. 다음의 표와 같이 화재가 발생하였을 경우 우선적으로 경보하여야 하는 층을 빈 칸에 표시하시오. (단, 공동주택이 아니고, 경보표시는 '●'을 사용한다. 각각 세로부분이 모두 맞아야 정답으로 인정된다.)

배점:6

구 분	3층 화재 시	2층 화재 시	1층 화재 시	지하 1층 화재 시	지하 2층 화재 시	지하 3층 화재 시
7층						
6층						
5층						
4층						
3층	●					
2층		●				
1층			●			
지하 1층				●		
지하 2층					●	
지하 3층						●

• 실전모범답안

구 분	3층 화재 시	2층 화재 시	1층 화재 시	지하 1층 화재 시	지하 2층 화재 시	지하 3층 화재 시
7층	●					
6층	●	●				
5층	●	●	●			
4층	●	●	●			
3층	●	●	●			
2층		●	●			
1층			●	●		
지하 1층			●	●	●	●
지하 2층			●	●	●	●
지하 3층			●	●		●

18 3φ, 380[V], 60[Hz], 4P, 75[HP]의 전동기가 있다. 다음 물음에 답하시오. 배점 : 5

(1) 동기속도는 몇 [rpm]인지 구하시오.
(2) 회전속도가 1,730[rpm]일 때 슬립은 몇 [%]인지 구하시오.

• 실전모범답안

(1) $N_s = \dfrac{120 \times 60}{4} = 1,800[\text{rpm}]$

  • 답 : 1,800[rpm]

(2) $1,730 = 1,800(1-s)$
   $1,730 = 1,800 - 1,800s$
   $1,800s = 1,800 - 1,730$
   $\therefore s = \dfrac{1,800 - 1,730}{1,800} = 0.03888 = 3.888[\%] ≒ 3.89[\%]$

  • 답 : 3.89[%]

상세해설

(1) 동기속도

$N_s = \dfrac{120f}{P}$	동기속도
N_s : 동기속도[rpm]	→ $N_s = \dfrac{120f}{P}$ [풀이①]
f : 주파수[Hz]	→ 60[Hz]
P : 극수	→ 4

① 동기속도
  $\therefore$ 동기속도 $N_s = \dfrac{120 \times 60[\text{Hz}]}{4} = 1,800[\text{rpm}]$

(2) 회전속도

$N = \dfrac{120f}{P}(1-s) = N_s(1-s)$	회전속도
N : 회전속도[rpm]	➜ 1,730[rpm]
f : 주파수[Hz]	➜ 60[Hz]
P : 극수	➜ 4
s : 슬립	➜ [풀이①]
N_s : 동기속도[rpm]	➜ (1)에서 구한 값

① 슬립

문제 조건에서 **회전속도**가 **1,730[rpm]**이므로 **회전속도** $N = N_s(1-s)$에서

$1,730 = 1,800(1-s)$

$1,730 = 1,800 - 1,800s$

$1,800s = 1,800 - 1,730$

∴ 슬립 $s = \dfrac{1,800 - 1,730}{1,800} = 0.03888 = 3.888[\%] ≒ $ **3.89[%]**

2회

01 다음은 자동화재탐지설비의 화재안전기준에서의 배선 관련사항이다. 각 물음에 답하시오.

배점 : 6

(1) 감지기회로 및 부속회로의 전로와 대지 사이 및 배선 상호간의 절연저항은 1경계구역마다 직류 250V의 절연저항 측정기를 사용하여 측정하였을 때, 절연저항이 몇 [MΩ] 이상이 되도록 하여야 하는지 쓰시오.
(2) GP형 수신기의 감지기회로의 배선에 있어서 하나의 공통선에 접속할 수 있는 경계구역은 몇 개 이하이어야 하는지 쓰시오.
(3) 감지기회로의 종단저항 설치기준을 2가지만 쓰시오.
   ①
   ②

• 실전모범답안
  (1) 0.1MΩ
  (2) 7개 이하
  (3) ① 점검 및 관리가 쉬운 장소에 설치할 것
      ② 전용함을 설치하는 경우 그 설치높이는 바닥으로부터 높이 1.5m 이내로 할 것

02 옥내소화전설비의 비상전원으로 자가발전설비, 축전지설비 또는 전기저장장치를 설치할 때 비상전원 설치기준 3가지를 쓰시오.

배점 : 5

①
②
③

• 실전모범답안
  ① 점검에 편리하고 화재 및 침수 등의 재해로 인한 피해를 받을 우려가 없는 곳에 설치할 것
  ② 옥내소화전설비를 유효하게 20분 이상 작동할 수 있어야 할 것
  ③ 상용전원으로부터 전력의 공급이 중단된 때에는 자동으로 비상전원으로부터 전력을 공급받을 수 있도록 할 것

상세해설

옥내소화전설비의 비상전원 설치기준(NFTC 102 2.5.3)
① 점검에 편리하고 화재 및 침수 등의 재해로 인한 피해를 받을 우려가 없는 곳에 설치할 것
② 옥내소화전설비를 유효하게 20분 이상 작동할 수 있어야 할 것
③ 상용전원으로부터 전력의 공급이 중단된 때에는 자동으로 비상전원으로부터 전력을 공급받을 수 있도록 할 것

④ 비상전원(내연기관의 기동 및 제어용 축전기를 제외한다)의 설치장소는 다른 장소와 방화구획 할 것. 이 경우 그 장소에는 비상전원의 공급에 필요한 기구나 설비 외의 것(열병합발전설비에 필요한 기구나 설비는 제외한다)을 두어서는 안 된다.
⑤ 비상전원을 실내에 설치하는 때에는 그 실내에 비상조명등을 설치할 것

03 다음은 어느 특정소방대상물의 평면도이다. 건축물의 주요구조부는 내화구조이고, 층의 높이는 4.5m일 때 다음 각 물음에 답하시오. (단, 차동식스포트형감지기 1종을 설치한다.)

배점 : 7

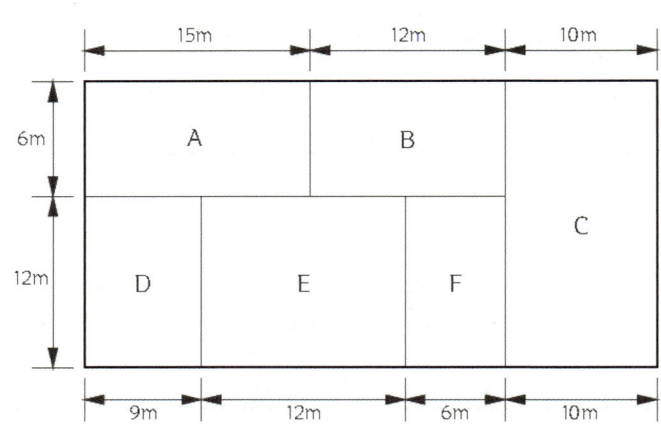

(1) 각 실별로 설치하여야 할 감지기의 수량을 구하시오.

구 분	계산과정	답
A		
B		
C		
D		
E		
F		

(2) 총 경계구역수를 구하시오.

- 실전모범답안

(1)

구 분	계산과정	답
A	$\dfrac{15 \times 6}{45} = 2개$	2개
B	$\dfrac{12 \times 6}{45} = 1.6 ≒ 2개$	2개
C	$\dfrac{10 \times 18}{45} = 4개$	4개
D	$\dfrac{9 \times 12}{45} = 2.4 ≒ 3개$	3개
E	$\dfrac{12 \times 12}{45} = 3.2 ≒ 4개$	4개
F	$\dfrac{6 \times 12}{45} = 1.6 ≒ 2개$	2개

(2) 경계구역 수 $= \dfrac{(15+12+10) \times (6+12)}{600} = 1.11 ≒ 2경계구역$

- 답 : 12개

상세해설

차동식스포트형, 보상식스포트형, 정온식스포트형 감지기의 부착높이에 따른 바닥면적 기준

(단위 : [m²])

부착높이 및 소방대상물의 구분		감지기의 종류						
		차동식 스포트형		보상식 스포트형		정온식 스포트형		
		1종	2종	1종	2종	특종	1종	2종
4[m] 미만	주요구조부를 내화구조로 한 특정소방대상물 또는 그 부분	90	70	90	70	70	60	20
	기타 구조의 특정소방대상물 또는 그 부분	50	40	50	40	40	30	15
4[m] 이상 8[m] 미만	주요구조부를 내화구조로 한 특정소방대상물 또는 그 부분	45	35	45	35	35	30	설치 불가
	기타 구조의 특정소방대상물 또는 그 부분	30	25	30	25	25	15	설치 불가

04 다음 도면은 내화구조인 특정소방대상물에 설치된 공기관식 차동식분포형감지기에 대한 것이다. 다음 각 물음에 답하시오.

배점 : 8

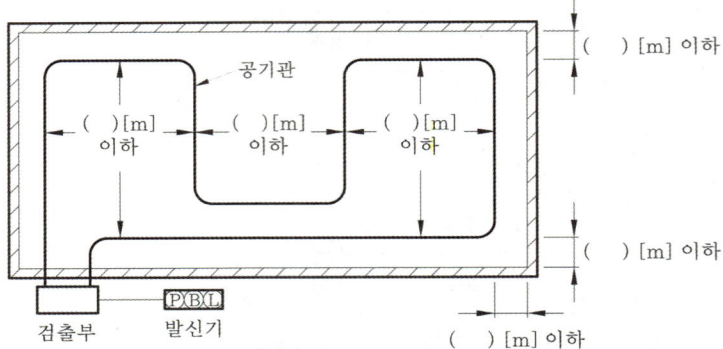

(1) 공기관과 감지구역의 각 변과의 수평거리와 공기관 상호간의 거리를 그림의 ( ) 안에 알맞은 답을 쓰시오.
(2) 발신기에 종단저항을 설치하는 경우 검출부와 발신기간의 배선수를 도면에 표시하시오.
(3) 공기관의 노출부분은 감지구역마다 몇 [m] 이상이 되도록 하여야 하는지 쓰시오.
(4) 하나의 검출부에 접속하는 공기관의 길이는 몇 [m] 이하가 되도록 하여야 하는지 쓰시오.
(5) 검출부는 몇 도 이상 경사되지 않도록 설치하여야 하는지 쓰시오.
(6) 검출부의 설치높이를 쓰시오.
(7) 공기관의 재질을 쓰시오.

• 실전모범답안

(1), (2)

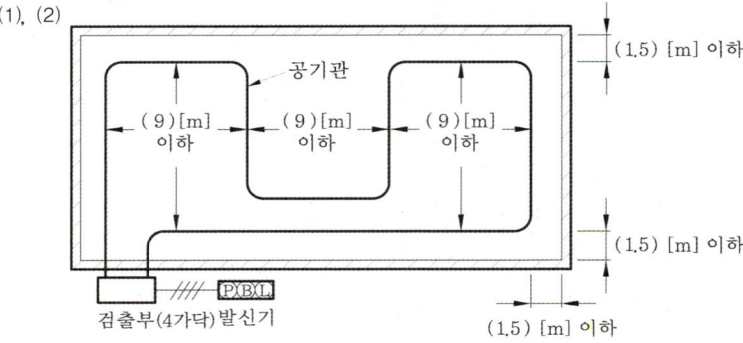

(3) 20[m]
(4) 100[m]
(5) 5°
(6) 바닥으로부터 0.8m 이상 1.5m 이하
(7) 동관(중공동관)

05 지상 25m 되는 곳에 수조가 있다. 이 수조에 분당 20m³의 물을 양수하는 펌프용 전동기를 설치하여 3상 전력을 공급하려고 한다. 펌프효율이 70%이고, 펌프측 동력에 15%의 여유를 둔다고 할 때 다음 각 물음에 답하시오. (단, 펌프용 3상 농형 유도전동기의 역률은 85[%]로 가정한다.)

배점 : 5

(1) 펌프용 전동기의 용량은 몇 [kW]인지 구하시오.
(2) 3상 전력을 공급하고자 단상변압기 2대를 V결선하여 이용하고자 한다. 단상변압기 1대의 용량은 몇 [kVA]인지 구하시오.

- 실전모범답안

(1) $P = \dfrac{9.8 \times 20 \times \dfrac{1}{60} \times 25 \times 1.15}{0.7} = 134.166 ≒ 134.17[\text{kW}]$

- 답 : 134.17[kW]

(2) $P_A = \dfrac{134.17}{0.85} = 161.376[\text{kVA}]$

$P_1 = \dfrac{161.376}{\sqrt{3}} = 93.17 ≒ 93.17[\text{kVA}]$

- 답 : 93.17[kVA]

상세해설

(1) 전동기의 용량

$P = \dfrac{9.8QHK}{\eta}$	전동기용량(수계소화설비의 펌프)
P : 전동기의 용량[kW]	→ $P = \dfrac{9.8QHK}{\eta}$ [풀이①]
Q : 토출량(양수량)[m³/s]	→ $20\text{m}^3 \times \dfrac{1\text{min}}{60\text{s}}$
H : 전양정[m]	→ 25
K : 여유계수(전달계수)	→ 1.15
η : 효율	→ 70%

① 전동기 용량

∴ 전동기의 용량 $P = \dfrac{9.8 \times 20 \times \dfrac{1}{60} \times 25 \times 1.15}{0.7} = 134.166 ≒ 134.17[\text{kW}]$ ∴ 134.17[kW]

(2) V결선 시의 단상변압기 1대의 용량

① 변압기의 부하용량

∴ 부하용량 $P_A = \dfrac{134.17}{0.85} = 161.376[\text{kVA}]$

$P_V = \sqrt{3}P_1 = P_A$	V결선 시의 단상변압기 1대의 용량
P_V : V결선 시 변압기의 출력[kVA]	→ $P_V = \sqrt{3}P_1$
P_1 : 단상변압기 1대의 용량[kVA]	→ $P_1 = \dfrac{P_A}{\sqrt{3}}$ [풀이②]
P_A : 부하용량[kVA]	→ 역률 고려 [풀이①]

② V결선의 단상변압기 1대의 용량

∴ V결선의 단상변압기 1대의 용량 $P_1 = \dfrac{P_A}{\sqrt{3}} = \dfrac{161.376}{\sqrt{3}} = 93.17\text{kVA}$

---

06 다음은 한국전기설비규정(KEC)에서 규정하는 전기적 접속에 대한 내용이다. (   ) 안에 알맞은 말을 넣으시오.

배점 : 5

(1) 배선설비가 바닥, 벽, 지붕, 천장, 칸막이, 중공벽 등 건축구조물을 관통하는 경우, 배선설비가 통과한 후에 남는 개구부는 관통 전의 건축구조 각 부재에 규정된 (①)에 따라 밀폐하여야 한다.

(2) 내화성능이 규정된 건축구조 부재를 관통하는 (②)는 제1에서 요구한 외부의 밀폐와 마찬가지로 관통 전에 각 부의 내화등급이 되도록 내부도 밀폐하여야 한다.

(3) 관련 제품 표준에서 자기소화성으로 분류되고 최대 내부단면적이 (③)mm² 이하인 전선관, 케이블트렁킹 및 (④)은 다음과 같은 경우라면 내부적으로 밀폐하지 않아도 된다.
 • 보호등급 IP33에 관한 KS C IEC 60529(외곽의 방진 보호 및 방수 보호 등급)의 시험에 합격한 경우
 • 관통하는 건축 구조체에 의해 분리된 구획의 하나 안에 있는 배선설비의 단말이 보호등급 IP33에 관한 KS C IEC 60529(외함의 밀폐 보호등급 구분(IP코드))의 시험에 합격한 경우

(4) 배선설비는 그 용도가 (⑤)을 견디는데 사용되는 건축구조 부재를 관통해서는 안 된다. 다만, 관통 후에도 그 부재가 하중에 견딘다는 것을 보증할 수 있는 경우는 제외한다.

• 실전모범답안
① 내화등급
② 배선설비
③ 710
④ 케이블덕팅시스템
⑤ 하중

상세해설

한국전기설비규정 232.3.6 '화재의 확산을 최소화 하기 위한 배선설비의 선정과 공사'의 2.배선설비 관통부의 밀봉

가. 배선설비가 바닥, 벽, 지붕, 천장, 칸막이, 중공벽 등 건축구조물을 관통하는 경우, 배선설비가 통과한 후에 남는 개구부는 관통 전의 건축구조 각 부재에 규정된 내화등급에 따라 밀폐하여야 한다.

나. 내화성능이 규정된 건축구조 부재를 관통하는 배선설비는 제1에서 요구한 외부의 밀폐와 마찬가지로 관통 전에 각 부의 내화등급이 되도록 내부도 밀폐하여야 한다.

다. 관련 제품 표준에서 자기소화성으로 분류되고 최대 내부단면적이 710mm² 이하인 전선관, 케이블 트렁킹 및 케이블덕팅시스템은 다음과 같은 경우라면 내부적으로 밀폐하지 않아도 된다.
   (1) 보호등급 IP33에 관한 KS C IEC 60529(외곽의 방진 보호 및 방수 보호 등급)의 시험에 합격한 경우
   (2) 관통하는 건축 구조체에 의해 분리된 구획의 하나 안에 있는 배선설비의 단말이 보호등급 IP33에 관한 KS C IEC 60529(외함의 밀폐 보호등급 구분(IP코드))의 시험에 합격한 경우
라. 배선설비는 그 용도가 하중을 견디는데 사용되는 건축구조 부재를 관통해서는 안 된다. 다만, 관통 후에도 그 부재가 하중에 견딘다는 것을 보증할 수 있는 경우는 제외한다.

07 차동식스포트형감지기의 구조에 관한 다음 그림에서 ①~④의 명칭을 쓰시오. [배점:4]

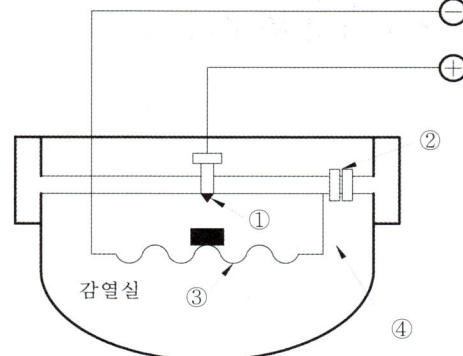

①
②
③
④

- **실전모범답안**
  ① 접점
  ② 리크구멍
  ③ 다이어프램
  ④ 감열실

08 이산화탄소 소화설비의 음향경보장치를 설치하려고 한다. 다음 각 물음에 답하시오. [배점:4]
   (1) 방호구역 또는 방호대상물이 있는 구획의 각 부분으로부터 하나의 확성기까지의 수평거리는 몇 [m] 이하로 하여야 하는지 쓰시오.
   (2) 소화약제의 방사 개시 후 몇 분 이상 경보를 발하여야 하는지 쓰시오.

- **실전모범답안**
  (1) 25m
  (2) 1분

상세해설

이산화탄소소화설비의 화재안전기술기준

NFTC 106 2.10.1.2
소화약제의 방출 개시 후 1분 이상 경보를 계속할 수 있는 것으로 할 것

NFTC 106 2.10.2.2
방호구역 또는 방호대상물이 있는 구획의 각 부분으로부터 하나의 확성기까지의 수평거리는 25m 이하가 되도록 할 것

---

09 소방시설 설치 및 관리에 관한 법령 시행령에 따라 가스누설경보기를 설치해야 하는 대상 5가지를 쓰시오. (단, 가스시설이 설치된 경우만 해당한다.) [배점 : 5]

①
②
③
④
⑤

- **실전모범답안**
  ① 문화 및 집회시설
  ② 종교시설
  ③ 판매시설
  ④ 운수시설
  ⑤ 의료시설

상세해설

소방시설 설치 및 관리에 관한 법률 시행령 [별표 4]
가스누설경보기를 설치해야 하는 특정소방대상물(가스시설이 설치된 경우만 해당한다)은 다음의 어느 하나에 해당하는 것으로 한다.
(1) 문화 및 집회시설, 종교시설, 판매시설, 운수시설, 의료시설, 노유자 시설
(2) 수련시설, 운동시설, 숙박시설, 창고시설 중 물류터미널, 장례시설

---

10 다음은 비상콘센트를 보호하기 위한 비상콘센트 보호함의 설치기준이다. ( ) 안에 알맞은 내용을 쓰시오. [배점 : 5]

(1) 보호함에는 쉽게 개폐할 수 있는 (①)을 설치할 것
(2) 보호함 표면에 "(②)"라고 표시한 표지를 할 것
(3) 보호함 상부에 (③)색의 (④)을 설치할 것. 다만, 비상콘센트의 보호함을 옥내소화전함 등과 접속하여 설치하는 경우에는 (⑤) 등의 표시등과 겸용할 수 있다.

• 실전모범답안
  (1) ① 문
  (2) ② 비상콘센트
  (3) ③ 적
      ④ 표시등
      ⑤ 옥내소화전함

상세해설

비상콘센트설비 보호함의 설치기준(NFTC 504 2.2)
① 보호함에는 쉽게 개폐할 수 있는 문을 설치할 것
② 보호함 표면에 "비상콘센트"라고 표시한 표지를 할 것
③ 보호함 상부에 적색의 표시등을 설치할 것. 다만, 비상콘센트의 보호함을 옥내소화전함 등과 접속하여 설치하는 경우에는 옥내소화전함 등의 표시등과 겸용할 수 있다.

---

11 다음은 화재안전기준에 따른 내화배선의 공사방법에 관한 사항이다. (   ) 안에 알맞은 말을 쓰시오.

배점 : 5

(1) 금속관·2종 금속제 가요전선관 또는 (①)에 수납하여 내화구조로 된 벽 또는 바닥 등에 벽 또는 바닥의 표면으로부터 (②) 이상의 깊이로 매설해야 한다. 다만, 다음의 기준에 적합하게 설치하는 경우에는 그렇지 않다.
  • 배선을 내화성능을 갖는 배선전용실 또는 배선용 샤프트·피트·덕트 등에 설치하는 경우
  • 배선전용실 또는 배선용 샤프트·피트·덕트 등에 다른 설비의 배선이 있는 경우에는 이로부터 (③) 이상 떨어지게 하거나 소화설비의 배선과 이웃하는 다른 설비의 배선 사이에 배선지름(배선의 지름이 다른 경우에는 가장 큰 것으로 한다)의 (④) 이상의 높이의 불연성 격벽을 설치하는 경우
(2) 내화전선은 (⑤)공사의 방법에 따라 설치해야 한다.

• 실전모범답안
  (1) ① 합성수지관
      ② 25mm
      ③ 15cm
      ④ 1.5배
  (2) ⑤ 케이블

상세해설

배선에 사용되는 전선의 종류 및 공사방법(NFTC 102 표 2.7.2)

사용전선의 종류	공사방법
1. 450/750V 저독성 난연 가교 폴리올레핀 절연전선 2. 0.6/1kV 가교 폴리에틸렌 절연 저독성 난연 폴리올레핀 시스 전력케이블 3. 6/10kV 가교 폴리에틸렌 절연 저독성 난연 폴리올레핀 시스 전력용 케이블 4. 가교 폴리에틸렌 절연 비닐시스 트레이용 난연 전력케이블 5. 0.6/1kV EP 고무절연 클로로프렌 시스 케이블 6. 300/500V 내열성 실리콘 고무 절연전선(180℃) 7. 내열성 에틸렌-비닐아세테이트 고무 절연케이블 8. 버스덕트(Bus Duct) 9. 기타 「전기용품 및 생활용품 안전관리법」 및 「전기설비기술기준」에 따라 동등 이상의 내화성능이 있다고 주무부장관이 인정하는 것	금속관·금속제 가요전선관·금속덕트 또는 케이블(불연성 덕트에 설치하는 경우에 한한다.) 공사방법에 따라야 한다. 다만, 다음 각 목의 기준에 적합하게 설치하는 경우에는 그러하지 아니하다. 가. 배선을 내화성능을 갖는 배선 전용실 또는 배선용 샤프트·피트·덕트 등에 설치하는 경우 나. 배선 전용실 또는 배선용 샤프트·피트·덕트 등에 다른 설비의 배선이 있는 경우에는 이로부터 15cm 이상 떨어지게 하거나 소화설비의 배선과 이웃하는 다른 설비의 배선사이에 배선지름(배선의 지름이 다른 경우에는 지름이 가장 큰 것을 기준으로 한다)의 1.5배 이상의 높이의 불연성 격벽을 설치하는 경우
내화전선	케이블공사의 방법에 따라 설치하여야 한다.

12 공구를 사용하는데 따른 손실비용을 의미하는 공구손료의 적용범위를 쓰시오. [배점:3]

- 실전모범답안
  인력품(직접노무비)의 3%

13 비상콘센트설비 상용전원의 배선은 다음의 경우에 어디에서 분기하여 전용배선으로 하는지 설명하시오. [배점:4]
  (1) 저압수전인 경우 :
  (2) 특고압수전 또는 고압수전인 경우 :

- 실전모범답안
  (1) 인입개폐기의 직후
  (2) 전력용 변압기 2차측의 주차단기 1차측 또는 2차측

상세해설

비상콘센트설비의 전원 및 콘센트 등(NFTC 504 2.1.1.1)
상용전원회로의 배선은 저압수전인 경우에는 인입개폐기의 직후에서, 고압수전 또는 특고압수전인 경우에는 전력용 변압기 2차측의 주차단기 1차측 또는 2차측에서 분기하여 전용배선으로 할 것

14 열전대식 차동식분포형감지기는 제어백효과를 이용한 감지기이다. 다음 각 물음에 답하시오.

(1) 제어백효과를 설명하시오.
(2) 열전대의 정의를 쓰시오.
(3) 열전대의 재료로 가장 우수한 금속은 무엇인지 쓰시오.

• 실전모범답안
(1) 서로 다른 두 금속체의 접합 극단에 열차이를 주었을 때 열기전력에 의해 전류가 흐르는 현상
(2) 서로 다른 종류의 금속을 접속한 것으로 제어백효과(열전효과)를 일으키는 금속선
(3) 백금

15 다음은 누전경보기의 형식승인 및 제품검사의 기술기준에 대한 내용이다. 각 물음에 답하시오.

(1) 전구는 사용전압의 몇 [%]인 교류전압을 20시간 연속하여 가하는 경우 단선, 현저한 광속변화, 흑화, 전류의 저하 등이 발생하지 않아야 하는지 쓰시오.
(2) 전구는 몇 개 이상을 병렬로 접속하여야 하는지 쓰시오.
(3) 누전경보기의 공칭작동전류치는 몇 [mA] 이하이어야 하는지 쓰시오.

• 실전모범답안
(1) 130%
(2) 2개
(3) 200mA

상세해설

누전경보기의 형식승인 및 제품검사의 기술기준(제4조 부품의 구조 및 기능 2. 표시등 가, 다)

가. 전구는 사용전압의 130%인 교류전압을 20시간 연속하여 가하는 경우. 단선, 현저한 광속변화, 흑화, 전류의 저하 등이 발생하지 아니하여야 한다.
다. 전구는 2개 이상을 병렬로 접속하여야 한다. 다만, 방전등 또는 발광다이오드의 경우에는 그러하지 아니한다.

16 다음 그림과 같은 논리회로를 보고 각 물음에 답하시오.

배점 : 9

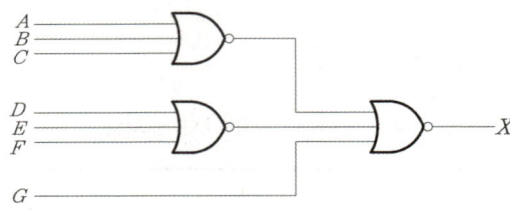

(1) 논리식으로 가장 간단히 표현하시오.
(2) AND, OR, NOT 회로를 이용한 등가회로로 그리시오.
(3) 유접점회로(릴레이회로)로 그리시오.

• 실전모범답안

(1) $X = (A+B+C) \cdot (D+E+F) \cdot \overline{G}$

(2)
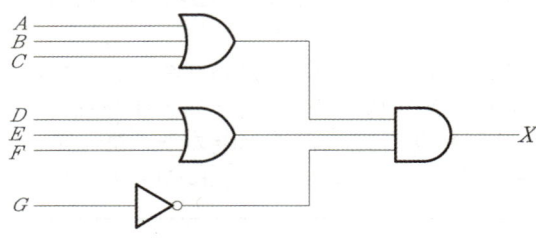

(3)
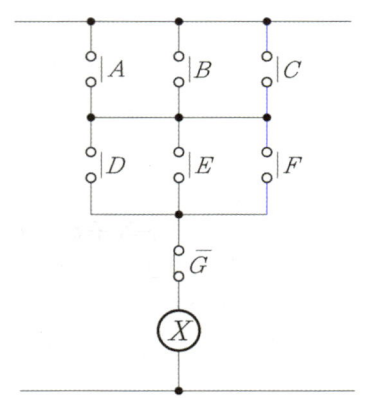

상세해설

(1) 논리식

① 문제의 논리회로를 기본 논리식으로 나타내면 다음과 같다.

게이트	논리회로	논리식
NOR (Not OR)	A ─▷o─ X B	$X = \overline{A+B}$

$$X = \overline{\overline{(A+B+C)} + \overline{(D+E+F)} + G} \quad \cdots\cdots \text{ⓐ}$$

② 식 ⓐ를 드 모르간의 정리를 이용하여 풀면
$X = (A+B+C) \cdot (D+E+F) \cdot \overline{G}$ 가 된다.

드 모르간(De Morgan)의 정리
㉠ $\overline{A+B} = \overline{A} \cdot \overline{B}$
㉡ $\overline{\overline{A}+B} = \overline{A}+\overline{B}$
㉢ $\overline{\overline{A} \cdot \overline{B}} = A+B$
㉣ $\overline{\overline{A}+\overline{B}} = A \cdot B$

(3) 유접점회로(시퀀스회로)
$$X = \overline{\overline{(A+B+C)} + \overline{(D+E+F)} + G}$$
병렬 직렬
직렬

17 수위실에서 600m 떨어진 지하 1층, 지상 5층의 특정소방대상물에 자동화재탐지설비를 설치하였는데 경종, 표시등이 각 층에 2회로(전체 12회로)일 때 다음 물음에 답하시오. (단, 소요전류는 표시등 30mA/개, 경종 50mA/개를 소모하고, 전선은 HFIX 2.5mm²를 사용한다.)

배점 : 8

(1) 표시등 및 경종의 최대소요전류[A]와 총 소요전류[A]를 구하시오.
　① 표시등의 최대소요전류
　② 경종의 최대소요전류
　③ 총 소요전류
(2) 지상 1층에서 화재가 발생하였을 때 수위실과 공장 간의 전압강하는 얼마인지 구하시오.
(3) 자동화재탐지설비의 음향장치는 정격전압의 몇 [%] 전압에서 음향을 발할 수 있어야 하는지 쓰시오.
(4) '(2)'의 계산한 내용으로 음향장치는 동작할 수 있는지 설명하시오.

• **실전모범답안**
(1) ① $I = 30\text{mA} \times 12\text{개} = 360\text{mA} = 0.36\text{A}$
　② $I = 50\text{mA} \times 12\text{개} = 600\text{mA} = 0.6\text{A}$
　③ $I_T = 0.36\text{A} + 0.6\text{A} = 0.96\text{A}$
(2) $e = \dfrac{35.6 \times 600 \times 0.96}{1{,}000 \times 2.5} = 8.202 \fallingdotseq 8.2\text{V}$
(3) 80%
(4) 출력전압이 최소작동전압보다 낮으므로 음향을 발할 수 없다.

상세해설

(1) ① 표시등의 소요전류

표시등은 1회로당 1개씩 설치된다.(문제조건에서 12회로이므로 12개 설치)

∴ 소요전류 $I = 30\text{mA} \times 12\text{개} = 360\text{mA} = 0.36\text{A}$

② 경종의 소요전류 & 경보방식

㉠ 우선경보방식 : 층수가 **11층 이상**인 특정소방대상물 또는 **16층 이상**인 **공동주택**의 경우 적용

발화층	경보층
2층 이상	발화층 + 직상 4개 층
1층	발화층 + 직상 4개 층 + 지하층
지하층	발화층 + 직상층 + 기타 지하층

㉡ 경종의 소요전류

1. 경종은 1회로당 1개씩 설치된다.(문제조건에서 각 층에 2회로씩이므로 한 개층에 2개 설치)
2. 문제조건에 따라 **일제경보방식**의 건물이므로 화재 시 특정소방대상물의 모든 경종이 출력된다.

∴ 소요전류 $I = 50\text{mA} \times 12\text{개} = 600\text{mA} = 0.6\text{A}$

③ 표시등과 경종의 총 소요전류

∴ 총 소요전류 $I_T = 0.36\text{A} + 0.6\text{A} = 0.96\text{A}$

(2) 전압강하

구 분	전선단면적
단상 2선식	$A = \dfrac{35.6LI}{1,000e}$
3상 3선식	$A = \dfrac{30.8LI}{1,000e}$
단상 3선식, 3상 4선식	$A = \dfrac{17.8LI}{1,000e'}$

$A = \dfrac{35.6LI}{1,000e}$	전선의 단면적(단상 2선식)
A : 전선단면적[mm²]	➔ 2.5mm²
L : 선로길이[m]	➔ 600m
I : 전부하전류[A]	➔ (1)에서 구한 값
e : 각 선로간의 전압강하[V]	➔ $e = \dfrac{35.6LI}{1,000A}$ [풀이①]
e' : 각 선로간의 1선과 중심선 사이의 전압강하[V]	

표시등 및 경종은 단상 2선식이므로 (1), (2)에서 계산된 소요전류를 사용하여 계산한다.

① 전압강하

∴ 전압강하 $e = \dfrac{35.6 \times 600 \times 0.96}{1,000 \times 2.5} = 8.202 ≒ 8.2V$ ∴ 8.2V

(4) 자동화재탐지설비 음향장치의 구조 및 성능 (NFSC 203 제8조)

음향장치는 **정격전압**의 **80%** 전압에서 음향을 발할 수 있는 것으로 할 것

① 자동화재탐지설비의 정격전압은 DC 24V이므로 **동작전압**=24×0.8=**19.2V**
② 출력전압(단자전압)은 (3)에서 구한 전압강하를 빼면 된다.
   출력전압 $V = 24V - 8.2V = 15.8V$
③ 화재안전기준상 음향장치의 최소 동작전압인 19.2V보다 출력전압(15.8V)이 낮으므로 음향을 발할 수 없다.

18 P형 1급 수신기와 감지기와의 배선회로에서 종단저항은 4.7kΩ, 배선저항은 28Ω, 릴레이저항은 12Ω이며 회로전압이 DC 24V일 때 다음 각 물음에 답하시오.   배점 : 5
(1) 평소 감시전류는 몇 [mA]인지 구하시오.
(2) 감지기가 동작할 때 (화재 시)의 전류는 몇 [mA]인지 구하시오. (단, 배선저항은 고려하지 않는다.)

• **실전모범답안**

(1) $I = \dfrac{24}{12 + 28 + 4.7 \times 10^3} = 0.005063A = 5.06mA$

(2) $I = \dfrac{24}{12} = 2A = 2{,}000mA$

상세해설

(1) 감시전류 $I = \dfrac{회로전압}{릴레이저항 + 배선저항 + 종단저항}$

∴ 감시전류 $I = \dfrac{24}{12 + 28 + 4.7 \times 10^3} = 0.005063A = 5.06mA$　　**5.06mA**

(2) 작동전류 $I = \dfrac{회로전압}{릴레이저항 + 배선저항}$

∴ 작동전류 $I = \dfrac{24}{12} = 2A = 2{,}000mA$　　**2,000mA**

(이 문제에서는 단서 조건에 따라 배선저항을 포함하지 않으나, 별도의 단서 조항이 없을 시에는 배선저항을 고려하여 동작전류를 구한다.)

3회

01 다음 도면은 유도전동기 가동·정지회로의 미완성 도면이다. 다음 각 물음에 답하시오.

배점 : 8

[동작 설명]
① 전원이 투입되면 표시램프 GL이 점등되도록 한다.
② 전동기 기동용 푸시버튼스위치를 누르면 전자접촉기 MC가 여자되고, MC-a 접점에 의해 자기유지되며 RL이 점등된다. 동시에 전동기가 기동되고, GL등이 소등된다.
③ 전동기가 정상운전 중 정지용 푸시버튼스위치를 누르거나 열동계전기가 작동되면 전동기는 정지하고 최초의 상태로 복귀한다.

(1) 다음과 같이 주어진 기구를 이용하여 보조회로(제어회로)를 완성하시오. (단, 기구의 개수 및 접점을 최소로 할 것)

- 전자접촉기 : MC
- 기동용 표시등 : GL
- 정지용 표시등 : RL
- 열동계전기 : THR
- 누름버튼스위치 ON용 PBS-ON :
- 누름버튼스위치 OFF용 PBS-OFF :

(2) 주회로에 대한 ☐의 내부를 주어진 도면에 완성하시오.
(3) 열동계전기(THR)가 동작되는 경우 2가지를 쓰시오.

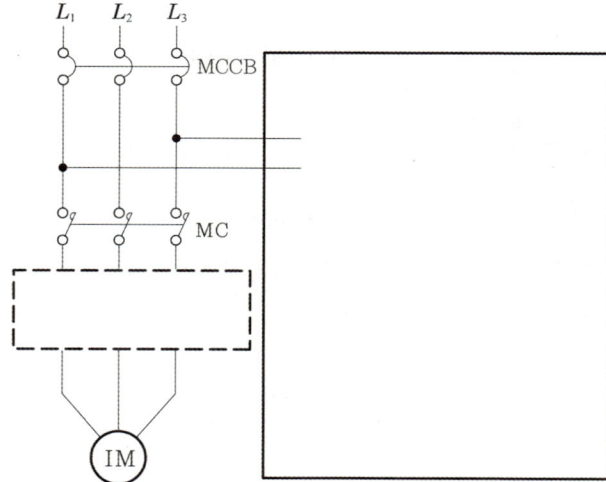

• 실전모범답안
(1), (2)

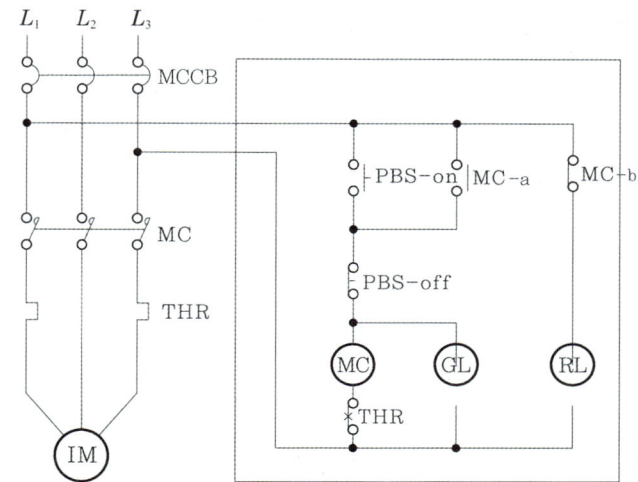

(3) ① 유도전동기에 과부하게 걸릴 경우
② 전류 세팅을 정격전류보다 낮게 세팅하였을 경우

---

02 누전경보기의 형식승인 및 제품검사의 기술기준을 참고하여 다음 각 물음에 답하시오.

배점 : 5

(1) 감도조정장치를 갖는 누전경보기의 최대치는 몇 [A]인가?
(2) 다음은 변류기의 전로개폐시험에 대한 내용이다. 빈 칸을 완성하시오.

> 변류기는 출력단자에 부하저항을 접속하고, 경계전로에 당해 변류기의 정격전류의 150%인 전류를 흘린 상태에서 경계전로의 개폐를 (　　)회 반복하는 경우 그 출력전압치는 공칭작동전류치의 42%에 대응하는 출력전압치 이하이어야 한다.

(3) 변류기는 DC 500V의 절연저항계로 시험을 하는 경우 5MΩ 이상이어야 한다. 측정위치 3곳을 쓰시오.
①
②
③

• 실전모범답안
(1) 1A
(2) 5회
(3) ① 절연된 1차 권선과 2차 권선간
② 절연된 1차 권선과 외부 금속부간
③ 절연된 2차 권선과 외부 금속부간

상세해설

• 누전경보기의 형식승인 및 제품검사의 기술기준(제11조 온도특성시험)
(1) 변류기는 출력단자에 부하저항을 접속하고, 경계전로에 당해 변류기의 정격전류의 150%인 전류를 흘린 상태에서 경계전로의 개폐를 5회 반복하는 경우 그 출력전압치는 공칭작동전류치의 42%에 대응하는 출력전압치 이하이어야 한다.

• 누전경보기의 형식승인 및 제품검사의 기술기준(제19조 절연저항시험)
변류기는 DC 500V의 절연저항계로 다음 각 호에 의한 시험을 하는 경우 5MΩ 이상이어야 한다.
1. 절연된 1차 권선과 2차 권선간의 절연저항
2. 절연된 1차 권선과 외부 금속부간의 절연저항
3. 절연된 2차 권선과 외부 금속부간의 절연저항

---

03 예비전원설비로 이용되는 축전지에 대한 다음 각 물음에 답하시오. 배점:6

(1) 자기방전량만을 항상 충전하는 방식의 명칭을 쓰시오.
 •
(2) 비상용 조명부하 200V용, 50W, 80등, 30W, 70등이 있다. 방전시간은 30분이고, 축전지는 HS형 110cell이며, 허용최저전압은 190V, 최저축전지온도가 5℃일 때 축전지용량[Ah]을 구하시오. (단, 경년용량저하율은 0.8, 용량환산시간은 1.2h이다.)
 • 계산과정 :
 • 답 :
(3) 연축전지와 알칼리축전지의 공칭전압[V]을 쓰시오.
 ① 연축전지 :
 ② 알칼리축전지 :

• **실전모범답안**
(1) 부동충전방식
(2) 방전전류 $I = \dfrac{(50 \times 80) + (30 \times 70)}{200} = 30.5 [A]$

$C = \dfrac{1}{0.8} \times 1.2 \times 30.5 = 45.75 [Ah]$

 • 답 : 45.75[Ah]
(3) ① 연축전지 : 2[V]
   ② 알칼리축전지 : 1.2[V]

상세해설

(2) **축전지의 용량(시간에 따라 방전전류가 일정한 경우)**

$C = \dfrac{1}{L} KI$	축전지의 용량(시간에 따라 방전전류가 일정한 경우)
C : 축전지용량[Ah]	→ $C = \dfrac{1}{L} KI$ [풀이②]

$C = \dfrac{1}{L}KI$	축전지의 용량(시간에 따라 방전전류가 일정한 경우)
L : 용량저하율(보수율)	→ 0.8
K : 용량환산시간[h]	→ 1.2[h]
I : 방전전류[A]	→ $I = \dfrac{P}{V}$ [풀이①]

① **방전전류**

방전전류 $I = \dfrac{P}{V} = \dfrac{(50 \times 80) + (30 \times 70)}{200} = 30.5\text{A}$

② **축전지용량**

∴ 축전지의 용량 $C = \dfrac{1}{0.8} \times 1.2\text{h} \times 30.5\text{A} = 45.75\text{Ah}$

04 다음 도면을 보고 각 물음에 답하시오. [배점 : 6]

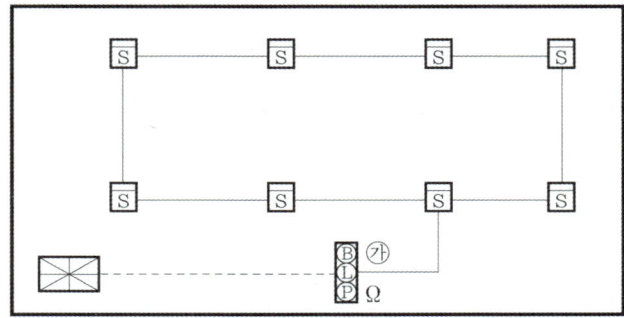

(1) ㉮는 수동으로 화재신호를 발신하는 P형 발신기세트이다. 발신기세트와 수신기 간의 배선 길이가 15m인 경우 전선은 총 몇 [m]가 필요한지 산출하시오. (단, 층고, 할증 및 여유율 등은 고려하지 않는다.)
- 계산과정 :
- 답 :

(2) 상기 건물에 설치된 감지기가 2종인 경우 8개의 감지기가 최대로 감지할 수 있는 감지구역의 바닥면적[m²] 합계를 구하시오. (단, 천장높이는 5m인 경우이다.)
- 계산과정 :
- 답 :

(3) 감지기와 감지기 간, 감지기와 P형 발신기세트 간의 길이가 각각 10m인 경우 전선관 및 전선물량을 산출과정과 함께 쓰시오. (단, 층고, 할증 및 여유율 등은 고려하지 않는다.)

품 명	규 격	산출과정	물량[m]
전선관	16C		
전선	HFIX 1.5mm²		

• 실전모범답안
(1) 105m
(2) 600m²
(3)

품 명	규 격	산출과정	물량[m]
전선관	16C	10×9	90
전선	HFIX 1.5mm²	(2×8×9)+(4×1×10)	200

상세해설

누전

(1) 전선가닥수

발신기세트와 수신기 간의 간선가닥수는 7가닥(회로공통선, 경종표시등 공통선, 표시등선, 발신기선, 전화선, 경종선, 회로선)이므로 7가닥×15m=**105m**

(2) 연기감지기의 부착높이별 바닥면적 기준

(단위 : [m²])

부착높이	감지기의 종류	
	1종 및 2종	3종
4m 미만	150	50
4m 이상 20m 미만	75	설치 불가

문제의 조건에서 **천장높이가 5m**인 **연기감지기(2종)의 기준면적은 75m²**이므로 75m²×8개=**600m²**

(3) 물량 산출

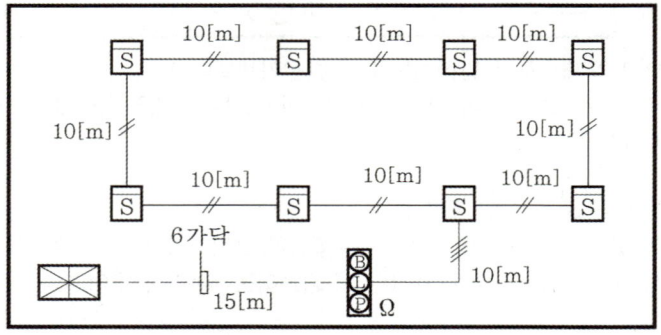

① 전선관(16C)=10m×9개소=**90m**
② 전선=(2가닥×8개소×10m)+(4가닥×1개소×10m)=**200m**

◈ 배선 내역

구 분	전선 규격	전선관 규격	용 도
2가닥	HFIX 1.5mm²	16C	회로공통선(1), 회로(1)
4가닥	HFIX 1.5mm²	16C	회로공통선(2), 회로(2)
6가닥	HFIX 2.5mm²	22C	회로공통선, 경종표시등 공통선, 표시등선, 발신기선, 경종선, 회로선

05 3상 380V, 기동전류 135A, 기동토크 150%인 전동기가 있다. 이 전동기를 Y-△ 기동 시 기동전류[A]와 기동토크[%]를 구하시오. 배점 : 6

(1) 기동전류
- 계산과정 :
- 답 :

(2) 기동토크
- 계산과정 :
- 답 :

• 실전모범답안

(1) $I = 135 \times \dfrac{1}{3} = 45\text{A}$

(2) $I = 150 \times \dfrac{1}{3} = 50\text{A}$

상세해설

Y-△기동방식의 특징

구 분	용 도
사용목적	전동기의 기동 시 과도한 전류를 억제하여 전력시스템 보호 및 기기 수명 연장
원리	전동기를 처음에는 'Y(스타)' 방식으로 연결하여 낮은 전압으로 기동하고, 이후에 '△(델타)' 방식으로 전환하여 정격전압을 공급함
기동전류	Y결선 시 기동전류는 직접 기동의 약 **1/3로 감소**
장점	• 기동전류 감소로 전원 및 배전 설비 보호 • 기계적 충격 감소로 장비 수명 연장
단점	• 기동토크가 감소하여 고토크가 필요한 경우 부적합 • 전환과정에서 순간적인 전압변화 발생 가능
적용분야	중소형 전동기 및 기동토크가 크지 않은 부하에서 주로 사용

06 비상조명등의 설치기준에 관한 사항이다. 다음 각 물음에 답하시오. 배점 : 6

(1) 다음 빈 칸을 완성하시오.
- 조도는 비상조명등이 설치된 장소의 각 부분의 바닥에서 (①) 이상이 되도록 할 것
- 예비전원을 내장하는 비상조명등에는 평상시 점등 여부를 확인할 수 있는 (②)를 설치하고 해당 조명 등을 유효하게 작동시킬 수 있는 용량의 축전지와 예비전원 충전장치를 내장할 것

(2) 예비전원을 내장하지 않은 비상조명등의 비상전원 설치기준 2가지를 쓰시오.
  ①
  ②

• 실전모범답안
(1) ① 1lx
    ② 점검스위치
(2) ① 점검에 편리하고 화재 및 침수 등의 재해로 인한 피해를 받을 우려가 없는 곳에 설치할 것
    ② 상용전원으로부터 전력의 공급이 중단된 때에는 자동으로 비상전원으로부터 전력을 공급받을 수 있도록 할 것

상세해설

비상조명등의 설치기준(NFTC 304 2.1.1.2, 3)
① 조도는 비상조명등이 설치된 장소의 각 부분의 바닥에서 1lx 이상이 되도록 할 것
② 예비전원을 내장하는 비상조명등에는 평상시 점등 여부를 확인할 수 있는 **점검스위치**를 설치하고 해당 조명등을 유효하게 작동시킬 수 있는 용량의 축전지와 예비전원 충전장치를 내장할 것

비상조명등의 비상전원 설치기준(NFTC 304 2.1.1.4)
① 점검에 편리하고 화재 및 침수 등의 재해로 인한 피해를 받을 우려가 없는 곳에 설치할 것
② 상용전원으로부터 전력의 공급이 중단된 때에는 자동으로 비상전원으로부터 전력을 공급받을 수 있도록 할 것
③ 비상전원의 설치장소는 다른 장소와 방화구획 할 것. 이 경우 그 장소에는 비상전원의 공급에 필요한 기구나 설비 외의 것(열병합발전설비에 필요한 기구나 설비는 제외한다)을 두어서는 아니 된다.
④ 비상전원을 실내에 설치하는 때에는 그 실내에 비상조명등을 설치할 것
⑤ 예비전원과 비상전원은 비상조명등을 20분 이상 유효하게 작동시킬 수 있는 용량으로 할 것. 다만, 다음의 특정소방대상물의 경우에는 그 부분에서 피난층에 이르는 부분의 비상조명등을 60분 이상 유효하게 작동시킬 수 있는 용량으로 해야 한다.

---

07 다음은 연기감지기에 대한 내용으로 각 물음에 답하시오. 배점:6
(1) 광전식스포트형감지기(산란광식)의 작동원리를 쓰시오.
   •
(2) 광전식분리형감지기(감광식)의 작동원리를 쓰시오.
   •
(3) 광전식스포트형감지기의 적응장소 2가지를 쓰시오. (단, 환경은 연기가 멀리 이동해서 감지기에 도달하는 장소로 한다.)
   ①
   ②

• 실전모범답안
(1) 화재발생 시 감지기 내부로 연기입자가 들어오면 빛의 산란(난반사)이 일어나 빛이 수광부로 들어와 이를 감지한다.
(2) 화재발생 시 광축(송광부와 수광부) 사이로 연기입자가 들어오면 광량이 감소하여 이를 검출한다.
(3) 계단, 경사로

상세해설

설치장소별 감지기 적응성(NFSC 203 [별표 1])

설치장소		적응열감지기					적응연기감지기					불꽃 감지기	비 고
환경상태	적응장소	차동식 스포트형	차동식 분포형	보상식 스포트형	정온식	열 아날 로그식	이온 화식 스포 트형	광전식 스포 트형	이온 아날 로그식 스포 트형	광전 아날 로그식 스포 트형	광전식 분리형	광전 아날 로그식 분리형		
연기가 멀리 이동해서 감지기에 도달하는 장소	계단, 경사로							○		○	○	○		광전식스포트형감지기 또는 광전 아날로그식 스포트형감지기를 설치하는 경우에는 당해 감지기회로에 축적기능을 갖지 않는 것으로 할 것

---

08 다음은 국가화재안전기준에서 정하는 옥내소화전설비의 전원 및 비상전원 설치기준에 대한 설명이다. ( ) 안에 알맞은 용어를 쓰시오. <small>배점 : 6</small>
(1) 비상전원은 옥내소화전설비를 유효하게 (①)분 이상 작동할 수 있어야 한다.
(2) 비상전원을 실내에 설치하는 때에는 그 실내에 (②)을(를) 설치하여야 한다.
(3) 상용전원이 저압수전인 경우에는 (③)의 직후에서 분기하여 전용 배선으로 하여야 한다.

- 실전모범답안
  (1) 20분
  (2) 비상조명등
  (3) 인입개폐기

상세해설

옥내소화전설비의 비상전원 설치기준(NFTC 102 2.5.3)
① 점검에 편리하고 화재 및 침수 등의 재해로 인한 피해를 받을 우려가 없는 곳에 설치할 것
② 옥내소화전설비를 유효하게 20분 이상 작동할 수 있어야 할 것
③ 상용전원으로부터 전력의 공급이 중단된 때에는 자동으로 비상전원으로부터 전력을 공급받을 수 있도록 할 것
④ 비상전원(내연기관의 기동 및 제어용 축전기를 제외한다)의 설치장소는 다른 장소와 방화구획 할 것. 이 경우 그 장소에는 비상전원의 공급에 필요한 기구나 설비 외의 것(열병합발전설비에 필요한 기구나 설비는 제외한다)을 두어서는 안 된다.
⑤ 비상전원을 실내에 설치하는 때에는 그 실내에 비상조명등을 설치할 것

옥내소화전설비의 전원 설치기준(NFTC 102 2.5.1)
① 저압수전인 경우에는 인입개폐기의 직후에서 분기하여 전용배선으로 해야 하며, 전용의 전선관에 보호되도록 할 것
② 특별고압수전 또는 고압수전일 경우에는 전력용 변압기 2차측의 주차단기 1차측에서 분기하여 전용배선으로 하되, 상용전원의 상시 공급에 지장이 없을 경우에는 주차단기 2차측에서 분기하여 전용배선으로 할 것

09 어떤 건물의 사무실 바닥면적이 700m²이고, 천장높이가 4m로서 내화구조이다. 이 사무실에 차동식스포트형(2종) 감지기를 설치하려고 한다. 최소 몇 개가 필요한지 구하시오. 배점:4
• 계산과정 :
• 답 :

• 실전모범답안

감지기의 개수 = $\dfrac{350}{35} + \dfrac{350}{35} = 20$개

• 답 : 20개

상세해설

차동식 · 보상식 · 정온식 스포트형감지기의 부착높이에 따른 바닥면적 기준

(단위 : [m²])

부착높이 및 소방대상물의 구분		감지기의 종류						
		차동식 스포트형		보상식 스포트형		정온식 스포트형		
		1종	2종	1종	2종	특종	1종	2종
4[m] 미만	주요구조부를 내화구조로 한 특정소방대상물 또는 그 부분	90	70	90	70	70	60	20
	기타 구조의 특정소방대상물 또는 그 부분	50	40	50	40	40	30	15
4[m] 이상 8[m] 미만	주요구조부를 내화구조로 한 특정소방대상물 또는 그 부분	45	35	45	35	35	30	설치 불가
	기타 구조의 특정소방대상물 또는 그 부분	30	25	30	25	25	15	설치 불가

하나의 경계구역면적은 600m² 이하이므로 경계구역의 수를 구하면,

$\dfrac{700\text{m}^2}{600\text{m}^2} = 1.166 ≒ 2$경계구역

따라서, 700m²를 2경계구역으로 나누어 각각의 경계구역에 필요한 감지기의 수를 산정하면,

∴ 감지기의 개수 = $\dfrac{350}{35} + \dfrac{350}{35} = 20$개

10 단독경보형감지기의 설치기준이다. ( ) 안에 들어갈 알맞은 내용을 채우시오. 배점:5

(1) 각 실마다 설치하되, 바닥면적이 (①)m²를 초과하는 경우에는 (①)m² 마다 1개 이상 설치할 것
(2) 이웃하는 실내의 바닥면적이 각각 (②)m² 미만이고 벽체 상부의 전부 또는 일부가 개방되어 이웃하는 실내와 공기가 상호 유통되는 경우에는 이를 (③)개의 실로 본다.
(3) 최상층의 (④)의 천장[외기가 상통하는 (④)의 경우를 제외한다]에 설치할 것
(4) 상용전원을 주전원으로 사용하는 단독경보형감지기의 (⑤)는 법 제40조에 따라 제품검사에 합격한 것을 사용할 것

• 실전모범답안
(1) ① 150
(2) ② 30
    ③ 1
(3) ④ 계단실
(4) ⑤ 2차 전지

상세해설

단독경보형감지기의 설치기준(NFTC 201 2.2)

① 각 실(이웃하는 실내의 바닥면적이 각각 30m² 미만이고 벽체 상부의 전부 또는 일부가 개방되어 이웃하는 실내와 공기가 상호 유통되는 경우에는 이를 1개의 실로 본다)마다 설치하되, 바닥면적이 150m²를 초과하는 경우에는 150m²마다 1개 이상 설치할 것
② 계단실은 최상층의 계단실 천장(외기가 상통하는 계단실의 경우를 제외한다)에 설치할 것
③ 건전지를 주전원으로 사용하는 단독경보형감지기는 정상적인 작동상태를 유지할 수 있도록 주기적으로 건전지를 교환할 것
④ 상용전원을 주전원으로 사용하는 단독경보형감지기의 2차 전지는 법 제40조에 따라 제품검사에 합격한 것을 사용할 것

11 전부하 시 출력 8kW, 출력 2kW에서의 효율이 80%가 되는 전동기가 있다. 다음 물음에 답하시오. 배점:6

(1) 전부하 시 출력 8kW와 출력 2kW 전동기의 동손의 관계는?
(2) 전부하 시 철손[kW]과 동손[kW]을 구하시오.
  • 계산과정 :
  • 답 :

• 실전모범답안
(1) $P_c = 16 P_c^{'}$ 또는 $P_c^{'} = \dfrac{1}{16} P_c$

(2) 전부하 시 ➡ 철손 : x, 동손 : y

$\dfrac{1}{4}$ 부하 시 ➡ 철손 : x, 동손 : $\dfrac{1}{16}y$

- 전부하 시 전동기의 효율 = $0.8 = \dfrac{8}{8+(x+y)}$ ∴ $x+y=2$

- $\dfrac{1}{4}$ 부하 시 전동기의 효율 = $0.8 = \dfrac{2}{2+\left(x+\dfrac{1}{16}y\right)}$ ∴ $16x+y=8$

$$-\begin{vmatrix} 16x+y=8 \\ x+y=2 \end{vmatrix}$$
$$\overline{15x=6}$$

∴ $x=0.6$, $y=1.4$

- **답 : 철손=0.6, 동손=1.4**

상세해설

(1) 철손(P_i)의 경우 부하의 영향을 받지 않지만, 동손(P_c)의 경우는 부하의 제곱에 비례하게 된다.

따라서, 전부하 출력이 8kW에서 2kW까지 $\dfrac{1}{4}$로 줄어들었으므로 8kW일 때 동손을 P_c, 2kW일 때 동손을 $P_c{'}$로 두면 기준에 따라 다음과 같이 표현할 수 있다.

- $P_c = 4^2 P_c{'}$ ➡ $P_c = 16 P_c{'}$
- $P_c{'} = \left(\dfrac{1}{4}\right)^2 P_c$ ➡ $P_c{'} = \dfrac{1}{16} P_c$

(2) 철손과 동손의 부하에 따른 영향을 고려하여 관계식을 다음과 같이 정리할 수 있다.

전부하 시 ➡ 철손 : x, 동손 : y

$\dfrac{1}{4}$ 부하 시 ➡ 철손 : x, 동손 : $\dfrac{1}{16}y$

(∵ 전부하 출력이 8kW에서 2kW까지 $\dfrac{1}{4}$로 줄어들었고, 동손은 부하의 제곱에 비례하므로)

이때, 전동기의 효율 = $\dfrac{출력}{입력} = \dfrac{출력}{출력+손실}$ 이므로 위의 관계식을 대입하면

- 전부하 시 전동기의 효율 = $0.8 = \dfrac{8}{10} = \dfrac{8}{8+(x+y)}$

(∵ 손실은 철손과 동손의 합이므로 손실 = $(x+y)$)

∴ $x+y=2$

- $\dfrac{1}{4}$ 부하 시 전동기의 효율 = $0.8 = \dfrac{4}{5} = \dfrac{2}{2+\left(x+\dfrac{1}{16}y\right)}$

(∵ 손실은 철손과 동손의 합이므로 손실 = $\left(x+\dfrac{1}{16}y\right)$)

∴ $x+\dfrac{1}{16}y = 0.5$ (계산의 편의를 위해 방정식에 16을 곱하여 정리하면 $16x+y=8$이 된다.)

따라서, 두 방정식을 연립하여 정리하면

$$-\begin{vmatrix} 16x+y=8 \\ x+y=2 \end{vmatrix}$$
$$15x=6$$

∴ $x = \dfrac{6}{15} = 0.6$

$y = 2 - 0.6 = 1.4$ (∵ $x+y=2$ 이므로)

따라서 철손 $x = 0.6$, 동손 $y = 1.4$가 된다.

---

12 소방시설 설치 및 관리에 관한 법률 시행령에 따라 소방설비의 분류 중 경보설비의 종류를 8가지 쓰시오.

배점 : 8

①
②
③
④
⑤
⑥
⑦
⑧

• 실전모범답안
① 단독경보형감지기
② 비상경보설비
③ 자동화재탐지설비
④ 시각경보기
⑤ 화재알림설비
⑥ 비상방송설비
⑦ 자동화재속보설비
⑧ 통합감시시설

상세해설

소방시설 설치 및 관리에 관한 법률 시행령 [별표 1]
① 단독경보형감지기
② 비상경보설비
③ 자동화재탐지설비
④ 시각경보기
⑤ 화재알림설비
⑥ 비상방송설비
⑦ 자동화재속보설비
⑧ 통합감시시설
⑨ 누전경보기
⑩ 가스누설경보기

13 가로 15m, 세로 5m인 특정소방대상물에 이산화탄소소화설비를 설치하려고 한다. 연기감지기의 최소 개수를 구하시오. (단, 감지기의 설치높이는 3m이다.)
배점 : 3
 • 계산과정 :
 • 답 :

• 실전모범답안
$$\frac{15 \times 5}{150} = 0.5개 ≒ 1개$$
1개 × 2회로 = 2개

상세해설

연기감지기의 부착높이별 바닥면적 기준

(단위 : [m²])

부착높이	감지기의 종류	
	1종 및 2종	3종
4[m] 미만	150	50
4[m] 이상 20[m] 미만	75	설치 불가

문제 조건에서 종별이 주어져 있지 않으므로 2종을 선택하여 기준면적은 150m²가 된다.
따라서 감지기 설치개수는,
$$\frac{15 \times 5}{150} = 0.5개 ≒ 1개 \text{ (소수점 이하는 절상한다.)}$$
이산화탄소소화설비는 교차회로방식이므로
1개 × 2회로 = 2개가 된다.

14 특정소방대상물에 설치된 소방시설 등을 구성하는 전부 또는 일부를 개설, 이전 또는 정비하는 소방시설공사의 착공신고 대상 3가지를 쓰시오. (단, 고장 또는 파손 등으로 인하여 작동시킬 수 없는 소방시설을 긴급히 교체하거나 보수하여야 하는 경우에는 신고하지 않을 수 있다.)
배점 : 6
 ①
 ②
 ③

• 실전모범답안
 ① 수신반
 ② 소화펌프
 ③ 동력(감시)제어반

15 역률 80%, 용량 100kVA의 펌프 전동기가 있다. 여기에 역률 60%, 용량 50kVA의 전동기를 추가로 설치하려고 할 때 전동기 합성 역률을 90%로 개선하고자 하는 경우 필요한 전력용 콘덴서의 용량[kVA]을 구하시오.

배점 : 6

- 계산과정 :
- 답 :

• 실전모범답안

기존 전동기의 전력
$P = 100 \times 0.8 = 80$
$P_r = 100 \times 0.6 = 60$

$80 + j60$

추가된 전동기의 전력
$P = 50 \times 0.6 = 30$
$P_r = 50 \times 0.8 = 40$

$30 + j40$

∴ $110j + 100$

$\cos\theta = \dfrac{110}{\sqrt{110^2 + 100^2}} = 0.74$

∴ $Q_c = 110 \times \left(\dfrac{\sqrt{1-0.74^2}}{0.74} - \dfrac{\sqrt{1-0.9^2}}{0.9} \right) = 46.706 ≒ 46.71$kVA

상세해설

$P = P_a\cos\theta$	$P_r = P_a\sin\theta$
P : 유효전력[kW]	P_r : 무효전력[var]
P_a : 피상전력[kVA]	P_a : 피상전력[kVA]
$\cos\theta$: 역률	$\cos\theta$: 역률

기존 전동기인 용량 100kVA, 역률 80%의 전동기의 경우 전력을 나타내면,
$P = P_a\cos\theta = 100 \times 0.8 = 80$
$P_r = P_a\sin\theta = 100 \times 0.6 = 60$ (∵ $\sin\theta = \sqrt{1-\cos\theta^2} = \sqrt{1-0.8^2} = 0.6$이므로)
이므로 $80 + j60$이 되고,
추가된 전동기인 용량 50kVA, 역률 60%의 전동기의 경우 전력을 나타내면,
$P = P_a\cos\theta = 50 \times 0.6 = 30$
$P_r = P_a\sin\theta = 50 \times 0.8 = 40$ (∵ $\sin\theta = \sqrt{1-\cos\theta^2} = \sqrt{1-0.6^2} = 0.8$이므로)
이므로 $30 + j40$이 되고, 두 전동기를 연결한 전력은
$110j + 100$이 된다. 여기서 유효전력 $P = 100$kW, 무효전력 $P_r = 100$var가 된다.

이때, 합성 역률 $\cos\theta = \dfrac{P}{P_a}$ 이므로 이에 대입하면

$\cos\theta = \dfrac{P}{P_a} = \dfrac{110}{\sqrt{110^2 + 100^2}} = 0.74$ (∵ $P_a = \sqrt{P^2 + P_r^2}$ 이므로)

$$\therefore Q_c = P\left(\frac{\sqrt{1-\cos^2\theta_1}}{\cos\theta_1} - \frac{\sqrt{1-\cos^2\theta_2}}{\cos\theta_2}\right) = 110 \times \left(\frac{\sqrt{1-0.74^2}}{0.74} - \frac{\sqrt{1-0.9^2}}{0.9}\right) = 46.706 ≒ 46.71\,\text{kVA}$$

16 다음 그림은 휘트스톤 브리지 평형회로를 나타낸 것이다. 평형조건을 만족하도록 하는 R_2의 조건을 구하시오.

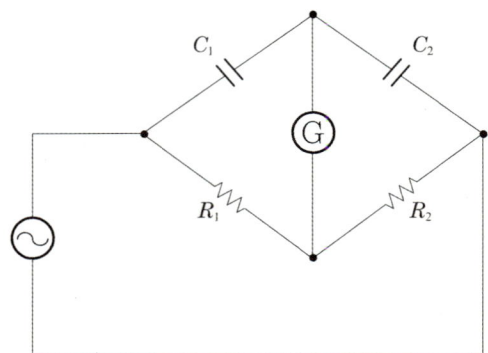

- 계산과정 :
- 답 :

• 실전모범답안

$$\frac{1}{\omega C_1} \times R_2 = \frac{1}{\omega C_2} \times R_1$$

$$\therefore R_2 = \frac{C_1}{C_2} R_1$$

상세해설

용량성 리액턴스 $X_c = \dfrac{1}{\omega C}$ 이므로,

$C_1 = \dfrac{1}{\omega C_1}$, $C_2 = \dfrac{1}{\omega C_2}$ 가 된다.

따라서,

$\dfrac{1}{\omega C_1} \times R_2 = \dfrac{1}{\omega C_2} \times R_1$ 이므로 이를 정리하면,

$R_2 = \dfrac{C_1}{C_2} R_1$ 이 된다.

17 한국전기설비규정(KEC)에서 규정하는 금속관공사의 시설조건에 관한 내용이다. ( ) 안에 알맞은 말을 넣으시오.

배점 : 5

(1) 전선은 절연전선[(①)을 제외한다]일 것
(2) 전선은 (②)일 것. 다만, 다음의 것은 적용하지 않는다.
  • 짧고 가는 금속관에 넣은 것
  • 단면적 (③)mm²(알루미늄선은 16mm²) 이하의 것
(3) 전선은 금속관 안에서 (④)이 없도록 할 것
(4) 관의 끝 부분에는 전선의 피복을 손상하지 아니하도록 (⑤)을 사용할 것

• 실전모범답안
  (1) ① 옥외용 비닐절연전선
  (2) ② 연선
      ③ 10
  (3) ④ 접속점
  (4) ⑤ 부싱

상세해설

누전한국전기설비 규정 2.32.12 금속관공사

시설조건
1. 전선은 절연전선(옥외용 비닐절연전선을 제외한다)일 것
2. 전선은 연선일 것. 다만, 다음의 것은 적용하지 않는다.
   가. 짧고 가는 금속관에 넣은 것
   나. 단면적 10mm²(알루미늄선은 단면적 16mm²) 이하의 것
3. 전선은 금속관 안에서 접속점이 없도록 할 것

18 자동화재탐지설비 수신기의 동시 작동시험의 목적을 쓰시오.

배점 : 3

•

• 실전모범답안
  • 감지기회로가 동시에 수회선 작동하더라도 수신기의 기능에 이상이 없는지 여부를 확인

M·e·m·o

2023년도 제1회 국가기술자격 실기시험문제

자격종목	소방설비기사(전기)	형별	A	수험번호	
시험시간	3시간	일시		성명	

【문제 1】 비상용 전원설비로서 축전지설비를 계획하고자 한다. 사용부하의 방전전류-시간 특성곡선이 다음 그림과 같다면 이론상 축전지의 용량은 어떻게 산정하여야 하는지 각 물음에 답하시오. (단, 축전지 개수는 83개이며, 최저허용전압은 1.06[V]로 하고 축전지 형식은 AH형을 책택하며 또한 축전지 용량은 다음과 같은 일반식에 의하여 구한다.) (7점)

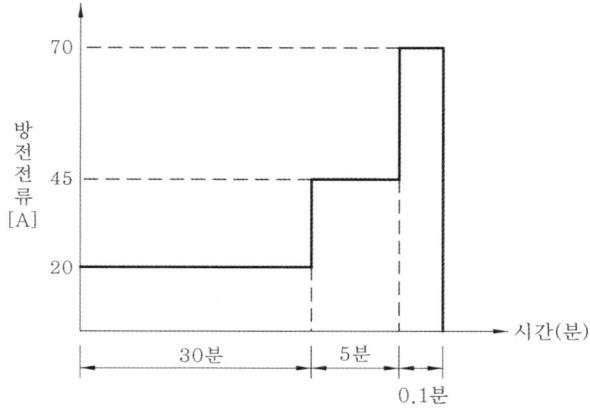

형 식	최저허용전압[V/셀]	0.1분	1분	5분	10분	20분	30분	60분	120분
AH	1.10	0.30	0.46	0.56	0.66	0.87	1.04	1.56	2.60
	1.06	0.24	0.33	0.45	0.53	0.70	0.85	1.40	2.45
	1.00	0.20	0.27	0.37	0.45	0.60	0.77	1.30	2.30

(1) 보수율의 의미를 설명하고, 이 값은 보통 얼마로 하는지 쓰시오.
(2) 연축전지와 알칼리축전지의 공칭전압을 쓰시오.
(3) 축전지의 용량 C는 이론상 몇 [Ah] 이상의 것을 선정하여야 하는지 구하시오. (D=0.8)

【문제 2】 가스누설경보기에 관한 사항이다. 다음 각 물음에 답하시오. (4점)
(1) 가스의 누설을 표시하는 표시등 및 가스가 누설된 경계구역의 위치를 표시하는 등이 켜질 때 어떤 색으로 표시되어야 하는지 쓰시오.
(2) 가스누설경보기의 구조에 따른 분류 2가지를 쓰시오.
  ①
  ②
(3) 가스누설경보기 중 가스누설을 검지하여 중계기 또는 수신부에 가스누설의 신호를 발신하는 부분 또는 가스누설을 검지하여 이를 음향으로 경보하고 동시에 중계기 또는 수신부에 가스누설의 신호를 발신하는 부분은 무엇인지 쓰시오.

【문제 3】 시각경보기를 설치해야 하는 특정소방대상물을 3가지 쓰시오. (3점)

【문제 4】 피난구유도등에 대한 내용이다. 다음 각 물음에 답하시오. (5점)
(1) 피난구유도등의 설치장소를 3가지만 쓰시오.
(2) 피난구유도등은 피난구의 바닥으로부터 높이 몇 [m] 이상의 곳에 설치하여야 하는지 쓰시오.
(3) 피난구유도등 표시면의 색상을 쓰시오.

【문제 5】 복도통로유도등의 설치기준을 4가지 쓰시오. (8점)

【문제 6】 비상콘센트설비의 설치기준에 관한 다음 빈 칸을 완성하시오. (5점)
⑴ 하나의 전용회로에 설치하는 비상콘센트는 (①)개 이하로 할 것. 이 경우 전선의 용량은 각 비상콘센트(비상콘센트가 (②)개 이상인 경우에는 (②)개)의 공급용량을 합한 용량 이상의 것으로 해야 한다.
⑵ 전원회로의 배선은 (③)으로, 그 밖의 배선은 (③) 또는 (④)으로 할 것

【문제 7】 비상콘센트설비에 대한 다음 각 물음에 답하시오. (단, 전압은 단상교류 220[V]를 사용한다.) (8점)
⑴ 비상콘센트설비를 설치하는 목적을 쓰시오.
⑵ 전원회로는 단상교류 220V인 것으로서 공급용량은 몇 [kVA] 이상이어야 하는지 쓰시오.
⑶ 비상콘센트의 플러그접속기의 접지를 어떻게 해야 하는지 쓰시오.
⑷ 콘센트에 1kW용 송풍기를 연결하여 운전하면 몇 [A]의 전류가 흐르는지 구하시오. (단, 송풍기의 역률은 90[%]이다.)

【문제 8】 양수량이 매분 5m³이고, 총양정이 30m인 펌프용 전동기의 용량은 몇 [kW]인지 구하시오. (단, 펌프효율은 72[%]이고, 여유계수는 1.25라고 한다.) (5점)

【문제 9】 자동화재탐지설비에서 P형 수신기와 R형 수신기의 기능을 2가지씩 적으시오. (4점)
(1) P형 수신기의 기능
(2) R형 수신기의 기능

【문제 10】 다음 각 물음에 답하시오. (5점)
(1) 공기관식 차동식분포형감지기의 공기관의 재질은 무엇인지 쓰시오.
(2) 그림과 같이 차동식스포트형감지기 A, B, C, D가 있다. 배선을 전부 보내기 배선으로 할 경우 박스와 감지기 C 사이의 전선 가닥수는 몇 본인지 쓰시오.

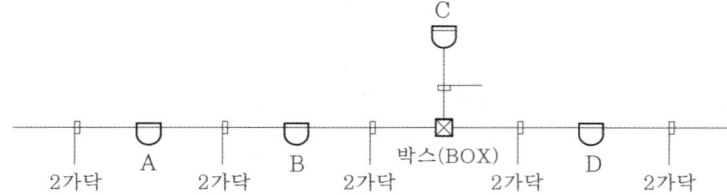

【문제 11】 비상조명등의 설치기준에 대한 다음 (   ) 안을 완성하시오. (5점)
⑴ 예비전원을 내장하는 비상조명등에는 평상시 점등 여부를 확인할 수 있는 (①   )를 설치하고 해당 조명등을 유효하게 작동시킬 수 있는 용량의 (②   )와 (③   )를 내장할 것
⑵ 예비전원과 비상전원은 비상조명등을 (④   )분 이상 유효하게 작동시킬 수 있는 용량으로 할 것. 다만, 다음의 특정소방대상물의 경우에는 그 부분에서 피난층에 이르는 부분의 비상조명등을 (⑤   )분 이상 유효하게 작동시킬 수 있는 용량으로 해야 한다.
  – 지하층을 제외한 층수가 11층 이상의 층
  – 지하층 또는 무창층으로서 용도가 도매시장·소매시장·여객자동차터미널·지하역사 또는 지하상가

【문제 12】 다음에 설명하는 감지기의 명칭을 적으시오. (4점)
⑴ 종별, 감도 등이 다른 감지소자의 조합으로 일정시간 간격을 두고 각각 다른 2개 이상의 화재신호를 발하는 감지기
⑵ 주위의 온도 또는 연기 양의 변화에 따라 각각 다른 전류치 또는 전압치 등의 출력을 발하는 감지기

【문제 13】 다음은 화재안전성능기준 및 기술기준에 관한 내용이다. 각 물음에 답하시오. (8점)
(1) 비상방송설비에서 조작부의 조작스위치는 바닥으로부터 몇 [m] 높이에 설치해야 하는지 쓰시오.
(2) 바닥면적 600m²의 특정소방대상물에 단독경보형감지기를 설치하려고 한다. 설치개수를 구하시오.
(3) 무선통신보조설비의 증폭기의 정의에 대해 쓰시오.
(4) 지하 2층, 지상 7층 규모의 특정소방대상물이 있다. 5층의 스피커가 단선되었을 경우 비상방송설비가 출력되는 층을 모두 적으시오.

【문제 14】 예비전원으로 사용되는 축전지설비에 대한 다음 각 물음에 답하시오. (6점)
(1) 부동충전방식에 대한 회로를 그리시오.
(2) 축전지의 과방전 또는 방치상태에서 기능회복을 위하여 실시하는 충전방식은 무엇인지 쓰시오.
(3) 연축전지의 정격용량은 250Ah, 상시부하는 8kW, 표준전압은 100V인 충전기의 2차 충전전류는 몇 [A]인지 구하시오.

【문제 15】 다음은 비상방송설비의 화재안전성능기준 및 기술기준의 내용이다. 다음 각 물음에 답하시오. (5점)

⑴ 음량조절기의 정의에 대해 쓰시오.

⑵ ( ) 안에 들어갈 알맞은 내용을 쓰시오.
- 확성기는 각 층마다 설치하되, 그 층의 각 부분으로부터 하나의 확성기까지의 수평거리가 (①)m 이하가 되도록 하고, 해당 층의 각 부분에 유효하게 경보를 발할 수 있도록 설치할 것
- 확성기의 음성입력은 3W 이상(실내에 설치하는 것에 있어서는 (②)W 이상일 것)
- 음량조절기를 설치한 경우 음량조정기의 배선은 (③)으로 할 것

⑶ 기동장치에 따른 화재신호를 수신한 후 필요한 음량으로 화재발생 상황 및 피난에 유효한 방송이 자동으로 개시될 때까지의 소요시간은 몇 초 이내로 해야 하는지 쓰시오.

【문제 16】 그림과 같이 소방부하가 연결된 회로가 있다. A점과 B점의 전압은 몇 [V]인지 구하시오. (단, 공급전압은 24[V]이며, 단상 2선식이고, 그림의 선로저항은 전선 1가닥의 저항값이다.) (5점)

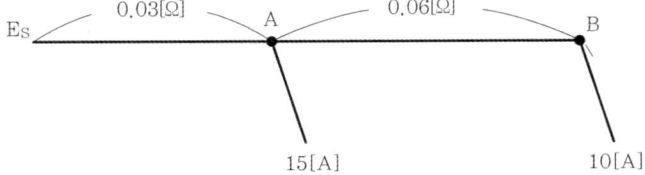

【문제 17】 무선통신보조설비의 누설동축케이블 등에 대한 설치기준이다. ( ) 안을 채우시오. (8점)
(1) 증폭기의 전면에는 주회로 전원의 정상 여부를 표시할 수 있는 (①) 및 (②)를 설치할 것
(2) 누설동축케이블 및 안테나는 고압의 전로로부터 (③)m 이상 떨어진 위치에 설치할 것 (단, 해당 전로에 정전기차폐장치를 유효하게 설치한 경우에는 제외)
(3) 누설동축케이블 및 동축케이블은 화재에 따라 해당 케이블의 피복이 소실된 경우에 케이블 본체가 떨어지지 아니하도록 (⑤)m 이내마다 금속제 또는 자기제 등의 지지금구로 벽·천장·기둥 등에 견고하게 고정시킬 것. 다만, 불연재료로 구획된 반자 안에 설치하는 경우에는 그렇지 않다.
(4) 누설동축케이블의 끝 부분에는 (⑥)을 견고하게 설치할 것

【문제 18】 다음은 자동화재탐지설비의 P형 1급 수신기의 미완성 결선도이다. 다음 각 물음에 답하시오.(단, 발신기의 단자는 왼쪽부터 응답, 지구, 지구공통이다.) (6점)

2023년도 제2회 국가기술자격 실기시험문제

자격종목	소방설비기사(전기)	형별	A	수험번호	
시험시간	3시간	일시		성명	

【문제 1】 다음은 어느 특정소방대상물의 평면도이다. 건축물의 구조는 내화구조이고, 층간 높이는 3.8m일 때 다음 각 물음에 답하시오. (단, 설치하여야 할 감지기는 2종을 설치한다.) (7점)

(1) 차동식스포트형감지기 1종을 설치할 경우 각 실에 설치되는 감지기의 개수를 구하시오.
(2) 해당 특정소방대상물의 경계구역수를 구하시오.

【문제 2】 그림과 같은 건물의 자동화재탐지설비의 경계구역수를 구하시오. (6점)

(1)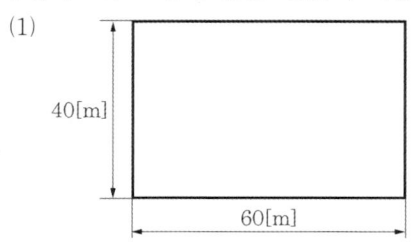

(2)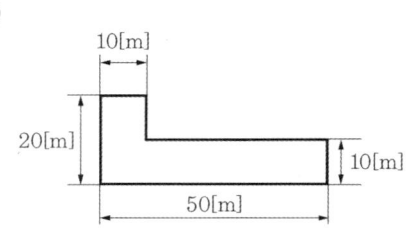

【문제 3】 다음 표를 보고 각 설비에서 해당되는 비상전원에 ○ 표시를 하시오. (4점)

구 분	자가발전설비	축전지설비	비상전원수전설비
옥내소화전설비, 제연설비, 연결송수관설비			
비상콘센트설비			
자동화재탐지설비, 유도등, 비상방송설비			
스프링클러설비			

【문제 4】 다음은 소방시설 설치 및 관리에 관한 법률 시행령 [별표 4]의 내용이다. 해당 특정소방대상물의 모든 층에 자동화재탐지설비를 설치하였을 때, 다음 표를 작성하시오. (단, 연면적이 포함되지 않는 시설은 '해당없음' 또는 '전부해당'이라고 적으시오.) (5점)

설치장소	연면적[m²]
장례시설	
묘지관련시설	
근린생활시설(단, 목욕장은 제외)	
노유자 생활시설	
노유자시설(단, 노유자 생활시설은 제외)	

【문제 5】 감지기회로의 배선에 대한 다음 각 물음에 답하시오. (6점)
(1) 송배선식에 대하여 설명하시오.
(2) 교차회로의 방식에 대하여 설명하시오.
(3) 교차회로방식의 적용설비 2가지만 쓰시오.

【문제 6】 다음은 제연설비의 화재안전성능기준 중 제연설비의 설치장소에 관한 내용이다. (　) 안에 알맞은 내용을 적으시오. (6점)
(1) 하나의 제연구역의 면적은 (　①　)m² 이내로 할 것
(2) 통로상의 제연구역은 보행중심선의 길이가 (　②　)m를 초과하지 않을 것
(3) 하나의 제연구역은 직경 (　③　)m 원내에 들어갈 수 있을 것
(4) 하나의 제연구역은 (　④　) 이상의 층에 미치지 않도록 할 것. 다만, 층의 구분이 불분명한 부분은 그 부분을 다른 부분과 별도로 제연구획 해야 한다.
(5) 제연구역의 구획은 보·제연경계벽(이하 "제연경계"라 한다) 및 벽(화재 시 자동으로 구획되는 가동벽·방화셔터·방화문을 포함한다. 이하 같다)으로 하되, 다음의 기준에 적합해야 한다.
  • 재질은 (　⑤　), (　⑥　) 또는 제연경계벽으로 성능을 인정받은 것으로서 화재 시 쉽게 변형·파괴되지 아니하고 연기가 누설되지 않는 기밀성 있는 재료로 할 것
  • 제연경계는 제연경계의 폭이 (　⑦　)m 이상이고, 수직거리는 (　⑧　)m 이내이어야 한다. 다만, 구조상 불가피한 경우는 2m를 초과할 수 있다.

【문제 7】 피난유도선은 햇빛이나 전등불에 따라 축광하거나 전류에 따라 빛을 발하는 유도체로서, 어두운 상태에서 피난을 유도할 수 있도록 띠 형태로 설치되는 피난유도시설이다. 광원점등방식 피난유도선의 설치기준 3가지를 쓰시오. (3점)

【문제 8】 P형 1급 수신기와 감지기의 배선회로에서 배선회로의 저항이 50Ω이고, 릴레이저항이 1,000[Ω]이며, 상시 감시전류는 2mA라고 할 때, 다음 각 물음에 답하시오. (5점)
(1) 종단저항[Ω]은 얼마인지 구하시오.
(2) 감지기가 작동한 때 회로에 흐르는 전류[mA]를 구하시오.

【문제 9】 연기감지기의 설치기준에 대하여 다음 ( ) 안의 빈 칸을 채우시오. (4점)
(1) 감지기의 부착높이에 따라 다음 표에 따른 바닥면적마다 1개 이상으로 할 것

(단위 : [m²])

부착높이	감지기의 종류	
	1종 및 2종	3종
4m 미만	(①)	(②)
4m 이상 (③)m 미만	75	설치 불가

(2) 감지기는 복도 및 통로에 있어서는 보행거리 (④)m(3종에 있어서는 (⑤)m)마다, 계단 및 경사로에 있어서는 수직거리 (⑥)m(3종에 있어서는 (⑦)m)마다 1개 이상으로 할 것
(3) 감지기는 벽 또는 보로부터 (⑧)m 이상 떨어진 곳에 설치할 것

【문제 10】 다음 소방시설 그림기호의 명칭을 쓰시오. (5점)
(1) ┌──┐
    │ RM │
    └──┘
(2) ┌──┐
    │SVP │
    └──┘
(3) ┌──┐
    │PAC │
    └──┘
(4) ┌──┐
    │AMP │
    └──┘

【문제 11】 분전반에서 60m 거리에 AC 220V, 2.2kW의 전기히터를 설치하고자 한다. 전압강하를 1% 이내로 하려면 전선의 최소 굵기(계산상 굵기)는 얼마 이상으로 하면 되는지 계산하시오. (단, 배선은 금속관공사이며, 전원공급방식은 단상 2선식이다.) (5점)

【문제 12】 저압옥내배선의 금속관공사(배선)에 이용되는 부품의 명칭을 쓰시오. (6점)
(1) 관이 고정되어 있을 때 금속관 상호간을 접속하는 데 사용한다.
(2) 금속관을 직각으로 굽히는 곳에 사용한다.
(3) 노출배관공사에서 금속관을 직각으로 굽히는 곳에 사용한다. (T형과 크로스형이 있다.)
(4) 전선의 절연피복을 보호하기 위하여 금속관 끝에 취부하여 사용되는 부품

【문제 13】 그림은 자동화재탐지설비와 프리액션 스프링클러설비의 계통도이다. 그림을 보고 다음 각 물음에 답하시오. (단, 감지기공통선과 전원공통선은 분리해서 사용하고, 발신기의 경우 화재가 발생하여 단락되었을 때 경보에 지장을 주지 않도록 유효한 조치를 하였으며, 프리액션밸브용 압력스위치, 탬퍼스위치 및 솔레노이드밸브의 공통선은 1가닥을 사용한다. 또한, 수신기와 SVP 사이에는 전화선은 설치되어 있지 않다.) (8점)

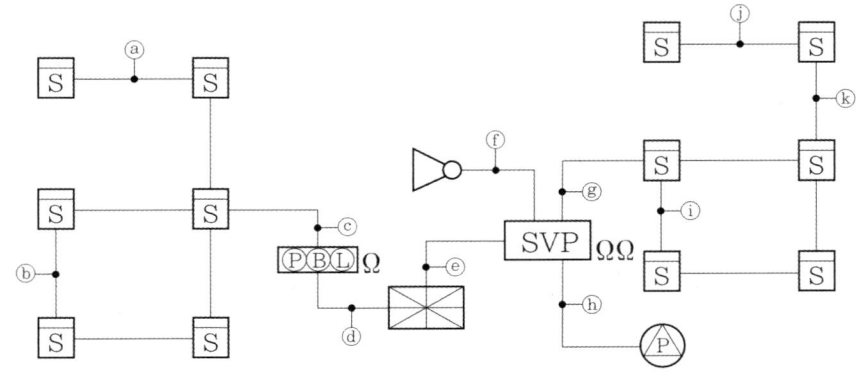

(1) 그림을 보고 ⓐ~ⓚ까지의 가닥수를 쓰시오.

기 호	ⓐ	ⓑ	ⓒ	ⓓ	ⓔ	ⓕ	ⓖ	ⓗ	ⓘ	ⓙ	ⓚ
가닥수											

(2) ⓔ의 가닥수와 배선내역을 쓰시오.

ⓔ	가닥수	내 역

【문제 14】 무선통신보조설비의 분배기, 분파기, 혼합기에 대하여 간단하게 설명하시오. (5점)

【문제 15】 다음은 상용전원과 예비전원의 전환회로이다. 미완성된 부분을 완성하시오. (6점)

─< 동 작 설 명 >─

- 푸시버튼스위치 PB1을 ON시키면 전자접촉기 MC1이 여자되고, RL등이 점등, 전자접촉기 보조접점 MC1 a접점이 닫혀 자기유지되며, 전자접촉기 주접점 MC1이 닫혀 유도전동기는 운전된다.
- 상용전원 운전 중 푸시버튼스위치 PB3를 OFF시키거나 전동기에 과부하가 걸려 열동계전기 THR1이 작동하면 MC1이 소자되어 유도전동기는 정지, RL등은 소등된다.
- 상용전원 정전 또는 고장시 푸시버튼스위치 PB2를 ON시키면 전자접촉기 MC2가 여자되고, GL등이 점등, 전자접촉기 보조접점 MC2 a접점이 닫혀 자기유지되며, 전자접촉기 주접점 MC2가 닫혀 유도전동기는 운전된다.
- 예비전원 운전 중 푸시버튼스위치 PB4를 OFF시키거나 전동기에 과부하가 걸려 열동계전기 THR2가 작동하면 MC2가 소자되어 유도전동기는 정지, GL등은 소등된다.

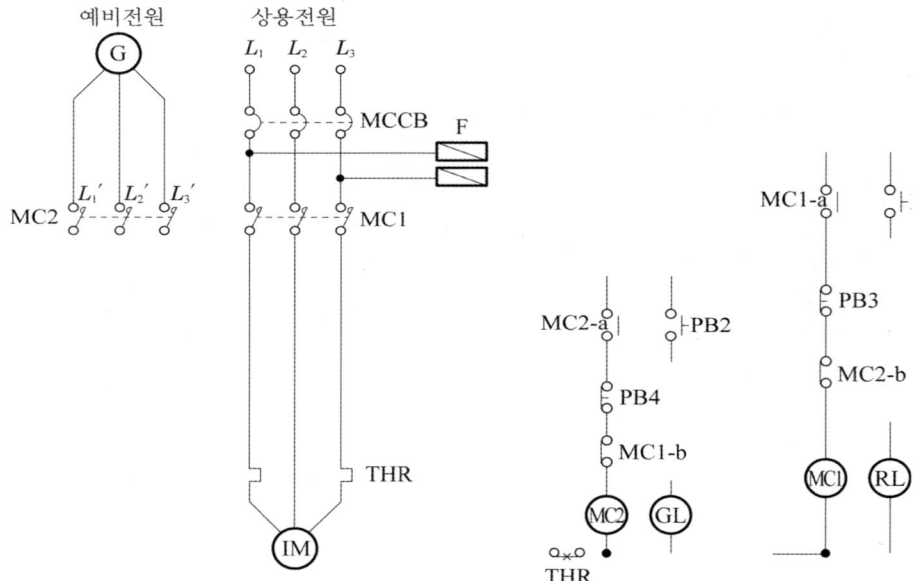

【문제 16】 비상전원으로 축전지설비를 설치하려고 한다. 축전지의 정격용량이 200Ah이고, 비상용 조명부하가 6kW, 사용전압이 100V일 때 다음 각 물음에 답하시오. (6점)

(1) 축전지의 설치에 필요한 연축전지에 1개의 여유를 둔다고 하였을 때, 셀[cell]의 개수를 구하시오.
(2) 납축전지를 방전상태로 오랫동안 방치하거나, 충전시 전해액에 불순물이 혼입되었을 때 극판에 발생하는 현상을 쓰시오.
(3) (2)의 음극에서 발생되는 가스의 명칭은 무엇인지 쓰시오.

【문제 17】 P형 1급 수신기의 경계구역에 대한 결선도이다. ①~⑤에 알맞은 각 선의 명칭을 쓰시오. (8점)

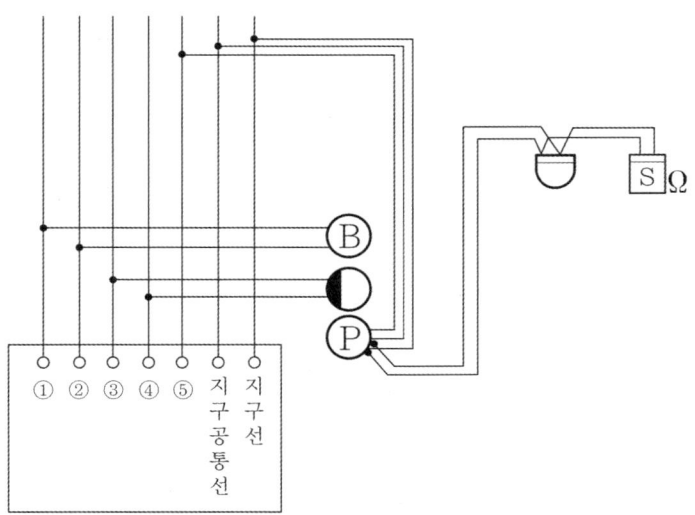

【문제 18】 다음 그림과 같은 논리회로를 보고 각 물음에 답하시오. (9점)

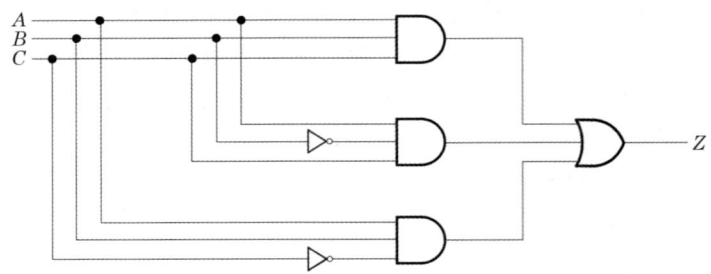

(1) 간략화 된 논리식으로 표현하시오. (단, 중간과정을 기재할 것)
(2) (1)의 논리식을 바탕으로 유접점 시퀀스회로를 완성하시오.
(3) (1)의 논리식을 바탕으로 무접점 논리회로를 그리시오.

유접점 시퀀스회로	무접점 논리회로

2023년도 제4회 국가기술자격 실기시험문제

자격종목	소방설비기사(전기)	형별	A	수험번호	
시험시간	3시간	일시		성명	

【문제 1】 극수변환식 3상 농형 유도전동기가 있다. 고속측은 4극이고 정격출력은 90kW이다. 저속측은 1/3속도라면 저속측의 극수와 정격출력은 몇 [kW]인지 계산하시오. (단, 슬립 및 정격토크는 저속측과 고속측이 같다고 본다.) (6점)
(1) 극수
(2) 정격출력

【문제 2】 거실의 높이가 20m 이상 되는 곳에 설치할 수 있는 감지기를 2가지 쓰시오. (3점)

【문제 3】 무선통신보조설비의 누설동축케이블의 기호를 보기에서 찾아쓰시오. (6점)

LCX - FR - SS - 20 D - 14 6
　　①　　②　　③　　④⑤　　⑥⑦

─────〈 보 기 〉─────
누설동축케이블, 난연성(내열성), 자기지지, 절연체 외경, 특성임피던스, 사용주파수

예) ⑦ 결합손실표시

【문제 4】 특정소방대상물에 설치된 소방시설 등을 구성하는 전부 또는 일부를 개설, 이전 또는 정비하는 소방시설공사의 착공신고 대상 3가지를 쓰시오. (단, 고장 또는 파손 등으로 인하여 작동시킬 수 없는 소방시설을 긴급히 교체하거나 보수하여야 하는 경우에는 신고하지 않을 수 있다.) (6점)

【문제 5】 다음 도면을 보고 각 물음에 답하시오. (단, 각 실은 이중천장이 없는 구조이며, 전선관은 16mm 후강전선관을 사용하며 콘크리트 내 매립 시공한다.) (7점)

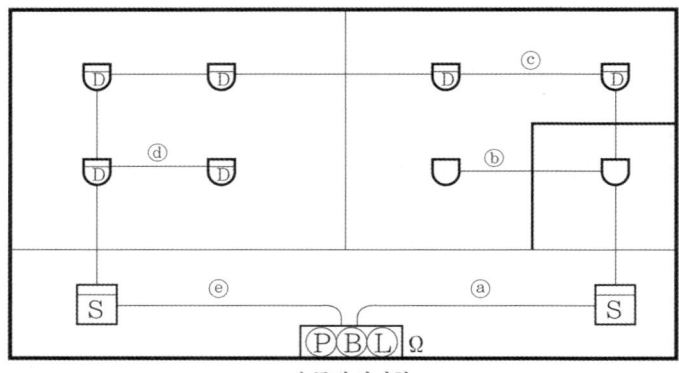

(1) 본 공사에 소요되는 부싱과 로크너트의 소요개수를 구하시오.
   ① 로크너트 :
   ② 부싱 :
(2) 도면의 ⓐ~ⓔ에 필요한 전선가닥수를 구하시오.

【문제 6】 피난유도선은 햇빛이나 전등불에 따라 축광하거나 전류에 따라 빛을 발하는 유도체로서, 어두운 상태에서 피난을 유도할 수 있도록 띠 형태로 설치되는 피난유도시설이다. 광원점등방식 피난유도선의 설치기준 3가지를 쓰시오. (5점)

【문제 7】 유도등 및 비상조명등의 화재안전기술기준에서 비상전원을 60분 이상 유효하게 작동시킬 수 있어야 하는 특정소방대상물 두 가지를 적으시오. (4점)

【문제 8】 다음은 자동화재탐지설비 및 시각경보장치의 화재안전기술기준에 따른 감지기의 설치제외장소에 대한 내용이다. ( ) 안에 알맞은 답을 쓰시오. (8점)

⑴ 천장 또는 반자의 높이가 (①   ) 이상인 장소. 다만, 감지기로서 부착높이에 따라 적응성이 있는 장소는 제외한다.
⑵ 헛간 등 외부와 기류가 통하는 장소로서 감지기에 따라 (②   )을 유효하게 감지할 수 없는 장소
⑶ (③   )가 체류하고 있는 장소
⑷ 고온도 및 (④   )로서 감지기의 기능이 정지되기 쉽거나 감지기의 유지관리가 어려운 장소
⑸ 목욕실·욕조나 샤워시설이 있는 화장실·기타 이와 유사한 장소
⑹ 파이프덕트 등 그 밖의 이와 비슷한 것으로서 (⑤   )개 층마다 방화구획된 것이나 수평단면적이 (⑥   ) 이하인 것
⑺ 먼지·가루 또는 (⑦   )가 다량으로 체류하는 장소 또는 주방 등 평상시 연기가 발생하는 장소(연기감지기에 한한다)
⑻ 프레스공장·주조공장 등 (⑧   )로서 감지기의 유지관리가 어려운 장소

【문제 9】 이산화탄소소화설비의 음향경보장치에 관한 내용이다. ( ) 안에 알맞은 말을 쓰시오. (4점)

⑴ (①)를 설치한 것은 그 기동장치의 조작과정에서, (②)를 설치한 것은 화재감지기와 연동하여 (③)으로 경보를 발하는 것으로 할 것
⑵ 소화약제의 방출 개시 후 (④) 경보를 계속 할 수 있는 것으로 할 것

【문제 10】 무선통신보조설비의 증폭기를 설치하려고 한다. 다음 각 물음에 답하시오. (6점)
⑴ 증폭기의 전원의 종류 및 배선에 대해 쓰시오.
⑵ 주회로 전원의 정상 여부를 표시할 수 있는 것으로 증폭기의 전면에 설치하는 것 2가지를 쓰시오.
　①
　②
⑶ 증폭기의 비상전원 용량은 무선통신보조설비를 유효하게 몇 분 이상 작동시킬 수 있는 것으로 해야 하는가?

【문제 11】다음은 자동화재탐지설비 및 시각경보장치의 화재안전성능기준에 따른 배선에 대한 내용이다. ( ) 안에 알맞은 말을 쓰시오. (5점)

(1) 감지기 상호간 또는 감지기로부터 수신기에 이르는 감지기회로의 배선의 경우에는 아날로그방식, R형 수신기형 등으로 사용되는 것은 (①)의 방해를 받지 않는 것으로 배선하고 그 외의 일반배선을 사용 할 때에는 내화배선 또는 내열배선으로 할 것

(2) 감지기 사이의 회로의 배선은 (②)으로 할 것

(3) 전원회로의 전로와 대지 사이 및 배선 상호간의 절연저항은 「전기사업법」에 따른 기술기준이 정하는 바에 의하고 감지기회로 및 부속회로의 전로와 대지 사이 및 배선 상호간의 절연저항은 1경계구역마다 (③)의 절연저항측정기를 사용하여 측정한 절연저항이 (④) 이상이 되도록 할 것

(4) 자동화재탐지설비의 감지기회로의 전로저항은 (⑤) 이하가 되도록 해야 하며 수신기의 각 회로별 종단에 설치되는 감지기에 접속되는 배선의 전압은 감지기 정격전압의 80% 이상이어야 할 것

【문제 12】다음의 경보설비에 관련된 알맞은 내용을 적으시오. (4점)
(1) 경보설비의 정의를 적으시오.
(2) 경보설비의 종류 6가지를 적으시오.
　①
　②
　③
　④
　⑤
　⑥

【문제 13】 이산화탄소소화설비에서 자동식 기동장치의 화재감지기는 교차회로방식으로 설치해야 한다. 감지기 A, B를 교차회로방식으로 구성하는 경우 다음 각 물음에 답하시오. (3점)

(1) 작동출력의 신호를 X라고 할 경우, 논리식으로 쓰시오.
(2) 상기 논리식에 대응하는 무접점회로를 그리시오.

$$\begin{matrix} A - \\ B - \end{matrix} \quad -X$$

(3) 이 회로의 진리표를 완성하시오.

입력신호		출력신호
A	B	X
0	0	
0	1	
1	0	
1	1	

【문제 14】 정온식스포트형감지기의 열감지방식을 5가지 적으시오. (5점)

【문제 15】 다음은 기동용 수압개폐장치를 사용하는 옥내소화전함과 자동화재탐지설비가 설치된 8층 건축물의 계통도이다. 다음 각 물음에 답하시오. (단, 화재로 인하여 하나의 층의 지구음향장치 배선이 단락되어도 다른 층의 화재통보에 지장이 없도록 각 층 배선 상에 유효한 조치를 하였으며, 전화선은 산정하지 않는다.) (10점)

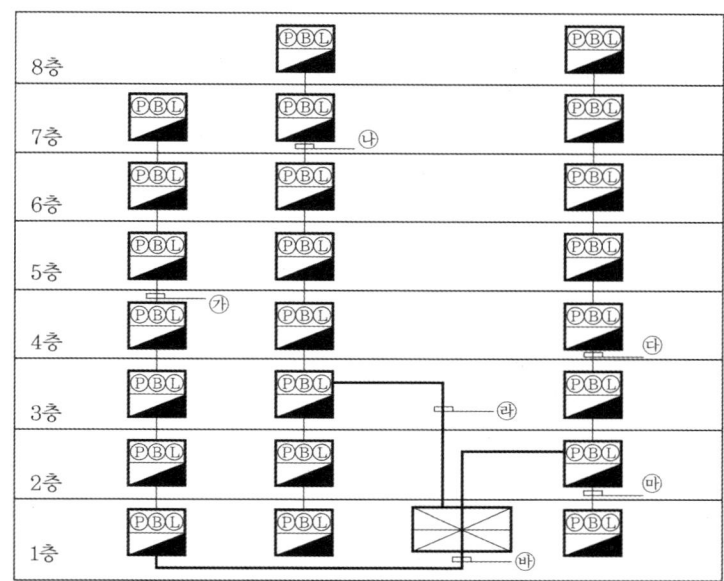

(1) 기호 ㉮~㉯의 가닥수를 구하시오.
(2) 도면의 P형 1급 수신기는 최소 몇 회로용을 사용해야 하는지 쓰시오.
(3) 5층에서 화재가 발생하여 음향장치의 배선이 단락되었을 경우 몇 층에 경보가 울리는지 쓰시오.
(4) 자동화재탐지설비의 음향장치 정격전압의 몇 [%] 전압에서 음향을 발할 수 있어야 하는지 쓰시오.
(5) 음향장치의 음향의 크기는 부착된 음향장치의 중심으로부터 1m 떨어진 위치에서 몇 [dB] 이상이 되어야 하는지 쓰시오.

【문제 16】 다음은 무선통신보조설비 중 중계기의 회로이다. 다음 각 물음에 답하시오. (5점)

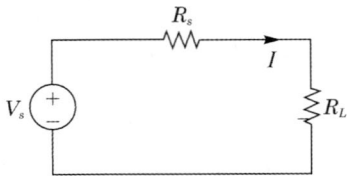

(1) 최대전력을 부하저항에 걸리게 하기 위한 식을 쓰시오.
(2) 부하저항에 흐르는 최대전력을 구하시오.

【문제 17】 도면은 타이머를 이용하여 기동 시 Y로 기동하고 t초 후 자동적으로 △로 운전되는 Y-△ 기동회로이다. 이 회로도를 보고 다음 각 물음에 답하시오. (8점)

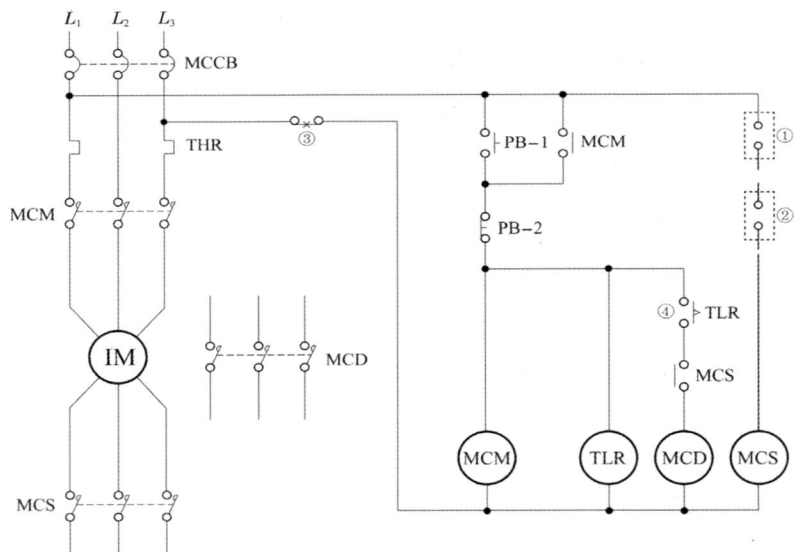

(1) 이 기동방식을 채용하는 이유는 무엇인지 쓰시오.
(2) ①과 ②에 들어갈 알맞은 기호를 그리시오.
(3) ③과 ④의 우리말 명칭을 쓰시오.
(4) 도면의 미완성 부분을 완성하시오.

【문제 18】 다음은 어느 특정소방대상물의 평면도이다. 건축물의 구조는 내화구조이고, 층의 높이는 3.4m일 때 다음 각 물음에 답하시오. (단, 각 실에는 차동식스포트형감지기 1종을, 복도에는 연기감지기 2종을 설치한다.) (6점)

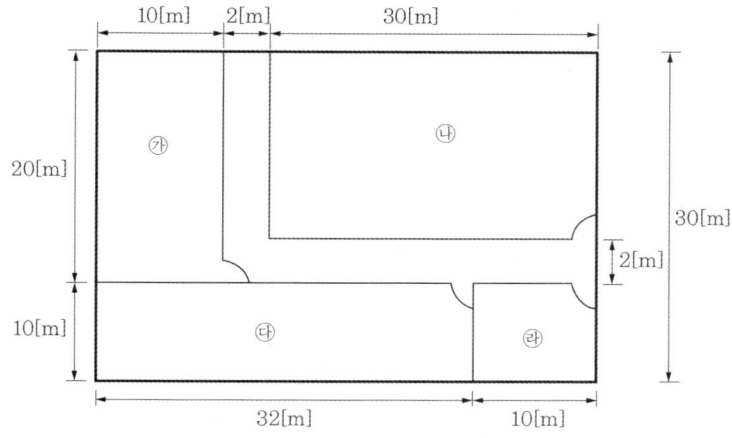

(1) 각 실별로 설치해야 할 감지기의 개수를 구하시오.

구 역	계산내용	감지기 개수
㉮ 구역		
㉯ 구역		
㉰ 구역		
㉱ 구역		

(2) 복도에 설치해야 할 감지기의 개수를 구하시오.

구 역	계산내용	감지기 개수
복도		

해설 2023 과년도 기출문제

○ 1회

01 비상용 전원설비로서 축전지설비를 계획하고자 한다. 사용부하의 방전전류-시간 특성곡선이 다음 그림과 같다면 이론상 축전지의 용량은 어떻게 산정하여야 하는지 각 물음에 답하시오. (단, 축전지 개수는 83개이며, 최저허용전압은 1.06[V]로 하고 축전지 형식은 AH형을 책택하며 또한 축전지 용량은 다음과 같은 일반식에 의하여 구한다.) 배점 : 7

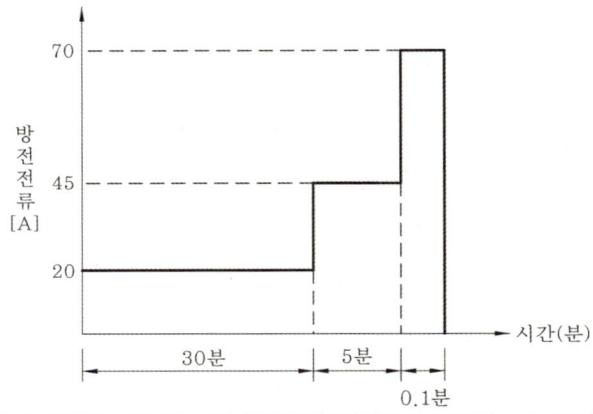

형 식	최저허용전압[V/셀]	0.1분	1분	5분	10분	20분	30분	60분	120분
AH	1.10	0.30	0.46	0.56	0.66	0.87	1.04	1.56	2.60
	1.06	0.24	0.33	0.45	0.53	0.70	0.85	1.40	2.45
	1.00	0.20	0.27	0.37	0.45	0.60	0.77	1.30	2.30

(1) 보수율의 의미를 설명하고, 이 값은 보통 얼마로 하는지 쓰시오.
(2) 연축전지와 알칼리축전지의 공칭전압을 쓰시오.
(3) 축전지의 용량 C는 이론상 몇 [Ah] 이상의 것을 선정하여야 하는지 구하시오. ($D=0.8$)

• 실전모범답안
(1) 전지설비에서 축전지를 장기간 사용하거나 사용조건 등의 변경으로 인한 용량변화를 보상하는 보정치를 말하면 보통 0.8을 적용한다.
(2) ① 연축전지 : 2V
　　② 알칼리축전지 : 1.2V
(3) $C = \dfrac{1}{0.8}(0.85 \times 20 + 0.45 \times 45 + 0.24 \times 70) = 67.5625[\text{Ah}] ≒ 67.56[\text{Ah}]$
　• 답 : 67.56[Ah]

02 가스누설경보기에 관한 사항이다. 다음 각 물음에 답하시오. [배점 : 4]

(1) 가스의 누설을 표시하는 표시등 및 가스가 누설된 경계구역의 위치를 표시하는 등이 켜질 때 어떤 색으로 표시되어야 하는지 쓰시오.
(2) 가스누설경보기의 구조에 따른 분류 2가지를 쓰시오.
 ①
 ②
(3) 가스누설경보기 중 가스누설을 검지하여 중계기 또는 수신부에 가스누설의 신호를 발신하는 부분 또는 가스누설을 검지하여 이를 음향으로 경보하고 동시에 중계기 또는 수신부에 가스누설의 신호를 발신하는 부분은 무엇인지 쓰시오.

• 실전모범답안
 (1) 황색
 (2) ① 단독형
   ② 분리형
 (3) 탐지부

03 시각경보기를 설치해야 하는 특정소방대상물을 3가지 쓰시오. [배점 : 3]

• 실전모범답안
 근린생활시설, 문화 및 집회시설, 종교시설

상세해설

소방시설 설치 및 관리에 관한 법률 시행령 [별표 4]
시각경보기를 설치해야 하는 특정소방대상물은 다목에 따라 자동화재탐지설비를 설치해야 하는 특정소방대상물 중 다음의 어느 하나에 해당하는 것으로 한다.
1. 근린생활시설, 문화 및 집회시설, 종교시설, 판매시설, 운수시설, 의료시설, 노유자시설
2. 운동시설, 업무시설, 숙박시설, 위락시설, 창고시설 중 물류터미널, 발전시설 및 장례시설
3. 교육연구시설 중 도서관, 방송통신시설 중 방송국
4. 지하가 중 지하상가

04 피난구유도등에 대한 내용이다. 다음 각 물음에 답하시오. [배점 : 5]

(1) 피난구유도등의 설치장소를 3가지만 쓰시오.
(2) 피난구유도등은 피난구의 바닥으로부터 높이 몇 [m] 이상의 곳에 설치하여야 하는지 쓰시오.
(3) 피난구유도등 표시면의 색상을 쓰시오.

- 실전모범답안
  (1) ① 옥내로부터 직접 지상으로 통하는 출입구 및 그 부속실의 출입구
      ② 직통계단·직통계단의 계단실 및 그 부속실의 출입구
      ③ 출입구에 이르는 복도 또는 통로로 통하는 출입구
  (2) 1.5m
  (3) 녹색 바탕에 백색 표시

---

05 복도통로유도등의 설치기준을 4가지 쓰시오. 〔배점: 8〕

- 실전모범답안
  ① 복도에 설치하되 피난구유도등이 설치된 출입구의 맞은편 복도에는 입체형으로 설치하거나 바닥에 설치할 것
  ② 구부러진 모퉁이 및 설치된 통로 유도등을 기점으로 보행거리 20m마다 설치할 것
  ③ 바닥으로부터 높이 1m 이하의 위치에 설치할 것
  ④ 바닥에 설치하는 통로유도등은 하중에 따라 파괴되지 아니하는 강도의 것으로 할 것

---

06 비상콘센트설비의 설치기준에 관한 다음 빈 칸을 완성하시오. 〔배점: 5〕

(1) 하나의 전용회로에 설치하는 비상콘센트는 (①)개 이하로 할 것. 이 경우 전선의 용량은 각 비상콘센트(비상콘센트가 (②)개 이상인 경우에는 (②)개)의 공급용량을 합한 용량 이상의 것으로 해야 한다.
(2) 전원회로의 배선은 (③)으로, 그 밖의 배선은 (③) 또는 (④)으로 할 것

- 실전모범답안
  (1) 하나의 전용회로에 설치하는 비상콘센트는 (① **10**)개 이하로 할 것. 이 경우 전선의 용량은 각 비상콘센트(비상콘센트가 (② **3**)개 이상인 경우에는 (② **3**)개)의 공급용량을 합한 용량 이상의 것으로 해야 한다.
  (2) 전원회로의 배선은 (③ **내화배선**)으로, 그 밖의 배선은 (③ **내화배선**) 또는 (④ **내열배선**)으로 할 것

---

07 비상콘센트설비에 대한 다음 각 물음에 답하시오. (단, 전압은 단상교류 220[V]를 사용한다.) 〔배점: 8〕

(1) 비상콘센트설비를 설치하는 목적을 쓰시오.
(2) 전원회로는 단상교류 220V인 것으로서 공급용량은 몇 [kVA] 이상이어야 하는지 쓰시오.
(3) 비상콘센트의 플러그접속기의 접지를 어떻게 해야 하는지 쓰시오.
(4) 콘센트에 1kW용 송풍기를 연결하여 운전하면 몇 [A]의 전류가 흐르는지 구하시오. (단, 송풍기의 역률은 90[%]이다.)

• 실전모범답안
(1) 화재발생시 소방대의 필요한 전원을 전용회선으로 공급하기 위하여
(2) 1.5[kVA]
(3) 비상콘센트의 플러그접속기의 칼받이의 접지극에는 접지공사를 해야 한다.
(4) $\dfrac{1 \times 10^3}{220 \times 0.9} = 5.05\mathrm{A}$

08 양수량이 매분 5m³이고, 총양정이 30m인 펌프용 전동기의 용량은 몇 [kW]인지 구하시오. (단, 펌프효율은 72[%]이고, 여유계수는 1.25라고 한다.) 배점 : 5

• 실전모범답안
$$P = \dfrac{9.8 \times 5 \times \dfrac{1}{60} \times 30 \times 1.25}{0.72} = 42.534\mathrm{kW} \fallingdotseq 42.53\mathrm{kW}$$
• 답 : 42.53kW

09 자동화재탐지설비에서 P형 수신기와 R형 수신기의 기능을 2가지씩 적으시오. 배점 : 4
(1) P형 수신기의 기능
(2) R형 수신기의 기능

• 실전모범답안
(1) P형 수신기의 기능
① 예비전원 정전 및 복구 시 자동절환 기능
② 예비전원의 양부시험 기능
③ 수신기와 감지기와의 외부회로 도통시험 기능
④ 화재표시등이나 각종 경종 작동시험 기능
(2) R형 수신기의 기능
① 감지기의 감지구역을 포함한 경계구역을 자동적으로 판별할 수 있는 기록장치 기능
② 예비전원 정전 및 복구 시 자동절환 기능
③ 예비전원의 양부시험 기능
④ 수신기와 감지기와의 외부회로 도통시험 기능
⑤ 화재표시등이나 각종 경종 작동시험 기능

10 다음 각 물음에 답하시오. 배점:5
  (1) 공기관식 차동식분포형감지기의 공기관의 재질은 무엇인지 쓰시오.
  (2) 그림과 같이 차동식스포트형감지기 A, B, C, D가 있다. 배선을 전부 보내기 배선으로 할 경우 박스와 감지기 C 사이의 전선 가닥수는 몇 본인지 쓰시오.

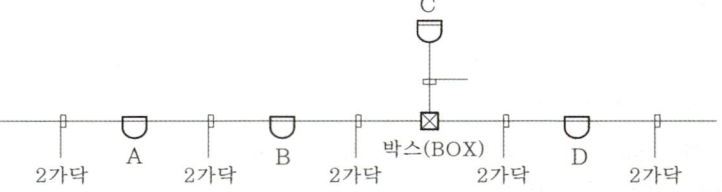

• 실전모범답안
  (1) 동관(중공동관)
  (2) 4가닥

> **참고** 공기관식 차동식분포형감지기
> ① 공기관의 재질 : 동관(중공동관)
> ② 공기관의 규격
>   ㉠ **두께** : 0.3mm 이상
>   ㉡ **외경** : 1.9mm 이상
> ③ 공기관의 지지금속기구
>   ㉠ 스테이플
>   ㉡ 스티커

11 비상조명등의 설치기준에 대한 다음 ( ) 안을 완성하시오. 배점:5
  (1) 예비전원을 내장하는 비상조명등에는 평상시 점등 여부를 확인할 수 있는 (①)를 설치하고 해당 조명등을 유효하게 작동시킬 수 있는 용량의 (②)와 (③)를 내장할 것
  (2) 예비전원과 비상전원은 비상조명등을 (④)분 이상 유효하게 작동시킬 수 있는 용량으로 할 것. 다만, 다음의 특정소방대상물의 경우에는 그 부분에서 피난층에 이르는 부분의 비상조명등을 (⑤)분 이상 유효하게 작동시킬 수 있는 용량으로 해야 한다.
    - 지하층을 제외한 층수가 11층 이상의 층
    - 지하층 또는 무창층으로서 용도가 도매시장·소매시장·여객자동차터미널·지하역사 또는 지하상가

• 실전모범답안
  (1) ① 점검스위치
      ② 축전지
      ③ 예비전원 충전장치
  (2) ④ 20
      ⑤ 60

12 다음에 설명하는 감지기의 명칭을 적으시오. 배점:4
  (1) 종별, 감도 등이 다른 감지소자의 조합으로 일정시간 간격을 두고 각각 다른 2개 이상의 화재신호를 발하는 감지기
  (2) 주위의 온도 또는 연기 양의 변화에 따라 각각 다른 전류치 또는 전압치 등의 출력을 발하는 감지기

• 실전모범답안
  (1) 다신호식 감지기
  (2) 아날로그식 감지기

13 다음은 화재안전성능기준 및 기술기준에 관한 내용이다. 각 물음에 답하시오. 배점:8
  (1) 비상방송설비에서 조작부의 조작스위치는 바닥으로부터 몇 [m] 높이에 설치해야 하는지 쓰시오.
  (2) 바닥면적 600m²의 특정소방대상물에 단독경보형감지기를 설치하려고 한다. 설치개수를 구하시오.
  (3) 무선통신보조설비의 증폭기의 정의에 대해 쓰시오.
  (4) 지하 2층, 지상 7층 규모의 특정소방대상물이 있다. 5층의 스피커가 단선되었을 경우 비상방송설비가 출력되는 층을 모두 적으시오.

• 실전모범답안
  (1) 0.8m 이상 1.5m 이하
  (2) 단독경보형감지기의 개수 = $\frac{600}{150} = 4$개
  (3) 전압·전류의 진폭을 늘려 감도 등을 개선하는 장치를 말한다.
  (4) 지하 2층, 지하 1층, 지상 1층, 지상 2층, 지상 3층, 지상 4층, 지상 6층, 지상 7층

14 예비전원으로 사용되는 축전지설비에 대한 다음 각 물음에 답하시오. [배점 : 6]

(1) 부동충전방식에 대한 회로를 그리시오.
(2) 축전지의 과방전 또는 방치상태에서 기능회복을 위하여 실시하는 충전방식은 무엇인지 쓰시오.
(3) 연축전지의 정격용량은 250Ah, 상시부하는 8kW, 표준전압은 100V인 충전기의 2차 충전전류는 몇 [A]인지 구하시오.

• 실전모범답안

(1)

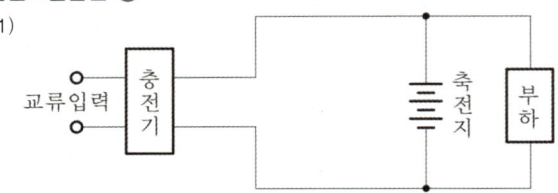

(2) 회복충전방식

(3) 2차 충전전류 = $\dfrac{250}{10} + \dfrac{8 \times 10^3}{100} = 105$A

• 답 : 120A

---

15 다음은 비상방송설비의 화재안전성능기준 및 기술기준의 내용이다. 다음 각 물음에 답하시오. [배점 : 5]

(1) 음량조절기의 정의에 대해 쓰시오.
(2) ( ) 안에 들어갈 알맞은 내용을 쓰시오.
  - 확성기는 각 층마다 설치하되, 그 층의 각 부분으로부터 하나의 확성기까지의 수평거리가 (①)m 이하가 되도록 하고, 해당 층의 각 부분에 유효하게 경보를 발할 수 있도록 설치할 것
  - 확성기의 음성입력은 3W 이상(실내에 설치하는 것에 있어서는 (②)W 이상일 것
  - 음량조절기를 설치한 경우 음량조정기의 배선은 (③)으로 할 것
(3) 기동장치에 따른 화재신호를 수신한 후 필요한 음량으로 화재발생 상황 및 피난에 유효한 방송이 자동으로 개시될 때까지의 소요시간은 몇 초 이내로 해야 하는지 쓰시오.

• 실전모범답안

(1) 가변저항을 이용하여 전류를 변화시켜 음량을 크게 하거나 작게 조절할 수 있는 장치를 말한다.
(2) - 확성기는 각 층마다 설치하되, 그 층의 각 부분으로부터 하나의 확성기까지의 수평거리가 (① 25)m 이하가 되도록 하고, 해당 층의 각 부분에 유효하게 경보를 발할 수 있도록 설치할 것
  - 확성기의 음성입력은 3W 이상(실내에 설치하는 것에 있어서는 (② 1)W 이상일 것
  - 음량조절기를 설치한 경우 음량조정기의 배선은 (③ 3선식)으로 할 것
(3) 10초

16 그림과 같이 소방부하가 연결된 회로가 있다. A점과 B점의 전압은 몇 [V]인지 구하시오. (단, 공급전압은 24[V]이며, 단상 2선식이고, 그림의 선로저항은 전선 1가닥의 저항값이다.)

배점 : 5

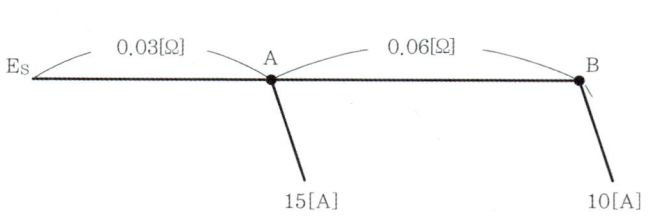

- 실전모범답안
  (1) $e_A = 2 \times (15+10) \times 0.03 = 1.5[\text{V}]$
      $V_A = 24 - 1.5 = 22.5[\text{V}]$
    - 답 : 22.5[V]
  (2) $e_B = 2 \times 10 \times 0.06 = 1.2[\text{V}]$
      $V_B = 22.5 - 1.2 = 21.3[\text{V}]$
    - 답 : 21.3[V]

17 무선통신보조설비의 누설동축케이블 등에 대한 설치기준이다. ( ) 안을 채우시오. 배점 : 8
  (1) 증폭기의 전면에는 주회로 전원의 정상 여부를 표시할 수 있는 (①) 및 (②)를 설치할 것
  (2) 누설동축케이블 및 안테나는 고압의 전로로부터 (③)m 이상 떨어진 위치에 설치할 것(단, 해당 전로에 정전기차폐장치를 유효하게 설치한 경우에는 제외)
  (3) 누설동축케이블 및 동축케이블은 화재에 따라 해당 케이블의 피복이 소실된 경우에 케이블 본체가 떨어지지 아니하도록 (⑤)m 이내마다 금속제 또는 자기제 등의 지지금구로 벽·천장·기둥 등에 견고하게 고정시킬 것. 다만, 불연재료로 구획된 반자 안에 설치하는 경우에는 그렇지 않다.
  (4) 누설동축케이블의 끝 부분에는 (⑥)을 견고하게 설치할 것

- 실전모범답안
  (1) 증폭기의 전면에는 주회로 전원의 정상 여부를 표시할 수 있는 (① 표시등) 및 (② 전압계)를 설치할 것
  (2) 누설동축케이블 및 안테나는 고압의 전로로부터 (③ 1.5)m 이상 떨어진 위치에 설치할 것(단, 해당 전로에 정전기차폐장치를 유효하게 설치한 경우에는 제외)
  (3) 누설동축케이블 및 동축케이블은 화재에 따라 해당 케이블의 피복이 소실된 경우에 케이블 본체가 떨어지지 않도록 (⑤ 4)m 이내마다 금속제 또는 자기제 등의 지지금구로 벽·천장·기둥 등에 견고하게 고정시킬 것. 다만, 불연재료로 구획된 반자 안에 설치하는 경우에는 그렇지 않다.
  (4) 누설동축케이블의 끝 부분에는 (⑥ 무반사 종단저항)을 견고하게 설치할 것

18 다음은 자동화재탐지설비의 P형 1급 수신기의 미완성 결선도이다. 다음 각 물음에 답하시오.
(단, 발신기의 단자는 왼쪽부터 응답, 지구, 지구공통이다.)

배점:6

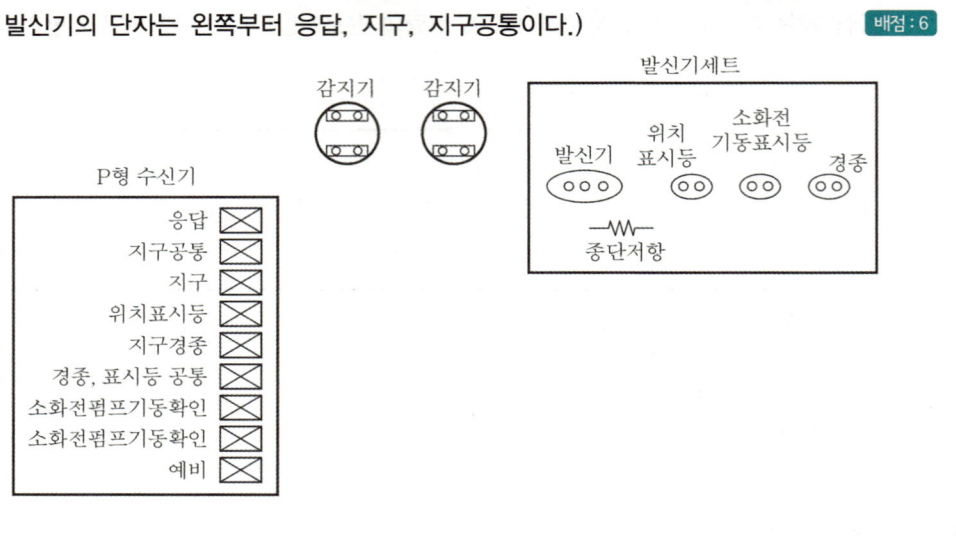

• 실전모범답안

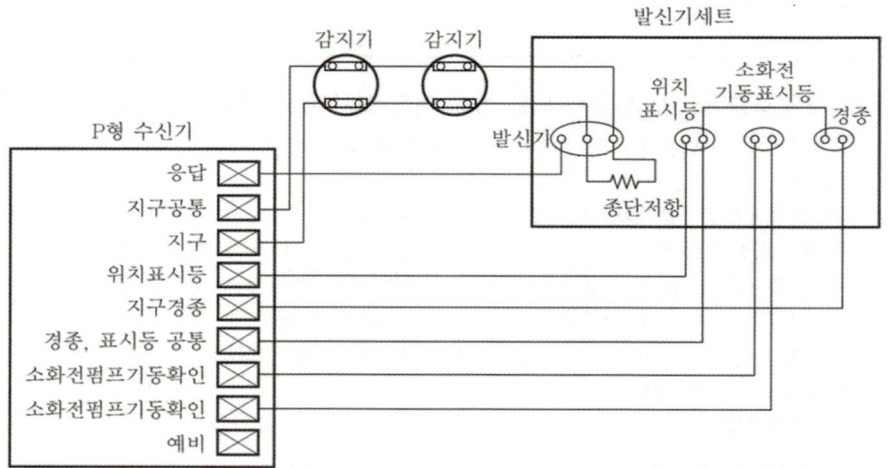

2회

01 다음은 어느 특정소방대상물의 평면도이다. 건축물의 구조는 내화구조이고, 층간 높이는 3.8m일 때 다음 각 물음에 답하시오. (단, 설치하여야 할 감지기는 2종을 설치한다.) 배점 : 7

```
        10    20    10
      ┌────┬──────┬────┐
      │ A  │      │    │ 7
      │    │  C   │ D  │
      ├────┤      │    │ 8
      │    ├──────┴────┤
      │ B  │           │
      │    │    E      │ 8
      └────┴───────────┘
```

(1) 차동식스포트형감지기 2종을 설치할 경우 각 실에 설치되는 감지기의 개수를 구하시오.
(2) 해당 특정소방대상물의 경계구역수를 구하시오.

• 실전모범답안

(1) • A실 : $\dfrac{10 \times 7}{70} = 1$개   • B실 : $\dfrac{10 \times (8+8)}{70} = 2.285 ≒ 3$개

    • C실 : $\dfrac{20 \times (7+8)}{70} = 4.285 ≒ 5$개   • D실 : $\dfrac{10 \times (7+8)}{70} = 2.142 ≒ 3$개

    • E실 : $\dfrac{(20+10) \times 8}{70} = 3.428 ≒ 4$개

(2) 경계구역수 $= \dfrac{(10+20+10) \times (7+8+8)}{600} = 1.533 ≒ 2$경계구역

상세해설

(1) (단위 : [m²])

부착높이 및 소방대상물의 구분		감지기의 종류						
		차동식 스포트형		보상식 스포트형		정온식 스포트형		
		1종	2종	1종	2종	특종	1종	2종
4[m] 미만	주요구조부를 내화구조로 한 특정소방대상물 또는 그 부분	90	70	90	70	70	60	20
	기타구조의 특정소방대상물 또는 그 부분	50	40	50	40	40	30	15
4[m] 이상 8[m] 미만	주요구조부를 내화구조로 한 특정소방대상물 또는 그 부분	45	35	45	35	35	30	설치 불가
	기타구조의 특정소방대상물 또는 그 부분	30	25	30	25	25	15	설치 불가

02 그림과 같은 건물의 자동화재탐지설비의 경계구역수를 구하시오.

배점 : 6

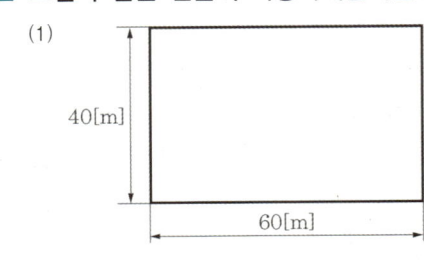
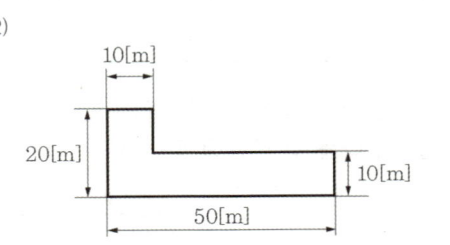

• 실전모범답안

(1) 경계구역수 = $\dfrac{40 \times 60}{600}$ = 4경계구역

(2) 경계구역수 = $\dfrac{(10 \times 10) + (50 \times 10)}{600}$ = 1경계구역

03 다음 표를 보고 각 설비에서 해당되는 비상전원에 ○ 표시를 하시오.

배점 : 4

구 분	자가발전설비	축전지설비	비상전원수전설비
옥내소화전설비, 제연설비, 연결송수관설비			
비상콘센트설비			
자동화재탐지설비, 유도등, 비상방송설비			
스프링클러설비			

• 실전모범답안

구 분	자가발전설비	축전지설비	비상전원수전설비
옥내소화전설비, 제연설비, 연결송수관설비	○	○	
비상콘센트설비	○	○	○
자동화재탐지설비, 유도등, 비상방송설비		○	
스프링클러설비	○	○	○

04 다음은 소방시설 설치 및 관리에 관한 법률 시행령 [별표 4]의 내용이다. 해당 특정소방대상물의 모든 층에 자동화재탐지설비를 설치하였을 때, 다음 표를 작성하시오. (단, 연면적이 포함되지 않는 시설은 '해당없음' 또는 '전부해당'이라고 적으시오.)

배점 : 5

설치장소	연면적[m²]
장례시설	
묘지관련시설	
근린생활시설(단, 목욕장은 제외)	
노유자 생활시설	
노유자시설(단, 노유자 생활시설은 제외)	

• 실전모범답안

설치장소	연면적[m²]
장례시설	600m² 이상
묘지관련시설	2,000m² 이상
근린생활시설(단, 목욕장은 제외)	600m² 이상
노유자 생활시설	전부해당
노유자시설(단, 노유자 생활시설은 제외)	400m² 이상

05 감지기회로의 배선에 대한 다음 각 물음에 답하시오.
(1) 송배선식에 대하여 설명하시오.
(2) 교차회로의 방식에 대하여 설명하시오.
(3) 교차회로방식의 적용설비 2가지만 쓰시오.

• 실전모범답안
(1) 수신기에서 회로도통시험을 용이하게 하기 위하여 배선의 도중에서 분기하지 않는 방식
(2) 설비의 오작동을 방지하기 위하여 2개 이상의 회로가 교차되도록 설치하여 인접한 2개 이상의 회로가 동시에 작동해야 설비가 작동되도록 하는 방식
(3) ① 준비작동식 스프링클러설비
② 일제살수식 스프링클러설비
③ 이산화탄소소화설비
④ 할론소화설비
⑤ 분말소화설비

06 다음은 제연설비의 화재안전성능기준 중 제연설비의 설치장소에 관한 내용이다. ( ) 안에 알맞은 내용을 적으시오.
(1) 하나의 제연구역의 면적은 (①)m² 이내로 할 것
(2) 통로상의 제연구역은 보행중심선의 길이가 (②)m를 초과하지 않을 것
(3) 하나의 제연구역은 직경 (③)m 원내에 들어갈 수 있을 것
(4) 하나의 제연구역은 (④) 이상의 층에 미치지 않도록 할 것. 다만, 층의 구분이 불분명한 부분은 그 부분을 다른 부분과 별도로 제연구획 해야 한다.
(5) 제연구역의 구획은 보·제연경계벽(이하 "제연경계"라 한다) 및 벽(화재 시 자동으로 구획되는 가동벽·방화셔터·방화문을 포함한다. 이하 같다)으로 하되, 다음의 기준에 적합해야 한다.
  • 재질은 (⑤), (⑥) 또는 제연경계벽으로 성능을 인정받은 것으로서 화재 시 쉽게 변형·파괴되지 아니하고 연기가 누설되지 않는 기밀성 있는 재료로 할 것
  • 제연경계는 제연경계의 폭이 (⑦)m 이상이고, 수직거리는 (⑧)m 이내이어야 한다. 다만, 구조상 불가피한 경우는 2m를 초과할 수 있다.

• 실전모범답안
(1) 하나의 제연구역의 면적은 (① 1,000)m² 이내로 할 것
(2) 통로상의 제연구역은 보행중심선의 길이가 (② 60)m를 초과하지 않을 것
(3) 하나의 제연구역은 직경 (③ 60)m 원내에 들어갈 수 있을 것
(4) 하나의 제연구역은 (④ 2) 이상의 층에 미치지 않도록 할 것. 다만, 층의 구분이 불분명한 부분은 그 부분을 다른 부분과 별도로 제연구획 해야 한다.
(5) 제연구역의 구획은 보·제연경계벽(이하 "제연경계"라 한다) 및 벽(화재 시 자동으로 구획되는 가동벽·방화셔터·방화문을 포함한다. 이하 같다)으로 하되, 다음의 기준에 적합해야 한다.
  • 재질은 (⑤ 내화재료), (⑥ 불연재료) 또는 제연경계벽으로 성능을 인정받은 것으로서 화재 시 쉽게 변형·파괴되지 아니하고 연기가 누설되지 않는 기밀성 있는 재료로 할 것
  • 제연경계는 제연경계의 폭이 (⑦ 0.6)m 이상이고, 수직거리는 (⑧ 2)m 이내이어야 한다. 다만, 구조상 불가피한 경우는 2m를 초과할 수 있다.

07 피난유도선은 햇빛이나 전등불에 따라 축광하거나 전류에 따라 빛을 발하는 유도체로서, 어두운 상태에서 피난을 유도할 수 있도록 띠 형태로 설치되는 피난유도시설이다. 광원점등방식 피난유도선의 설치기준 3가지를 쓰시오. 배점:3

• 실전모범답안
① 구획된 각 실로부터 주출입구 또는 비상구까지 설치할 것
② 피난유도 표시부는 바닥으로부터 높이 1m 이하의 위치 또는 바닥면에 설치할 것
③ 피난유도 표시부는 50cm 이내의 간격으로 연속되도록 설치하되 실내장식물 등으로 설치가 곤란할 경우 1m 이내로 설치할 것

상세해설

광원점등방식 피난유도선의 설치기준(NFTC 303 2.6.2)
① 구획된 각 실로부터 주출입구 또는 비상구까지 설치할 것
② 피난유도 표시부는 바닥으로부터 높이 1m 이하의 위치 또는 바닥면에 설치할 것
③ 피난유도 표시부는 50cm 이내의 간격으로 연속되도록 설치하되 실내장식물 등으로 설치가 곤란할 경우 1m 이내로 설치할 것
④ 수신기로부터의 화재신호 및 수동조작에 의하여 광원이 점등되도록 설치할 것
⑤ 비상전원이 상시 충전상태를 유지하도록 설치할 것
⑥ 바닥에 설치되는 피난유도 표시부는 매립하는 방식을 사용할 것
⑦ 피난유도 제어부는 조작 및 관리가 용이하도록 바닥으로부터 0.8m 이상 1.5m 이하의 높이에 설치할 것

08 P형 1급 수신기와 감지기의 배선회로에서 배선회로의 저항이 50[Ω]이고, 릴레이저항이 1,000[Ω]이며, 상시 감시전류는 2[mA]라고 할 때, 다음 각 물음에 답하시오. 배점:5
(1) 종단저항[Ω]은 얼마인지 구하시오.
(2) 감지기가 작동한 때 회로에 흐르는 전류[mA]를 구하시오.

- **실전모범답안**

    (1) $2 \times 10^{-3} = \dfrac{24}{1,000 + 50 + x}$

    종단저항 $x = 10,950[\Omega]$
    - **답** : 10,950[Ω]

    (2) $I = \dfrac{24}{1,000 + 50} = 0.022857[A] = 22.857[A] ≒ 22.86[mA]$
    - **답** : 22.86[mA]

상세해설

(1) 종단저항

다음 식을 사용하여 종단저항을 구한다.

감시전류 $I = \dfrac{\text{회로전압}}{\text{릴레이저항} + \text{배선저항} + \text{종단저항}}$

$2. \times 10^{-3} = \dfrac{24}{1,000 + 50 + x}$

∴ 종단저항 $x = 10,950[\Omega]$

(2) 작동전류

작동전류 $I = \dfrac{\text{회로전압}}{\text{릴레이저항} + \text{배선저항}}$

∴ 작동전류 $I = \dfrac{24}{1,000 + 50} = 0.022857[A] = 22.857[A] ≒ 22.86[mA]$

---

09 연기감지기의 설치기준에 대하여 다음 ( ) 안의 빈 칸을 채우시오.   배점 : 4

(1) 감지기의 부착높이에 따라 다음 표에 따른 바닥면적마다 1개 이상으로 할 것

(단위 : [m²])

부착높이	감지기의 종류	
	1종 및 2종	3종
4m 미만	(①)	(②)
4m 이상 (③)m 미만	75	설치 불가

(2) 감지기는 복도 및 통로에 있어서는 보행거리 (④)m(3종에 있어서는 (⑤)m)마다, 계단 및 경사로에 있어서는 수직거리 (⑥)m(3종에 있어서는 (⑦)m)마다 1개 이상으로 할 것

(3) 감지기는 벽 또는 보로부터 (⑧)m 이상 떨어진 곳에 설치할 것

- **실전모범답안**

(1) 감지기의 부착높이에 따라 다음 표에 따른 바닥면적마다 1개 이상으로 할 것

(단위 : [m²])

부착높이	감지기의 종류	
	1종 및 2종	3종
4m 미만	① 150	② 50
4m 이상 (③ 20)m 미만	75	설치 불가

(2) 감지기는 복도 및 통로에 있어서는 보행거리 (④ 30)m(3종에 있어서는 (⑤ 20)m)마다, 계단 및 경사로에 있어서는 수직거리 (⑥ 15)m(3종에 있어서는 (⑦ 10)m)마다 1개 이상으로 할 것
(3) 감지기는 벽 또는 보로부터 (⑧ 0.6)m 이상 떨어진 곳에 설치할 것

10 다음 소방시설 그림기호의 명칭을 쓰시오. 　　　배점:5

(1) RM　　　　　　　　(2) SVP
(3) PAC　　　　　　　(4) AMP

- 실전모범답안
  (1) 가스계소화설비의 수동조작함
  (2) 프리액션밸브 수동조작함
  (3) 소화가스 패키지
  (4) 증폭기

11 분전반에서 60m 거리에 AC 220V, 2.2kW의 전기히터를 설치하고자 한다. 전압강하를 1% 이내로 하려면 전선의 최소 굵기(계산상 굵기)는 얼마 이상으로 하면 되는지 계산하시오. (단, 배선은 금속관공사이며, 전원공급방식은 단상 2선식이다.) 　　　배점:5

- 실전모범답안

$e = 220 \times 0.01 = 2.2\text{V}$

$I = \dfrac{2.2 \times 10^3}{220} = 10\text{A}$

$\therefore\ A = \dfrac{35.6 \times 60 \times 10}{1{,}000 \times 2.2} = 9.709 ≒ 9.71\text{mm}^2$

- 답 : 9.71mm²

12 저압옥내배선의 금속관공사(배선)에 이용되는 부품의 명칭을 쓰시오. 　　　배점:6
(1) 관이 고정되어 있을 때 금속관 상호간을 접속하는 데 사용한다.
(2) 금속관을 직각으로 굽히는 곳에 사용한다.
(3) 노출배관공사에서 금속관을 직각으로 굽히는 곳에 사용한다. (T형과 크로스형이 있다.)
(4) 전선의 절연피복을 보호하기 위하여 금속관 끝에 취부하여 사용되는 부품

- 실전모범답안
  (1) 유니언커플링
  (2) 노멀밴드
  (3) 유니버설 엘보
  (4) 부싱

13 그림은 자동화재탐지설비와 프리액션 스프링클러설비의 계통도이다. 그림을 보고 다음 각 물음에 답하시오. (단, 감지기공통선과 전원공통선은 분리해서 사용하고, 발신기의 경우 화재가 발생하여 단락되었을 때 경보에 지장을 주지 않도록 유효한 조치를 하였으며, 프리액션밸브용 압력스위치, 탬퍼스위치 및 솔레노이드밸브의 공통선은 1가닥을 사용한다. 또한, 수신기와 SVP 사이에는 전화선은 설치되어 있지 않다.)

배점 : 8

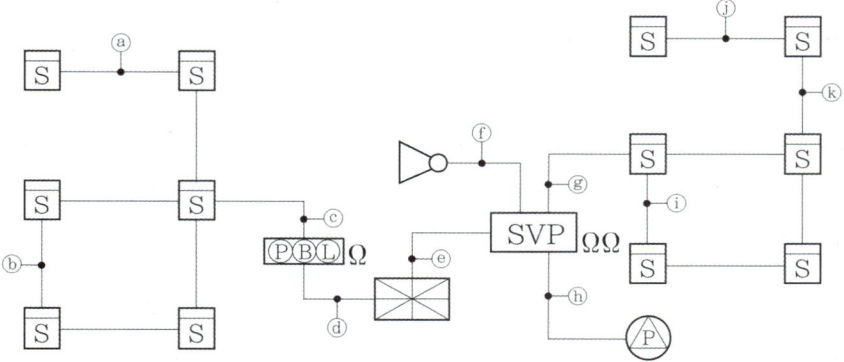

(1) 그림을 보고 ⓐ~ⓚ까지의 가닥수를 쓰시오.

기호	ⓐ	ⓑ	ⓒ	ⓓ	ⓔ	ⓕ	ⓖ	ⓗ	ⓘ	ⓙ	ⓚ
가닥수											

(2) ⓔ의 가닥수와 배선내역을 쓰시오.

ⓔ	가닥수	내 역

- 실전모범답안

(1)

기호	ⓐ	ⓑ	ⓒ	ⓓ	ⓔ	ⓕ	ⓖ	ⓗ	ⓘ	ⓙ	ⓚ
가닥수	4	2	4	6	9	2	8	4	4	4	8

(2)

ⓔ	가닥수	내 역
	9	전원 +, -, 기동, 밸브개방확인, 감지기 A, 감지기 B, 사이렌, 밸브주의, 감지기 공통

상세해설

구 분	배선수	배선의 용도
ⓐ	4	공통 2, 회로 2
ⓑ	2	공통, 회로
ⓒ	4	공통 2, 회로 2
ⓓ	6	회로 공통선 1, 경종표시등 공통선 1, 경종선 1, 표시등선 1, 발신기선 1, 회로선 1
ⓔ	9	전원 +, −, 기동, 밸브개방확인, 감지기 A, 감지기 B, 사이렌, 밸브주의, 감지기 공통
ⓕ	2	사이렌 2
ⓖ	8	공통 4, 회로 4
ⓗ	4	공통, PS(압력스위치), TS(탬퍼스위치), SOL(솔레노이드밸브)
ⓘ	4	공통 2, 회로 2
ⓙ	4	공통 2, 회로 2
ⓚ	8	공통 4, 회로 4

※ ⓔ : 문제의 단서에 따라 감지기 공통선과 전원 공통선은 분리해서 사용하므로, 감지기 공통선 1가닥을 추가한다.

---

14 무선통신보조설비의 분배기, 분파기, 혼합기에 대하여 간단하게 설명하시오. `배점 : 5`

- 실전모범답안
(1) 신호의 전송로가 분기되는 장소에 설치하는 것으로 임피던스 매칭(Matching)과 신호 균등분배를 위해 사용하는 장치를 말한다.
(2) 서로 다른 주파수의 합성된 신호를 분리하기 위해서 사용하는 장치를 말한다.
(3) 2 이상의 입력신호를 원하는 비율로 조합한 출력이 발생하도록 하는 장치를 말한다.

---

15 다음은 상용전원과 예비전원의 전환회로이다. 미완성된 부분을 완성하시오. `배점 : 6`

[동작설명]
- 푸시버튼스위치 PB1을 ON시키면 전자접촉기 MC1이 여자되고, RL등이 점등, 전자접촉기 보조접점 MC1 a접점이 닫혀 자기유지되며, 전자접촉기 주접점 MC1이 닫혀 유도전동기는 운전된다.
- 상용전원 운전 중 푸시버튼스위치 PB3를 OFF시키거나 전동기에 과부하가 걸려 열동계전기 THR1이 작동하면 MC1이 소자되어 유도전동기는 정지, RL등은 소등된다.
- 상용전원 정전 또는 고장시 푸시버튼스위치 PB2를 ON시키면 전자접촉기 MC2가 여자되고, GL등이 점등, 전자접촉기 보조접점 MC2 a접점이 닫혀 자기유지되며, 전자접촉기 주접점 MC2가 닫혀 유도전동기는 운전된다.
- 예비전원 운전 중 푸시버튼스위치 PB4를 OFF시키거나 전동기에 과부하가 걸려 열동계전기 THR2가 작동하면 MC2가 소자되어 유도전동기는 정지, GL등은 소등된다.

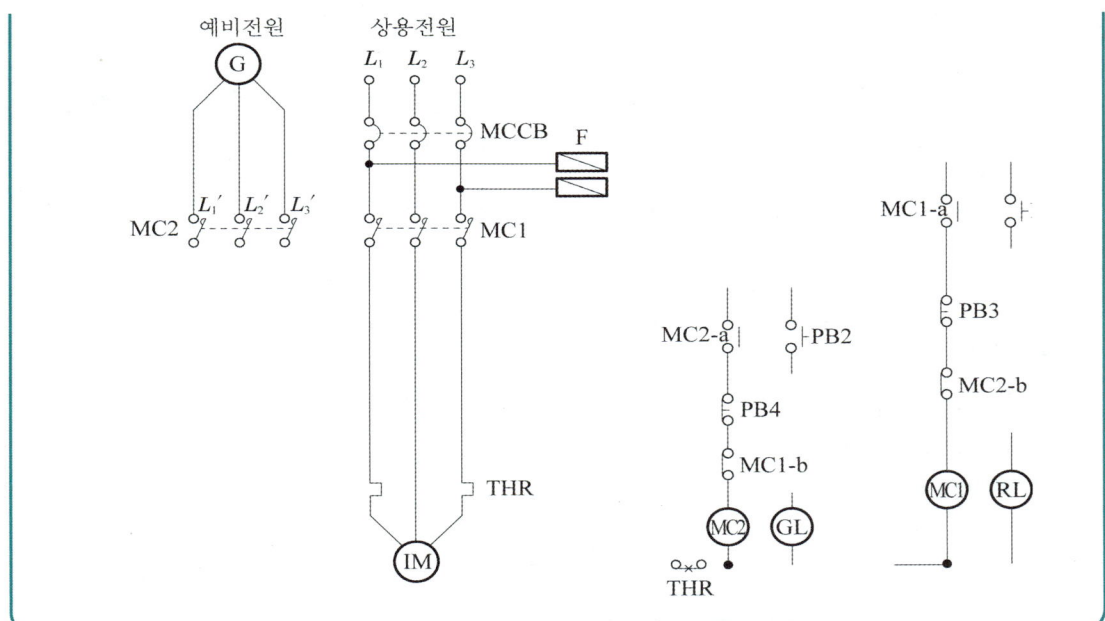

- **실전모범답안**

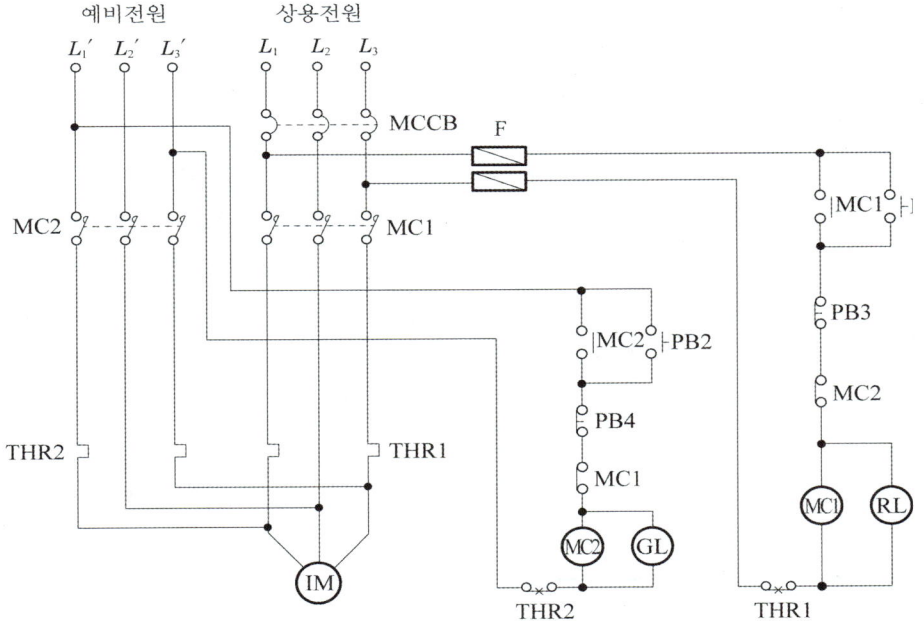

16 비상전원으로 축전지설비를 설치하려고 한다. 축전지의 정격용량이 200Ah이고, 비상용 조명 부하가 6kW, 사용전압이 100V일 때 다음 각 물음에 답하시오. 배점:6

(1) 축전지의 설치에 필요한 연축전지에 1개의 여유를 둔다고 하였을 때, 셀[cell]의 개수를 구하시오.
(2) 납축전지를 방전상태로 오랫동안 방치하거나, 충전시 전해액에 불순물이 혼입되었을 때 극판에 발생하는 현상을 쓰시오.
(3) (2)의 음극에서 발생되는 가스의 명칭은 무엇인지 쓰시오.

• 실전모범답안

(1) $N = \dfrac{100\text{V}}{2\text{V/cell}} = 50$

50 + 1(여유분) = 51개
(2) 설페이션 현상
(3) 수소가스

17 P형 1급 수신기의 경계구역에 대한 결선도이다. ①~⑤에 알맞은 각 선의 명칭을 쓰시오. 배점:8

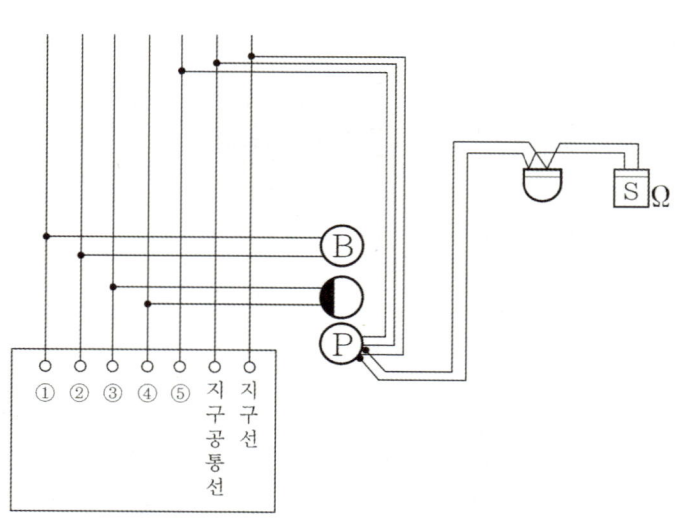

• 실전모범답안
① 경종공통
② 경종
③ 표시등공통
④ 표시등
⑤ 발신기
※ 그림을 보면 경종공통선과 표시등공통선을 따로 사용했음을 알 수 있고 ①, ②선의 명칭과 ③, ④선의 명칭은 순서가 바뀌어도 상관없다.

18 다음 그림과 같은 논리회로를 보고 각 물음에 답하시오. 배점 : 9

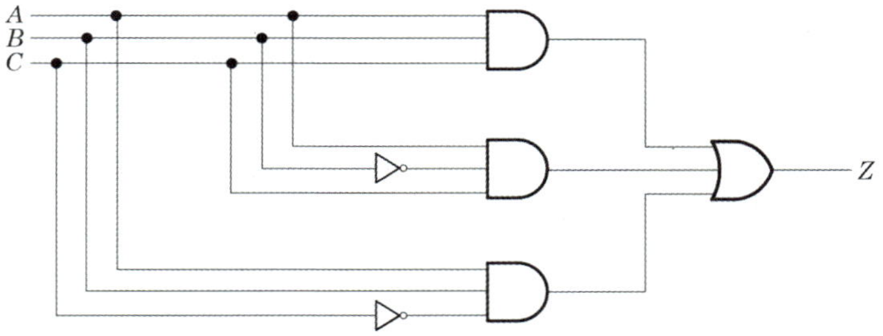

(1) 간략화 된 논리식으로 표현하시오. (단, 중간과정을 기재할 것)

(2) (1)의 논리식을 바탕으로 유접점 시퀀스회로를 완성하시오.

(3) (1)의 논리식을 바탕으로 무접점 논리회로를 그리시오.

유접점 시퀀스회로	무접점 논리회로
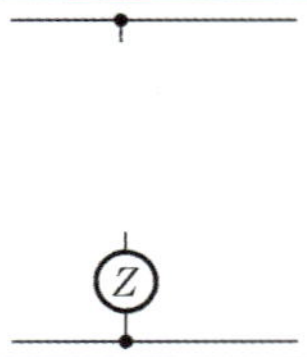	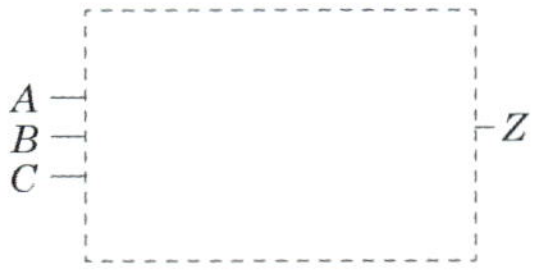

• **실전모범답안**

(1) $Z = ABC + A\overline{B}C + AB\overline{C}$

$= AC(B + \overline{B}) + AB\overline{C}$

$= AC + AB\overline{C}$

$= A(C + B\overline{C})$

$= A[(C + B) \cdot (C + \overline{C})]$

(2), (3)

유접점 시퀀스회로	무접점 논리회로
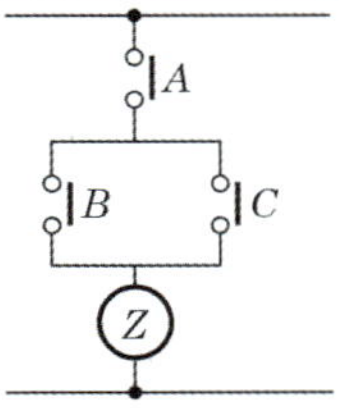	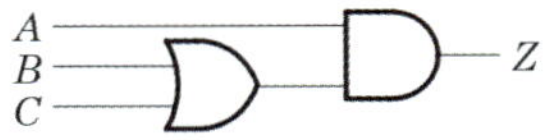

4회

01 극수변환식 3상 농형 유도전동기가 있다. 고속측은 4극이고 정격출력은 90kW이다. 저속측은 1/3속도라면 저속측의 극수와 정격출력은 몇 [kW]인지 계산하시오. (단, 슬립 및 정격토크는 저속측과 고속측이 같다고 본다.) [배점 : 6]

(1) 극수
(2) 정격출력

• 실전모범답안

(1) $\dfrac{P}{4} = \dfrac{\dfrac{1}{\dfrac{1}{3}N_s}}{\dfrac{1}{N_s}} = 3$

• 답 : $P = 4 \times 3 = 12$극

(2) $90 : N = P' : \dfrac{1}{3}N$

• 답 : $P' = \dfrac{90 \times \dfrac{1}{3}N}{N} = 30\,\mathrm{kW}$

02 거실의 높이가 20m 이상 되는 곳에 설치할 수 있는 감지기를 2가지 쓰시오. [배점 : 3]

• 실전모범답안
① 불꽃감지기
② 광전식(분리형, 공기흡입형) 중 아날로그방식

03 무선통신보조설비의 누설동축케이블의 기호를 보기에서 찾아쓰시오. [배점 : 6]

LCX - FR - SS - 20 D - 14 6
　①　　②　　③　　④ ⑤　　⑥ ⑦

[보기]
누설동축케이블, 난연성(내열성), 자기지지, 절연체 외경, 특성임피던스, 사용주파수

예) ⑦ 결합손실표시

- **실전모범답안**
  ① 누설동축케이블
  ② 난연성
  ③ 자기지지
  ④ 절연체 외경
  ⑤ 특성임피던스
  ⑥ 사용주파수

상세해설

누설동축케이블 기호의 의미

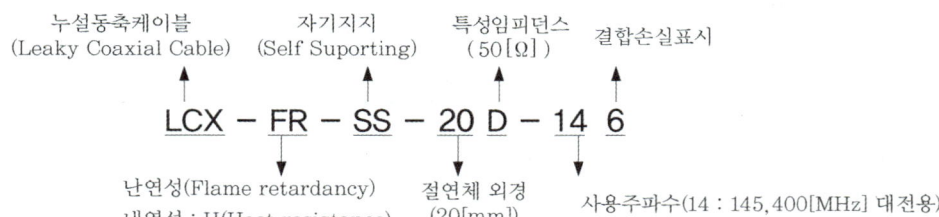

---

04 특정소방대상물에 설치된 소방시설 등을 구성하는 전부 또는 일부를 개설, 이전 또는 정비하는 소방시설공사의 착공신고 대상 3가지를 쓰시오. (단, 고장 또는 파손 등으로 인하여 작동시킬 수 없는 소방시설을 긴급히 교체하거나 보수하여야 하는 경우에는 신고하지 않을 수 있다.)

배점 : 6

- **실전모범답안**
  ① 수신반
  ② 소화펌프
  ③ 동력(감시)제어반

상세해설

소방시설공사의 착공신고 대상(소방시설공사업법 시행령 제4조3)
특정소방대상물에 설치된 소방시설등을 구성하는 다음 각 목의 어느 하나에 해당하는 것의 전부 또는 일부를 개설(改設), 이전(移轉) 또는 정비(整備)하는 공사. 다만, 고장 또는 파손 등으로 인하여 작동시킬 수 없는 소방시설을 긴급히 교체하거나 보수하여야 하는 경우에는 신고하지 않을 수 있다.
① 수신반(受信盤)
② 소화펌프
③ 동력(감시)제어반

05 다음 도면을 보고 각 물음에 답하시오. (단, 각 실은 이중천장이 없는 구조이며, 전선관은 16mm 후강전선관을 사용하며 콘크리트 내 매립 시공한다.)

배점 : 7

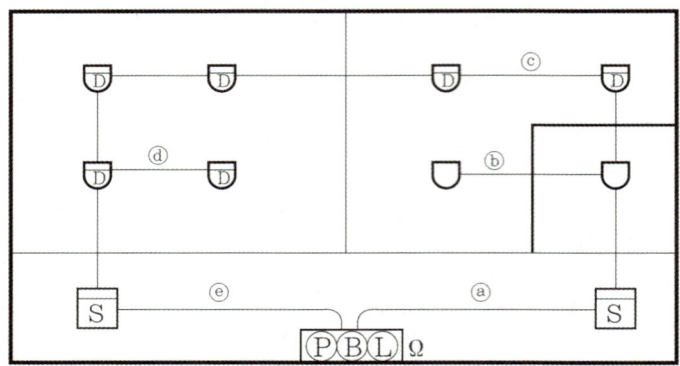

(1) 본 공사에 소요되는 부싱과 로크너트의 소요개수를 구하시오.
   ① 로크너트 :
   ② 부싱 :
(2) 도면의 ⓐ~ⓔ에 필요한 전선가닥수를 구하시오.

• 실전모범답안
  (1) ① 로크너트 : 44개
      ② 부싱 : 22개
  (2) ⓐ 2가닥 ⓑ 4가닥 ⓒ 2개닥 ⓓ 4가닥 ⓔ 2가닥

상세해설

(1)
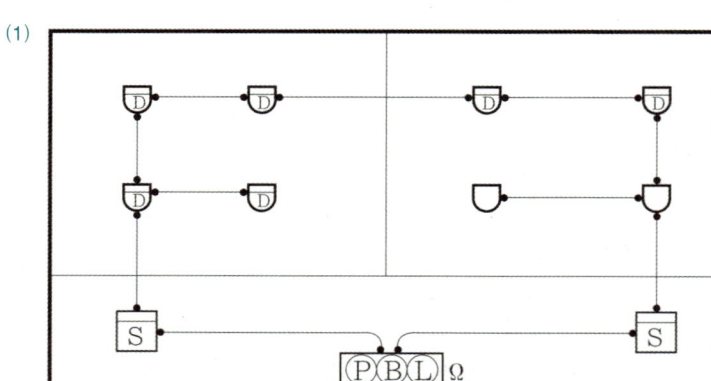

(2)

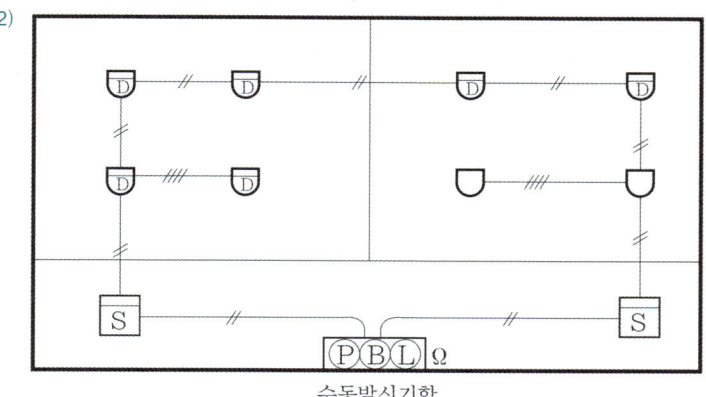

수동발신기함

06 피난유도선은 햇빛이나 전등불에 따라 축광하거나 전류에 따라 빛을 발하는 유도체로서, 어두운 상태에서 피난을 유도할 수 있도록 띠 형태로 설치되는 피난유도시설이다. 광원점등방식 피난유도선의 설치기준 3가지를 쓰시오.

배점 : 5

• **실전모범답안**
① 구획된 각 실로부터 주출입구 또는 비상구까지 설치할 것
② 피난유도 표시부는 바닥으로부터 높이 1m 이하의 위치 또는 바닥면에 설치할 것
③ 피난유도 표시부는 50cm 이내의 간격으로 연속되도록 설치하되 실내장식물 등으로 설치가 곤란할 경우 1m 이내로 설치할 것
④ 수신기로부터의 화재신호 및 수동조작에 의하여 광원이 점등되도록 설치할 것
⑤ 비상전원이 상시 충전상태를 유지하도록 설치할 것

상세해설

광원점등방식 피난유도선의 설치기준(NFTC 303 2.6.2)
① 구획된 각 실로부터 주출입구 또는 비상구까지 설치할 것
② 피난유도 표시부는 바닥으로부터 높이 1m 이하의 위치 또는 바닥면에 설치할 것
③ 피난유도 표시부는 50cm 이내의 간격으로 연속되도록 설치하되 실내장식물 등으로 설치가 곤란할 경우 1m 이내로 설치할 것
④ 수신기로부터의 화재신호 및 수동조작에 의하여 광원이 점등되도록 설치할 것
⑤ 비상전원이 상시 충전상태를 유지하도록 설치할 것
⑥ 바닥에 설치되는 피난유도 표시부는 매립하는 방식을 사용할 것
⑦ 피난유도 제어부는 조작 및 관리가 용이하도록 바닥으로부터 0.8m 이상 1.5m 이하의 높이에 설치할 것

07 유도등 및 비상조명등의 화재안전기술기준에서 비상전원을 60분 이상 유효하게 작동시킬 수 있어야 하는 특정소방대상물 두 가지를 적으시오. 배점:4

- 실전모범답안
  ① 지하층을 제외한 층수가 11층 이상의 층
  ② 지하층 또는 무창층으로서 용도가 도매시장·소매시장·여객자동차터미널·지하역사 또는 지하상가

08 다음은 자동화재탐지설비 및 시각경보장치의 화재안전기술기준에 따른 감지기의 설치 제외장소에 대한 내용이다. ( ) 안에 알맞은 답을 쓰시오. 배점:8

(1) 천장 또는 반자의 높이가 (①) 이상인 장소. 다만, 감지기로서 부착높이에 따라 적응성이 있는 장소는 제외한다.
(2) 헛간 등 외부와 기류가 통하는 장소로서 감지기에 따라 (②)을 유효하게 감지할 수 없는 장소
(3) (③)가 체류하고 있는 장소
(4) 고온도 및 (④)로서 감지기의 기능이 정지되기 쉽거나 감지기의 유지관리가 어려운 장소
(5) 목욕실·욕조나 샤워시설이 있는 화장실·기타 이와 유사한 장소
(6) 파이프덕트 등 그 밖의 이와 비슷한 것으로서 (⑤)개 층마다 방화구획된 것이나 수평단면적이 (⑥) 이하인 것
(7) 먼지·가루 또는 (⑦)가 다량으로 체류하는 장소 또는 주방 등 평상시 연기가 발생하는 장소(연기감지기에 한한다)
(8) 프레스공장·주조공장 등 (⑧)로서 감지기의 유지관리가 어려운 장소

- 실전모범답안
(1) 천장 또는 반자의 높이가 (① **20m**)이상인 장소 다만, 감지기로서 부착높이에 따라 적응성이 있는 장소는 제외한다.
(2) 헛간 등 외부와 기류가 통하는 장소로서 감지기에 따라 (② **화재발생**)을 유효하게 감지할 수 없는 장소
(3) (③**부식성가스**)가 체류하고 있는 장소
(4) 고온도 및 (④ **저온도**)로서 감지기의 기능이 정지되기 쉽거나 감지기의 유지관리가 어려운 장소
(5) 목욕실·욕조나 샤워시설이 있는 화장실·기타 이와 유사한 장소
(6) 파이프덕트 등 그 밖의 이와 비슷한 것으로서 (⑤ **2**)개 층마다 방화구획된 것이나 수평단면적이 (⑥ **5m²**) 이하인 것
(7) 먼지·가루 또는 (⑦ **수증기**)가 다량으로 체류하는 장소 또는 주방 등 평상시 연기가 발생하는 장소(연기감지기에 한한다)
(8) 프레스공장·주조공장 등 (⑧ **화재발생 위험이 적은 장소**)로서 감지기의 유지관리가 어려운 장소

09 이산화탄소소화설비의 음향경보장치에 관한 내용이다. ( ) 안에 알맞은 말을 쓰시오.

배점 : 4

(1) (①)를 설치한 것은 그 기동장치의 조작과정에서, (②)를 설치한 것은 화재감지기와 연동하여 (③)으로 경보를 발하는 것으로 할 것
(2) 소화약제의 방출 개시 후 (④) 경보를 계속 할 수 있는 것으로 할 것

• 실전모범답안

(1) (① **수동식 기동장치**)를 설치한 것은 그 기동장치의 조작과정에서, (② **자동식 기동장치**)를 설치한 것은 화재감지기와 연동하여 (③ **자동**)으로 경보를 발하는 것으로 할 것
(2) 소화약제의 방출 개시 후 (④ **1분 이상**) 경보를 계속 할 수 있는 것으로 할 것

---

10 무선통신보조설비의 증폭기를 설치하려고 한다. 다음 각 물음에 답하시오.

배점 : 6

(1) 증폭기의 전원의 종류 및 배선에 대해 쓰시오.
(2) 주회로 전원의 정상 여부를 표시할 수 있는 것으로 증폭기의 전면에 설치하는 것 2가지를 쓰시오.
    ①
    ②
(3) 증폭기의 비상전원 용량은 무선통신보조설비를 유효하게 몇 분 이상 작동시킬 수 있는 것으로 해야 하는가?

• 실전모범답안

(1) 상용전원은 전기가 정상적으로 공급되는 축전지설비, 전기저장장치(외부 전기에너지를 저장해 두었다가 필요한 때 전기를 공급하는 장치) 또는 교류전압의 옥내 간선으로 하고, 전원까지의 배선은 전용으로 할 것
(2) ① 전압계 ② 표시등
(3) 30분

상세해설

증폭기 및 무선중계기의 설치기준(NFTC 2.5.1.1)
① 상용전원은 전기가 정상적으로 공급되는 축전지설비, 전기저장장치(외부 전기에너지를 저장해 두었다가 필요한 때 전기를 공급하는 장치) 또는 교류전압의 옥내 간선으로 하고, 전원까지의 배선은 전용으로 할 것
② 증폭기의 전면에는 주회로전원의 정상 여부를 표시할 수 있는 표시등 및 전압계를 설치할 것
③ 증폭기에는 비상전원이 부착된 것으로 하고 해당 비상전원 용량은 무선통신보조설비를 유효하게 30분 이상 작동시킬 수 있는 것으로 할 것
④ 증폭기 및 무선중계기를 설치하는 경우에는 「전파법」에 따른 적합성평가를 받은 제품으로 설치하고 임의로 변경하지 않도록 할 것
⑤ 디지털방식의 무전기를 사용하는데 지장이 없도록 설치할 것

11
다음은 자동화재탐지설비 및 시각경보장치의 화재안전성능기준에 따른 배선에 대한 내용이다. ( ) 안에 알맞은 말을 쓰시오. [배점: 5]

(1) 감지기 상호간 또는 감지기로부터 수신기에 이르는 감지기회로의 배선의 경우에는 아날로그방식, R형 수신기형 등으로 사용되는 것은 (①)의 방해를 받지 않는 것으로 배선하고 그 외의 일반배선을 사용 할 때에는 내화배선 또는 내열배선으로 할 것
(2) 감지기 사이의 회로의 배선은 (②)으로 할 것
(3) 전원회로의 전로와 대지 사이 및 배선 상호간의 절연저항은 「전기사업법」에 따른 기술기준이 정하는 바에 의하고 감지기회로 및 부속회로의 전로와 대지 사이 및 배선 상호간의 절연저항은 1경계구역마다 (③)의 절연저항측정기를 사용하여 측정한 절연저항이 (④) 이상이 되도록 할 것
(4) 자동화재탐지설비의 감지기회로의 전로저항은 (⑤) 이하가 되도록 해야 하며 수신기의 각 회로별 종단에 설치되는 감지기에 접속되는 배선의 전압은 감지기 정격전압의 80% 이상이어야 할 것

• 실전모범답안
(1) 감지기 상호간 또는 감지기로부터 수신기에 이르는 감지기회로의 배선의 경우에는 아날로그방식, R형 수신기형 등으로 사용되는 것은 (① 전자파)의 방해를 받지 않는 것으로 배선하고 그 외의 일반배선을 사용 할 때에는 내화배선 또는 내열배선으로 할 것
(2) 감지기 사이의 회로의 배선은 (② 송배선식)으로 할 것
(3) 전원회로의 전로와 대지 사이 및 배선 상호간의 절연저항은 「전기사업법」에 따른 기술기준이 정하는 바에 의하고 감지기회로 및 부속회로의 전로와 대지 사이 및 배선 상호간의 절연저항은 1경계구역마다 (③ 직류 250V)의 절연저항측정기를 사용하여 측정한 절연저항이 (④ 0.1MΩ) 이상이 되도록 할 것
(4) 자동화재탐지설비의 감지기회로의 전로저항은 (⑤ 50Ω) 이하가 되도록 해야 하며 수신기의 각 회로별 종단에 설치되는 감지기에 접속되는 배선의 전압은 감지기 정격전압의 80% 이상이어야 할 것

12
다음의 경보설비에 관련된 알맞은 내용을 적으시오. [배점: 4]

(1) 경보설비의 정의를 적으시오.
(2) 경보설비의 종류 6가지를 적으시오.
   ①
   ②
   ③
   ④
   ⑤
   ⑥

• 실전모범답안
(1) 화재발생 사실을 통보하는 기계·기구 또는 설비
(2) ① 비상경보설비(비상벨설비, 자동식사이렌설비)
    ② 단독경보형감지기
    ③ 비상방송설비

④ 누전경보기
⑤ 자동화재탐지설비
⑥ 자동화재속보설비

상세해설

경보설비의 종류
① 비상경보설비(비상벨설비, 자동식사이렌설비)
② 단독경보형감지기
③ 비상방송설비
④ 누전경보기
⑤ 자동화재탐지설비
⑥ 자동화재속보설비
⑦ 가스누설경보기
⑧ 통합감시시설
⑨ 시각경보기
⑩ 화재알림설비

---

13 이산화탄소소화설비에서 자동식 기동장치의 화재감지기는 교차회로방식으로 설치해야 한다. 감지기 A, B를 교차회로방식으로 구성하는 경우 다음 각 물음에 답하시오. [배점:3]

(1) 작동출력의 신호를 X라고 할 경우, 논리식으로 쓰시오.
(2) 상기 논리식에 대응하는 무접점회로를 그리시오.

$$A - - X$$
$$B -$$

(3) 이 회로의 진리표를 완성하시오.

입력신호		출력신호
A	B	X
0	0	
0	1	
1	0	
1	1	

- 실전모범답안

(1) $Z = AB$
(2)

(3)

입력신호		출력신호
A	B	X
0	0	0
0	1	0
1	0	0
1	1	1

14 정온식스포트형감지기의 열감지방식을 5가지 적으시오. _{배점:5}

• 실전모범답안
① 바이메탈(bimetal)의 활곡 또는 반전을 이용한 것(반전 바이메탈식)
② 금속의 팽창계수를 이용한 것
③ 액체(기체)의 팽창을 이용한 것
④ 반도체를 이용한 것
⑤ 가용절연물을 이용한 것

15 다음은 기동용 수압개폐장치를 사용하는 옥내소화전함과 자동화재탐지설비가 설치된 8층 건축물의 계통도이다. 다음 각 물음에 답하시오. (단, 화재로 인하여 하나의 층의 지구음향장치 배선이 단락되어도 다른 층의 화재통보에 지장이 없도록 각 층 배선 상에 유효한 조치를 하였으며, 전화선은 산정하지 않는다.) _{배점:10}

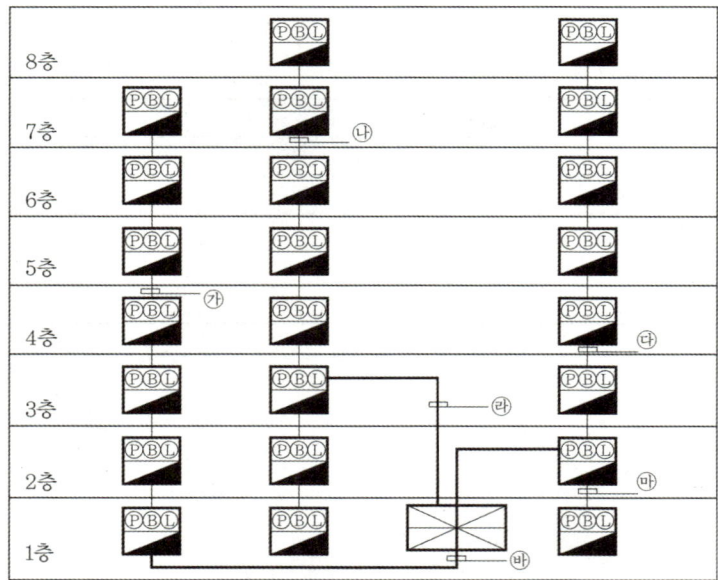

(1) 기호 ㉮~㉯의 가닥수를 구하시오.
(2) 도면의 P형 1급 수신기는 최소 몇 회로용을 사용해야 하는지 쓰시오.
(3) 5층에서 화재가 발생하여 음향장치의 배선이 단락되었을 경우 몇 층에 경보가 울리는지 쓰시오.
(4) 자동화재탐지설비의 음향장치 정격전압의 몇 [%] 전압에서 음향을 발할 수 있어야 하는지 쓰시오.
(5) 음향장치의 음향의 크기는 부착된 음향장치의 중심으로부터 1m 떨어진 위치에서 몇 [dB] 이상이 되어야 하는지 쓰시오.

• **실전모범답안**
(1) ㉮ 10가닥 ㉯ 9가닥 ㉰ 12가닥 ㉱ 16가닥 ㉲ 8가닥 ㉳ 14가닥
(2) 25회로용
(3) 1층, 2층, 3층, 4층, 6층, 7층, 8층
(4) 80%
(5) 90dB

상세해설

배선내역

구 분	배선수	배선의 용도
㉮	10	회로 공통선 1, 경종표시등 공통선 1, 경종선 1, 표시등선 1, 발신기선 1, 회로선 3, 펌프기동표시등 2
㉯	9	회로 공통선 1, 경종표시등 공통선 1, 경종선 1, 표시등선 1, 발신기선 1, 회로선 2, 펌프기동표시등 2
㉰	12	회로 공통선 1, 경종표시등 공통선 1, 경종선 1, 표시등선 1, 발신기선 1, 회로선 5, 펌프기동표시등 2
㉱	16	회로 공통선 2, 경종표시등 공통선 1, 경종선 1, 표시등선 1, 발신기선 1, 회로선 8, 펌프기동표시등 2
㉲	8	회로 공통선 1, 경종표시등 공통선 1, 경종선 1, 표시등선 1, 발신기선 1, 회로선 1, 펌프기동표시등 2
㉳	14	회로 공통선 1, 경종표시등 공통선 1, 경종선 1, 표시등선 1, 발신기선 1, 회로선 7, 펌프기동표시등 2

16 다음은 무선통신보조설비 중 중계기의 회로이다. 다음 각 물음에 답하시오. 배점:5

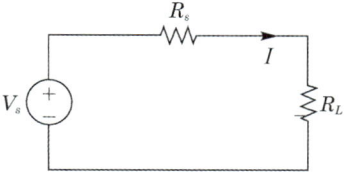

(1) 최대전력을 부하저항에 걸리게 하기 위한 식을 쓰시오.
(2) 부하저항에 흐르는 최대전력을 구하시오.

• 실전모범답안

(1) $R_S = R_L$

(2) $P = VI = I^2 R_L$
$= \left(\dfrac{V}{R_S + R_L}\right)^2 \times R_L = \dfrac{V^2}{4R_L^2} \times R_L = \dfrac{V^2}{4R_L}$

17 도면은 타이머를 이용하여 기동 시 Y로 기동하고 t초 후 자동적으로 △로 운전되는 Y-△기동 회로이다. 이 회로도를 보고 다음 각 물음에 답하시오. 배점:8

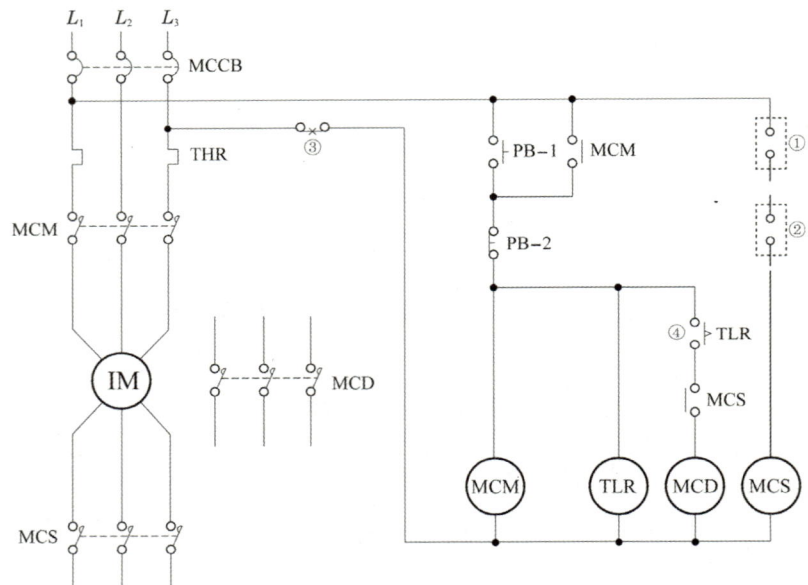

(1) 이 기동방식을 채용하는 이유는 무엇인지 쓰시오.
(2) ①과 ②에 들어갈 알맞은 기호를 그리시오.
(3) ③과 ④의 우리말 명칭을 쓰시오.
(4) 도면의 미완성 부분을 완성하시오.

• 실전모범답안

(1) 기동전류를 적게 하기 위하여
(3) ③ 열동계전기 b접점
④ 한시동작순시복귀

(2), (4)

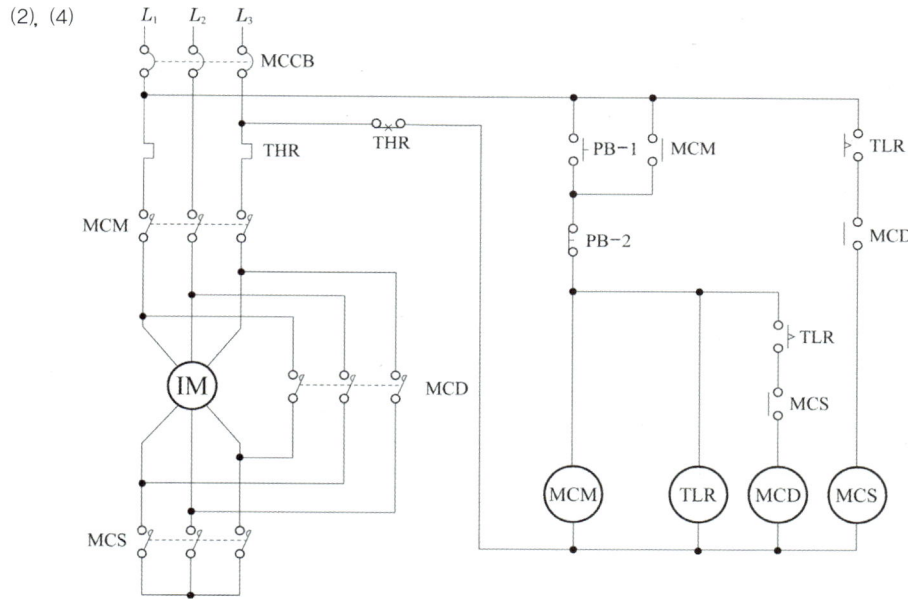

18 다음은 어느 특정소방대상물의 평면도이다. 건축물의 구조는 내화구조이고, 층의 높이는 3.4m 일 때 다음 각 물음에 답하시오. (단, 각 실에는 차동식스포트형감지기 1종을, 복도에는 연기감지기 2종을 설치한다.)

배점 : 6

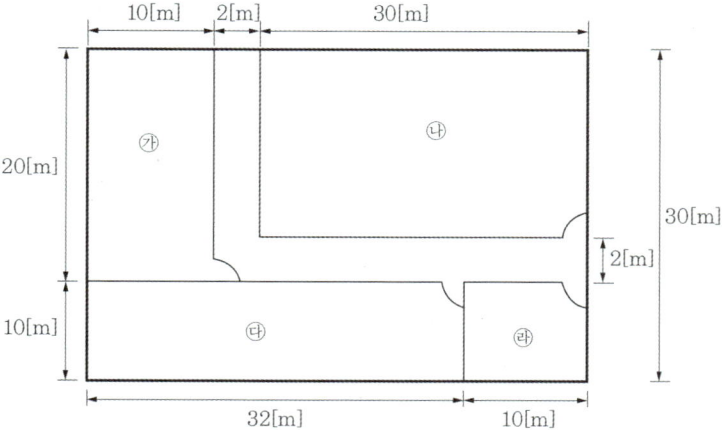

(1) 각 실별로 설치해야 할 감지기의 개수를 구하시오.

구 역	계산내용	감지기 개수
㉮ 구역		
㉯ 구역		
㉰ 구역		
㉱ 구역		

(2) 복도에 설치해야 할 감지기의 개수를 구하시오.

구 역	계산내용	감지기 개수
복도		

• 실전모범답안

(1)

구 역	계산내용	감지기 개수
㉮ 구역	$\dfrac{10 \times 20}{90} = 2.222 ≒ 3개$	3개
㉯ 구역	$\dfrac{30 \times 18}{90} = 6개$	6개
㉰ 구역	$\dfrac{32 \times 10}{90} = 3.555 ≒ 4개$	4개
㉱ 구역	$\dfrac{10 \times 10}{90} = 1.111 ≒ 2개$	2개

(2)

구 역	계산내용	감지기 개수
복도	$\dfrac{31 + 19}{30} = 1.666 ≒ 2개$	2개

2022년도 제1회 국가기술자격 실기시험문제

자격종목	소방설비기사(전기)	형별	A	수험번호	
시험시간	3시간	일시		성명	

【문제 1】 다음은 준비작동식 스프링클러소화설비에 사용되는 Super Visory Panel에서 수신기까지의 내부결선도이다. 결선도를 완성시키고 ①~⑧에 이용되는 전선의 용도에 관한 명칭을 쓰시오.
(9점)

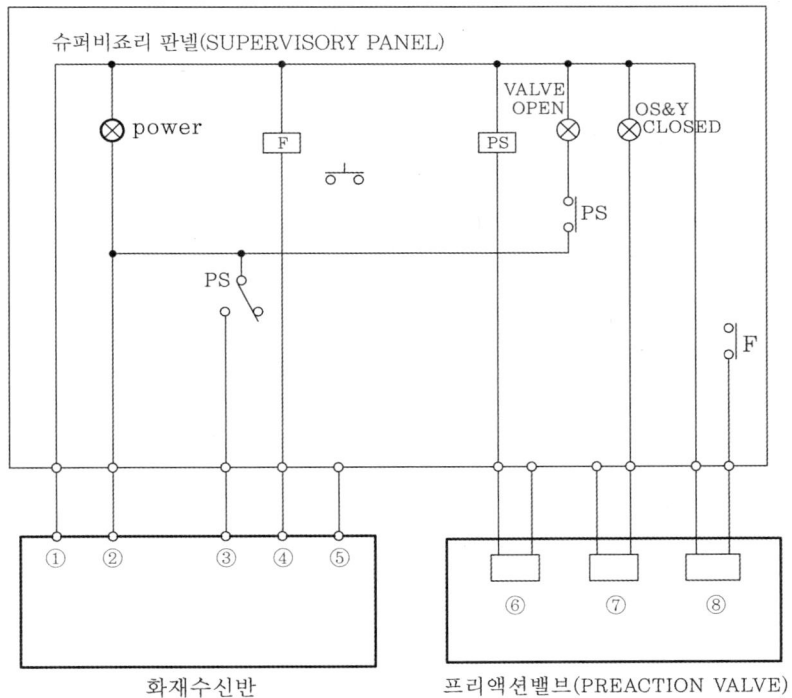

화재수신반   프리액션밸브(PREACTION VALVE)

【문제 2】 소방설치대상물별 자동화재탐지설비의 설치기준(연면적 등)을 서술하시오. (5점)

구 분	연면적(m²)
판매시설	①
판매시장 중 전통시장	②
복합건축물	③
업무시설	④
교육연구시설	⑤

【문제 3】 주어진 동작 설명이 적합하도록 미완성된 시퀀스 제어회로를 완성하시오. (단, 각 접점 및 스위치에는 접점 명칭을 반드시 기입하도록 하며, 접점은 PB-a 1개, PB-b 1개, MC-a 1개, MC-b 1개, 타이머-a 1개, 타이머-b 1개, THR-a 1개, THR-b 1개, MC 1개, T 1개, RL 1개, GL 1개, YL 1개를 사용한다.) (5점)

──〈 조 건 〉──

- 전원을 투입하면 표시램프 ⓖⓛ이 점등되도록 한다.
- 전동기 운전용 누름버튼스위치 PBS1-a을 누르면 전자접촉기 MC가 여자되어 전동기가 기동되며, 동시에 전자접촉기 보조 a접점인 MC-a 접점에 의하여 전동기 운전표시등 ⓡⓛ이 점등된다. 이때 전자접촉기 b접점인 MC-b에 의하여 ⓖⓛ이 소등되며 또한 타이머가 T가 통전되어 타이머 설정시간 후에 타이머의 b접점 T-b가 떨어지므로 전자접촉기 MC가 소자되어 전동기가 정지하고, 모든 접점은 PBS1-a를 누르기 전의 상태로 복귀한다.
- 전동기가 정상운전 중이라도 정지용 누름버튼스위치 PBS2-b를 누르면 PBS1-a을 누르기 전의 상태로 된다.
- 전동기에 과전류가 흐르면 열동계전기 접점인 THR-b 접점이 떨어져서 전동기는 정지하고 모든 접점은 PBS1-a를 누르기 전의 상태로 복귀한다. 이때 RL은 소등되고 경고등 YL이 점등된다.

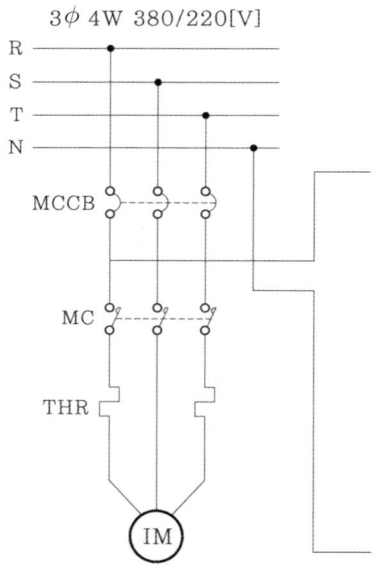

【문제 4】 가요전선관공사에서 다음에 사용되는 재료의 명칭은 무엇인지 쓰시오. (3점)
(1) 가요전선관과 박스의 연결
(2) 가요전선관과 금속전선관의 연결
(3) 가요전선관과 가요전선관의 연결

【문제 5】 비상콘센트설비에 대한 다음 각 물음에 답하시오. (4점)
(1) 전원회로의 종류, 전압 및 그 공급용량을 쓰시오.
(2) 전원으로부터 각 층의 비상콘센트에 분기되는 경우에 보호함 안에 설치하여야 하는 기구를 쓰시오.
(3) 비상콘센트설비의 전원회로의 배선은 무슨 배선인지 쓰시오.

【문제 6】 다음은 어느 특정소방대상물의 평면도이다. 건축물의 구조는 내화구조이고, 층간 높이는 5m일 때 다음 각 물음에 답하시오. (단, 설치하여야 할 감지기는 2종을 설치한다.) (7점)

(1) 광전식스포트형감지기를 설치하는 경우 각 실에 설치되는 감지기의 개수를 구하시오.

구 분	계산식	수 량
A실	$\frac{10 \times 7}{75} = 0.93$	1개
B실	$\frac{10 \times 16}{75} = 2.13$	3개
C실	$\frac{20 \times 15}{75} = 4$	4개
D실	$\frac{10 \times 15}{75} = 2$	2개
E실	$\frac{30 \times 8}{75} = 3.2$	4개

(2) 해당 특정소방대상물의 경계구역 수를 구하시오.

【문제 7】 길이 60m의 통로에 객석유도등을 설치하려고 한다. 이때 필요한 객석유도등의 수량은 최소 몇 개인지 구하시오. (3점)

【문제 8】 다음 소방시설의 도시기호를 보고 각 명칭을 쓰시오. (4점)

(1) ▱⊠ (사각형에 X)

(2) ▱⊠ (사각형에 X와 +)

(3) ▱ (사각형을 세로로 이등분)

(4) ▱ (사각형 내부에 가로선)

【문제 9】 그림과 같은 복도에 자동화재탐지설비의 감지기를 설치하고자 한다. 각각의 도면에 연기감지기 2종과 연기감지기 3종을 배치하고 감지기 간 및 복도와 감지기 간 거리를 각각 표시하시오. (6점)

(1)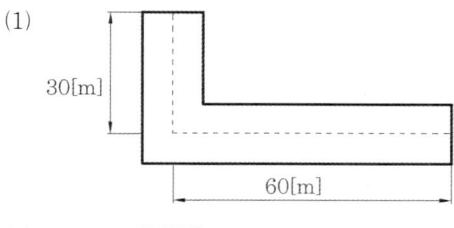

(2)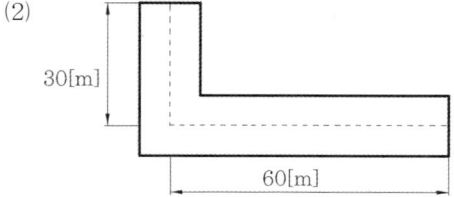

【문제 10】 3선식 배선에 의하여 상시 충전되는 유도등의 전기회로에 점멸기를 설치하는 경우에는 어느 때에 점등되도록 하여야 하는지 그 기준을 5가지 쓰시오. (5점)

【문제 11】 중계기의 설치기준 3가지를 쓰시오. (6점)

【문제 12】 다음 물음에 답하시오. (10점)

(1) 다음 그림과 같은 회로에서 램프 L의 동작을 타임차트에 표시하시오.

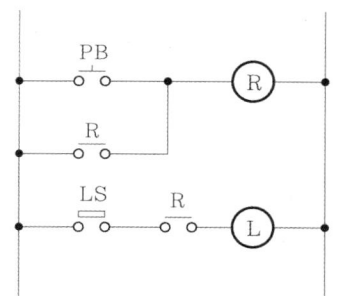 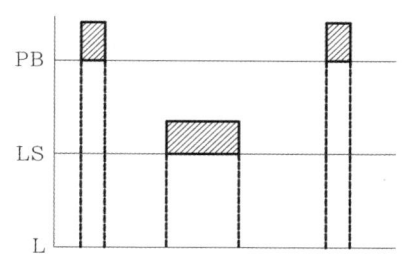

(2) 다음 그림과 같은 회로에서 램프 L의 동작을 타임차트에 표시하고, 회로에 대한 논리회로를 그리시오.

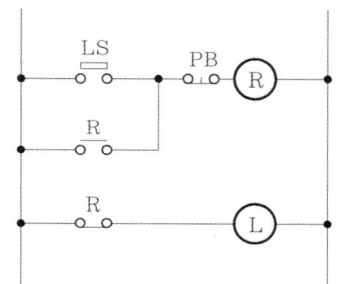 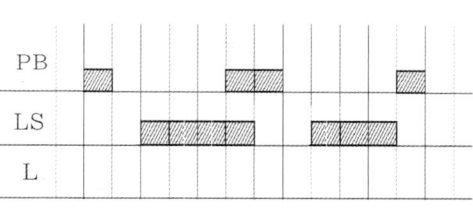

(3) 각 회로의 무접점회로를 그리시오.

【문제 13】 다음 그림과 같은 각 건물의 경계구역수를 구하시오. (6점)

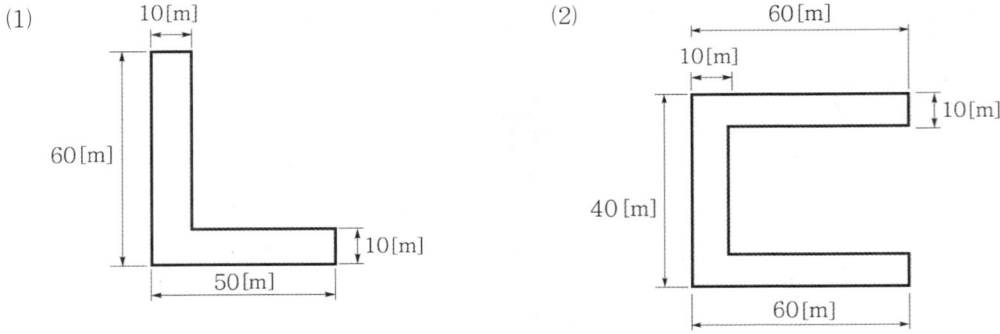

【문제 14】 다음은 비상전원수전설비 중 큐비클형의 설치기준이다. ( ) 안에 알맞은 말을 쓰시오.
(4점)

- (①) 또는 공용큐비클식으로 설치할 것
- 외함은 두께 (②)mm 이상의 강판과 이와 동등 이상의 강도와 (③)이 있는 것으로 제작하여야 하며, 개구부에는 (④)방화문 또는 (⑤)방화문을 설치할 것
- 외함의 바닥에서 (⑥)cm(시험단자, 단자대 등의 충전부는 (⑦)cm) 이상의 높이에 설치할 것

【문제 15】 다음은 옥내소화전설비 및 자동화재탐지설비의 계통도이다. ㉮~㉲의 전선가닥수를 구하시오. (단, 옥내소화전은 기동용 수압개폐장치에 의해 기동된다.) (5점)

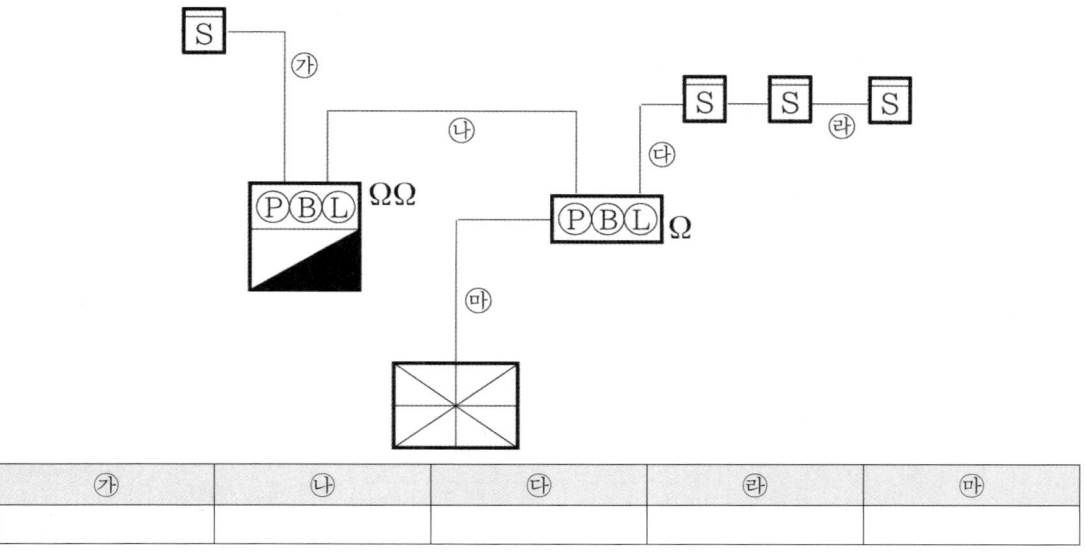

㉮	㉯	㉰	㉱	㉲

【문제 16】 비상방송설비의 확성기 회로에 음량조정기를 설치하고자 한다. 결선도를 그리시오. (5점)

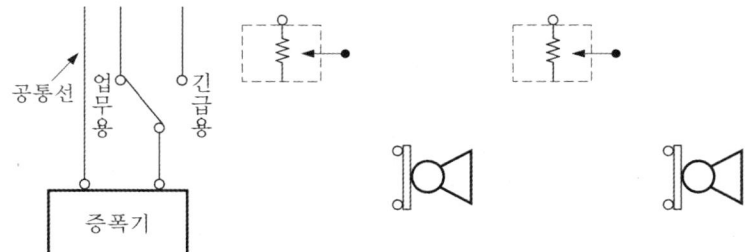

【문제 17】 수신기로부터 배선거리 100m의 위치에 제연설비의 댐퍼가 설치되어 있다. 댐퍼가 동작할 때 댐퍼의 단자전압을 구하시오. (단, 수신기는 정전압 출력이고 단상이며, 전선은 1.5mm HFIX 전선이며, 전류는 1A이다.) (4점)

【문제 18】 누전경보기의 제품검사기에 관한 내용이다. 다음 각 물음에 답하시오. (6점)
(1) 변류기의 절연저항을 측정할 때 사용하는 기구의 명칭을 쓰시오.
(2) 변류기의 절연저항을 측정하였을 경우 절연저항값은 몇 [MΩ] 이상이어야 하는지 쓰시오.
(3) 감도조정장치의 초소값과 최대값을 쓰시오.
(4) 누전경보기의 공칭작동 전류치는 몇 [mA] 이하이어야 하는지 쓰시오.

2022년도 제2회 국가기술자격 실기시험문제

자격종목	소방설비기사(전기)	형별	A	수험번호	
시험시간	3시간	일시		성명	

【문제 1】 유도등의 비상전원에 관한 내용이다. 다음 ( ) 안의 내용을 완성하시오. (4점)
비상전원은 다음의 기준에 적합하게 설치해야 한다.
(1) (①)로 할 것
(2) 유도등을 (②)분 이상 유효하게 작동시킬 수 있는 용량으로 할 것. 다만, 다음의 특정소방대상물의 경우에는 그 부분에서 피난층에 이르는 부분의 유도등을 (③)분 이상 유효하게 작동시킬 수 있는 용량으로 해야 한다.
   ㉠ 지하층을 제외한 층수가 11층 이상의 층
   ㉡ 지하층 또는 무창층으로서 용도가 도매시장·소매시장·여객자동차터미널·지하역사 또는 지하상가

【문제 2】 다음은 비상방송설비에 대한 설치기준이다. ( ) 안의 내용을 완성하시오. (5점)
• 확성기의 음성입력은 3W(실내에 설치하는 것에 있어서는 (①)W) 이상일 것
• 확성기는 각 층마다 설치하되, 그 층의 각 부분으로부터 하나의 확성기까지의 수평거리가 (②)m 이하가 되도록 하고, 해당 층의 각 부분에 유효하게 경보를 발할 수 있도록 설치할 것
• 음량조정기를 설치하는 경우 음량조정기의 배선은 (③)으로 할 것
• 조작부의 조작스위치는 바닥으로부터 (④)m 이상 (⑤)m 이하의 높이에 설치할 것

【문제 3】 다음 그림과 같은 각 건물의 경계구역수를 구하시오. (6점)

(1)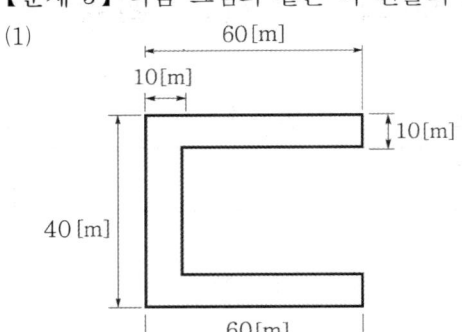

(2)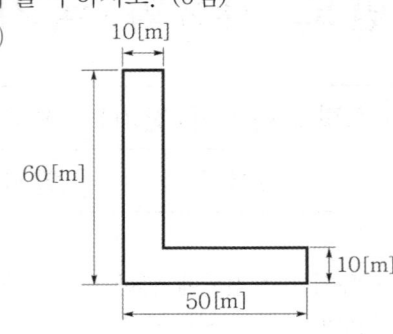

【문제 4】 다음 소방시설의 도면에 사용하는 심벌의 명칭을 쓰시오. (4점)

(1)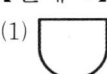

(2)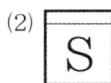

(3)

(4)

【문제 5】 3상 380V, 15kW 스프링클러 펌프용 유도전동기이다. 유도전동기의 역률이 85%일 때 역률을 95%로 개선할 수 있는 전력용 콘덴서의 용량은 몇 [kVA]인지 구하시오. (7점)

【문제 6】 유량 2,400lpm, 양정 100m인 스프링클러설비용 펌프 전동기의 용량은 몇 [kW]인지 구하시오. (단, 효율은 65%, 여유율은 1.1이다.) (4점)

【문제 7】 P형 수신기와 감지기와의 배선회로에서 종단저항은 11kΩ, 배선저항은 40Ω, 릴레이저항은 500Ω이며 회로전압이 DC 24V일 때 다음 각 물음에 답하시오. (6점)

(1) 평소 감시전류는 몇 [mA]인지 구하시오.
(2) 감지기가 동작할 때 (화재 시)의 전류는 몇 [mA]인지 구하시오.

【문제 8】 바닥면적이 700m²인 어느 특정소방대상물에 차동식스포트형감지기 2종을 설치하는 경우와 광전식스포트형감지기 2종을 설치하는 경우 감지기의 최소 개수를 구하시오. (단, 주요구조부는 내화구조이고, 감지기의 설치높이는 3m이다.) (6점)
(1) 차동식스포트형감지기(2종)
(2) 광전식스포트형감지기(2종)

【문제 9】 다음은 옥내소화전설비의 비상전원에 관한 설치기준이다. (　) 안에 알맞은 내용을 쓰시오. (6점)
(1) 비상전원을 설치해야 하는 경우
　㉠ 층수가 (①) 이상으로서 연면적 (②)m² 이상인 것
　㉡ 해당하지 않는 특정소방대상물로서 지하층의 바닥면적 합계가 (③)m² 이상인 것
(2) 비상전원 설치기준
　㉠ 점검에 편리하고 화재 및 (④) 등의 재해로 인한 피해를 받을 우려가 없는 곳에 설치할 것
　㉡ 옥내소화전설비를 유효하게 (⑤)분 이상 작동할 수 있어야 할 것
　㉢ 상용전원으로부터 전력의 공급이 중단된 때에는 (⑥)으로 비상전원으로부터 전력을 공급받을 수 있도록 것
　㉣ 비상전원(내연기관의 기동 및 제어용 축전기를 제외한다)의 설치장소는 다른 장소와 (⑦) 할 것. 이 경우 그 장소에는 비상전원의 공급에 필요한 기구나 설비 외의 것(열병합발전설비에 필요한 기구나 설비는 제외한다)을 두어서는 안 된다.
　㉤ 비상전원을 실내에 설치하는 때에는 그 실내에 (⑧)을 설치할 것

【문제 10】 다음은 화재안전기준에서 정하는 비상방송설비의 용어정의에 대한 내용이다. 무엇에 관한 설명인지 쓰시오. (3점)

(1) 소리를 크게 하여 멀리까지 전달될 수 있도록 하는 장치로써 일명 스피커를 말한다.
(2) 가변저항을 이용하여 전류를 변화시켜 음량을 크게 하거나 작게 조절할 수 있는 장치를 말한다.
(3) 전압전류의 진폭을 늘려 감도를 좋게 하고 미약한 음성전류를 커다란 음성전류로 변화시켜 소리를 크게 하는 장치를 말한다.

【문제 11】 주어진 진리표를 보고 다음 각 물음에 답하시오. (10점)

A	B	C	X	Y
0	0	0	1	0
0	0	1	0	1
0	1	0	1	1
0	1	1	0	1
1	0	0	1	0
1	0	1	0	1
1	1	0	0	1
1	1	1	0	1

(1) 위의 진리표를 간략화된 논리식으로 표현하시오.
(2) (1)의 논리식을 무접점회로로 표현하시오.

【문제 12】 P형 수신기의 예비전원을 시험하는 목적과 방법, 양부 판단의 기준에 대하여 설명하시오. (5점)

【문제 13】 다음 도면은 유도전동기 기동정지회로의 미완성 도면이다. 다음과 같이 주어진 기구를 이용하여 미완성 도면을 완성하시오. (단, 기구의 개수 및 접점을 최소로 할 것) (4점)

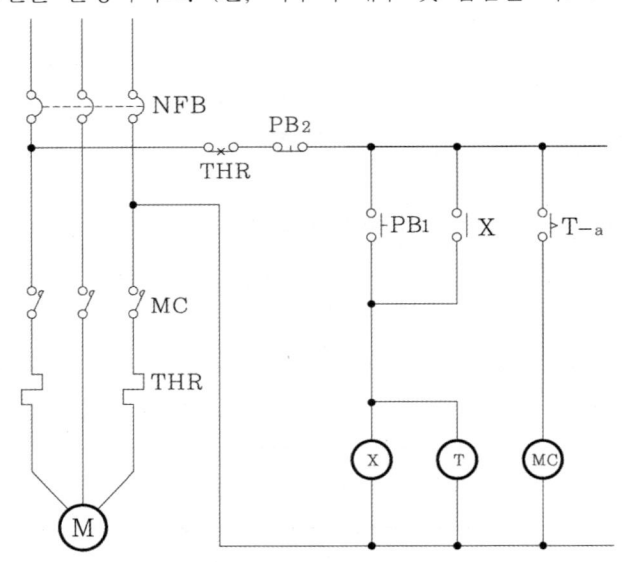

- 전자접촉기 : ⓂC   • 기동용 표시등 : ⓖL   • 정지용 표시등 : ⓡL
- 열동계전기 : ⸨THR
- 누름버튼스위치 ON용 : ⸨
- 누름버튼스위치 OFF용 : ⸨

【문제 14】 교차회로방식의 적용 설비 5가지만 쓰시오. (5점)

【문제 15】 수신기에서 60m 떨어진 장소의 감지기가 작동할 때 소비된 전류가 400mA라고 한다. 이때의 전압강하 [V]를 구하시오. (단, 전선의 직경은 1.5[mm]이다.) (점)

【문제 16】 다음은 옥내소화전설비 감시제어반의 기능에 대한 적합기준이다. ( ) 안의 내용을 완성하시오. (5점)
⑴ 각 펌프의 작동여부를 확인할 수 있는 표시등 및 (①) 기능이 있어야 할 것
　 각 펌프를 자동 및 수동으로 작동시키거나 중단시킬 수 있어야 할 것
　 비상전원을 설치한 경우에는 상용전원 및 비상전원의 공급여부를 확인할 수 있어야 할 것
⑵ 수조 또는 물올림탱크가 (②)로 될 때 (③) 및 음향으로 경보할 것
⑶ 확인회로(기동용 수압개폐장치의 압력스위치회로·수조 또는 물올림탱크의 감시회로를 말한다.)마다 (④)시험 및 (⑤)시험을 할 수 있어야 할 것
　 예비전원이 확보되고 예비전원의 적합여부를 시험할 수 있어야 할 것

【문제 17】 다음 도면과 같이 감지기가 설치되어 있을 경우 배선도를 완성하시오. (5점)

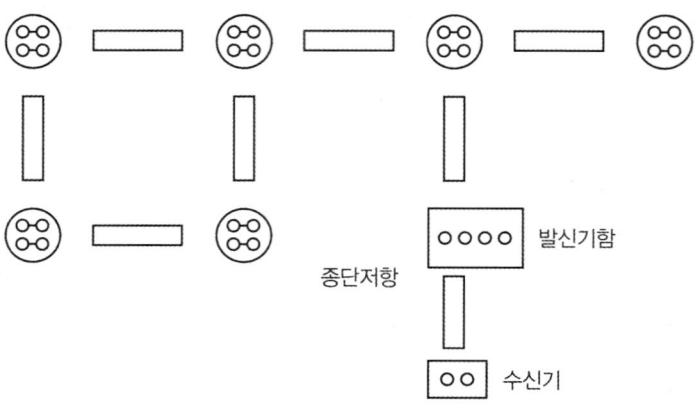

【문제 18】 다음 그림은 기동용 수압개폐장치를 사용하는 옥내소화전설비와 P형 발신기세트를 겸용한 전기설비의 계통도이다. 각 물음에 답하시오. (단, 화재로 인하여 하나의 층의 지구음향장치 또는 배선이 단락되어도 다른 층의 화재 통보에 지장이 없도록 각 층 배선 상에 유효한 조치를 하였다.)
(11점)

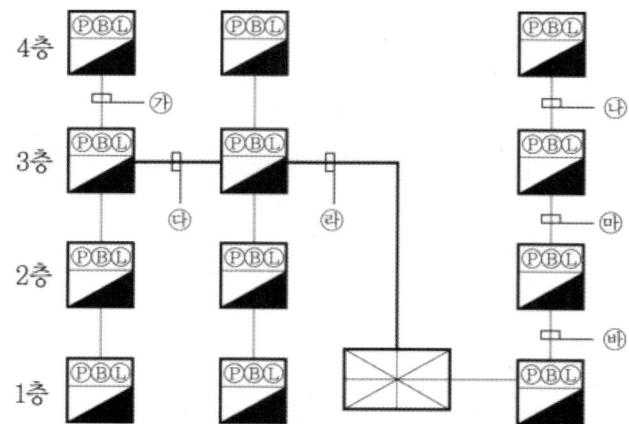

(1) 기호 ㉮~㉯의 전선 가닥수를 표시하시오.
(2) 종단저항의 설치기준 3가지를 쓰시오.
(3) 감지기회로의 전로저항은 몇 [Ω] 이하이어야 하는지 쓰시오.
(4) 정격전압의 몇 [%] 전압에서 음향을 발할 수 있어야 하는지 쓰시오.

2022년도 제4회 국가기술자격 실기시험문제

자격종목	소방설비기사(전기)	형별	A	수험번호	
시험시간	3시간	일시		성명	

【문제 1】다음 그림과 같은 스위치회로를 보고 각 물음에 답하시오. (5점)

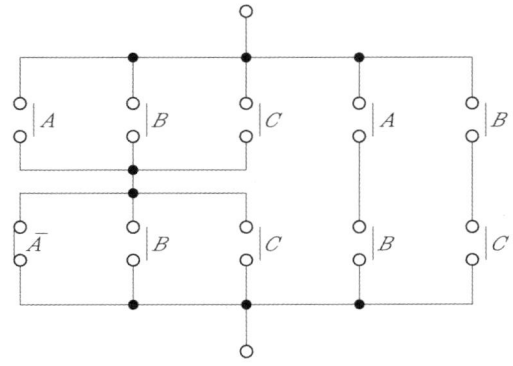

(1) 간략화된 논리식으로 표현하시오. (단, 중간과정을 기재할 것)
(2) 스위치회로를 그리시오.

【문제 2】 소방용 케이블과 다른 용도의 케이블을 배선전용실에 함께 배선할 때 다음 각 물음에 답하시오. (4점)

(1) 소방용 케이블을 내화성능을 갖는 배선전용실 등의 내부에 소방용이 아닌 케이블과 함께 노출하여 배선할 때 소방용 케이블과 다른 용도의 케이블간의 피복과 피복간의 이격거리는 몇 [cm] 이상이어야 하는지 쓰시오.

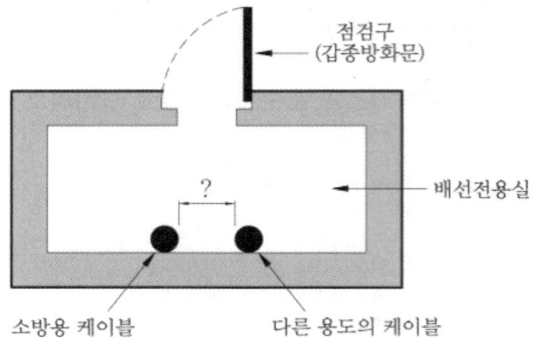

(2) 부득이하여 "(1)"과 같이 이격시킬 수 없는 불연성 격벽을 설치한 경우에 격벽의 높이는 굵은 케이블 지름의 몇 배 이상이어야 하는지 쓰시오.

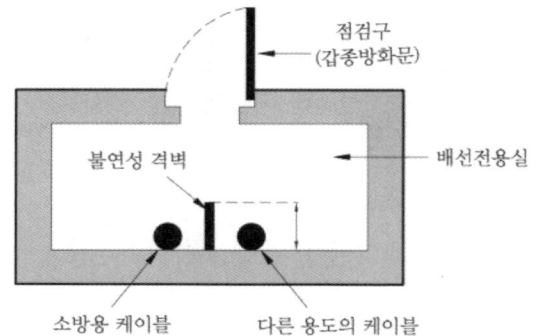

【문제 3】 다음은 할론(Halon) 소화설비의 평면도이다. 다음 각 물음에 답하시오. (13점)

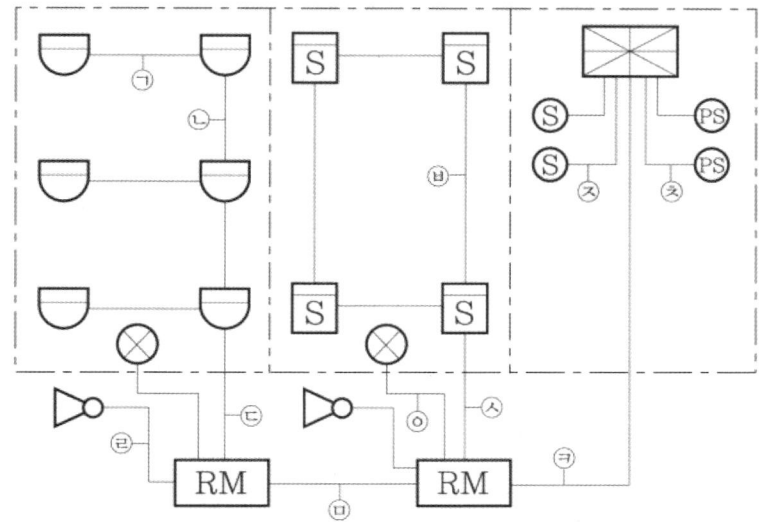

(1) ㉠~㉣까지의 가닥수를 구하시오. (단, 감지기는 별개의 공통선을 사용한다.)
(2) ㉤의 배선의 용도를 쓰시오.
(3) ㉥에서 구역(Zone)이 추가됨에 따라 늘어나는 전선명칭을 적으시오.

【문제 4】 자동화재탐지설비의 감지기 설치기준 중 축적기능이 없는 감지기를 사용하는 경우 3가지를 쓰시오. (4점)

【문제 5】 다음은 비상조명등의 설치기준에 관한 사항이다. 다음 ( ) 안을 완성하시오. (3점)
예비전원과 비상전원은 비상조명등을 (①)분 이상 유효하게 작동시킬 수 있는 용량으로 할 것. 다만, 다음의 특정소방대상물의 경우에는 그 부분에서 피난층에 이르는 부분의 비상조명등을 (②)분 이상 유효하게 작동시킬 수 있는 용량으로 해야 한다.
• 지하층을 제외한 층수가 (③)층 이상의 층
• 지하층 또는 무창층으로서 용도가 도매시장·소매시장·여객자동차터미널·지하역사 또는 지하상가

【문제 6】 다음 그림과 같이 방전전류가 시간과 함께 감소하는 패턴의 축전지용량[Ah]을 계산하시오. (단, 용량환산시간 K는 다음 표와 같고, 보수율은 0.8을 적용한다.) (5점)

시 간	10분	20분	30분	60분	100분	110분	120분	170분	180분	200분
용량환산 시간[K]	1.30	1.45	1.75	2.55	3.45	3.65	3.85	4.85	5.05	5.30

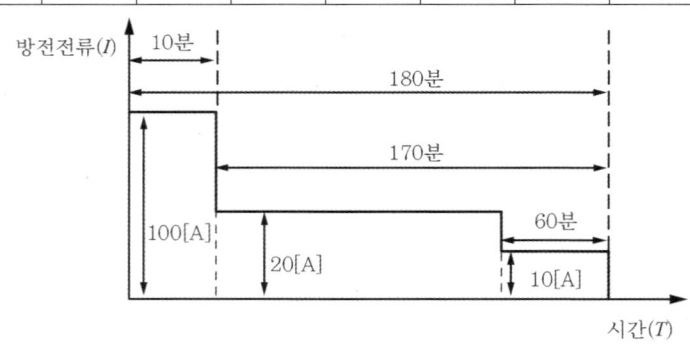

【문제 7】 다음은 할론소화설비의 평면도이다. 주어진 도면을 이용하여 다음 각 물음에 답하시오. (5점)

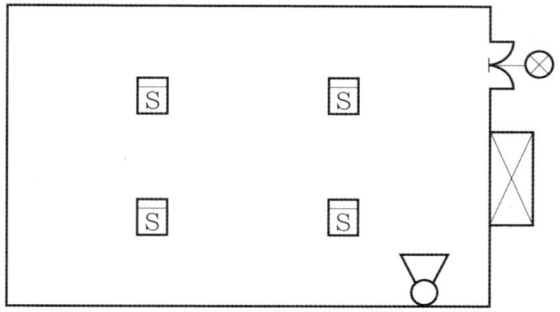

(1) 할론소화설비에 대한 평면도를 완성하고, 각 개소마다 전선가닥수를 표시하시오.
(2) 수동조작함과 수신반 사이의 배선내역을 쓰시오.

【문제 8】 유량 3,000lpm, 양정 80m인 스프링클러설비용 펌프 전동기의 용량은 몇 [kW]인지 구하시오. (단, 효율은 70%, 여유율은 1.15이다.) (4점)

【문제 9】 어느 특정소방대상물에 공기관식 차동식분포형감지기를 설치하고자 한다. 다음 각 물음에 답하시오. (단, 주요구조부가 비내화구조인 특정소방대상물이다.) (5점)

(1) 공기관의 노출 부분은 감지구역마다 몇 [m] 이상이어야 하는지 쓰시오.
(2) 하나의 검출 부분에 접속하는 공기관의 길이는 몇 [m] 이하이어야 하는지 쓰시오.
(3) 공기관과 감지구역의 각 변과의 수평거리는 몇 [m] 이하이어야 하는지 쓰시오.
(4) 공기관 상호간의 거리는 몇 [m] 이하이어야 하는지 쓰시오.
(5) 공기관의 두께 및 바깥지름은 각각 몇 [mm] 이상이어야 하는지 쓰시오.

【문제 10】 무선통신보조설비에 사용되는 무반사 종단저항의 설치위치 및 설치목적을 쓰시오.
(5점)

【문제 11】 총 길이가 2,800m인 지하구에 자동화재탐지설비를 설치하는 경우 다음 각 물음에 답하시오. (5점)

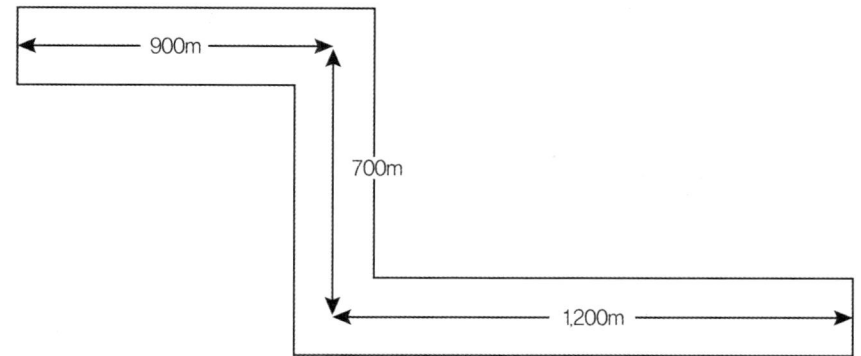

(1) 경계구역은 몇 개로 구분해야 하는지 구하시오.
(2) 지하구에 설치하는 감지기는 먼지·습기 등의 영향을 받지 않고 (   )과 온도를 확인할 수 있는 것을 설치할 것. (   ) 안에 알맞은 내용을 쓰시오.
(3) 지하구에 설치할 수 있는 감지기의 종류를 3가지만 쓰시오.

【문제 12】 3상 380V, 30kW 스프링클러 펌프용 유도전동기이다. 유도전동기의 역률이 60%일 때 역률을 90%로 개선할 수 있는 전력용 콘덴서의 용량은 몇 [kVA]인지 구하시오. (5점)

【문제 13】 다음 그림과 같이 구획된 철근콘크리트 건물의 공장이 있다. 다음 표에 따라 자동화재탐지설비의 감지기를 설치하고자 한다. 다음 각 물음에 답하시오. (10점)

구 역	설치높이[m]	감지기 종류
A구역	3.5	연기감지기 2종
B구역	3.5	연기감지기 2종
C구역	4.5	연기감지기 2종
D구역	3.8	정온식스포트형 1종
E구역	3.8	차동식스포트형 2종

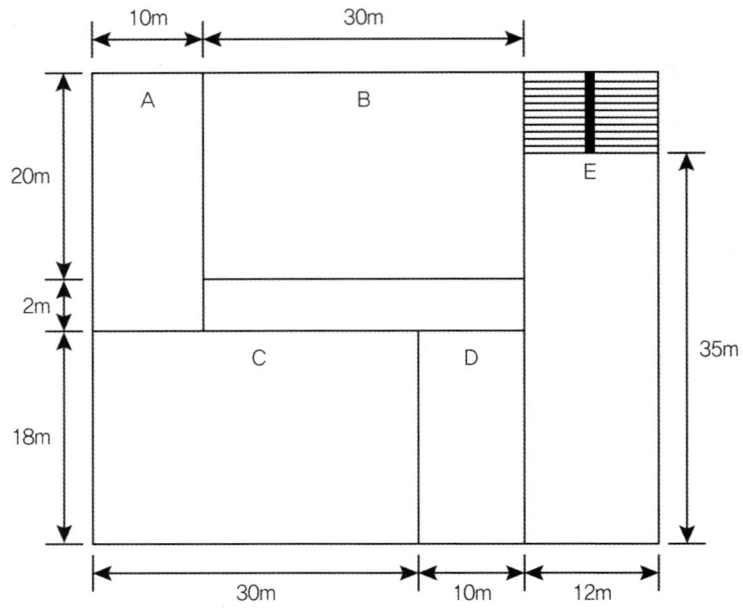

(1) 각 구역에 설치하여야 하는 감지기의 개수를 구하시오.
(2) 각 구역에 필요한 감지기를 배치하여 도시기호를 그려 넣으시오.

【문제 14】 다음과 같은 조건을 참고하여 배선도로 나타내시오. (5점)

─────────────〈 조 건 〉─────────────
① 배선 : 천장은폐배선
② 전력선 : 4가닥, 450/750V 저독성 난연 가교 폴리올레핀 절연전선 2.5mm²
③ 전선관 : 후강전선관 36mm²

【문제 15】 다음 그림과 같이 지하 1층에서 지상 5층까지 각 층의 평면이 동일하고, 각 층의 높이가 4m인 학원 건물에 자동화재탐지설비를 설치하고자 한다. 다음 각 물음에 답하시오. (5점)

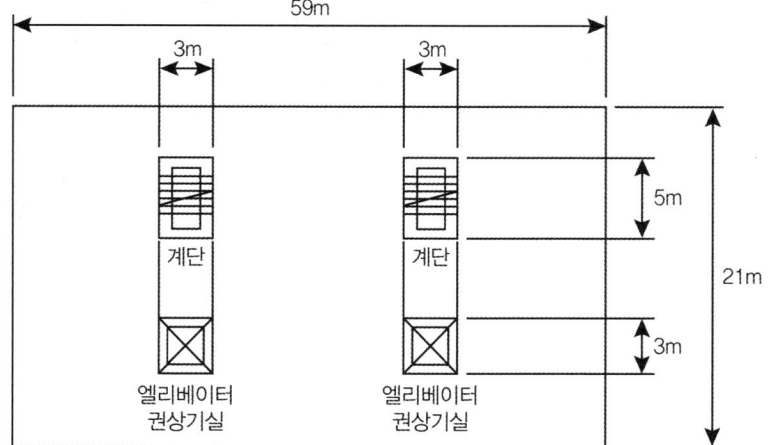

(1) 하나의 층에 대한 수평 경계구역수를 구하시오.
(2) 해당 건물의 수평 및 수직 경계구역수를 구하시오.
(3) 계단 감지기는 각각 몇 층에 설치해야 하는지 쓰시오. (설치되는 감지기는 연기감지기 2종으로 한다.)

【문제 16】 층수가 15층인 건축물에 비상방송설비를 설치하려고 한다. 다음 각 물음에 답하시오.
(5점)

(1) 다음은 우선경보방식에 대한 조건이다. ( ) 안을 완성하시오.

층수가 (①)층(공동주택의 경우에는 (②)층) 이상의 특정소방대상물은 다음의 기준에 따라 경보를 발할 수 있도록 해야 한다.

(2) 발화층에 대한 경보층의 구체적인 경우를 3가지로 구분하여 쓰시오.

발화층	경보층
2층 이상	
1층	
지하층	

【문제 17】 그림은 3상 유도전동기의 기동 조작회로도이다. 이 도면을 타이머의 설정시간 후 타이머와 릴레이 X가 소자되도록 하고 타이머 소자 후에도 모터 M이 계속 동작하도록 전자접촉기 MC의 보조 a, b 접점 각 1개씩을 추가하여 회로를 완성하시오. (5점)

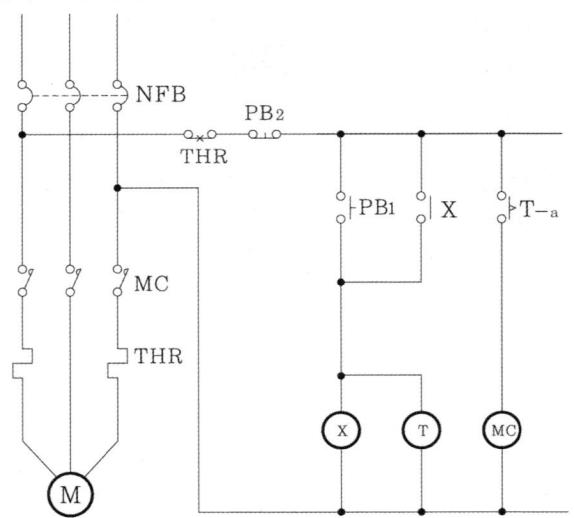

【문제 18】 도면은 할론(halon)소화설비의 수동조작함에서 할론 제어반까지의 결선도 및 계통도 (3zone)이다. 주어진 도면과 조건을 이용하여 다음 각 물음에 답하시오. (5점)

─────────────── < 조 건 > ───────────────
- 전선의 가닥수는 최소가닥수로 한다.
- 복구스위치 및 도어스위치는 없는 것으로 한다.
- 번호 표기가 없는 단자는 방출지연스위치이다.

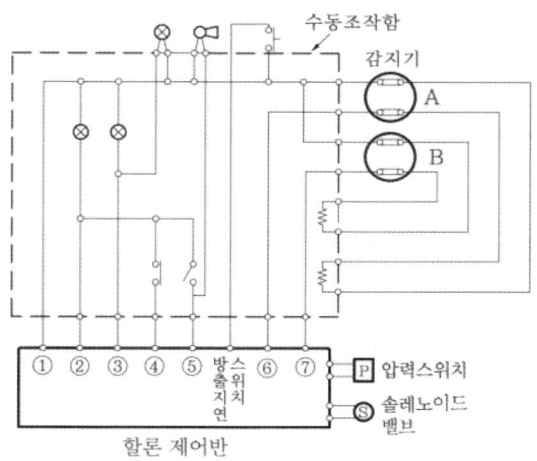

(1) ①~⑦의 전선명칭을 쓰시오.
(2) P에 사용되는 배선의 굵기를 쓰시오.

해설 2022 과년도 기출문제

1회

01 다음은 준비작동식 스프링클러소화설비에 사용되는 Super Visory Panel에서 수신기까지의 내부결선도이다. 결선도를 완성시키고 ①~⑧에 이용되는 전선의 용도에 관한 명칭을 쓰시오.

배점 : 9

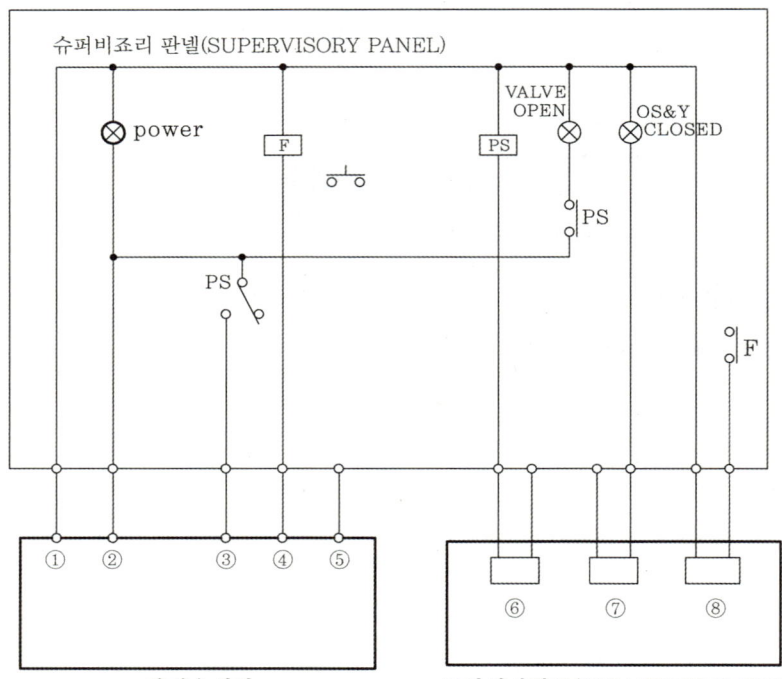

• 실전모범답안

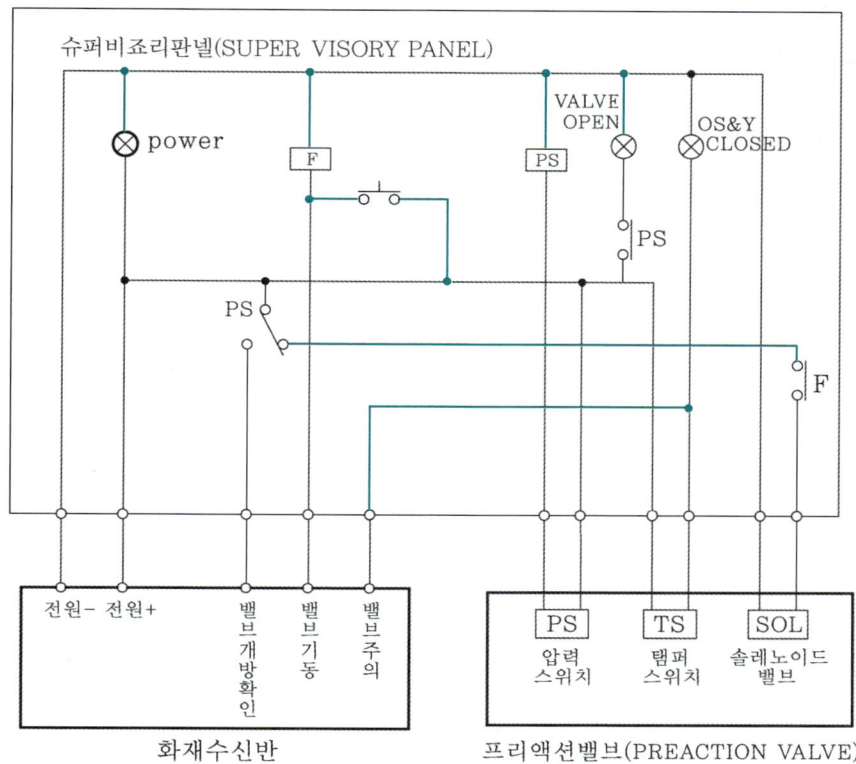

02 소방설치대상물별 자동화재탐지설비의 설치기준(연면적 등)을 서술하시오. 배점:5

구 분	연면적(㎡)
판매시설	①
판매시장 중 전통시장	②
복합건축물	③
업무시설	④
교육연구시설	⑤

• 실전모범답안
① 1,000㎡ 이상
② 6,000㎡ 이상
③ 1,000㎡ 이상
④ 2,000㎡ 이상
⑤ 전부

상세해설

자동화재탐지설비의 설치대상

설치대상		설치조건
• 공동주택 중 아파트등·기숙사 및 숙박시설		모든 층
• 층수가 6층 이상인 건축물		모든 층
• 노유자 생활시설		모든 층
• 판매시설 중 전통시장, 지하구		전부 해당
• 숙박시설이 있는 수련시설		수용인원 100명 이상 모든 층
• 의료시설 중 정신의료기관 또는 요양병원	요양병원 (의료재활시설 제외)	전부 해당
	정신의료기관 또는 의료재활시설	바닥면적 $300m^2$ 이상
	정신의료기관 또는 의료재활시설(창살 설치)	바닥면적 $300m^2$ 미만
• 노유자 생활시설에 해당하지 않는 노유자시설		연면적 $400m^2$ 이상 모든 층
• 근린생활시설(목욕장은 제외한다), 의료시설(정신의료기관 및 요양병원은 제외한다), 위락시설, 장례시설 및 복합건축물		연면적 $600m^2$ 이상 모든 층
• 근린생활시설 중 조산원 및 산후조리원		연면적 $600m^2$ 미만
• 근린생활시설 중 목욕장, 문화 및 집회시설, 종교시설, 판매시설, 운수시설, 운동시설, 업무시설, 공장·창고시설, 위험물 저장 및 처리 시설, 항공기 및 자동차 관련 시설, 교정 및 군사시설 중 국방·군사시설, 방송통신시설, 발전시설, 관광휴게시설, 지하가(터널은 제외한다)		연면적 $1,000m^2$ 이상 모든 층
• 발전시설 중 전기저장시설		연면적 $1,000m^2$ 미만
• 교육연구시설(교육시설 내에 있는 기숙사 및 합숙소를 포함한다), 수련시설(수련시설 내에 있는 기숙사 및 합숙소를 포함하며, 숙박시설이 있는 수련시설은 제외한다), 동물 및 식물 관련 시설(기둥과 지붕만으로 구성되어 외부와 기류가 통하는 장소는 제외한다), 자원순환 관련 시설, 교정 및 군사시설(국방·군사시설은 제외한다) 또는 묘지 관련 시설		연면적 $2,000m^2$ 이상 모든 층
• 지하가 중 터널		길이 $1,000m$ 이상
• 공장 및 창고시설 특수가연물 저장·취급		지정수량 500배 이상

03 주어진 동작 설명이 적합하도록 미완성된 시퀀스 제어회로를 완성하시오. (단, 각 접점 및 스위치에는 접점 명칭을 반드시 기입하도록 하며, 접점은 PB-a 1개, PB-b 1개, MC-a 1개, MC-b 1개, 타이머-a 1개, 타이머-b 1개, THR-a 1개, THR-b 1개, MC 1개, T 1개, RL 1개, GL 1개, YL 1개를 사용한다.)

배점: 5

[동작 설명]

- 전원을 투입하면 표시램프 GL이 점등되도록 한다.
- 전동기 운전용 누름버튼스위치 PBS1-a을 누르면 전자접촉기 MC가 여자되어 전동기가 기동되며, 동시에 전자접촉기 보조 a접점인 MC-a 접점에 의하여 전동기 운전표시등 RL이 점등된다. 이때 전자접촉기 b접점인 MC-b에 의하여 GL이 소등되며 또한 타이머가 T가 통전되어 타이머 설정시간 후에 타이머의 b접점 T-b가 떨어지므로 전자접촉기 MC가 소자되어 전동기가 정지하고, 모든 접점은 PBS1-a를 누르기 전의 상태로 복귀한다.
- 전동기가 정상운전 중이라도 정지용 누름버튼스위치 PBS2-b를 누르면 PBS1-a을 누르기 전의 상태로 된다.
- 전동기에 과전류가 흐르면 열동계전기 접점인 THR-b 접점이 떨어져서 전동기는 정지하고 모든 접점은 PBS1-a를 누르기 전의 상태로 복귀한다. 이때 RL은 소등되고 경고등 YL이 점등된다.

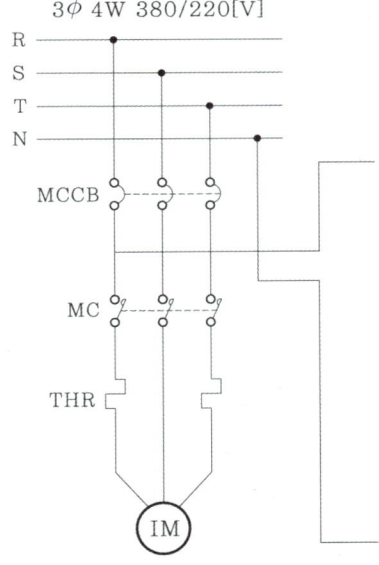

• 실전모범답안

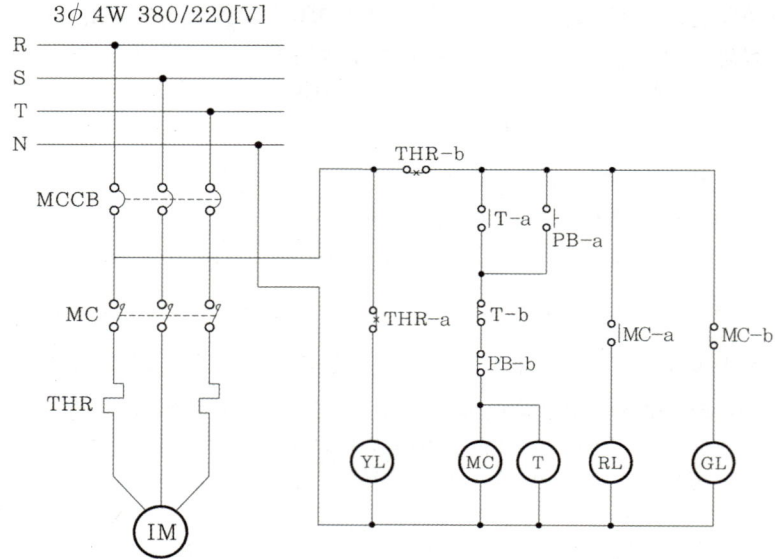

04 가요전선관공사에서 다음에 사용되는 재료의 명칭은 무엇인지 쓰시오. [배점 : 3]
　(1) 가요전선관과 박스의 연결
　(2) 가요전선관과 금속전선관의 연결
　(3) 가요전선관과 가요전선관의 연결

• 실전모범답안
　(1) 스트레이트박스 콘넥터
　(2) 콤비네이션 커플링
　(3) 스프리트 커플링

05 비상콘센트설비에 대한 다음 각 물음에 답하시오. [배점 : 4]
　(1) 전원회로의 종류, 전압 및 그 공급용량을 쓰시오.
　(2) 전원으로부터 각 층의 비상콘센트에 분기되는 경우에 보호함 안에 설치하여야 하는 기구를 쓰시오.
　(3) 비상콘센트설비의 전원회로의 배선은 무슨 배선인지 쓰시오.

• 실전모범답안
　(1)

구 분	전 압	공급용량
단상교류	220V	1.5kVA 이상

　(2) 분기배선용 차단기
　(3) 내화배선

06 다음은 어느 특정소방대상물의 평면도이다. 건축물의 구조는 내화구조이고, 층간 높이는 5m일 때 다음 각 물음에 답하시오. (단, 설치하여야 할 감지기는 2종을 설치한다.) 배점 : 7

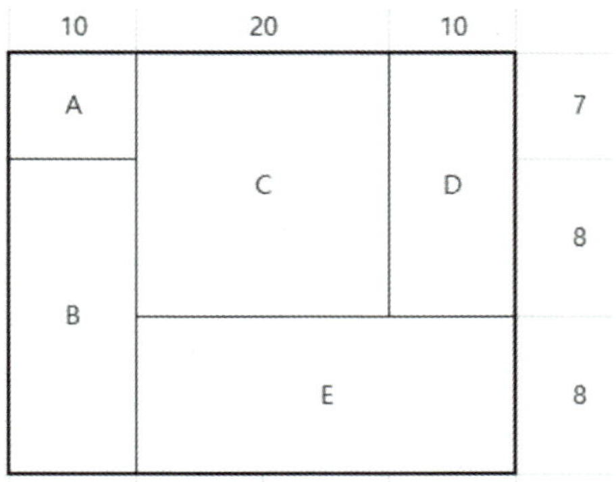

(1) 광전식스포트형감지기를 설치하는 경우 각 실에 설치되는 감지기의 개수를 구하시오.

구 분	계산식	수 량
A실		
B실		
C실		
D실		
E실		

(2) 해당 특정소방대상물의 경계구역 수를 구하시오.

• 실전모범답안

(1)

구 분	계산식	수 량
A실	$\dfrac{10 \times 7}{75} = 0.933 ≒ 1개$	1개
B실	$\dfrac{10 \times (8+8)}{75} = 2.133 ≒ 3개$	3개
C실	$\dfrac{20 \times (7+8)}{75} = 4개$	4개
D실	$\dfrac{10 \times (7+8)}{75} = 2개$	2개
E실	$\dfrac{(20+10) \times 8}{75} = 3.2 ≒ 4개$	4개

(2) 경계구역 수 $= \dfrac{(10+20+10) \times (7+8+8)}{600} = 1.533 ≒ 2경계구역$

07 길이 60m의 통로에 객석유도등을 설치하려고 한다. 이때 필요한 객석유도등의 수량은 최소 몇 개인지 구하시오. 배점:3

• 실전모범답안

$$\frac{60m}{4} - 1 = 14$$

상세해설

객석유도등의 설치개수 = $\frac{객석통로의\ 직선부분의\ 길이[m]}{4} - 1$

08 다음 소방시설의 도시기호를 보고 각 명칭을 쓰시오. 배점:4

(1) 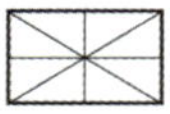 ⊠　　(2) 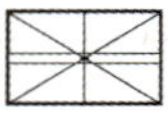 ⊗

(3) 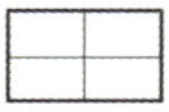 ⊞　　(4) 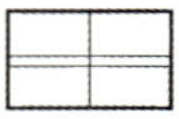 ⊟

• 실전모범답안
 (1) 수신기
 (2) 감시제어반
 (3) 부수신기
 (4) 표시반

09 그림과 같은 복도에 자동화재탐지설비의 감지기를 설치하고자 한다. 각각의 도면에 연기감지기 2종과 연기감지기 3종을 배치하고 감지기 간 및 복도와 감지기 간 거리를 각각 표시하시오. 배점:6

(1) 30[m], 60[m]

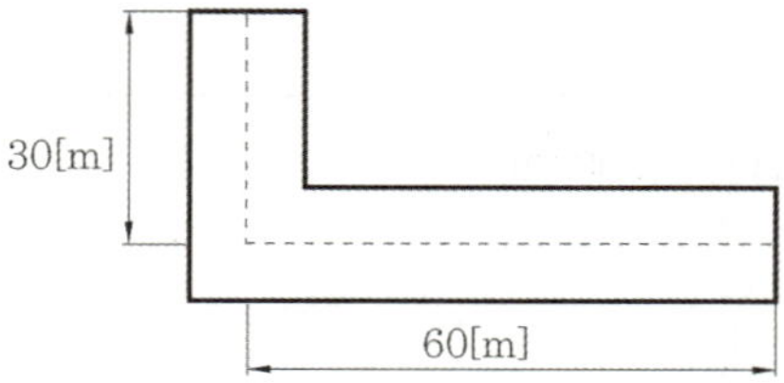

(2) 30[m], 60[m]

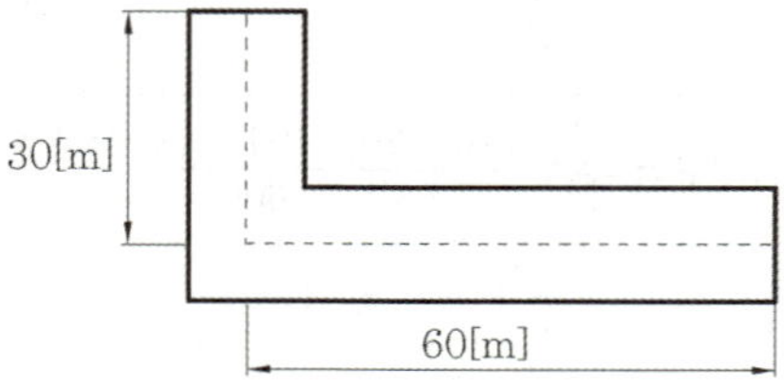

- 실전모범답안

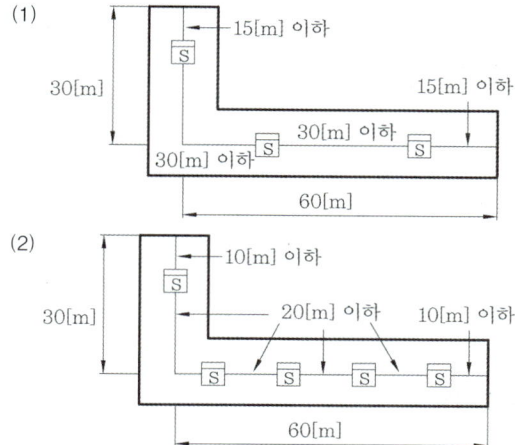

10 3선식 배선에 의하여 상시 충전되는 유도등의 전기회로에 점멸기를 설치하는 경우에는 어느 때에 점등되도록 하여야 하는지 그 기준을 5가지 쓰시오. 배점 : 5

- 실전모범답안
  ① 자동화재탐지설비의 감지기 또는 발신기가 작동되는 때
  ② 비상경보설비의 발신기가 작동되는 때
  ③ 상용전원이 정전되거나 전원선이 단선되는 때
  ④ 방재업무를 통제하는 곳 또는 전기실의 배전반에서 수동으로 점등하는 때
  ⑤ 자동소화설비가 작동되는 때

11 중계기의 설치기준 3가지를 쓰시오. 배점 : 6

- 실전모범답안
  ① 수신기에서 직접 감지기회로의 도통시험을 하지 않는 것에 있어서는 수신기와 감지기 사이에 설치할 것
  ② 조작 및 점검에 편리하고 화재 및 침수 등의 재해로 인한 피해를 받을 우려가 없는 장소에 설치할 것
  ③ 수신기에 따라 감시되지 않는 배선을 통하여 전력을 공급받는 것에 있어서는 전원입력측의 배선에 과전류차단기를 설치하고 해당 전원의 정전이 즉시 수신기에 표시되는 것으로 하며, 상용전원 및 예비전원의 시험을 할 수 있도록 할 것

12 다음 물음에 답하시오.

배점 : 10

(1) 다음 그림과 같은 회로에서 램프 L의 동작을 타임차트에 표시하시오.

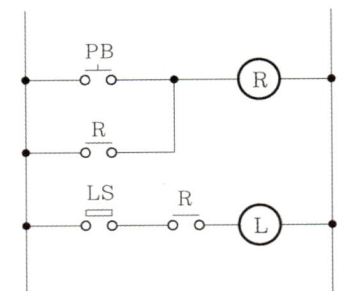 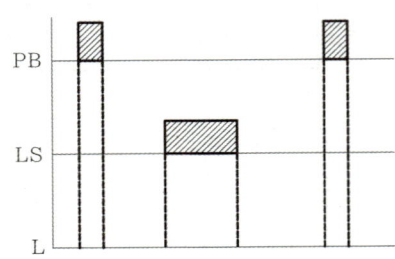

(2) 다음 그림과 같은 회로에서 램프 L의 동작을 타임차트에 표시하고, 회로에 대한 논리회로를 그리시오.

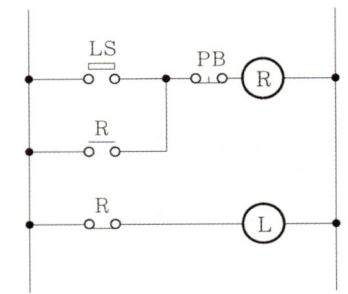 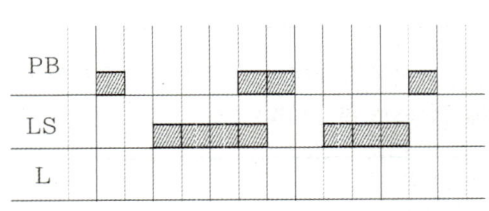

(3) 각 회로의 무접점회로를 그리시오.

 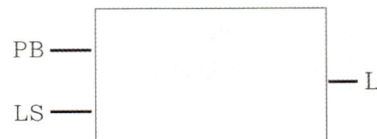

• 실전모범답안

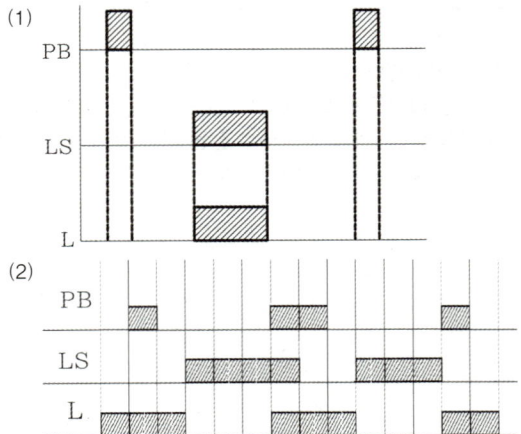

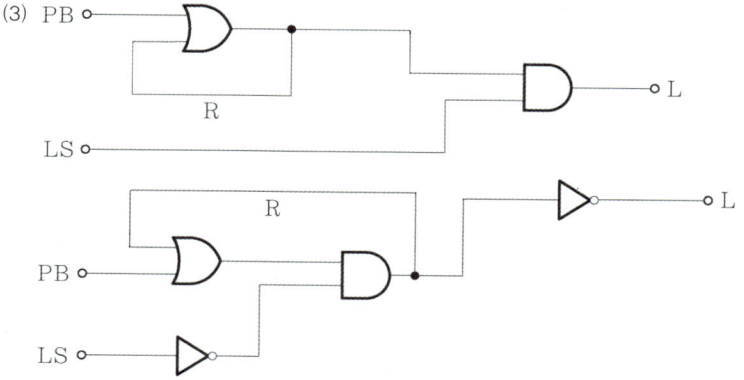

13 다음 그림과 같은 각 건물의 경계구역수를 구하시오. 배점 : 6

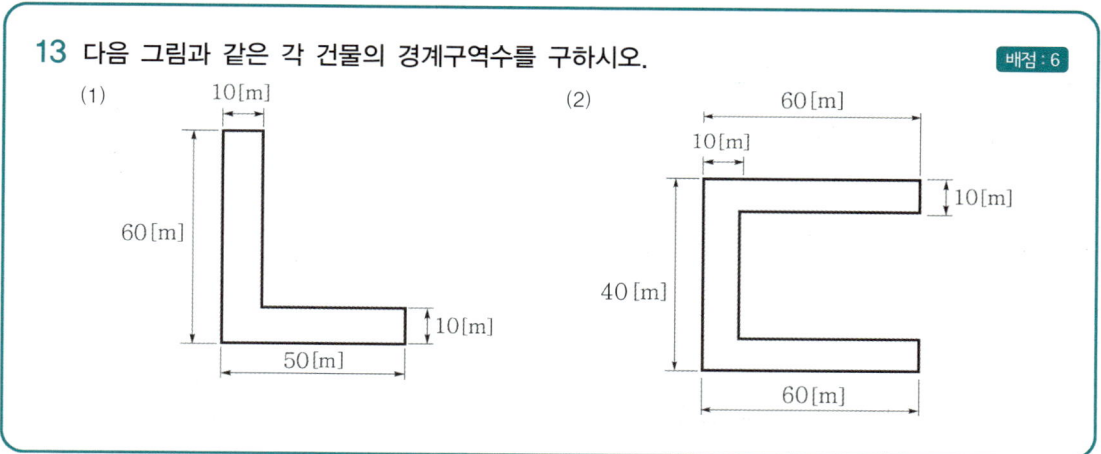

- 실전모범답안
  (1) 2경계구역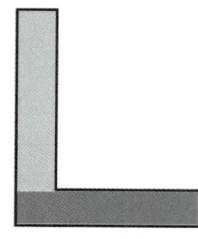
  (2) 3경계구역

상세해설

경계구역(NFTC 203 2.1)
하나의 경계구역의 **면적**은 **600m² 이하**로 하고 **한 변의 길이**는 **50m 이하**로 할 것. 다만, 해당 특정소방대상물의 주된 출입구에서 그 내부 전체가 보이는 것에 있어서는 한 변의 길이가 50m의 범위 내에서 1,000m² 이하로 할 수 있다.

14 다음은 비상전원수전설비 중 큐비클형의 설치기준이다. ( ) 안에 알맞은 말을 쓰시오.

배점 : 4

- (①) 또는 공용큐비클식으로 설치할 것
- 외함은 두께 (②)mm 이상의 강판과 이와 동등 이상의 강도와 (③)이 있는 것으로 제작하여야 하며, 개구부에는 (④)방화문 또는 (⑤)방화문을 설치할 것
- 외함의 바닥에서 (⑥)cm(시험단자, 단자대 등의 충전부는 (⑦)cm) 이상의 높이에 설치할 것

- 실전모범답안
  - **전용큐비클** 또는 공용큐비클식으로 설치할 것
  - 외함은 두께 **2.3mm** 이상의 강판과 이와 동등 이상의 강도와 **내화성능**이 있는 것으로 제작하여야 하며, 개구부에는 **60+ 방화문, 60분 방화문** 또는 **30분 방화문**을 설치할 것
  - 외함의 바닥에서 **10cm**(시험단자, 단자대 등의 충전부는 **15cm**) 이상의 높이에 설치할 것

---

15 다음은 옥내소화전설비 및 자동화재탐지설비의 계통도이다. ㉮~㉺의 전선가닥수를 구하시오. (단, 옥내소화전은 기동용 수압개폐장치에 의해 기동된다.)

배점 : 5

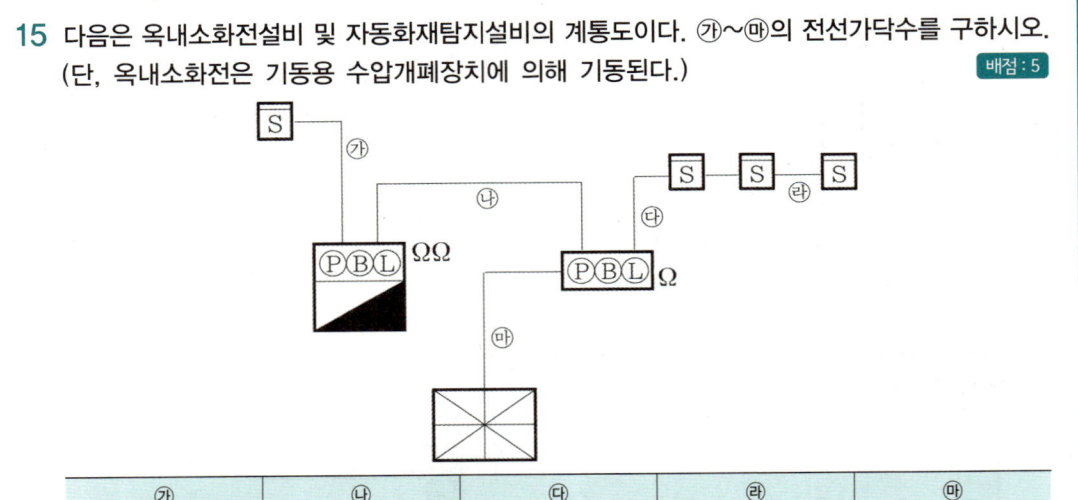

㉮	㉯	㉰	㉱	㉲

- 실전모범답안

㉮	㉯	㉰	㉱	㉲
4가닥	9가닥	4가닥	4가닥	10가닥

상세해설

배선내역

구 분	배선수	배선의 용도
㉮	4가닥	공통 2, 회로 2
㉯	9가닥	회로 공통선 1, 경종표시등 공통선 1, 경종선 1, 표시등선 1, 발신기선 1, 회로선 2, 펌프기동표시등 2
㉰	4가닥	공통 2, 회로 2
㉱	4가닥	공통 2, 회로 2
㉲	10가닥	회로 공통선 1, 경종표시등 공통선 1, 경종선 1, 표시등선 1, 발신기선 1, 회로선 3, 펌프기동표시등 2

16 비상방송설비의 확성기 회로에 음량조정기를 설치하고자 한다. 결선도를 그리시오. 배점:5

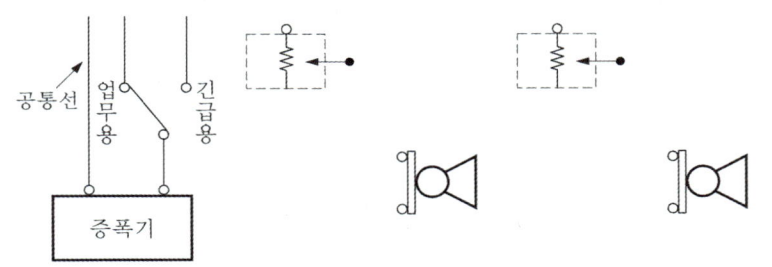

• 실전모범답안

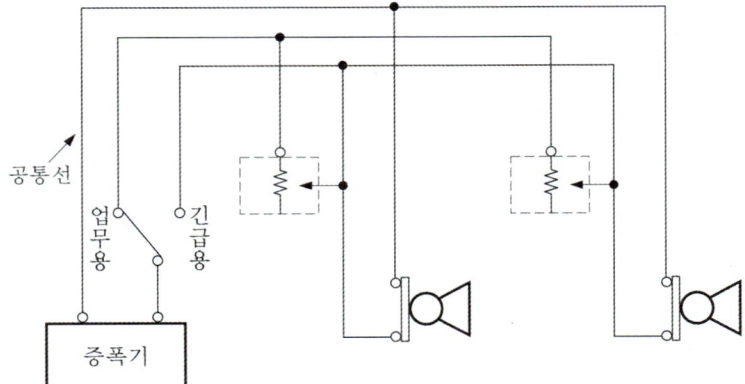

17 수신기로부터 배선거리 100m의 위치에 제연설비의 댐퍼가 설치되어 있다. 댐퍼가 동작할 때 댐퍼의 단자전압을 구하시오. (단, 수신기는 정전압 출력이고 단상이며, 전선은 1.5mm HFIX 전선이며, 전류는 1A이다.)

배점 : 4

- 실전모범답안

$$A = \frac{\pi \times 1.5^2}{4} = 1.767 ≒ 1.77$$

$$e = \frac{35.6 \times 100 \times 1}{1,000 \times 1.77} = 2.011 ≒ 2.01[V]$$

∴ 단자전압 $V = 24 - 2.01 = 21.99[V]$

- **답** : 21.99[V]

18 누전경보기의 제품검사기에 관한 내용이다. 다음 각 물음에 답하시오.

배점 : 6

(1) 변류기의 절연저항을 측정할 때 사용하는 기구의 명칭을 쓰시오.
(2) 변류기의 절연저항을 측정하였을 경우 절연저항값은 몇 [MΩ] 이상이어야 하는지 쓰시오.
(3) 감도조정장치의 최소값과 최대값을 쓰시오.
(4) 누전경보기의 공칭작동 전류치는 몇 [mA] 이하이어야 하는지 쓰시오.

- 실전모범답안
  (1) DC 500V 절연저항계
  (2) 5MΩ
  (3) 최소 200mA, 최대 1A
  (4) 200mA

2회

01 유도등의 비상전원에 관한 내용이다. 다음 ( ) 안의 내용을 완성하시오. 〔배점 : 4〕

비상전원은 다음의 기준에 적합하게 설치해야 한다.
(1) (①)로 할 것
(2) 유도등을 (②)분 이상 유효하게 작동시킬 수 있는 용량으로 할 것. 다만, 다음의 특정소방대상물의 경우에는 그 부분에서 피난층에 이르는 부분의 유도등을 (③)분 이상 유효하게 작동시킬 수 있는 용량으로 해야 한다.
 ㉠ 지하층을 제외한 층수가 11층 이상의 층
 ㉡ 지하층 또는 무창층으로서 용도가 도매시장 · 소매시장 · 여객자동차터미널 · 지하역사 또는 지하상가

• 실전모범답안
 ① 축전지
 ② 20
 ③ 60

상세해설

유도등의 비상전원 설치기준(NFTC 303)
1. 축전지로 할 것
2. 유도등을 20분 이상 유효하게 작동시킬 수 있는 용량으로 할 것. 다만, 다음의 특정소방대상물의 경우에는 그 부분에서 피난층에 이르는 부분의 유도등을 60분 이상 유효하게 작동시킬 수 있는 용량으로 해야 한다.
 ㉠ 지하층을 제외한 층수가 11층 이상의 층
 ㉡ 지하층 또는 무창층으로서 용도가 도매시장 · 소매시장 · 여객자동차터미널 · 지하역사 또는 지하상가

02 다음은 비상방송설비에 대한 설치기준이다. ( ) 안의 내용을 완성하시오. 〔배점 : 5〕

• 확성기의 음성입력은 3W(실내에 설치하는 것에 있어서는 (①)W) 이상일 것
• 확성기는 각 층마다 설치하되, 그 층의 각 부분으로부터 하나의 확성기까지의 수평거리가 (②)m 이하가 되도록 하고, 해당 층의 각 부분에 유효하게 경보를 발할 수 있도록 설치할 것
• 음량조정기를 설치하는 경우 음량조정기의 배선은 (③)으로 할 것
• 조작부의 조작스위치는 바닥으로부터 (④)m 이상 (⑤)m 이하의 높이에 설치할 것

• 실전모범답안
 ① 1 ② 25 ③ 3선식 ④ 0.8 ⑤ 1.5

상세해설

비상방송설비 설치기준(NFTC 202)
1. 확성기의 음성입력은 3W(실내에 설치하는 것에 있어서는 1W) 이상일 것
2. 확성기는 각 층마다 설치하되, 그 층의 각 부분으로부터 하나의 확성기까지의 수평거리가 25m 이하가 되도록 하고, 해당 층의 각 부분에 유효하게 경보를 발할 수 있도록 설치할 것
3. 음량조정기를 설치하는 경우 음량조정기의 배선은 3선식으로 할 것
4. 조작부의 조작스위치는 바닥으로부터 0.8m 이상 1.5m 이하의 높이에 설치할 것

03 다음 그림과 같은 각 건물의 경계구역수를 구하시오. [배점 : 6]

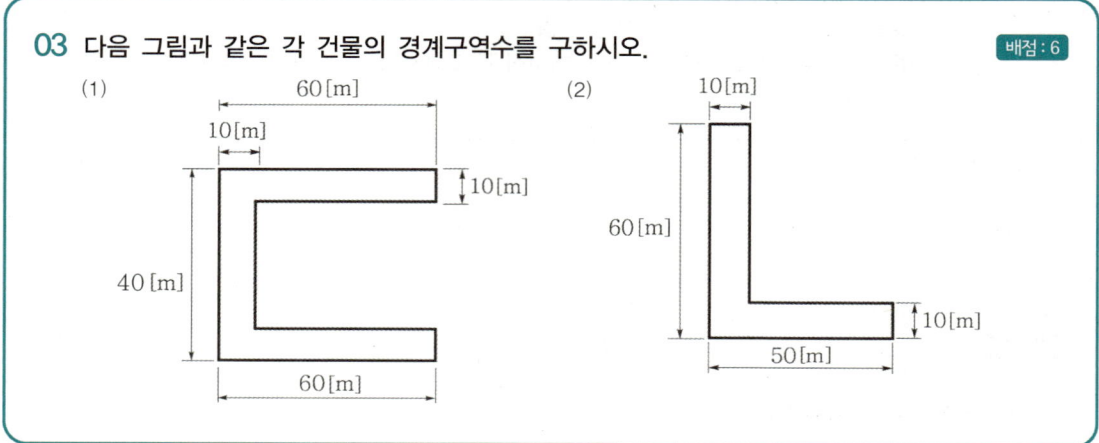

- 실전모범답안
  (1) 3경계구역
  (2) 2경계구역

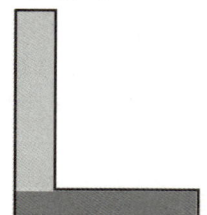

04 다음 소방시설의 도면에 사용하는 심벌의 명칭을 쓰시오. [배점 : 4]

(1)
(2) ⬜S
(3) ▷◁ (확성기 심벌)
(4) ⓑ

- **실전모범답안**
  (1) 비상벨
  (2) 정온식스포트형감지기
  (3) 사이렌
  (4) 연기감지기

---

05 3상 380V, 15kW 스프링클러 펌프용 유도전동기이다. 유도전동기의 역률이 85%일 때 역률을 95%로 개선할 수 있는 전력용 콘덴서의 용량은 몇 [kVA]인지 구하시오. 배점 : 7

- **실전모범답안**

  콘덴서의 용량 : $Q_C = 15 \times \left(\dfrac{\sqrt{1-0.85^2}}{0.85} - \dfrac{\sqrt{1-0.95^2}}{0.95} \right) = 4.365 ≒ 4.37\text{kVA}$

- 답 : 4.37kVA

상세해설

전력용 콘덴서의 용량

$$Q_C = P(\tan\theta_1 - \tan\theta_2)$$
$$= P\left(\dfrac{\sin\theta_1}{\cos\theta_1} - \dfrac{\sin\theta_2}{\cos\theta_2} \right)$$
$$= P\left(\dfrac{\sqrt{1-\cos^2\theta_1}}{\cos\theta_1} - \dfrac{\sqrt{1-\cos^2\theta_2}}{\cos\theta_2} \right)\text{kVA}$$

전력용 콘덴서의 용량

Q_C : 콘덴서의 용량[kVA]	→	$= P\left(\dfrac{\sqrt{1-\cos^2\theta_1}}{\cos\theta_1} - \dfrac{\sqrt{1-\cos^2\theta_2}}{\cos\theta_2} \right)\text{kVA}$ [풀이①]
P : 유효전력[kW]	→	(1)에서 구한 값
$\cos\theta_1$: 개선 전 역률	→	85%
$\cos\theta_2$: 개선 후 역률	→	95%

∴ 콘덴서의 용량 : $Q_C = 15 \times \left(\dfrac{\sqrt{1-0.85^2}}{0.85} - \dfrac{\sqrt{1-0.95^2}}{0.95} \right) = 4.365 ≒ 4.37\text{kVA}$

---

06 유량 2,400lpm, 양정 100m인 스프링클러설비용 펌프 전동기의 용량은 몇 [kW]인지 구하시오. (단, 효율은 65%, 여유율은 1.10이다.) 배점 : 4

- **실전모범답안**

  $P = \dfrac{9.8 \times 2.4 \times \dfrac{1}{60} \times 100 \times 1.1}{0.65} = 66.338\text{kW} ≒ 66.34\text{kW}$

- 답 : 66.34kW

07 P형 수신기와 감지기와의 배선회로에서 종단저항은 11kΩ, 배선저항은 40Ω, 릴레이저항은 500Ω이며 회로전압이 DC 24V일 때 다음 각 물음에 답하시오. 〔배점:6〕
   (1) 평소 감시전류는 몇 [mA]인지 구하시오.
   (2) 감지기가 동작할 때 (화재 시)의 전류는 몇 [mA]인지 구하시오.

• 실전모범답안

(1) $I = \dfrac{24}{500 + 40 + 11 \times 10^3} = 0.002079 \text{ A} = 2.079 \text{ mA} ≒ \mathbf{2.08 mA}$

(2) $I = \dfrac{24}{500 + 40} = 0.044444 \text{ A} = 44.444 \text{ mA} ≒ \mathbf{44.44 mA}$

상세해설

(1) 감시전류 $I = \dfrac{\text{회로전압}}{\text{릴레이저항} + \text{배선저항} + \text{종단저항}}$

∴ 감시전류 $I = \dfrac{24}{500 + 40 + 11 \times 10^3} = 0.002079 \text{ A} = 2.079 \text{ mA} ≒ \mathbf{2.08 mA}$

(2) 작동전류 $I = \dfrac{\text{회로전압}}{\text{릴레이저항} + \text{배선저항}}$

∴ 작동전류 $I = \dfrac{24}{500 + 40} = 0.044444 \text{ A} = 44.444 \text{ mA} ≒ \mathbf{44.44 mA}$

---

08 바닥면적이 700m²인 어느 특정소방대상물에 차동식스포트형감지기 2종을 설치하는 경우와 광전식스포트형감지기 2종을 설치하는 경우 감지기의 최소 개수를 구하시오. (단, 주요구조부는 내화구조이고, 감지기의 설치높이는 3m이다.) 〔배점:6〕
   (1) 차동식스포트형감지기(2종)
   (2) 광전식스포트형감지기(2종)

• 실전모범답안

(1) $\dfrac{700 [\text{m}^2]}{70 [\text{m}^2]} = 10$개

(2) $\dfrac{700 [\text{m}^2]}{150 [\text{m}^2]} = 4.66 ≒ 5$개

상세해설

(1) 차동식·보상식·정온식 스포트형감지기의 부착높이에 따른 바닥면적기준

(단위:[m²])

부착높이 및 소방대상물의 구분		감지기의 종류						
		차동식 스포트형		보상식 스포트형		정온식 스포트형		
		1종	2종	1종	2종	특종	1종	2종
4[m] 미만	주요구조부를 내화구조로 한 특정소방대상물 또는 그 부분	90	70	90	70	70	60	20
	기타 구조의 특정소방대상물 또는 그 부분	50	40	50	40	40	30	15

바닥면적이 700m²이므로 두 경계구역으로 나누어 준다.
조건에 따라 차동식스포트형 2종, 내화구조, 층고 4[m] 미만이므로 기준면적은 70m²가 된다.
따라서 감지기 설치개수는

$\dfrac{350}{70} = 5$개

∴ $5 \times 2 = 10$개

(2) 연기감지기의 부착높이별 바닥면적 기준

(단위:[m²])

부착높이	감지기의 종류	
	1종 및 2종	3종
4[m] 미만	150	50
4[m] 이상 20[m] 미만	75	설치 불가

바닥면적이 700m²이므로 두 경계구역으로 나누어 준다.
조건에 따라 광전식스포트형 2종, 내화구조, 층고 4[m] 미만이므로 기준면적은 150m²가 된다.
따라서 감지기 설치개수는

$\dfrac{350}{150} = 2.333 ≒ 3$개(소수점 이하 절상)

∴ $3 \times 2 = 6$개

---

09 다음은 옥내소화전설비의 비상전원에 관한 설치기준이다. ( ) 안에 알맞은 내용을 쓰시오.

배점:6

(1) 비상전원을 설치해야 하는 경우
 ㉠ 층수가 (①) 이상으로서 연면적 (②)m² 이상인 것
 ㉡ 해당하지 않는 특정소방대상물로서 지하층의 바닥면적 합계가 (③)m² 이상인 것
(2) 비상전원 설치기준
 ㉠ 점검에 편리하고 화재 및 (④) 등의 재해로 인한 피해를 받을 우려가 없는 곳에 설치할 것
 ㉡ 옥내소화전설비를 유효하게 (⑤)분 이상 작동할 수 있어야 할 것
 ㉢ 상용전원으로부터 전력의 공급이 중단된 때에는 (⑥)으로 비상전원으로부터 전력을 공급받을 수 있도록 것

ⓔ 비상전원(내연기관의 기동 및 제어용 축전기를 제외한다)의 설치장소는 다른 장소와 (⑦)할 것. 이 경우 그 장소에는 비상전원의 공급에 필요한 기구나 설비 외의 것(열병합발전설비에 필요한 기구나 설비는 제외한다)을 두어서는 안 된다.
ⓜ 비상전원을 실내에 설치하는 때에는 그 실내에 (⑧)을 설치할 것

• 실전모범답안
  (1) ① 7층 ② 2,000 ③ 3,000
  (2) ④ 침수 ⑤ 20 ⑥ 자동 ⑦ 방화구획 ⑧ 비상조명등

상세해설

옥내소화전설비의 비상전원 설치기준(NFTC 102)

(1) 비상전원을 설치해야 하는 경우
  ㉠ 층수가 7층 이상으로서 연면적 2,000m² 이상인 것
  ㉡ 해당하지 않는 특정소방대상물로서 지하층의 바닥면적 합계가 3,000m² 이상인 것

(2) 비상전원의 설치기준
  1. 점검에 편리하고 화재 및 침수 등의 재해로 인한 피해를 받을 우려가 없는 곳에 설치할 것
  2. 옥내소화전설비를 유효하게 20분 이상 작동할 수 있어야 할 것
  3. 상용전원으로부터 전력의 공급이 중단된 때에는 자동으로 비상전원으로부터 전력을 공급받을 수 있도록 할 것
  4. 비상전원(내연기관의 기동 및 제어용 축전기를 제외한다)의 설치장소는 다른 장소와 방화구획 할 것. 이 경우 그 장소에는 비상전원의 공급에 필요한 기구나 설비 외의 것(열병합발전설비에 필요한 기구나 설비는 제외한다)을 두어서는 안 된다.
  5. 비상전원을 실내에 설치하는 때에는 그 실내에 비상조명등을 설치할 것

---

10 다음은 화재안전기준에서 정하는 비상방송설비의 용어정의에 대한 내용이다. 무엇에 관한 설명인지 쓰시오. 배점:3

(1) 소리를 크게 하여 멀리까지 전달될 수 있도록 하는 장치로써 일명 스피커를 말한다.
(2) 가변저항을 이용하여 전류를 변화시켜 음량을 크게 하거나 작게 조절할 수 있는 장치를 말한다.
(3) 전압전류의 진폭을 늘려 감도를 좋게 하고 미약한 음성전류를 커다란 음성전류로 변화시켜 소리를 크게 하는 장치를 말한다.

• 실전모범답안
  (1) 확성기
  (2) 음량조절기
  (3) 증폭기

11 주어진 진리표를 보고 다음 각 물음에 답하시오. 배점 : 10

A	B	C	X	Y
0	0	0	1	0
0	0	1	0	1
0	1	0	1	1
0	1	1	0	1
1	0	0	1	0
1	0	1	0	1
1	1	0	0	1
1	1	1	0	1

(1) 위의 진리표를 간략화된 논리식으로 표현하시오.
(2) (1)의 논리식을 무접점회로로 표현하시오.
(3) (1)의 논리식을 유접점회로로 표현하시오.

• 실전모범답안

(1) $X = \overline{C}(\overline{A} + \overline{B})$
　　$Y = B + C$

(2)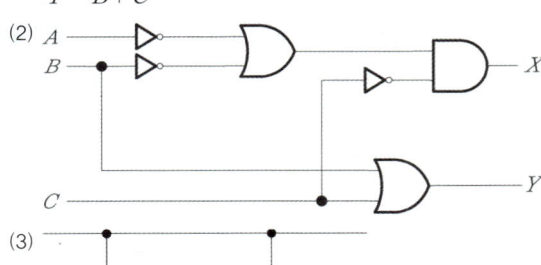

(3)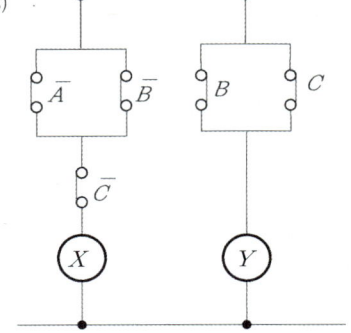

12 P형 수신기의 예비전원을 시험하는 목적과 방법, 양부 판단의 기준에 대하여 설명하시오.

배점 : 5

• **실전모범답안**
(1) 예비전원의 전압, 용량, 절환상황 및 복구상황이 정상인지 확인
(2) 시험방법
  ① 예비전원시험스위치를 누른 상태에서(시험위치에 놓은 상태에서)
  ② 전압계의 지시치 또는 LED 및 전원표시의 절환여부를 확인한다.
  ③ 예비전원시험스위치를 떼고(상용전원으로 복귀된다.) 자동절환릴레이의 작동상황을 확인한다.
(3) 가부 판단의 기준
  ① 수신기의 형식이 전압계 type : 전압계의 지시치가 약 24[V]이고, 상용전원 ↔ 예비전원의 절환에 이상이 없으면 정상
  ② 수신기의 형식이 LED type : LED가 녹색(정상) 위치에 있고, 상용전원 ↔ 예비전원의 절환에 이상이 없으면 정상

13 다음 도면은 유도전동기 기동정지회로의 미완성 도면이다. 다음과 같이 주어진 기구를 이용하여 미완성 도면을 완성하시오. (단, 기구의 개수 및 접점을 최소로 할 것)

배점 : 4

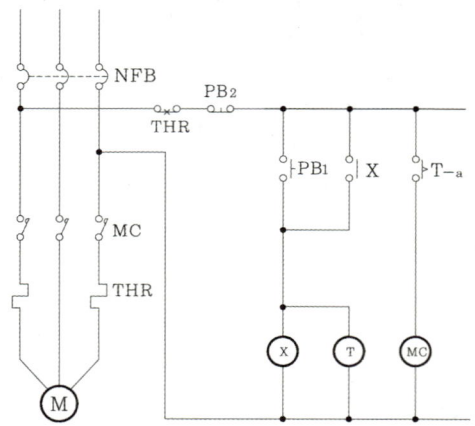

• 전자접촉기 : MC
• 기동용 표시등 : GL
• 정지용 표시등 : RL
• 열동계전기 : THR
• 누름버튼스위치 ON용 :
• 누름버튼스위치 OFF용 :

• 실전모범답안

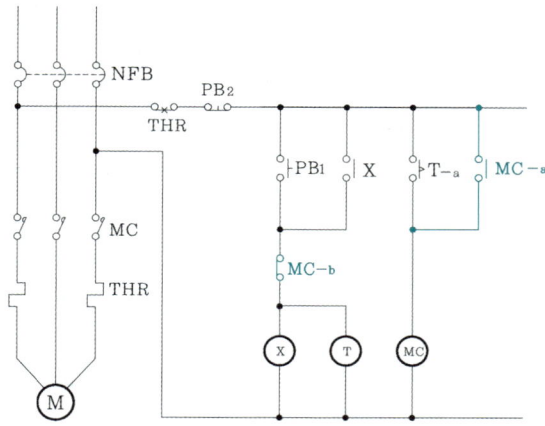

14 교차회로방식의 적용 설비 5가지만 쓰시오. 배점 : 5

• 실전모범답안
① 준비작동식스프링클러설비
② 일제살수식스프링클러설비
③ 이산화탄소소화설비
④ 할론소화설비
⑤ 분말소화설비

15 수신기에서 60m 떨어진 장소의 감지기가 작동할 때 소비된 전류가 400mA라고 한다. 이때의 전압강하 [V]를 구하시오. (단, 전선의 직경은 1.5mm이다.) 배점 :

• 실전모범답안

$$e = \frac{35.6LI}{1,000A} = \frac{35.6 \times 60 \times 400 \times 10^{-3}}{1,000 \times \frac{\pi}{4} \times 1.5^2} = 0.483 ≒ 0.48\text{V}$$

• 답 : 0.48[V]

상세해설

전압강하

구 분	전선단면적
단상 2선식	$A = \dfrac{35.6LI}{1,000e}$
3상 3선식	$A = \dfrac{30.8LI}{1,000e}$
단상 3선식, 3상 4선식	$A = \dfrac{17.8LI}{1,000e'}$

$$A = \frac{35.6LI}{1,000e}$$ 　　　　　　　　　전선의 단면적(단상 2선식)

A : 전선단면적[mm²] 　→ 　$\frac{\pi}{4} \times 1.5^2 = 1.767\,\text{mm}^2$

L : 선로길이[m] 　→ 　60

I : 전부하전류[A] 　→ 　400mA

e : 각 선로간의 전압강하[V]

e' : 각 선로간의 1선과 중심선 사이의 전압강하[V]

여기서, A : 전선단면적[mm²] 　→ 　1.767mm² [풀이①]

　　　　L : 선로길이[m] 　→ 　60m

　　　　I : 전부하전류[A] 　→ 　400mA

　　　　e : 각 선로간의 전압강하[V] 　→ 　$e = \frac{35.6LI}{1,000A}$ [풀이②]

　　　　e' : 각 선로간의 1선과 중심선 사이의 전압강하[V]

① 전선의 직경이 1.5mm로 주어졌으므로 전선의 단면적으로 계산하면

　$\frac{\pi}{4} \times 1.5^2 = 1.767$

② 단상 2선식이므로

　∴ 전압강하 $e = \frac{35.6LI}{1,000A} = \frac{35.6 \times 60\text{m} \times 400 \times 10^{-3}\text{A}}{1,000 \times 1.767\,\text{mm}^2} = 0.483 ≒ 0.48\text{V}$

---

16 다음은 옥내소화전설비 감시제어반의 기능에 대한 적합기준이다. ( ) 안의 내용을 완성하시오.

배점 : 5

(1) 각 펌프의 작동여부를 확인할 수 있는 표시등 및 (①) 기능이 있어야 할 것
　　각 펌프를 자동 및 수동으로 작동시키거나 중단시킬 수 있어야 할 것
　　비상전원을 설치한 경우에는 상용전원 및 비상전원의 공급여부를 확인할 수 있어야 할 것

(2) 수조 또는 물올림탱크가 (②)로 될 때 (③) 및 음향으로 경보할 것

(3) 각 확인회로(기동용 수압개폐장치의 압력스위치회로 · 수조 또는 물올림탱크의 감시회로를 말한다.)마다 (④)시험 및 (⑤)시험을 할 수 있어야 할 것
　　예비전원이 확보되고 예비전원의 적합여부를 시험할 수 있어야 할 것

• 실전모범답안

① 음향경보
② 저수위
③ 표시등
④ 도통
⑤ 작동

17 다음 도면과 같이 감지기가 설치되어 있을 경우 배선도를 완성하시오. 배점 : 5

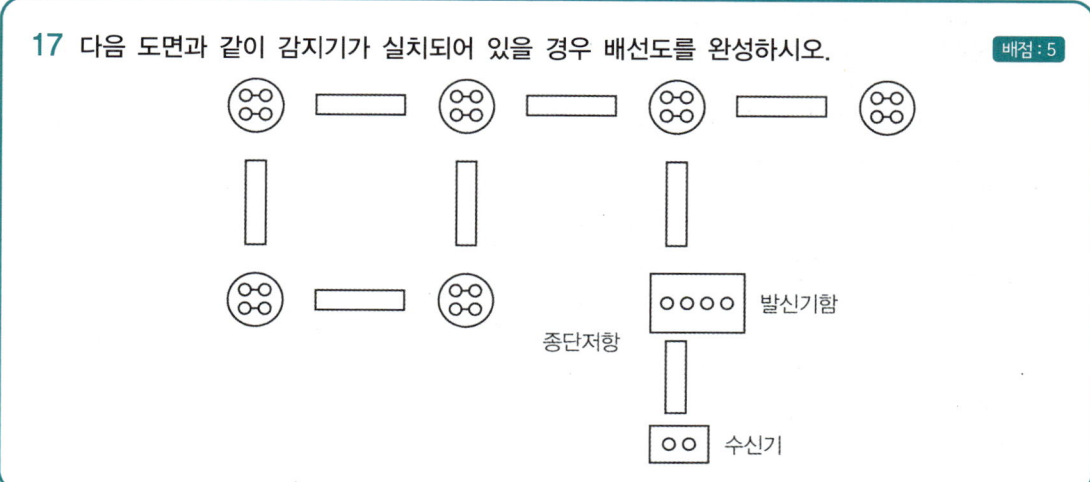

- 실전모범답안

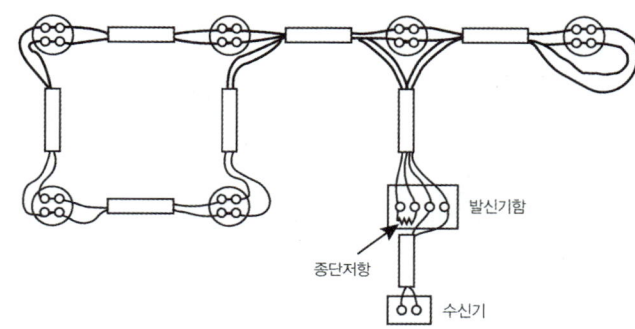

18 다음 그림은 기동용 수압개폐장치를 사용하는 옥내소화전설비와 P형 발신기세트를 겸용한 전기설비의 계통도이다. 각 물음에 답하시오. (단, 화재로 인하여 하나의 층의 지구음향장치 또는 배선이 단락되어도 다른 층의 화재 통보에 지장이 없도록 각 층 배선 상에 유효한 조치를 하였다.) 배점 : 11

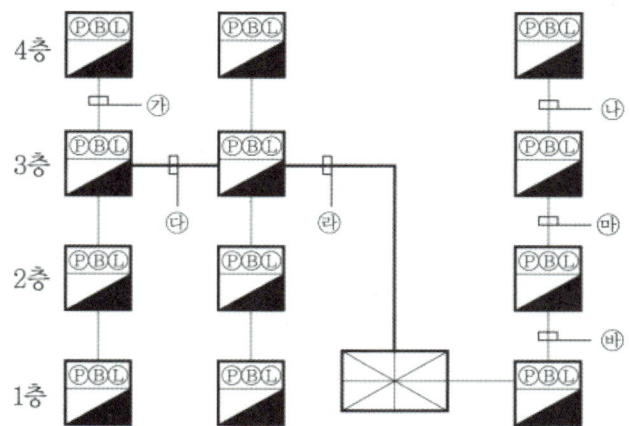

(1) 기호 ㉮~㉯의 전선 가닥수를 표시하시오.
(2) 종단저항의 설치기준 3가지를 쓰시오.
(3) 감지기회로의 전로저항은 몇 [Ω] 이하이어야 하는지 쓰시오.
(4) 정격전압의 몇 [%] 전압에서 음향을 발할 수 있어야 하는지 쓰시오.

• 실전모범답안
(1) ㉮ 8가닥 ㉯ 8가닥 ㉰ 11가닥 ㉱ 16가닥 ㉲ 9가닥 ㉳ 10가닥
(2) ① 점검 및 관리가 쉬운 장소에 설치할 것
    ② 전용함을 설치하는 경우 그 설치높이는 바닥으로부터 1.5[m] 이내로 할 것
    ③ 감지기회로의 끝부분에 설치하며, 종단감지기에 설치할 경우에는 구별이 쉽도록 해당 감지기의 기판 및 감지기 외부 등에 별도의 표시를 할 것
(3) 50[Ω]
(4) 80[%]

상세해설

배선내역

구 분	배선수	배선의 용도
㉮	8	회로 공통선 1, 경종표시등 공통선 1, 경종선 1, 표시등선 1, 발신기선 1, 회로선 1, 펌프기동표시등 2
㉯	8	회로 공통선 1, 경종표시등 공통선 1, 경종선 1, 표시등선 1, 발신기선 1, 회로선 1, 펌프기동표시등 2
㉰	11	회로 공통선 1, 경종표시등 공통선 1, 경종선 1, 표시등선 1, 발신기선 1, 회로선 4, 펌프기동표시등 2
㉱	16	회로 공통선 1, 경종표시등 공통선 1, 경종선 1, 표시등선 1, 발신기선 1, 회로선 8, 펌프기동표시등 2
㉲	9	회로 공통선 1, 경종표시등 공통선 1, 경종선 1, 표시등선 1, 발신기선 1, 회로선 2, 펌프기동표시등 2
㉳	10	회로 공통선 1, 경종표시등 공통선 1, 경종선 1, 표시등선 1, 발신기선 1, 회로선 3, 펌프기동표시등 2

※ 1. 문제의 조건에 따라 지상 4층이므로 일제경보방식이다. 즉, 경종선은 1가닥으로 일정하다.
   2. 기동용 수압개폐장치는 자동방식이다.

4회

01 다음 그림과 같은 스위치회로를 보고 각 물음에 답하시오. 배점 : 5

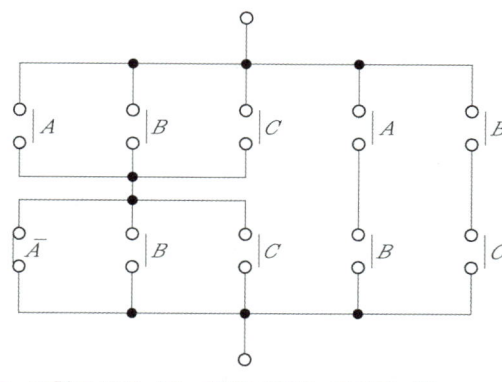

(1) 간략화된 논리식으로 표현하시오. (단, 중간과정을 기재할 것)
(2) 스위치회로를 그리시오.

- **실전모범답안**

(1) $(A+B+C) \cdot (\overline{A}+B+C)+AB+BC$
  $= A\overline{A}+AB+AC+\overline{A}B+BB+BC+\overline{A}C+BC+CC+AB+BC$
  $= AB+AC+\overline{A}B+B+BC+\overline{A}C+C$
  $= (AB+\overline{A}B+B+BC)+(AC+\overline{A}C+C)$
  $= B(A+\overline{A}+1+C)+C(A+\overline{A}+1)$
  $= B+C$

(2)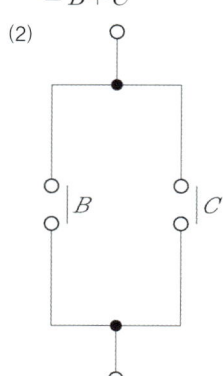

02 소방용 케이블과 다른 용도의 케이블을 배선전용실에 함께 배선할 때 다음 각 물음에 답하시오.

배점 : 4

(1) 소방용 케이블을 내화성능을 갖는 배선전용실 등의 내부에 소방용이 아닌 케이블과 함께 노출하여 배선할 때 소방용 케이블과 다른 용도의 케이블간의 피복과 피복간의 이격거리는 몇 [cm] 이상이어야 하는지 쓰시오.

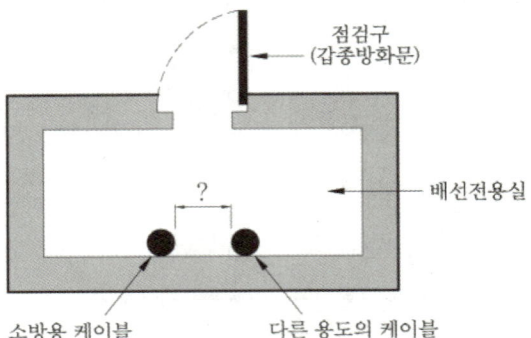

(2) 부득이하여 "(1)"과 같이 이격시킬 수 없는 불연성 격벽을 설치한 경우에 격벽의 높이는 굵은 케이블 지름의 몇 배 이상이어야 하는지 쓰시오.

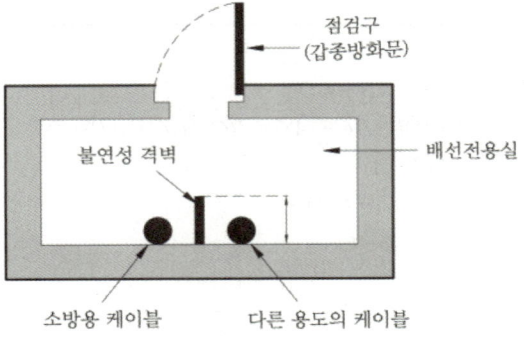

• 실전모범답안
(1) 15cm
(2) 1.5배

03 다음은 할론(Halon) 소화설비의 평면도이다. 다음 각 물음에 답하시오. 배점 : 13

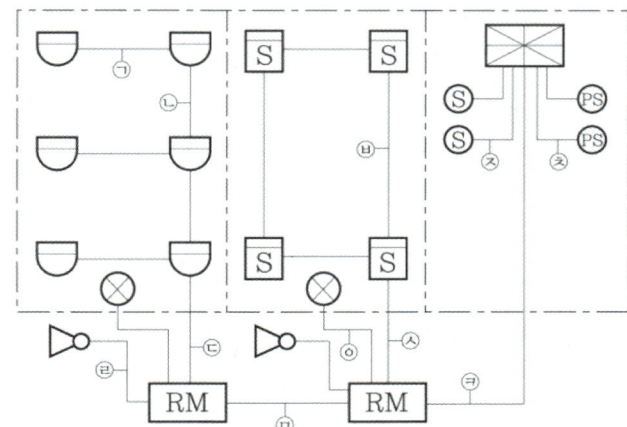

(1) ㉠~㉥까지의 가닥수를 구하시오. (단, 감지기는 별개의 공통선을 사용한다.)
(2) ㉤의 배선의 용도를 쓰시오.
(3) ㉥에서 구역(Zone)이 추가됨에 따라 늘어나는 전선명칭을 적으시오.

- **실전모범답안**
  (1) ㉠ 4가닥 ㉡ 8가닥 ㉢ 8가닥 ㉣ 2가닥 ㉤ 9가닥 ㉥ 4가닥
      ㉦ 8가닥 ㉧ 2가닥 ㉨ 2가닥 ㉪ 2가닥 ㉥ 14가닥
  (2) 전원 +, -, 기동스위치, 방출표시등, 감지기 A, 감지기 B, 사이렌, 방출지연스위치, 감지기 공통
  (3) 기동스위치, 방출표시등, 감지기 A, 감지기 B, 사이렌

상세해설

배선내역

구 분	배선수	배선의 용도
㉠	4	공통 2, 회로 2
㉡	8	공통 4, 회로 4
㉢	8	공통 4, 회로 4
㉣	2	사이렌 2
㉤	9	전원 +, -, 감지기 A, 사이렌, 감지기 B, 기동스위치, 방출표시등, 방출지연스위치, 감지기 공통
㉥	4	공통 2, 회로 2
㉦	8	공통 4, 회로 4
㉧	2	방출표시등 2
㉨	2	SOL(솔레노이드밸브) 2
㉪	2	PS(압력스위치) 2
㉥	14	전원 +, -, (감지기 A, 사이렌, 감지기 B, 기동스위치, 방출표시등)×2, 방출지연스위치, 감지기 공통

04 자동화재탐지설비의 감지기 설치기준 중 축적기능이 없는 감지기를 사용하는 경우 3가지를 쓰시오.

배점 : 4

- 실전모범답안
  ① 교차회로방식에 사용되는 감지기
  ② 급속한 연소 확대가 우려되는 장소에 사용되는 감지기
  ③ 축적기능이 있는 수신기에 연결하여 사용하는 감지기

05 다음은 비상조명등의 설치기준에 관한 사항이다. 다음 ( ) 안을 완성하시오.

배점 : 3

예비전원과 비상전원은 비상조명등을 (①)분 이상 유효하게 작동시킬 수 있는 용량으로 할 것. 다만, 다음의 특정소방대상물의 경우에는 그 부분에서 피난층에 이르는 부분의 비상조명등을 (②)분 이상 유효하게 작동시킬 수 있는 용량으로 해야 한다.
- 지하층을 제외한 층수가 (③)층 이상의 층
- 지하층 또는 무창층으로서 용도가 도매시장·소매시장·여객자동차터미널·지하역사 또는 지하상가

- 실전모범답안
  ① 20
  ② 60
  ③ 11

상세해설

비상조명등의 비상전원 설치기준(NFTC 304)
예비전원과 비상전원은 비상조명등을 20분 이상 유효하게 작동시킬 수 있는 용량으로 할 것. 다만, 다음의 특정소방대상물의 경우에는 그 부분에서 피난층에 이르는 부분의 비상조명등을 60분 이상 유효하게 작동시킬 수 있는 용량으로 해야 한다.
- 지하층을 제외한 층수가 11층 이상의 층
- 지하층 또는 무창층으로서 용도가 도매시장·소매시장·여객자동차터미널·지하역사 또는 지하상가

06 다음 그림과 같이 방전전류가 시간과 함께 감소하는 패턴의 축전지용량[Ah]을 계산하시오.
(단, 용량환산시간 K는 다음 표와 같고, 보수율은 0.8을 적용한다.) 배점 : 5

시 간	10분	20분	30분	60분	100분	110분	120분	170분	180분	200분
용량환산시간[K]	1.30	1.45	1.75	2.55	3.45	3.65	3.85	4.85	5.05	5.30

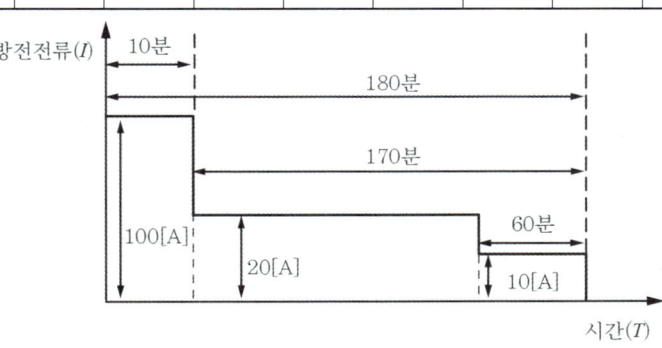

- **실전모범답안**

$$C_1 = \frac{1}{L}K_1I_1 = \frac{1}{0.8} \times 1.30 \times 100 = 162.5\text{Ah}$$

$$C_2 = \frac{1}{L}[(K_1I_1 + K_2(I_2 - I_1)] = \frac{1}{0.8}[3.85 \times 100 + 3.65 \times (20-100)] = 116.25\text{Ah}$$

$$C_3 = \frac{1}{L}[(K_1I_1 + K_2(I_2 - I_1) + K_3(I_3 - I_2)] = \frac{1}{0.8}[5.05 \times 100 + 4.85(20-100) + 2.55(10-20)]$$
$$= 114.38\text{Ah}$$

상세해설

① **축전지의 용량(C_1)**

주어진 표에 따라 용량환산시간 K를 구하면

시 간	10분	20분	30분	60분	100분	110분	120분	170분	180분	200분
용량환산시간[K]	1.30	1.45	1.75	2.55	3.45	3.65	3.85	4.85	5.05	5.30

$K_1 = 1.30$이 된다. 축전지용량을 구하면

$$C_1 = \frac{1}{L}K_1I_1$$

여기서, C : 축전지용량[Ah]
 L : 용량저하율(보수율)
 K : 용량환산시간[h]
 I : 방전전류[A]

$$C_1 = \frac{1}{L}K_1I_1 = \frac{1}{0.8} \times 1.30 \times 100 = 162.5\text{Ah}$$

② 축전지의 용량(C_2)

주어진 표에 따라 용량환산시간 K를 구하면

시간	10분	20분	30분	60분	100분	110분	120분	170분	180분	200분
용량환산 시간[K]	1.30	1.45	1.75	2.55	3.45	3.65	3.85	4.85	5.05	5.30

$K_1 = 3.85$, $K_2 = 3.65$가 된다. 축전지용량을 구하면

$$C_2 = \frac{1}{L}[(K_1 I_1 + K_2(I_2 - I_1)]$$

여기서, C : 축전지용량[Ah]
L : 용량저하율(보수율)
K : 용량환산시간[h]
I : 방전전류[A]

$C_2 = \frac{1}{L}[(K_1 I_1 + K_2(I_2 - I_1)]$
$= \frac{1}{0.8}[3.85 \times 100 + 3.65 \times (20 - 100)]$
$= 116.25 \text{Ah}$

③ 축전지의 용량(C_3)

주어진 표에 따라 용량환산시간 K를 구하면

시간	10분	20분	30분	60분	100분	110분	120분	170분	180분	200분
용량환산 시간[K]	1.30	1.45	1.75	2.55	3.45	3.65	3.85	4.85	5.05	5.30

$K_1 = 5.05$, $K_2 = 4.85$, $K_3 = 2.55$가 된다. 축전지용량을 구하면

$$C_3 = \frac{1}{L}[(K_1 I_1 + K_2(I_2 - I_1) + K_3(I_3 - I_2)]$$

여기서, C : 축전지용량[Ah]
L : 용량저하율(보수율)
K : 용량환산시간[h]
I : 방전전류[A]

$C_3 = \frac{1}{L}[(K_1 I_1 + K_2(I_2 - I_1) + K_3(I_3 - I_2)]$
$= \frac{1}{0.8}[5.05 \times 100 + 4.85(20 - 100) + 2.55(10 - 20)]$
$= 114.38 \text{Ah}$

따라서, **축전지의 용량**은 이들 중 가장 큰 값인 **162.5Ah**가 된다.

07 다음은 할론소화설비의 평면도이다. 주어진 도면을 이용하여 다음 각 물음에 답하시오.

배점 : 5

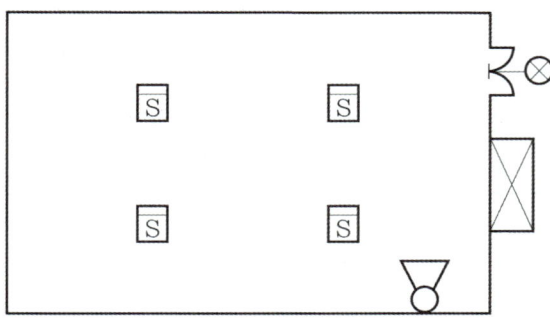

(1) 할론소화설비에 대한 평면도를 완성하고, 각 개소마다 전선가닥수를 표시하시오.
(2) 수동조작함과 수신반 사이의 배선내역을 쓰시오.

• 실전모범답안

(1)
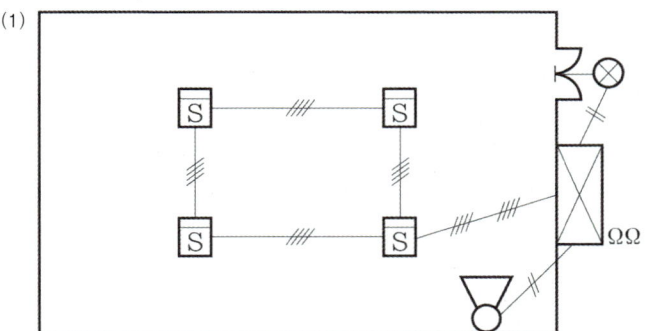

(2) 전원 +, −, 감지기 A, 사이렌, 감지기 B, 기동스위치, 방출표시등, 방출지연스위치

---

08 유량 3,000lpm, 양정 80m인 스프링클러설비용 펌프 전동기의 용량은 몇 [kW]인지 구하시오.
(단, 효율은 70%, 여유율은 1.15이다.)

배점 : 4

• 실전모범답안

$$P = \frac{9.8 \times 3 \times \frac{1}{60} \times 80 \times 1.15}{0.70} = 64.4\,\text{kW} \fallingdotseq 64.4\,\text{kW}$$

• 답 : 64.4kW

09 어느 특정소방대상물에 공기관식 차동식분포형감지기를 설치하고자 한다. 다음 각 물음에 답하시오. (단, 주요구조부가 비내화구조인 특정소방대상물이다.) 배점:5
(1) 공기관의 노출 부분은 감지구역마다 몇 [m] 이상이어야 하는지 쓰시오.
(2) 하나의 검출 부분에 접속하는 공기관의 길이는 몇 [m] 이하이어야 하는지 쓰시오.
(3) 공기관과 감지구역의 각 변과의 수평거리는 몇 [m] 이하이어야 하는지 쓰시오.
(4) 공기관 상호간의 거리는 몇 [m] 이하이어야 하는지 쓰시오.
(5) 공기관의 두께 및 바깥지름은 각각 몇 [mm] 이상이어야 하는지 쓰시오.

• 실전모범답안
(1) 20
(2) 100
(3) 1.5
(4) 6
(5) 0.3, 1.9

상세해설

공기관식 차동식분포형감지기의 설치기준(NFTC 203)
① 공기관의 노출 부분은 감지구역마다 20m 이상이 되도록 할 것
② 공기관과 감지구역의 각 변과의 수평거리는 1.5m 이하가 되도록 하고, 공기관 상호 간의 거리는 6m (주요구조부가 내화구조로 된 특정소방대상물 또는 그 부분에 있어서는 9m) 이하가 되도록 할 것
③ 공기관은 도중에서 분기하지 않도록 할 것
④ 하나의 검출 부분에 접속하는 공기관의 길이는 100m 이하로 할 것
⑤ 검출부는 5° 이상 경사되지 않도록 부착할 것
⑥ 검출부는 바닥으로부터 0.8m 이상 1.5m 이하의 위치에 설치할 것

10 무선통신보조설비에 사용되는 무반사 종단저항의 설치위치 및 설치목적을 쓰시오. 배점:5

• 실전모범답안
① 설치위치 : 누설동축케이블의 끝부분
② 설치목적 : 전송로로 전송되는 전자파가 종단에서 반사되어 교신을 방해하는 것을 방지하기 위하여 설치한다.

11 총 길이가 2,800m인 지하구에 자동화재탐지설비를 설치하는 경우 다음 각 물음에 답하시오.

배점 : 5

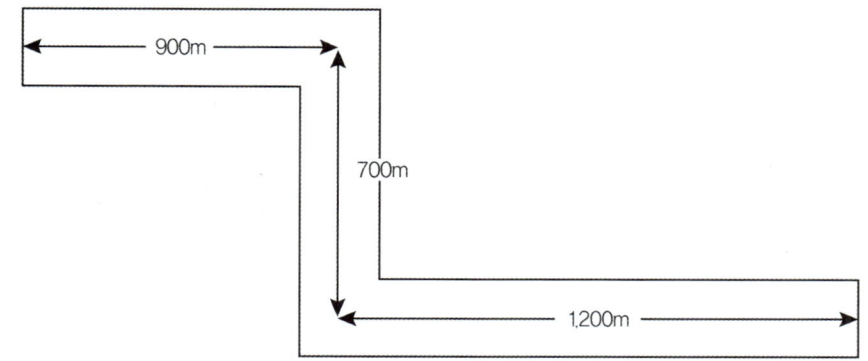

(1) 경계구역은 몇 개로 구분해야 하는지 구하시오.
(2) 지하구에 설치하는 감지기는 먼지·습기 등의 영향을 받지 않고 (   )과 온도를 확인할 수 있는 것을 설치할 것. (   ) 안에 알맞은 내용을 쓰시오.
(3) 지하구에 설치할 수 있는 감지기의 종류를 3가지만 쓰시오.

• **실전모범답안**

(1) $\dfrac{900+700+1200}{700}=4$

(2) 발화지점(1m 단위)

(3) 불꽃감지기, 정온식감지선형감지기, 아날로그식감지기

※ (1)의 경우 화재안전기준상에 '지하구의 경우 하나의 경계구역의 길이는 700m 이하로 할 것'이라는 문구가 삭제되었음에도 불구하고 문제가 출제! 오류로서 전부 정답처리 된 것으로 보입니다!

---

12 3상 380V, 30kW 스프링클러 펌프용 유도전동기이다. 유도전동기의 역률이 60%일 때 역률을 90%로 개선할 수 있는 전력용 콘덴서의 용량은 몇 [kVA]인지 구하시오.

배점 : 5

• **실전모범답안**

콘덴서의 용량 $Q_C = 30\text{kW} \times \left(\dfrac{\sqrt{1-0.6^2}}{0.6} - \dfrac{\sqrt{1-0.9^2}}{0.9} \right) = 25.47\text{kVA}$

• **답** : 25.47kVA

상세해설

전력용 콘덴서의 용량

$$Q_C = P(\tan\theta_1 - \tan\theta_2)$$
$$= P\left(\frac{\sin\theta_1}{\cos\theta_1} - \frac{\sin\theta_2}{\cos\theta_2}\right)$$
$$= P\left(\frac{\sqrt{1-\cos^2\theta_1}}{\cos\theta_1} - \frac{\sqrt{1-\cos^2\theta_2}}{\cos\theta_2}\right)\text{kVA}$$

전력용 콘덴서의 용량

Q_C : 콘덴서의 용량[kVA]	→	$= P\left(\dfrac{\sqrt{1-\cos^2\theta_1}}{\cos\theta_1} - \dfrac{\sqrt{1-\cos^2\theta_2}}{\cos\theta_2}\right)\text{kVA}$ [풀이①]
P : 유효전력[kW]	→	30kW
$\cos\theta_1$: 개선 전 역률	→	60%
$\cos\theta_2$: 개선 후 역률	→	90%

① 콘덴서 용량

∴ 콘덴서의 용량 $Q_C = 30\text{kW} \times \left(\dfrac{\sqrt{1-0.6^2}}{0.6} - \dfrac{\sqrt{1-0.9^2}}{0.9}\right) = 25.47\text{kVA}$

13 다음 그림과 같이 구획된 철근콘크리트 건물의 공장이 있다. 다음 표에 따라 자동화재탐지설비의 감지기를 설치하고자 한다. 다음 각 물음에 답하시오. 배점 : 10

구 역	설치높이[m]	감지기 종류
A구역	3.5	연기감지기 2종
B구역	3.5	연기감지기 2종
C구역	4.5	연기감지기 2종
D구역	3.8	정온식스포트형 1종
E구역	3.8	차동식스포트형 2종

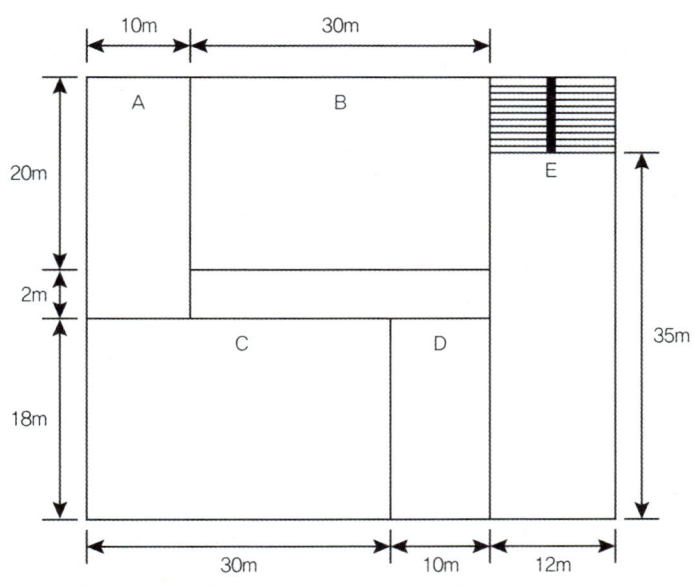

(1) 각 구역에 설치하여야 하는 감지기의 개수를 구하시오.
(2) 각 구역에 필요한 감지기를 배치하여 도시기호를 그려 넣으시오.

• **실전모범답안**

(1) • A실 : $\dfrac{10 \times 22}{150} = 1.47 ≒ 2개$

• B실 : $\dfrac{30 \times 20}{150} = 4개$

• C실 : $\dfrac{30 \times 18}{75} = 7.2 ≒ 8개$

• D실 : $\dfrac{10 \times 18}{60} = 3개$

• E실 : $\dfrac{12 \times 35}{70} = 6개$

(2)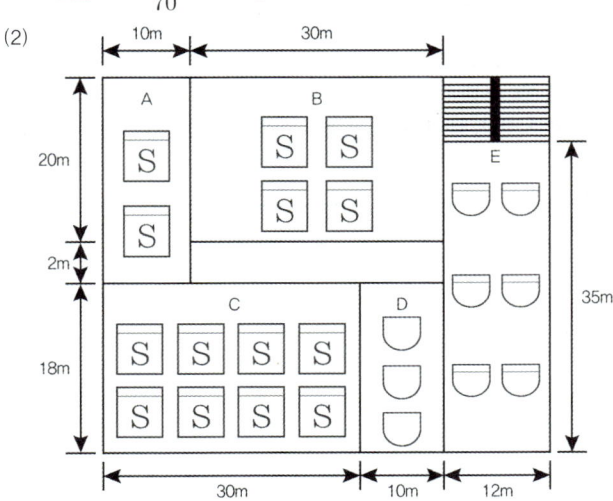

14 다음과 같은 조건을 참고하여 배선도로 나타내시오. 배점:5

[조건]
① 배선 : 천장은폐배선
② 전력선 : 4가닥, 450/750V 저독성 난연 가교 폴리올레핀 절연전선 2.5mm²
③ 전선관 : 후강전선관 22mm²

• 실전모범답안

HFIX 2.5^{SQ}(22)

15 다음 그림과 같이 지하 1층에서 지상 5층까지 각 층의 평면이 동일하고, 각 층의 높이가 4m인 학원 건물에 자동화재탐지설비를 설치하고자 한다. 다음 각 물음에 답하시오. 배점:5

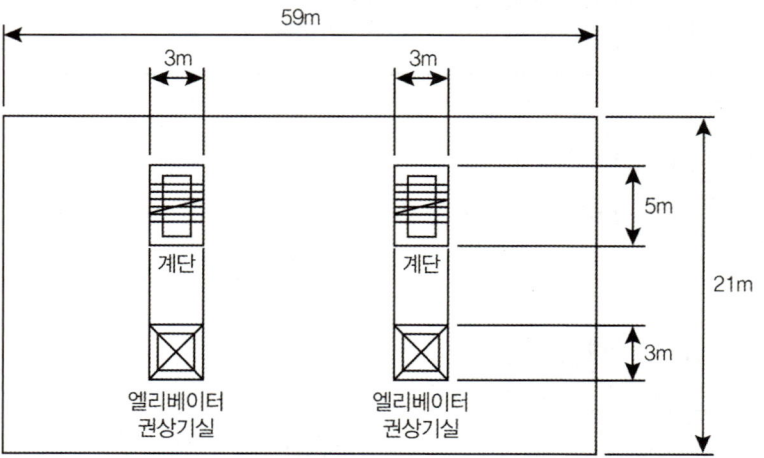

(1) 하나의 층에 대한 수평 경계구역수를 구하시오.
(2) 해당 건물의 수평 및 수직 경계구역수를 구하시오.
(3) 계단 감지기는 각각 몇 층에 설치해야 하는지 쓰시오. (설치되는 감지기는 연기감지기 2종으로 한다.)

• 실전모범답안

(1) $\dfrac{(59 \times 21) - (3 \times 5 \times 2) - (3 \times 3 \times 2)}{600} = 1.985 ≒ 2$ 경계구역

(2) 〈수평적 경계구역〉
 2경계구역×6개 층=12경계구역

〈수직적 경계구역〉

① E/V

　엘리베이터가 2개소 설치되어 있으므로 2경계구역

② 계단

$$\frac{4[\text{m}] \times 6 \text{개 층}}{45} = 0.53 ≒ 1 \text{경계구역}$$

계단이 2개소 설치되어 있으므로 2경계구역

(3) $\frac{4[\text{m}] \times 6 \text{개 층}}{15[\text{m}]} = 1.6 ≒ 2 \text{개}$

∴ 5층, 2층

Tip (1) 한변의 길이가 50m를 넘어가므로 최소 2경계구역임을 유추할 수 있고, 면적을 구해 2경계구역임을 확인할 수 있다. 이때, 수평적 경계구역을 구할 때는 수직적 경계구역의 면적을 빼고 산정함에 유의하자.
(2) 수직거리 45m마다 1개의 경계구역을 산정하는 것은 '계단'과 '경사로'에 한함을 유의하자. (엘리베이터는 높이에 상관없이 설치된 개소마다 1개의 수직적 경계구역으로 산정!)
(3) 계단의 경우 계단의 최상층의 천장에서부터 일정한 간격으로 설치함에 유의하자!

16 층수가 15층인 건축물에 비상방송설비를 설치하려고 한다. 다음 각 물음에 답하시오.

배점 : 5

(1) 다음은 우선경보방식에 대한 조건이다. ( ) 안을 완성하시오.
　층수가 (①)층(공동주택의 경우에는 (②)층) 이상의 특정소방대상물은 다음의 기준에 따라 경보를 발할 수 있도록 해야 한다.

(2) 발화층에 대한 경보층의 구체적인 경우를 3가지로 구분하여 쓰시오.

발화층	경보층
2층 이상	
1층	
지하층	

• 실전모범답안

(1) ① 11　② 16

(2)

발화층	경보층
2층 이상	발화층 + 직상 4개 층
1층	발화층 + 직상 4개 층 + 지하층
지하층	발화층 + 직상층 + 기타 지하층

17 그림은 3상 유도전동기의 기동 조작회로도이다. 이 도면을 타이머의 설정시간 후 타이머와 릴레이 X가 소자되도록 하고 타이머 소자 후에도 모터 M이 계속 동작하도록 전자접촉기 MC의 보조 a, b 접점 각 1개씩을 추가하여 회로를 완성하시오.

배점 : 5

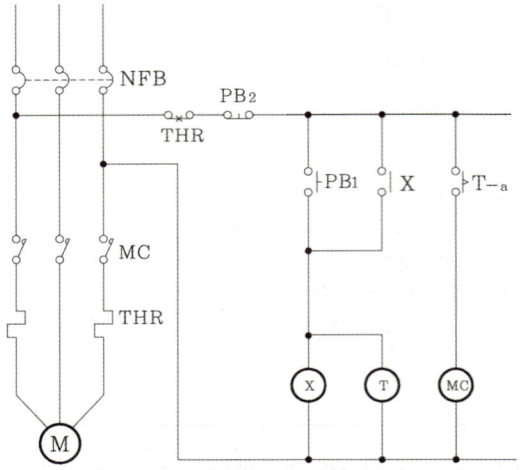

• 실전모범답안

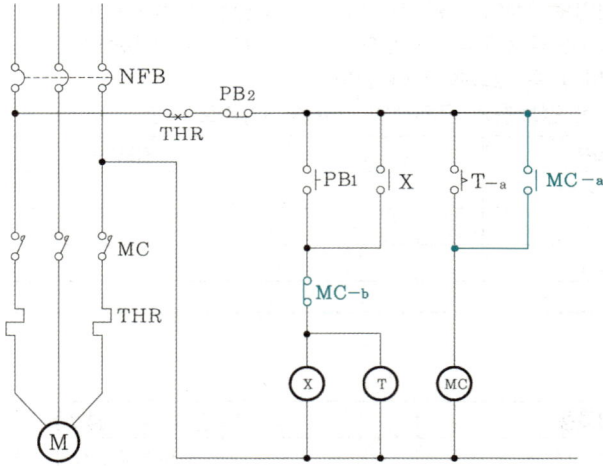

18 도면은 할론(halon)소화설비의 수동조작함에서 할론 제어반까지의 결선도 및 계통도(3zone)이다. 주어진 도면과 조건을 이용하여 다음 각 물음에 답하시오.

배점 : 5

[조건]
- 전선의 가닥수는 최소가닥수로 한다.
- 복구스위치 및 도어스위치는 없는 것으로 한다.
- 번호 표기가 없는 단자는 방출지연스위치이다.

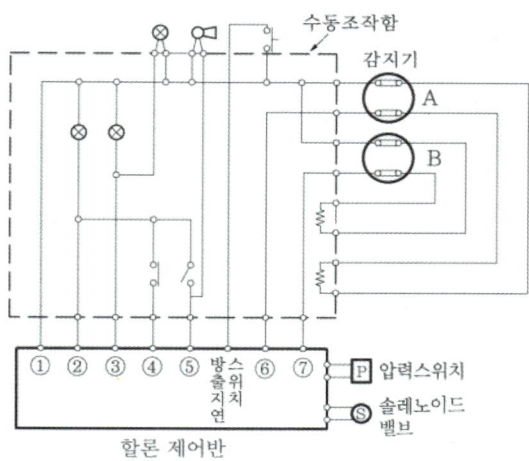

(1) ①~⑦의 전선명칭을 쓰시오.
(2) P에 사용되는 배선의 굵기를 쓰시오.

• **실전모범답안**

(1) ① 전원 － ② 전원 ＋ ③ 방출표시등 ④ 기동스위치
    ⑤ 사이렌 ⑥ 감지기 A ⑦ 감지기 B

(2) 2.5mm²

2021년도 제1회 국가기술자격 실기시험문제

자격종목	소방설비기사(전기)	형별	A	수험번호	
시험시간	3시간	일시		성명	

【문제 1】 다음은 어느 특정소방대상물의 평면도이다. 건축물의 구조는 비내화구조이고, 층간높이는 3.8m일 때 다음 각 물음에 답하시오. (단, 설치해야 할 감지기는 1종을 설치한다.) (7점)

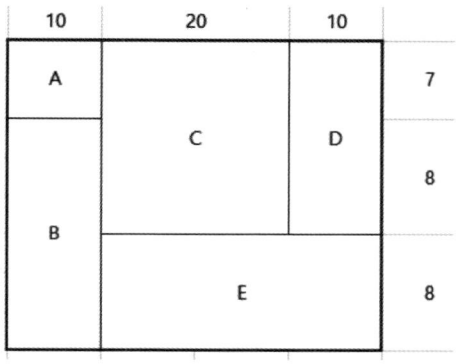

(1) 차동식스포트형감지기 1종을 설치할 경우 각 실에 설치되는 감지기의 개수를 구하시오.
(2) 해당 특정소방대상물의 경계구역수를 구하시오.

【문제 2】 다음은 스프링클러설비의 블록다이어그램이다. 각 구성요소 간 배선을 내화배선, 내열배선, 일반배선으로 구분하여, 블록다이어그램을 완성하시오. (단, ■■■ : 내화배선, ▨▨▨ : 내화 또는 내열 배선, ──── : 일반배선) (5점)

				원격기동장치		수신부		경보장치	

						유수검지장치			
전원		제어반		전동기	펌프	압력검지장치		헤드	

【문제 3】 P형 발신기를 손으로 눌러서 경보를 발생시킨 뒤 수신기에서 복구스위치를 눌렀는데도 화재신호가 복구되지 않았다. 그 원인과 해결방법을 쓰시오. (3점)

【문제 4】 3상, 380V, 100HP 스프링클러펌프용 유도전동기이다. 전동기의 역률이 60%일 때 역률을 90%로 개선할 수 있는 전력용 콘덴서의 용량은 몇 [kVA]인지 구하시오. (4점)

【문제 5】 유도등에 대한 다음 각 물음에 답하시오. (4점)
(1) 거실통로유도등의 설치높이를 바닥으로부터 1.5m 이하의 위치에 설치할 수 있는 경우에 대하여 쓰시오.
(2) 피난구유도등과 복도통로유도등의 표시면의 색은 무엇인지 쓰시오.

【문제 6】 자동화재탐지설비의 배선의 공사방법 중 내화배선의 공사방법에 대한 다음 (   )를 완성하시오. (7점)

금속관·(①) 또는 (②)에 수납하여 (③)로 된 벽 또는 바닥 등에 벽 또는 바닥의 표면으로부터 (④)의 깊이로 매설해야 한다.

가. 배선을 내화성능을 갖는 배선전용실 또는 배선용 샤프트·피트·덕트 등에 설치하는 경우

나. 배선전용실 또는 배선용 샤프트·피트·덕트 등에 다른 설비의 배선이 있는 경우에는 이로부터 15cm 이상 떨어지게 하거나 소화설비의 배선과 이웃하는 다른 설비의 배선사이에 배선지름(배선의 지름이 다른 경우에는 지름이 가장 큰 것을 기준으로 한다)의 1.5배 이상 높이의 불연성 격벽을 설치하는 경우

【문제 7】 다음의 조건에서 설명하는 감지기의 명칭을 쓰시오. (단, 종별은 제외한다.) (2점)

─〈 조 건 〉─
① 공칭작동온도 : 75[℃]
② 작동방식 : 반전바이메탈식, 60[V], 0.1[A]
③ 부착높이 : 6[m] 미만

【문제 8】 다음은 자동화재탐지설비의 계통도이다. 주어진 조건을 참조하여 다음 각 물음에 답하시오. (10점)

─〈 조 건 〉─
① 설비의 설계는 경제성을 고려하여 산정한다.
② 건물의 연면적은 5,000m²이다.
③ 감지기 공통선은 별도로 한다.
④ 경보방식은 우선경보방식으로 적용한다.
⑤ 화재로 인하여 하나의 층의 지구음향장치 또는 배선이 단락되어도 다른 층의 화재 통보에 지장이 없도록 각 층 배선 상에 유효한 조치를 하였다.

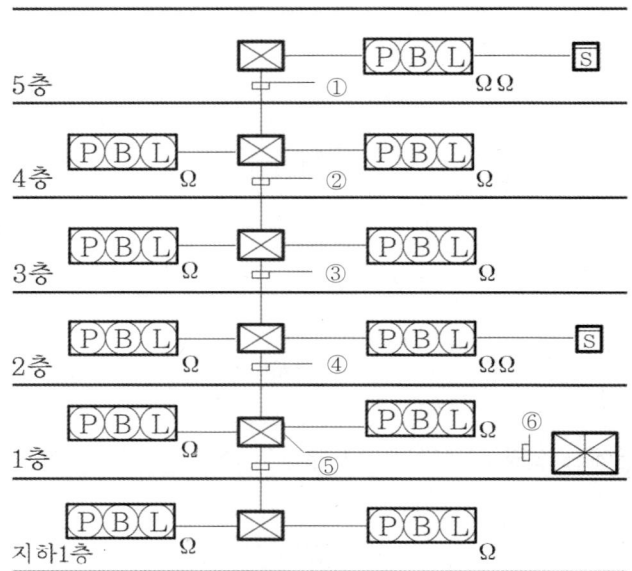

(1) 도면에서 ①~⑥의 전선가닥수를 각각 구하시오.
(2) 발신기 세트에 기동용 수압개폐장치를 사용하는 옥내소화전이 설치 될 경우 추가되는 전선의 가닥수와 배선의 명칭을 쓰시오.
(3) 발신기 세트에 ON-OFF방식의 옥내소화전이 설치 될 경우 소요되는 가닥수는 총 몇 가닥인가? (단, 스위치 공통선과 표시등 공통선을 별도로 사용한다.)

【문제 9】 이산화탄소소화설비의 음향경보장치에 관한 내용이다. 다음 각 물음에 답하시오. (4점)
(1) 방호구역 또는 방호대상물이 있는 구획의 각 부분으로부터 하나의 확성기까지의 수평거리는 몇 [m] 이하로 해야 하는가?
(2) 소화약제의 방사개시 후 몇 분 이상 경보를 발해야 하는가?

【문제 10】 20W 중형 피난구유도등 30개가 AC 220V에서 점등되었다면 소요되는 전류는 몇 [A]인가? (단, 유도등의 역률은 70%이고, 충전되지 않은 상태이다.) (4점)

【문제 11】 3개의 입력 A, B, C가 주어졌을 때 출력 X_A, X_B, X_C의 논리식이 다음과 같이 주어져 있다. 주어진 논리식을 참고하여 다음 각 물음에 답하시오. (9점)

- $X_A = A \cdot \overline{X_B} \cdot \overline{X_C}$
- $X_B = B \cdot \overline{X_A} \cdot \overline{X_C}$
- $X_C = C \cdot \overline{X_A} \cdot \overline{X_B}$

(1) 논리식을 참고하여 동일한 동작이 되도록 유접점회로를 그리시오.
(2) 논리식을 참고하여 동일한 동작이 되도록 무접점회로를 그리시오.
(3) 논리식을 참고하여 타임차트를 완성하시오.

【문제 12】 비상콘센트설비를 설치해야 할 특정소방대상물 3가지를 쓰시오. (6점)

【문제 13】 다음은 Y-△기동에 대한 시퀀스 회로도이다. 그림을 보고 다음 각 물음에 답하시오.
(5점)

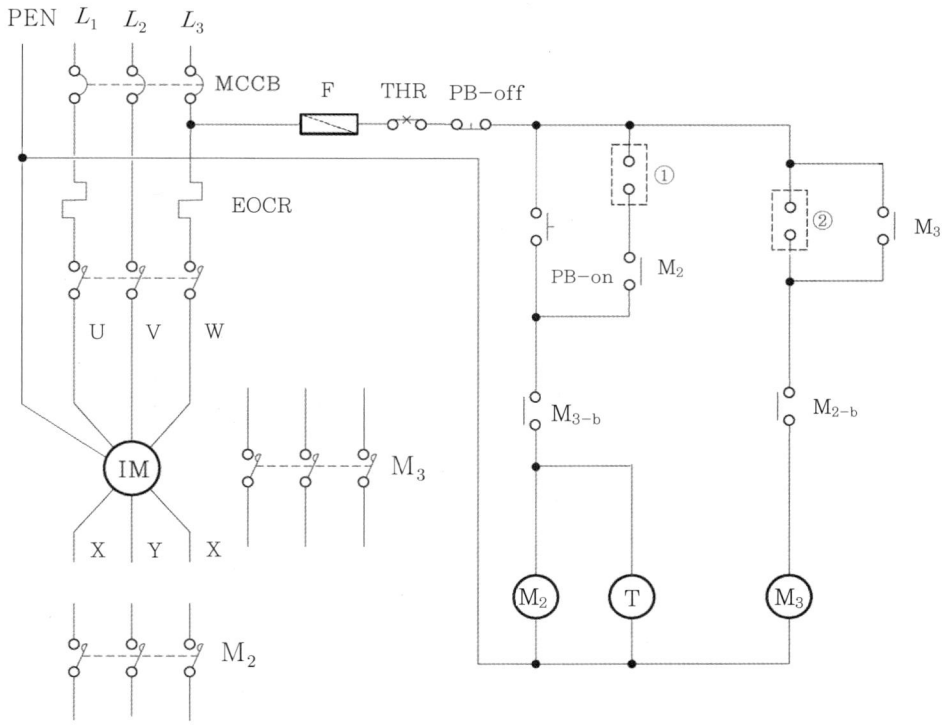

(1) 타이머를 이용한 미완성 Y-△ 기동회로를 완성하시오.
(2) 제어회로의 미완성 부분 ①, ②에 Y-△ 운전이 가능하도록 접점 및 접점기호를 표시하시오.
(3) ①, ②의 접점명칭을 쓰시오.

【문제 14】 그림의 도면은 타이머에 의한 전동기 M_1, M_2를 교대우전이 가능하도록 설계된 전동기의 시퀀스 회로이다. 이 도면을 이용해 다음 각 물음에 답하시오. (6점)

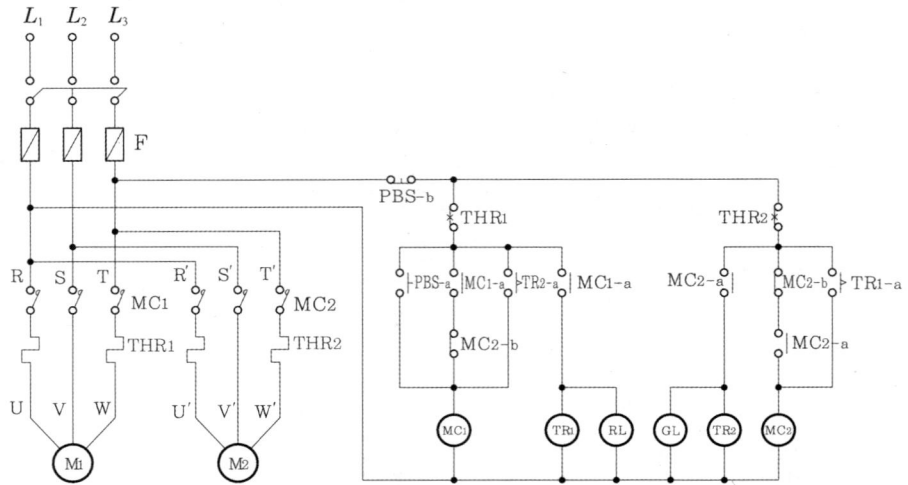

(1) 제어회로 중에 잘못된 부분을 지적하고 어떻게 고쳐야 하는지 쓰시오.

(2) 타이머 TR_1이 2시간, 타이머 TR_2가 4시간으로 각각 세팅이 되어 있다면 하루에 전동기 M_1과 M_2는 몇 시간씩 운전되는지 쓰시오.

(3) RL 표시등, GL 표시등의 용도에 대해 쓰시오.

【문제 15】 도면은 할론(Halon)소화설비의 수동조작함에서 할론제어반까지의 결선도 및 계통도(3zone)이다. 주어진 도면과 조건을 이용하여 다음 각 물음에 답하시오. (8점)

─── 〈 조 건 〉───
- 전선의 가닥수는 최소가닥수로 한다.
- 복구스위치 및 도어스위치는 없는 것으로 한다.
- 번호 표기가 없는 단자는 방출지연스위치이다.

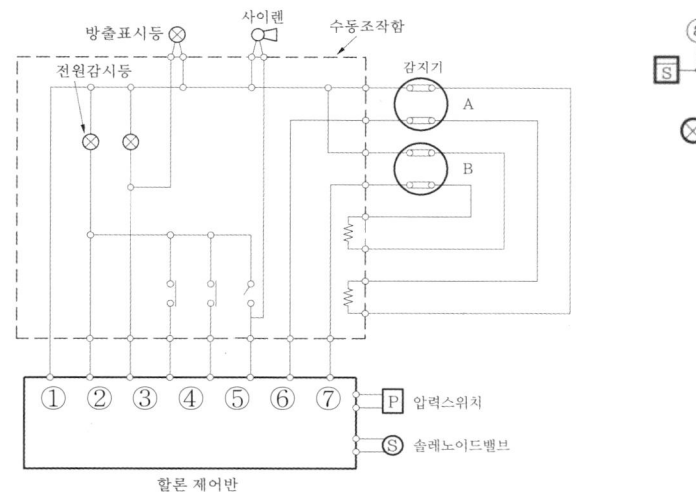
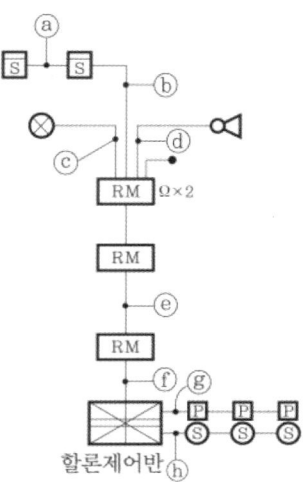

(1) ①~⑧의 전선명칭을 쓰시오.
(2) ⓐ~ⓗ의 전선가닥수를 구하시오.

【문제 16】 지상 31m가 되는 곳에 수조가 있다. 이 수조에 분당 12m³의 물을 양수하는 펌프용 전동기를 설치하여 3상 전력을 공급하려고 한다. 펌프효율이 65%이고, 펌프측 동력에 10%의 여유를 둔다고 할 때 다음 각 물음에 답하시오. (단, 펌프용 3상 농형 유도전동기의 역률은 1로 가정한다.)
(6점)

(1) 펌프용 전동기의 용량은 몇 [kW]인지 구하시오.
(2) 3상 전력을 공급하고자 단상변압기 2대를 V결선하여 이용하고자 한다. 단상변압기 1대의 용량은 몇 [kVA]인지 구하시오.

【문제 17】 화재안전기준에 따른 경계구역, 감지기, 시각경보장치의 용어정의에 대하여 쓰시오.
(6점)

【문제 18】 공기관식 차동식분포형감지기의 공기관 길이가 370m이다. 검출부의 수량을 구하시오. (단, 하나의 검출부에 접속하는 공기관의 길이는 최대길이를 적용할 것) (4점)

2021년도 제2회 국가기술자격 실기시험문제

자격종목	소방설비기사(전기)	형별	A	수험번호	
시험시간	3시간	일시		성명	

【문제 1】 주어진 진리표를 보고 다음 각 물음에 답하시오. (10점)

A	B	C	Y_1
0	0	0	1
0	0	1	0
0	1	0	1
0	1	1	0
1	0	0	1
1	0	1	0
1	1	0	0
1	1	1	0

(1) 가장 간략화 된 논리식을 적으시오.

- $Y_1 =$
- $Y_2 =$

(2) 무접점회로를 그리시오.

$A \circ$

$\circ Y_1$

$B \circ$

$C \circ$

$\circ Y_2$

(3) 유접점회로를 그리시오.

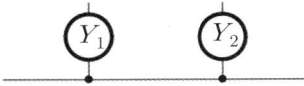

【문제 2】 누전경보기에 관한 다음 각 물음에 답하시오. (6점)
(1) 1급 누전경보기와 2급 누전경보기를 구분하는 정격전류 [A]의 기준에 대해 쓰시오.
(2) 전원은 분전반으로부터 전용회로로 하고 각 극에 각 극을 개폐할 수 있는 무엇을 설치해야 하는지 쓰시오. (단, 배선용차단기는 제외한다.)
(3) 변류기 용어의 정의를 쓰시오.

【문제 3】 가압송수장치를 기동용 수압개폐방식으로 사용하는 1동, 2동, 3동의 공장 1층에 옥내소화전함과 자동화재탐지설비용 발신기를 다음과 같이 설치하였다. 다음 각 물음에 답하시오. (단, 수신기는 경비실에 있으며 경보방식은 동별 구분 경보방식을 적용한다.) (8점)

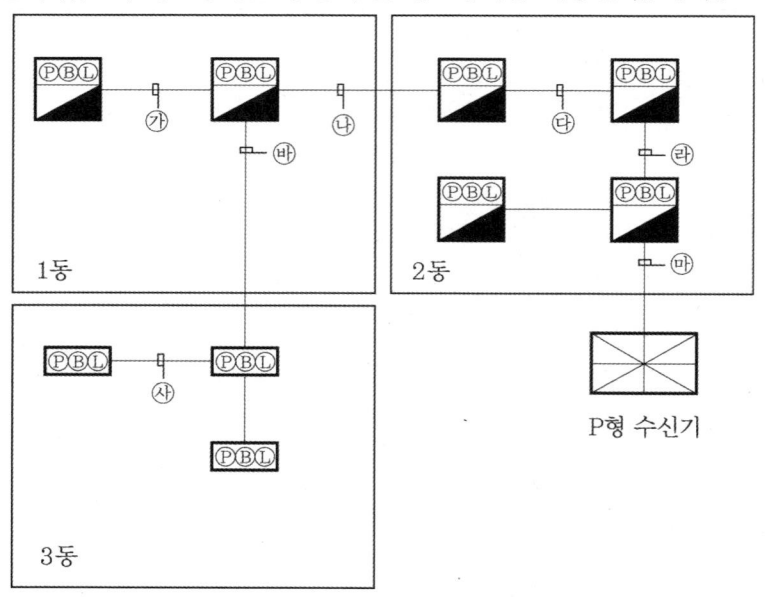

(1) 기호 ㉮~㉯의 전선가닥수를 표시한 도표이다. 전선가닥수를 표 안에 숫자로 쓰시오. (단, 가닥수가 필요 없는 곳은 공란으로 둘 것)

기 호	회로선	회로공통선	경종선
㉮			
㉯			
㉰			
㉱			
㉲			
㉳			
㉴			

(2) 다음은 자동화재탐지설비의 수신기의 설치기준이다. ( ) 안에 알맞은 말을 쓰시오.
- 수위실 등 상시 사람이 근무하는 장소에 설치할 것. 다만, 사람이 상시 근무하는 장소가 없는 경우에는 관계인이 쉽게 접근할 수 있고 관리가 용이한 장소에 설치할 수 있다.
- 수신기가 설치된 장소에는 (①)를 비치할 것. 다만, 모든 수신기와 연결되어 각 수신기의 상황을 감시하고 제어할 수 있는 수신기(주수신기)를 설치하는 경우에는 주수신기를 제외한 기타 수신기는 그렇지 않다.
- 수신기의 (②)는 그 음량 및 음색이 다른 기기의 소음 등과 명확히 구별될 수 있는 것으로 할 것
- 수신기는 (③), (④) 또는 (⑤)가 작동하는 경계구역을 표시할 수 있는 것으로 할 것
- 화재, 가스, 전기 등에 대한 종합방재반을 설치한 경우에는 해당 조작반에 수신기의 작동과 연동하여 감지기, 중계기 또는 발신기가 작동하는 경계구역을 표시할 수 있는 것으로 할 것
- 하나의 경계구역은 하나의 표시등 또는 하나의 문자로 표시되도록 할 것
- 수신기의 조작스위치는 바닥으로부터 높이가 0.8[m] 이상 1.5[m] 이하인 장소에 설치할 것
- 하나의 특정소방대상물에 2 이상의 수신기를 설치하는 경우에는 수신기를 상호간 연동하여 화재발생 상황을 각 수신기마다 확인할 수 있도록 할 것

【문제 4】 P형 1급 수신기와 감지기와의 배선회로에서 P형 1급 수신기 종단저항은 11kΩ, 감시전류는 2mA, 릴레이저항은 950Ω, DC 24V일 때 다음 각 물음에 답하시오. (6점)
(1) 배선저항 [Ω]을 구하시오.
(2) 감지기가 동작할 때(화재 시) 전류는 몇 [mA]인지 구하시오.

【문제 5】 단독경보형감지기의 설치기준이다. (   ) 안에 들어갈 알맞은 내용을 채우시오. (5점)
(1) 각 실마다 설치하되, 바닥면적 (①)m²를 초과하는 경우에는 (①)m²마다 1개 이상을 설치해야 한다.
(2) 이웃하는 실내의 바닥면적이 각각 30m² 미만이고, 벽체의 상부의 전부 또는 일부가 개방되어 이웃하는 실내와 공기가 상호유통되는 경우에는 이를 (②)개의 실로 본다.
(3) 계단실은 최상층의 (③) 천장(외기가 상통하는 (③)의 경우를 제외한다)에 설치할 것
(4) 건전지를 주전원으로 사용하는 단독경보형감지기는 정상적인 (④)를 유지할 수 있도록 건전지를 교환할 것
(5) 상용전원을 주전원으로 사용하는 단독경보형감기지기의 (⑤)는 제품검사에 합격한 것을 사용할 것

【문제 6】 다음 미완성된 브리지형 전파정류회로를 완성하고 출력전압의 파형을 그리시오. (단, 입력은 상용전원이고, 권수비는 1 : 1이며, 평활회로는 없는 것으로 한다.) (6점)

(1) 전파정류회로를 구성하시오.
(2) 다음은 정류 전의 출력전압파형이다. 정류 후의 출력전압파형을 그리시오.

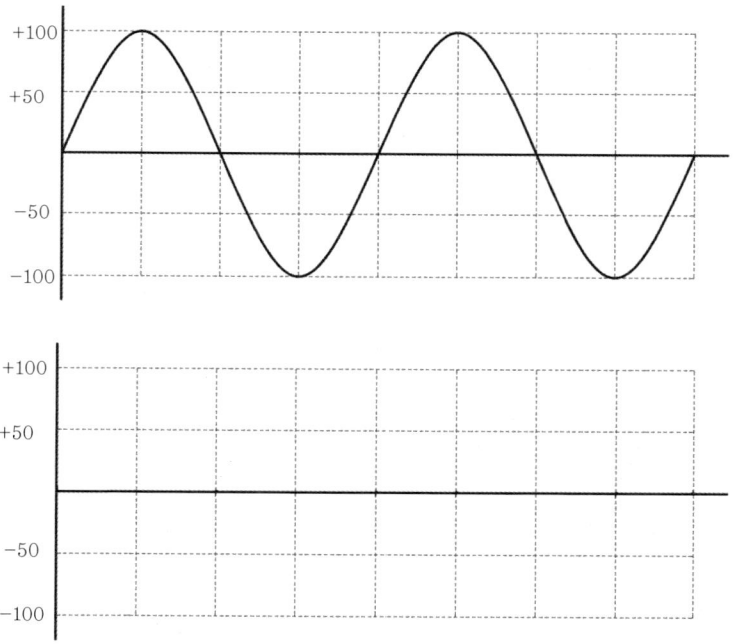

【문제 7】 청각장애인용 시각경보장치의 설치기준 3가지를 쓰시오. (6점)

【문제 8】 다음의 전선관 부속품에 대한 용도를 간단하게 설명하시오. (3점)
(1) 부싱
(2) 유니온 커플링
(3) 유니버설 엘보우

【문제 9】 다음은 어느 특정소방대상물의 평면도이다. 건축물의 구조는 내화구조이고, 층의 높이는 4.2m일 때 다음 각 물음에 답하시오. (단, 설치해야 할 감지기는 차동식스포트형감지기 1종을 설치한다.) (8점)

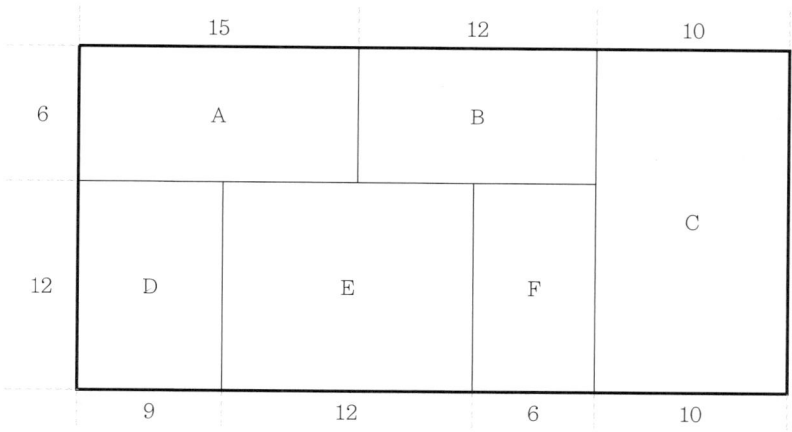

(1) 각 실별로 설치해야 할 감지기의 개수를 구하시오.

구 분	식	답
A	$\frac{15 \times 6}{45} = 2$	2개
B	$\frac{12 \times 6}{45} = 1.6$	2개
C	$\frac{10 \times 18}{45} = 4$	4개
D	$\frac{9 \times 12}{45} = 2.4$	3개
E	$\frac{12 \times 12}{45} = 3.2$	4개
F	$\frac{6 \times 12}{45} = 1.6$	2개

(2) 해당 특정소방대상물의 총 경계구역수를 구하시오.

【문제 10】 지상 31층 건물에 비상콘센트를 설치하려고 한다. 각 층에 하나의 비상콘센트설비를 설치한다면 최소 몇 회로가 필요한지 쓰시오. (4점)

【문제 11】 유도전동기의 운전을 현장측과 제어실측 어느 쪽에서도 기동 및 정지제어가 가능하도록 가장 간단하게 배선하시오. (단, 푸시버튼 스위치 기동용(PB-on) 2개, 정지용(PB-off) 2개, 전자접촉기 a접점 1개(자기유지용)를 사용할 것) (5점)

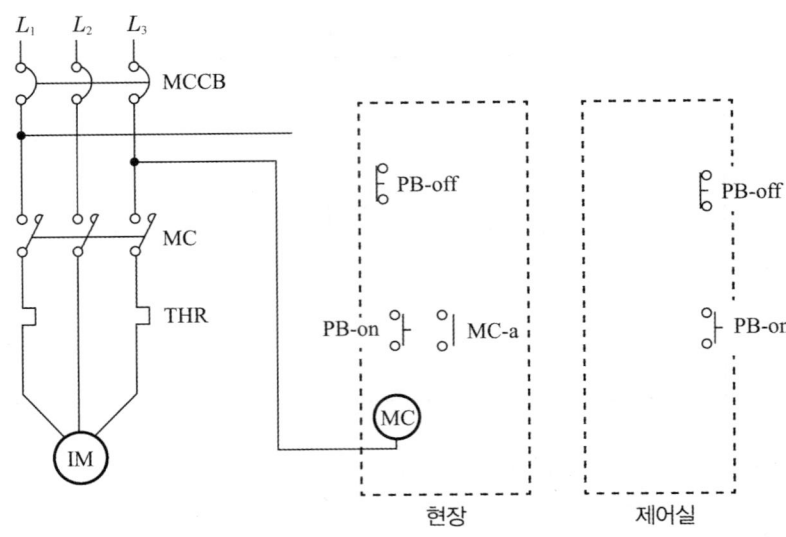

【문제 12】 비상방송설비의 확성기(Speaker) 회로에 음량조정기를 설치하고자 한다. 결선도를 그리시오. (5점)

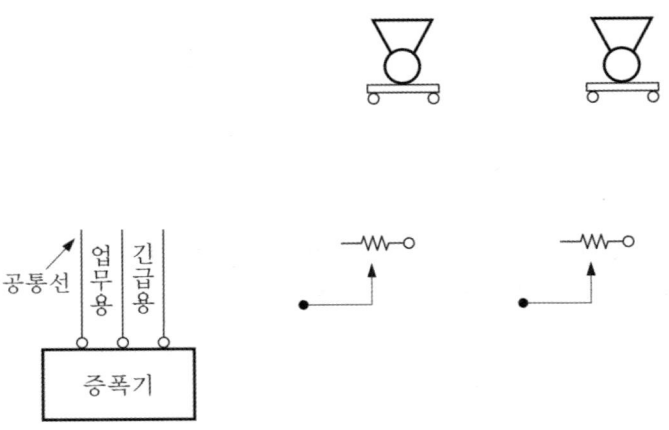

【문제 13】 일시적으로 발생된 열, 연기 또는 먼지 등으로 연기감지기가 화재신호를 발신할 우려가 있는 곳에 축적기능 등이 있는 자동화재탐지설비의 수신기를 설치해야 한다. 이 경우에 해당하는 장소 3가지를 쓰시오. (단, 축적형감지기가 설치되지 않은 장소이다.) (5점)

【문제 14】 다음 도시기호를 보고 의미하는 바를 쓰시오. (4점)
(1) ───◉───
(2) ⌒
(3) ▢ (상단 좌우 분할)
(4) Ⓑ

【문제 15】화재안전기준상 비상방송설비의 설치기준에 대한 다음 각 물음에 답하시오. (5점)
(1) 기동장치에 따른 화재신고를 수신한 후 필요한 음량으로 화재발생 상황 및 피난에 유효한 방송이 자동으로 개시될 때까지의 소요시간은 몇 초 이내로 해야 하는가?
(2) 지상 10층, 연면적 3,000m² 초과하는 특정소방대상물에 자동화재탐지설비의 음향장치를 설치하고자 한다. 이 건물에 5층에 화재가 발생할 경우 경보를 발해야 하는 층수를 적으시오.
(3) 실내에 설치하는 확성기는 몇 [W] 이상으로 해야 하는가?
(4) 조작부의 조작스위치는 바닥으로부터 얼마의 높이에 설치해야 하는가?
(5) 음향장치는 정격전압의 몇 [%] 전압에서 음향을 발할 수 있어야 하는가?

【문제 16】자동화재탐지설비에 대한 설치대상(바닥면적 등의 기준)을 적으시오. (단, 전부 또는 조건 없음으로 답한다.) (5점)
(1) 근린생활시설(목욕장은 제외한다.)
(2) 근린생활시설 중 목욕장
(3) 의료시설(정신의료기관 또는 요양병원은 제외한다.)
(4) 정신의료기관(창살 등은 설치되어 있지 않다.)
(5) 요양병원(정신병원과 의료재활시설은 제외한다.)

【문제 17】 무선통신보조설비에 사용되는 무반사종단저항의 설치위치 및 설치목적을 쓰시오. (5점)
(1) 설치위치
(2) 설치목적

【문제 18】 감지기의 설치기준이다. ( ) 안에 들어갈 알맞은 내용을 쓰시오. (4점)
(1) 감지기(차동식분포형의 것을 제외한다)는 실내로의 공기유입구로부터 (①)[m] 이상 떨어진 위치에 설치할 것
(2) 보상식스포트형감지기는 정온점이 감지기 주위의 평상시 최고온도보다 (②)[℃] 이상 높은 것으로 설치할 것
(3) 정온식감지기는 주방·보일러실 등으로서 다량의 화기를 취급하는 장소에 설치하되, 공칭작동온도가 최고주위온도보다 (③)[℃] 이상 높은 것으로 설치할 것
(4) 스포트형감지기는 (④)° 이상 경사되지 않도록 부착할 것

2021년도 제4회 국가기술자격 실기시험문제

자격종목	소방설비기사(전기)	형별	A	수험번호	
시험시간	3시간	일시		성명	

【문제 1】 비상용 전원설비로서 축전지설비를 계획하고자 한다. 사용부하의 방전전류-시간 특성곡선이 다음 그림과 같을 때 다음 각 물음에 답하시오. (단, 축전지 개수는 83개이며, 단위 전지방전 종지전압은 1.06[V]로 하고 축전지 형식은 AH형을 채택하며 또한 축전지용량은 다음과 같은 일반식에 의하여 구한다.) (7점)

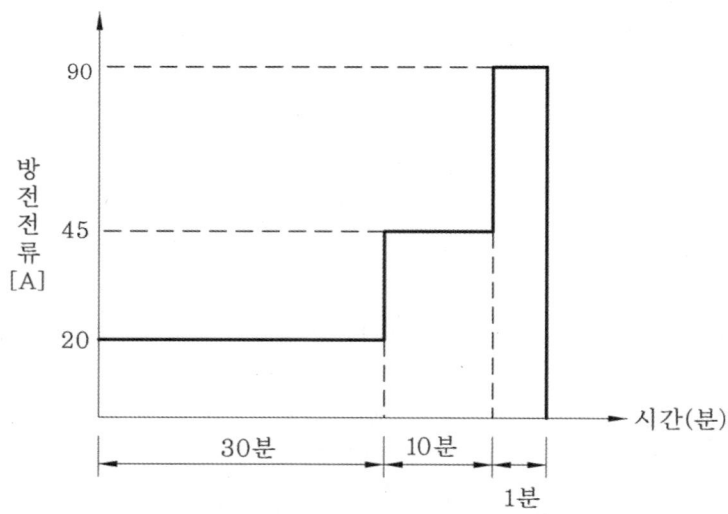

형식	최저허용전압[V/셀]	0.1분	1분	5분	10분	20분	30분	60분	120분
AH	1.10	0.30	0.46	0.56	0.66	0.87	1.04	1.56	2.60
	1.06	0.24	0.33	0.45	0.53	0.70	0.85	1.40	2.45
	1.00	0.20	0.27	0.37	0.45	0.60	0.77	1.30	2.30

(1) 축전지의 용량 C는 이론상 몇 [Ah] 이상의 것을 선정해야 하는지 구하시오. (단, $D=0.8$)
(2) 축전지의 전해액이 변색되고, 충전 중이 아닌 정지상태에서도 다량으로 가스가 발생하는 원인은 무엇인지 쓰시오.
(3) 부동충전방식을 정류기, 연축전지, 부하를 포함하여 그림으로 나타내시오.

【문제 2】 두 입력상태가 같을 때 출력이 없고 두 입력상태가 다를 때 출력이 생기는 회로를 배타적 논리합(Exclusive OR) 회로라 하는데 다음 그림과 같은 배타적 논리합회로에서 각 물음에 답하시오.
(6점)

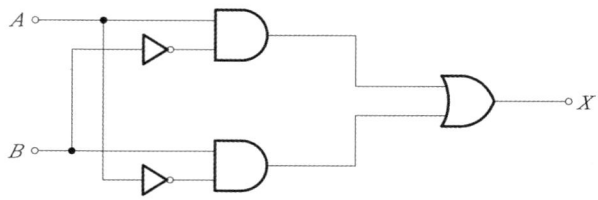

(1) 이 회로의 논리식을 쓰시오.
(2) 이 회로에 대한 유접점 릴레이회로를 그리시오.
(3) 이 회로의 타임차트를 완성하시오.

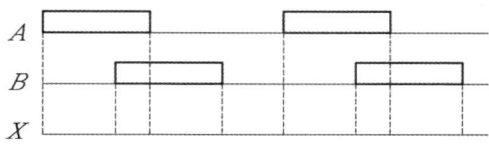

(4) 이 회로의 진리표를 완성하시오.

A	B	C

【문제 3】 3선식 배선으로 상시 충전되는 유도등의 전기회로에 점멸기를 설치하는 경우에는 어느 때 점등되어야 하는지 그 설치기준 5가지를 쓰시오. (5점)

【문제 4】 감지기회로의 도통시험을 위한 종단저항의 설치기준 3가지를 쓰시오. (4점)

【문제 5】 어느 건물의 자동화재탐지설비의 P형 수신기를 보니 예비전원표시등이 점등되어 있었다. 어떤 경우에 점등되어 있는지 그 원인을 4가지만 예를 들어 설명하시오. (4점)

【문제 6】 누전경보기의 공칭작동전류치의 정의에 대해 간략히 쓰고, 몇 [mA] 이해야 하는지 쓰시오. (4점)

【문제 7】 피난유도선은 햇빛이나 전등불에 따라 축광하거나 전류에 따라 빛을 발하는 유도체로서, 어두운 상태에서 피난을 유도할 수 있도록 띠 형태로 설치되는 피난유도시설이다. 축광방식의 피난유도선의 설치기준 3가지를 쓰시오. (5점)

【문제 8】 비상경보장치 중 사이렌 및 방출표시등의 설치위치와 설치목적을 쓰시오. (4점)

【문제 9】 다음은 지하 2층, 지상 4층 건물의 자동화재탐지설비의 도면이다. 조건을 참조하여 각 물음에 답하시오. (7점)

― 〈 조 건 〉―
① 각 층의 높이는 4m이다.
② 계단 및 수직경계구역의 면적은 계산과정에서 제외한다.

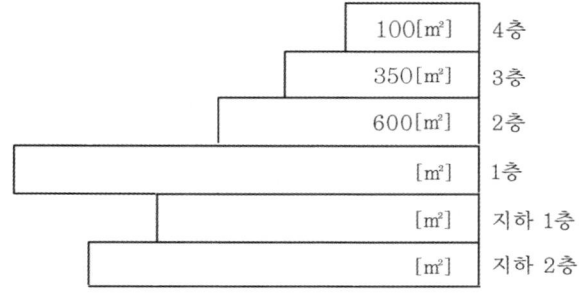

(1) 도면을 보고 경계구역수를 산출하여 표의 빈 칸을 채우시오.

층 수	산출내역	경계구역수
4층		
3층		
2층		
1층		
지하 1층		
지하 2층		

(2) 이 건물에 계단 및 엘리베이터가 각각 1개씩 설치되어 있을 경우 수신기는 P형 몇 회로용을 사용해야 하는지 쓰시오.

【문제 10】 경보방식이 우선경보방식일 경우 다이오드를 바르게 그려 넣으시오. (5점)

【문제 11】 그림과 같은 시퀀스회로에서 PB을 눌러 폐회로가 될 때 타이머 T_1(설정시간 : t_1), T_2(설정시간 : t_2), 릴레이 X_2, 신호등 PL에 대한 타임차트를 완성하시오. (단, T_1은 1초, T_2는 2초이며 설정시간 이외의 시간지연은 없다고 본다.) (6점)

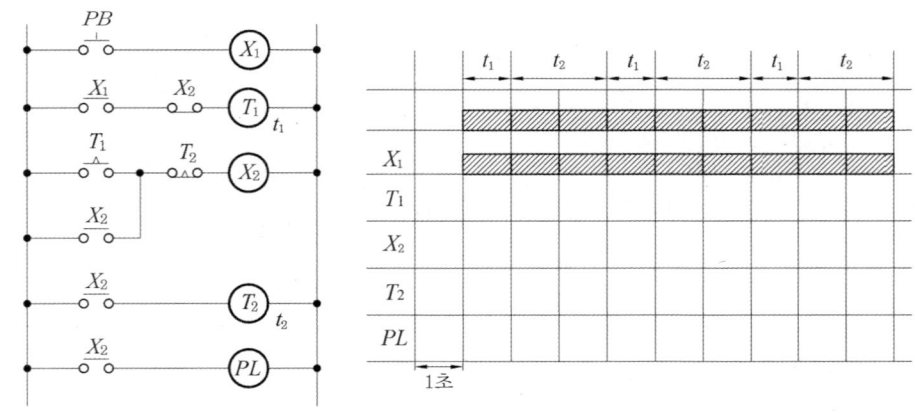

【문제 12】 다음은 Y-△기동에 대한 시퀀스회로도이다. 그림을 보고 다음 각 물음에 답하시오. (7점)

(1) 도면의 미완성 부분을 결선하고 접점을 표시하시오.

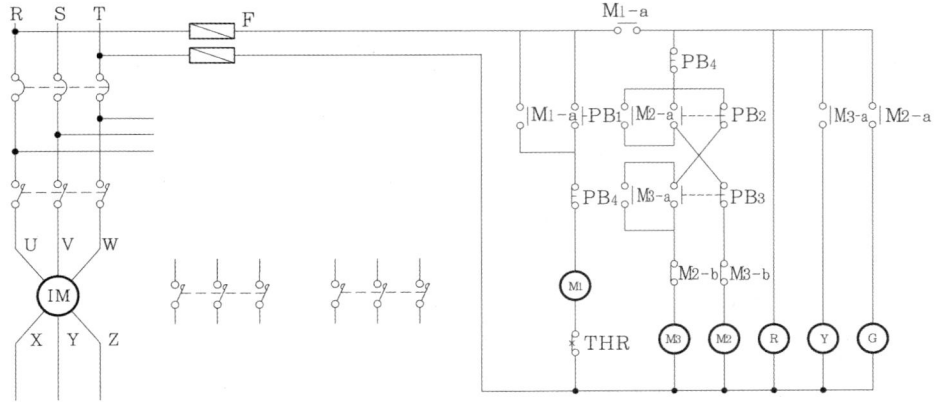

(2) 회로에서 표시등 WL, GL, RL은 각각 어떤 상태를 나타내는지 쓰시오.
- WL :
- GL :
- RL :

【문제 13】 P형 수신기와 감지기 사이에 연결된 선로에 배선저항 10Ω, 릴레이저항 950Ω, 종단저항 10kΩ이고 감시전류가 2.4mA일 때 수신기의 단자전압 [V]과 작동전류 [mA]를 구하여라. (6점)

【문제 14】 3상 380V이고 사용하는 정격소비전력 100kW인 전기기구의 부하전류를 측정하기 위하여 변류비 300/5의 변류기를 사용하였다. 이때 2차 전류를 구하여라. (단, 역률은 0.7이다.) (4점)

【문제 15】 다음은 화재안전기준상 내화배선의 공사방법에 관한 사항이다. ( ) 안에 알맞은 말을 쓰시오. (5점)

공사방법
금속관·2종 금속제 가요전선관 또는 합성수지관에 수납하여 내화구조로 된 벽 또는 바닥 등에 벽 또는 바닥의 표면으로부터 (①) 이상의 깊이로 매설해야 한다. 다만, 다음 각 목의 기준에 적합하게 설치하는 경우에는 그렇지 않다. 가. 배선을 (②)을 갖는 배선전용실 또는 배선용 샤프트·피트·덕트 등에 설치하는 경우 나. 배선전용실 또는 배선용 샤프트·피트·덕트 등에 다른 설비의 배선이 있는 경우에는 이로부터 (③) 이상 떨어지게 하거나 소화설비의 배선과 이웃하는 다른 설비의 배선 사이에 배선 지름(배선의 지름이 다른 경우에는 가장 큰 것을 기준으로 한다.)의 (④) 이상 높이의 (⑤)을 설치하는 경우

【문제 16】 다음 그림은 자동화재탐지설비의 평면을 나타낸 도면이다. 이 도면을 보고 각 물음에 답하시오. (단, 각 실은 이중 천장이 없는 구조이며, 전선관은 16mm 후강 스틸전선관을 사용하여 콘크리트 내 매입 시공한다.) (10점)

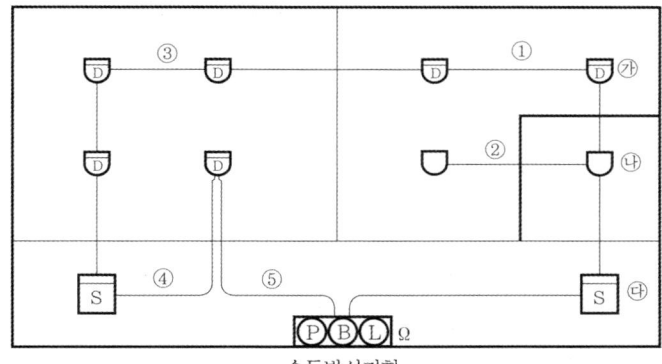

(1) 시공에 소용되는 부싱과 로크너트의 소요개수를 구하시오.
(2) 각 감지기 간과 감지기와 수동발신기 세트 간 (①~⑤)에 배선되는 전선의 가닥수를 구하시오.
(3) 도면에 그려진 심벌 ㉮, ㉯, ㉰의 명칭을 쓰시오.

【문제 17】 다음과 같은 장소에 차동식스포트형감지기 2종을 설치하는 경우와 광전식스포트형감지기 2종을 설치하는 경우 최소감지기 소요개수를 산정하시오. (단, 주요구조부는 내화구조, 감지기의 설치높이는 6m이다.) (5점)

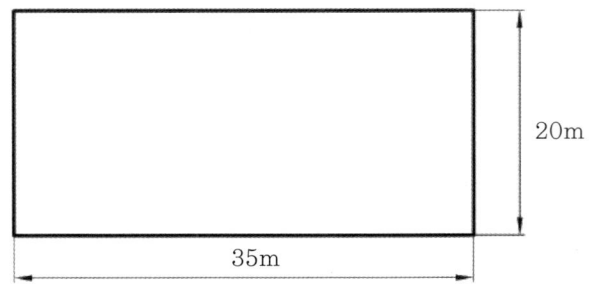

(1) 차동식스포트형감지기(2종) 소요개수
(2) 광전식스포트형감지기(2종) 소요개수

【문제 18】 다음은 유도등 및 유도표지의 설치장소에 따른 종류에 관한 내용이다. 빈 칸에 알맞은 종류의 유도등 및 유도표지를 쓰시오. (5점)

설치장소	유도등 및 유도표지의 종류
1. 공연장, 집회장(종교집회장 포함), 관람장, 운동시설	• 대형 피난구유도등
2. 유흥주점영업시설(유흥주점영업 중 손님이 춤을 출 수 있는 무대가 설치된 카바레, 나이트클럽 또는 그 밖에 이와 비슷한 영업시설만 해당)	
3. 위락시설, 판매시설, 운수시설, 관광숙박업, 의료시설, 장례식장, 방송통신시설, 전시장, 지하상가, 지하철역사	
4. 숙박시설(관광숙박업 외의 것), 오피스텔	
5. 지하층, 무창층 또는 11층 이상인 특정소방대상물	
6. 근린생활시설, 노유자시설, 업무시설, 발전시설, 종교시설(집회장 용도로 사용하는 부분 제외), 교육연구시설, 수련시설, 공장, 창고시설, 교정 및 군사시설(국방·군사시설 제외), 기숙사, 자동차정비공장, 운전학원 및 정비학원, 다중이용업소, 복합건축물	

해설 2021 과년도 기출문제

1회

01 다음은 어느 특정소방대상물의 평면도이다. 건축물의 구조는 비내화구조이고, 층간높이는 3.8m일 때 다음 각 물음에 답하시오. (단, 설치해야 할 감지기는 1종을 설치한다.) 배점: 7

(1) 차동식스포트형감지기 1종을 설치할 경우 각 실에 설치되는 감지기의 개수를 구하시오.
(2) 해당 특정소방대상물의 경계구역 수를 구하시오.

• 실전모범답안

(1) • A실 : $\dfrac{10 \times 7}{50} = 1.4 ≒ 2개$

  • B실 : $\dfrac{10 \times (8+8)}{50} = 3.2 ≒ 4개$

  • C실 : $\dfrac{20 \times (7+8)}{50} = 6개$

  • D실 : $\dfrac{10 \times (7+8)}{50} = 3개$

  • E실 : $\dfrac{(20+10) \times 8}{50} = 4.8 ≒ 5개$

(2) 경계구역 수 = $\dfrac{(10+20+10) \times (7+8+8)}{600} = 1.533 ≒ 2경계구역$

02 다음은 스프링클러설비의 블록다이어그램이다. 각 구성요소 간 배선을 내화배선, 내열배선, 일반배선으로 구분하여, 블록다이어그램을 완성하시오. (단, ▬▬▬ : 내화배선, ▨▨▨ : 내화 또는 내열 배선, ─── : 일반배선)

배점 : 5

- 실전모범답안

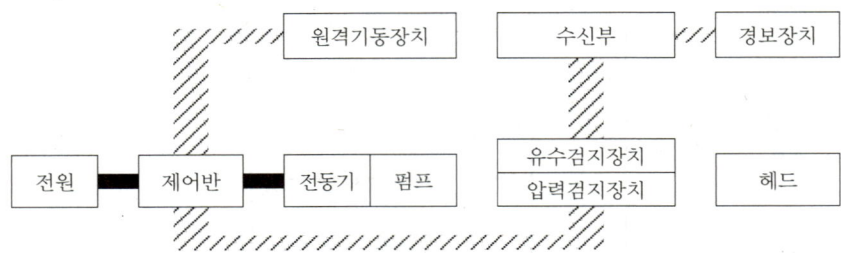

03 P형 발신기를 손으로 눌러서 경보를 발생시킨 뒤 수신기에서 복구스위치를 눌렀는대도 화재신호가 복구되지 않았다. 그 원인과 해결방법을 쓰시오.

배점 : 3

- 실전모범답안
  ① 원인 : P형 발신기의 누름스위치가 복구되지 않았기 때문에
  ② 해결방법 : P형 발신기의 누름스위치를 다시 눌러 누름스위치를 복구시킨 후, 수신기의 복구수위치를 누른다.

04
3상, 380V, 100HP 스프링클러펌프용 유도전동기이다. 전동기의 역률이 60%일 때 역률을 90%로 개선할 수 있는 전력용 콘덴서의 용량은 몇 [kVA]인지 구하시오. 배점 : 4

- 실전모범답안

 콘덴서의 용량 : $Q_C = 74.6\text{kW} \times \left(\dfrac{\sqrt{1-0.6^2}}{0.6} - \dfrac{\sqrt{1-0.9^2}}{0.9} \right) = 63.336 \fallingdotseq 63.34\text{kVA}$

- 답 : 63.34kVA

상세해설

	전력용 콘덴서의 용량
$Q_C = P(\tan\theta_1 - \tan\theta_2)$ $= P\left(\dfrac{\sin\theta_1}{\cos\theta_1} - \dfrac{\sin\theta_2}{\cos\theta_2} \right)$ $= P\left(\dfrac{\sqrt{1-\cos^2\theta_1}}{\cos\theta_1} - \dfrac{\sqrt{1-\cos^2\theta_2}}{\cos\theta_2} \right)$[kVA]	
Q_C : 콘덴서의 용량[kVA]	→ $= P\left(\dfrac{\sqrt{1-\cos^2\theta_1}}{\cos\theta_1} - \dfrac{\sqrt{1-\cos^2\theta_2}}{\cos\theta_2} \right)$[kVA] [풀이 ①]
P : 유효전력[kW]	→ 74.6[kW] [풀이 ①]
$\cos\theta_1$: 개선 전 역률	→ 60[%]
$\cos\theta_2$: 개선 후 역률	→ 90[%]

① 전동기의 용량
 1[HP]=0.746[kW]이므로,
 $P = 100 \times 0.746 = 74.6\text{kW}$

② 콘덴서의 용량
 ∴ 콘덴서의 용량 : $Q_C = 74.6\text{kW} \times \left(\dfrac{\sqrt{1-0.6^2}}{0.6} - \dfrac{\sqrt{1-0.9^2}}{0.9} \right) = 63.336 \fallingdotseq 63.34\text{kVA}$

05
유도등에 대한 다음 각 물음에 답하시오. 배점 : 4

(1) 거실통로유도등의 설치높이를 바닥으로부터 1.5m 이하의 위치에 설치할 수 있는 경우에 대하여 쓰시오.
(2) 피난구유도등과 복도통로유도등의 표시면의 색은 무엇인지 쓰시오.

- 실전모범답안
(1) 거실통로유도등의 설치기준(NFTC 303)
 가. 거실의 통로에 설치할 것. 다만, 거실의 통로가 벽체 등으로 구획된 경우에는 복도통로유도등을 설치해야 한다.
 나. 구부러진 모퉁이 및 보행거리 20m마다 설치할 것
 다. 바닥으로부터 높이 1.5m 이상의 위치에 설치할 것. 다만, 거실통로에 기둥이 설치된 경우에는 기둥부분의 바닥으로부터 높이 1.5m 이하의 위치에 설치할 수 있다.

(2) 유도등의 색

구 분	색
피난구유도등	녹색바탕, 백색표시
통로유도등	백색바탕, 녹색표시

---

06 자동화재탐지설비의 배선의 공사방법 중 내화배선의 공사방법에 대한 다음 (   )를 완성하시오. [배점 : 7]

금속관·(①) 또는 (②)에 수납하여 (③)로 된 벽 또는 바닥 등에 벽 또는 바닥의 표면으로부터 (④)의 깊이로 매설해야 한다.
가. 배선을 내화성능을 갖는 배선전용실 또는 배선용 샤프트·피트·덕트 등에 설치하는 경우
나. 배선전용실 또는 배선용 샤프트·피트·덕트 등에 다른 설비의 배선이 있는 경우에는 이로부터 15cm 이상 떨어지게 하거나 소화설비의 배선과 이웃하는 다른 설비의 배선사이에 배선지름(배선의 지름이 다른 경우에는 지름이 가장 큰 것을 기준으로 한다)의 1.5배 이상 높이의 불연성 격벽을 설치하는 경우

• **실전모범답안**
① 2종 금속제 가요전선관   ② 합성수지관   ③ 내화구조   ④ 25mm 이상

상세해설

금속관·(① **2종 금속제 가요전선관**) 또는 (② **합성수지관**)에 수납하여 (③ **내화구조**)로 된 벽 또는 바닥 등에 벽 또는 바닥의 표면으로부터 (④ **25mm 이상**)의 깊이로 매설해야 한다.
가. 배선은 내화성능을 갖는 배선전용실 또는 배선용 샤프트·피트·덕트 등에 설치하는 경우
나. 배선전용실 또는 배선용 샤프트·피트·덕트 등에 다른 설비의 배선이 있는 경우에는 이로부터 15cm 이상 떨어지게 하거나 소화설비의 배선과 이웃하는 다른 설비의 배선사이에 배선지름(배선의 지름이 다른 경우에는 지름이 가장 큰 것을 기준으로 한다)의 1.5배 이상의 높이의 불연성 격벽을 설치하는 경우

---

07 다음의 조건에서 설명하는 감지기의 명칭을 쓰시오. (단, 종별은 제외한다.) [배점 : 2]

[조건]
① 공칭작동온도 : 75[℃]
② 작동방식 : 반전바이메탈식, 60[V], 0.1[A]
③ 부착높이 : 6[m] 미만

• **실전모범답안**
정온식스포트형감지기 특종 또는 1종
※ 문제의 조건 ①에서 정온식스포트형감지기임을, ②에서 특종 또는 1종임을, ③에서 공칭작동온도범위를 알 수 있다.

2021 과년도 기출문제

08 다음은 자동화재탐지설비의 계통도이다. 주어진 조건을 참조하여 다음 각 물음에 답하시오.

배점 : 10

[조건]
① 설비의 설계는 경제성을 고려하여 산정한다.
② 건물의 연면적은 5,000m²이다.
③ 감지기 공통선은 별도로 한다.
④ 경보방식은 우선경보방식으로 적용한다.
⑤ 화재로 인하여 하나의 층의 지구음향장치 또는 배선이 단락되어도 다른 층의 화재 통보에 지장이 없도록 각 층 배선 상에 유효한 조치를 하였다.

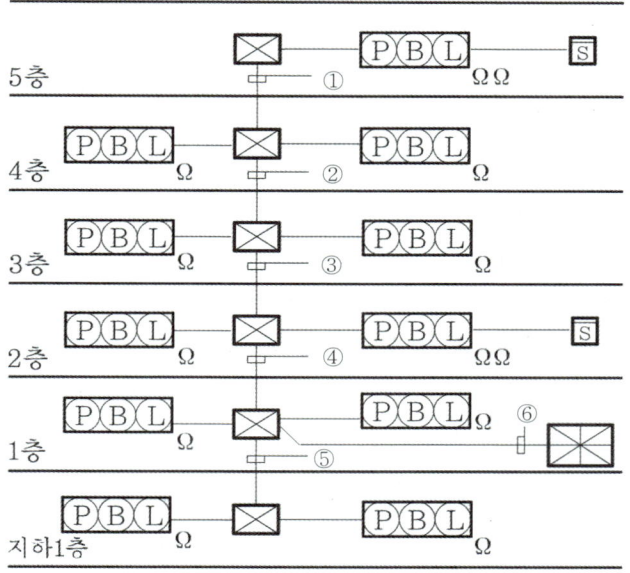

(1) 도면에서 ①~⑥의 전선가닥수를 각각 구하시오.
(2) 발신기 세트에 기동용 수압개폐장치를 사용하는 옥내소화전이 설치 될 경우 추가되는 전선의 가닥수와 배선의 명칭을 쓰시오.
(3) 발신기 세트에 ON-OFF방식의 옥내소화전이 설치 될 경우 소요되는 가닥수는 총 몇 가닥인가? (단, 스위치 공통선과 표시등 공통선을 별도로 사용한다.)

• **실전모범답안**
(1) ① 7가닥 ② 10가닥 ③ 13가닥 ④ 18가닥 ⑤ 7가닥 ⑥ 24가닥
(2) 2가닥 : 펌프기동표시등 2
(3) 11가닥 : 회로공통선, 경종표시등공통선, 경종선, 표시등선, 발신기선, 회로선,
　　　　　공통선(스위치 공통선), 기동선, 정지선, 펌프기동표시등 2(표시등공통선 1, 펌프기동표시등 1)

상세해설

[우선경보방식(기본 가닥수 : 6가닥)]

번호	가닥수	전선의 사용용도(가닥수)					
		회로 공통선	경종·표시등 공통선	경종선	표시 등선	발신 기선	회로선
		① 회로선 7가닥 초과 시마다 1가닥 추가	① 1가닥	① 지상층마다 1가닥씩 추가	① 1가닥		종단저항수 또는 경계구역수 또는 발신기세트수 마다 1가닥 추가
		② 조건에 따라 추가	② 조건에 따라 추가	② 지하층 1가닥	② 조건에 따라 추가		
①	7	1	1	1	1	1	2
②	10	1	1	2	1	1	4
③	13	1	1	3	1	1	6
④	18	2	1	4	1	1	9
⑤	7	1	1	1	1	1	2
⑥	24	2	1	6	1	1	13

09 이산화탄소소화설비의 음향경보장치에 관한 내용이다. 다음 각 물음에 답하시오. 배점: 4

(1) 방호구역 또는 방호대상물이 있는 구획의 각 부분으로부터 하나의 확성기까지의 수평거리는 몇 [m] 이하로 해야 하는가?
(2) 소화약제의 방사개시 후 몇 분 이상 경보를 발해야 하는가?

- 실전모범답안
  (1) 25m 이하
  (2) 1분 이상

상세해설

(1), (2) **이산화탄소소화설비의 음향장치 설치기준(NFTC 106)**
① 이산화탄소소화설비의 음향경보장치는 다음의 기준에 따라 설치해야 한다.
　1. 수동식 기동장치를 설치한 것은 그 기동장치의 조작과정에서, 자동식 기동장치를 설치한 것은 화재감지기와 연동하여 자동으로 경보를 발하는 것으로 할 것
　2. 소화약제의 방사개시 후 **1분** 이상 경보를 계속할 수 있는 것으로 할 것
　3. 방호구역 또는 방호대상물이 있는 구획 안에 있는 자에게 유효하게 경보할 수 있는 것으로 할 것
② 방송에 따른 경보장치를 설치할 경우에는 다음 각 호의 기준에 따라야 한다.
　1. 증폭기 재생장치는 화재 시 연소의 우려가 없고, 유지관리가 쉬운 장소에 설치할 것
　2. 방호구역 또는 방호대상물이 있는 구획의 각 부분으로부터 하나의 확성기까지의 수평거리는 **25m** 이하가 되도록 할 것
　3. 제어반의 복구스위치를 조작하여도 경보를 계속 발할 수 있는 것으로 할 것

10 20W 중형 피난구유도등 30개가 AC 220V에서 점등되었다면 소요되는 전류는 몇 [A]인가?
(단, 유도등의 역률은 70%이고, 충전되지 않은 상태이다.) 배점:4

- 실전모범답안

전류 : $I = \dfrac{(20 \times 30)}{220 \times 0.7} = 3.896 ≒ 3.9A$

- 답 : 3.9A

상세해설

$P = VI\cos\theta$	단상 2선식 전력(전류)
P : 전력[W]	→ 20[W]×30개
V : 전압[V]	→ 220[V]
I : 전류[A]	→ $I = \dfrac{P}{V\cos\theta}$
$\cos\theta$: 역률	→ 70[%]

∴ 전류 : $I = \dfrac{(20 \times 30)}{220 \times 0.7} = 3.896 ≒ 3.9A$

11 3개의 입력 A, B, C가 주어졌을 때 출력 X_A, X_B, X_C의 논리식이 다음과 같이 주어져 있다. 주어진 논리식을 참고하여 다음 각 물음에 답하시오. 배점:9

- $X_A = A \cdot \overline{X_B} \cdot \overline{X_C}$
- $X_B = B \cdot \overline{X_A} \cdot \overline{X_C}$
- $X_C = C \cdot \overline{X_A} \cdot \overline{X_B}$

(1) 논리식을 참고하여 동일한 동작이 되도록 유접점회로를 그리시오.
(2) 논리식을 참고하여 동일한 동작이 되도록 무접점회로를 그리시오.
(3) 논리식을 참고하여 타임차트를 완성하시오.

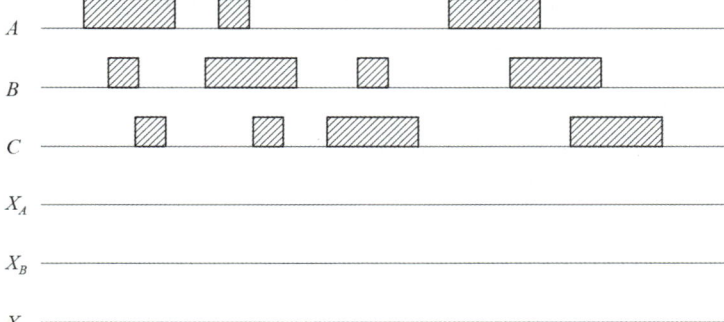

• 실전모범답안

(1)
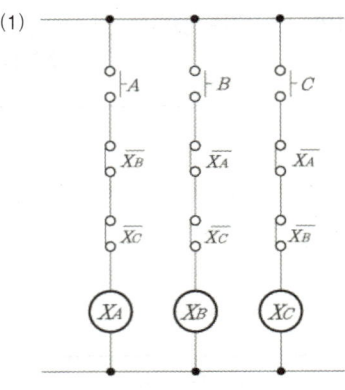

(2)
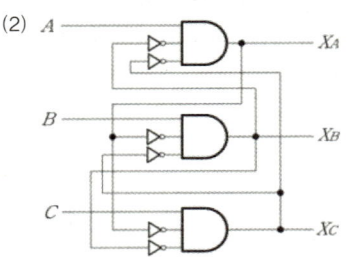

(3)
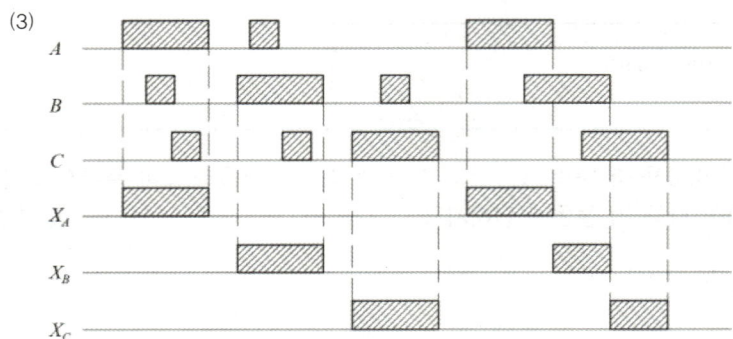

12 비상콘센트설비를 설치해야 할 특정소방대상물 3가지를 쓰시오. 배점:6

• 실전모범답안
① 11층 이상의 층
② 지하 3층 이상이고 지하층의 바닥면적 합계가 1,000m² 이상인 것은 모든 지하층
③ 지하가 중 터널길이 500m 이상

13 다음은 Y-△기동에 대한 시퀀스 회로도이다. 그림을 보고 다음 각 물음에 답하시오.
배점 : 5

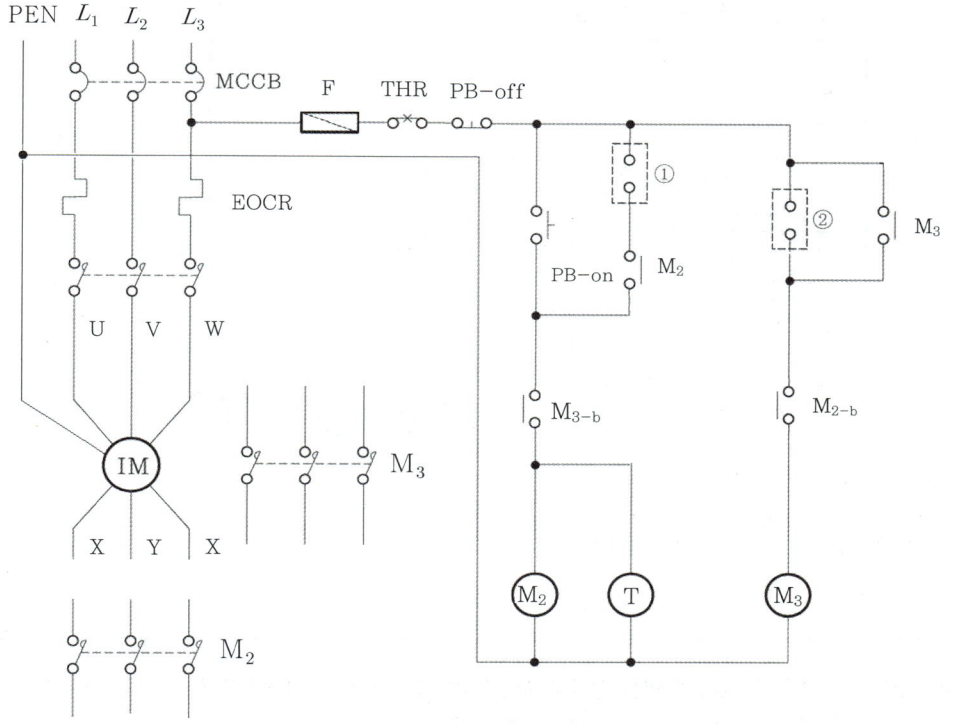

(1) 타이머를 이용한 미완성 Y-△ 기동회로를 완성하시오.
(2) 제어회로의 미완성 부분 ①, ②에 Y-△ 운전이 가능하도록 접점 및 접점기호를 표시하시오.
(3) ①, ②의 접점명칭을 쓰시오.

• 실전모범답안

(1), (2)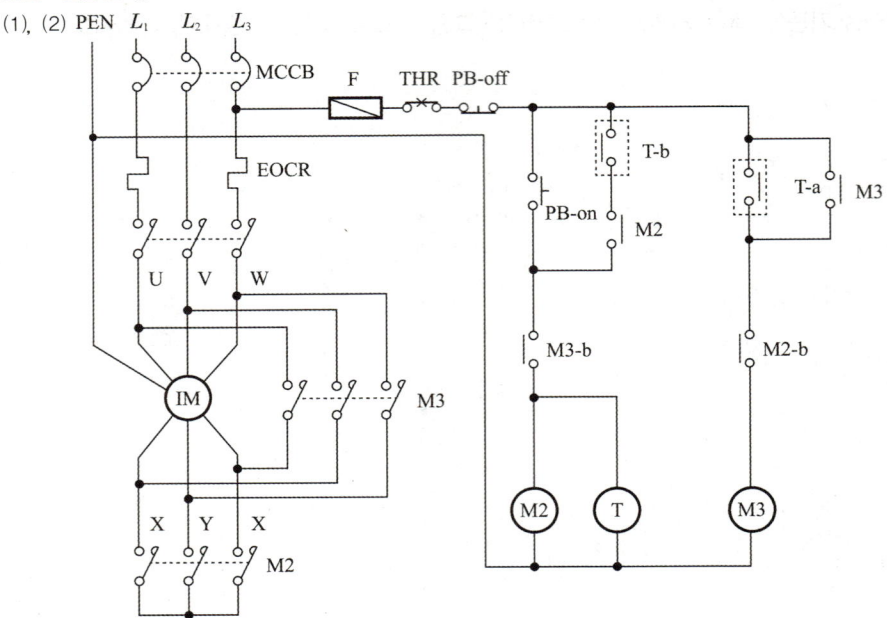

(3) ① 한시동작 순시복귀 b접점 타이머
    ② 한시동작 순시복귀 a접점 타이머

---

14 그림의 도면은 타이머에 의한 전동기 M_1, M_2를 교대우전이 가능하도록 설계된 전동기의 시퀀스 회로이다. 이 도면을 이용해 다음 각 물음에 답하시오.

배점 : 6

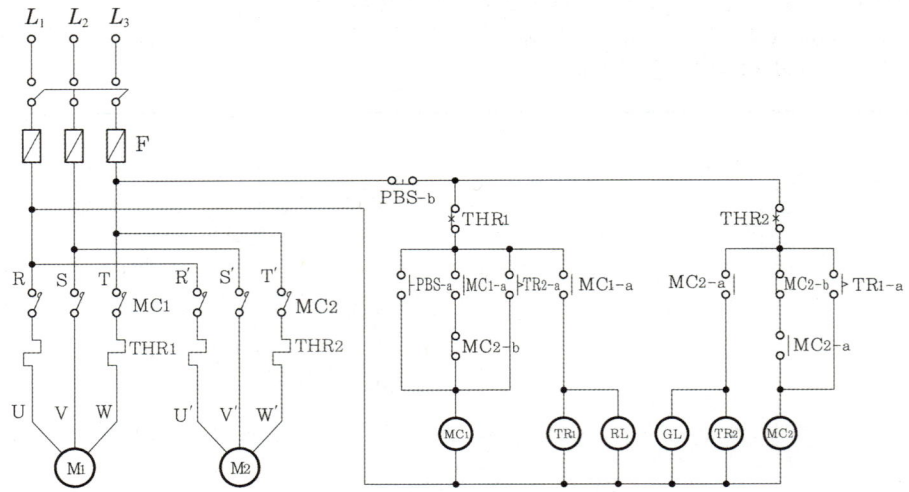

(1) 제어회로 중에 잘못된 부분을 지적하고 어떻게 고쳐야 하는지 쓰시오.
(2) 타이머 TR_1이 2시간, 타이머 TR_2가 4시간으로 각각 세팅이 되어 있다면 하루에 전동기 M_1과 M_2는 몇 시간씩 운전되는지 쓰시오.
(3) RL 표시등, GL 표시등의 용도에 대해 쓰시오.

• 실전모범답안

(1) MC$_2$ 회로의 MC$_{2-b}$를 MC$_{1-b}$로 수정해야 한다.
(2) ① M$_1$: 8시간
　　② M$_2$: 16시간
(3) ① M$_1$ 전동기 기동표시등
　　② M$_2$ 전동기 기동표시등

15 도면은 할론(Halon)소화설비의 수동조작함에서 할론제어반까지의 결선도 및 계통도(3zone)이다. 주어진 도면과 조건을 이용하여 다음 각 물음에 답하시오.

배점 : 8

[조건]
• 전선의 가닥수는 최소가닥수로 한다.
• 복구스위치 및 도어스위치는 없는 것으로 한다.
• 번호 표기가 없는 단자는 방출지연스위치이다.

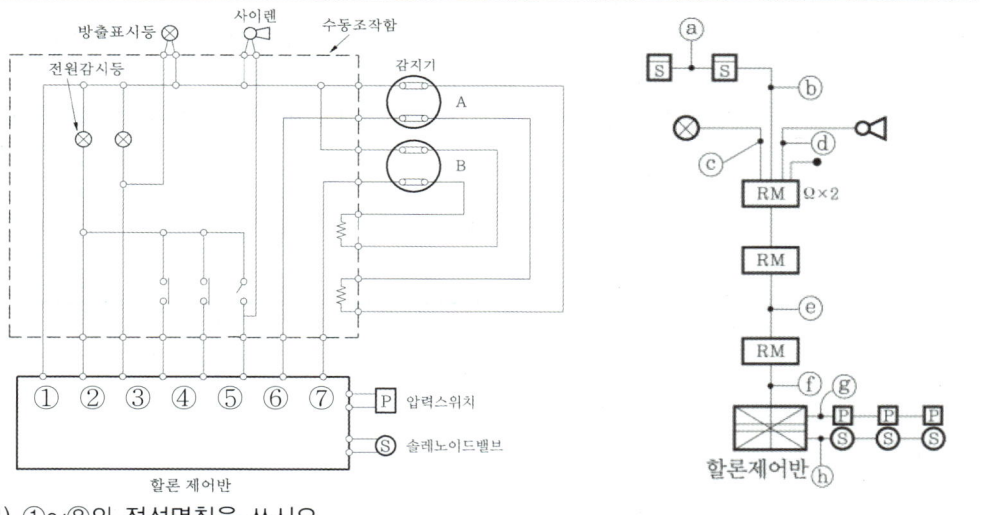

(1) ①~⑧의 전선명칭을 쓰시오.
(2) ⓐ~ⓗ의 전선가닥수를 구하시오.

• 실전모범답안

(1) ① 전원 － ② 전원 ＋ ③ 방출표시등 ④ 방출지연스위치 ⑤ 기동스위치 ⑥ 사이렌
　　⑦ 감지기 A ⑧ 감지기 B
(2) ⓐ 4가닥 ⓑ 8가닥 ⓒ 2가닥 ⓓ 2가닥 ⓔ 13가닥 ⓕ 18가닥 ⓖ 4가닥 ⓗ 4가닥

상세해설

(2)

구 분	배선수	배선의 용도
ⓐ	4	공통 2, 회로 2
ⓑ	8	공통 4, 회로 4
ⓒ	2	방출표시등 2
ⓓ	2	사이렌 2
ⓔ	13	전원 +, -, (감지기 A, 사이렌, 감지기 B, 기동스위치, 방출표시등) × 2, 방출지연스위치
ⓕ	18	전원 +, -, (감지기 A, 사이렌, 감지기 B, 기동스위치, 방출표시등) × 3, 방출지연스위치
ⓖ	4	공통 1, PS(압력스위치) 3
ⓗ	4	공통 1, SOL(솔레노이드밸브) 3

---

16 지상 31m가 되는 곳에 수조가 있다. 이 수조에 분당 12m³의 물을 양수하는 펌프용 전동기를 설치하여 3상 전력을 공급하려고 한다. 펌프효율이 65%이고, 펌프측 동력에 10%의 여유를 둔다고 할 때 다음 각 물음에 답하시오. (단, 펌프용 3상 농형 유도전동기의 역률은 1로 가정한다.)

배점 : 6

(1) 펌프용 전동기의 용량은 몇 [kW]인지 구하시오.
(2) 3상 전력을 공급하고자 단상변압기 2대를 V결선하여 이용하고자 한다. 단상변압기 1대의 용량은 몇 [kVA]인지 구하시오.

• 실전모범답안

(1) 전동기의 용량 : $P = \dfrac{9.8 \times 12[m^3] \times \dfrac{1}{60}[\sec] \times 31[m] \times 1.1}{0.65} = 102.824 ≒ 102.82[kW]$

• 답 : 102.82kW

(2) V결선의 단상변압기 1대의 용량 : $P_1 = \dfrac{P_A}{\sqrt{3}} = \dfrac{102.82}{\sqrt{3}} = 59.363 ≒ 59.36[kVA]$

• 답 : 59.36kVA

상세해설

(1) **전동기의 용량**

$P = \dfrac{9.8QHK}{\eta}$	전동기용량(수계소화설비의 펌프)
P : 전동기의 용량[kW]	→ $P = \dfrac{9.8QHK}{\eta}$ [풀이①]
Q : 토출량(양수량)[m³/s]	→ $12[m^3] \times \dfrac{1[min]}{60[s]}$
H : 전양정[m]	→ 31

$P = \dfrac{9.8 QHK}{\eta}$	전동기용량(수계소화설비의 펌프)
K : 여유계수(전달계수)	➔ 1.1
η : 효율	➔ 65%

① 전동기용량

∴ 전동기의 용량 : $P = \dfrac{9.8 \times 12[\text{m}^3] \times \dfrac{1}{60}[\text{sec}] \times 31[\text{m}] \times 1.1}{0.65} = 102.824 ≒ 102.82[\text{kW}]$

- 답 : 102.82kW

(2) V결선 시의 단상변압기 1대의 용량

$P_V = \sqrt{3} P_1 = P_A$	V결선 시의 단상변압기 1대의 용량
P_V : V결선 시 변압기의 출력[kVA]	➔ $P_V = \sqrt{3} P_1$
P_1 : 단상변압기 1대의 용량[kVA]	➔ $P_1 = \dfrac{P_A}{\sqrt{3}}$ [풀이①]
P_A : 부하용량[kVA]	➔ (1)에서 구한 값

① V결선의 단상변압기 1대의 용량

∴ V결선의 단상변압기 1대의 용량 : $P_1 = \dfrac{P_A}{\sqrt{3}} = \dfrac{102.82}{\sqrt{3}} = 59.363 ≒ 59.36[\text{kVA}]$

- 답 : 56.36kVA

---

17 화재안전기준에 따른 경계구역, 감지기, 시각경보장치의 용어정의에 대하여 쓰시오. 배점 : 6

- 실전모범답안
  ① **경계구역** : 특정소방대상물 중 화재신호를 발신하고 그 신호를 수신 및 유효하게 제어할 수 있는 구역을 말한다.
  ② **감지기** : 화재 시 발생하는 열, 연기, 불꽃 또는 연소생성물을 자동적으로 감지하여 수신기에 발신하는 장치를 말한다.
  ③ **시각경보장치** : 자동화재탐지설비에서 발하는 화재신호를 시각경보기에 전달하여 청각장애인에게 점멸형태의 시각경보를 하는 것을 말한다.

---

18 공기관식 차동식분포형감지기의 공기관 길이가 370m이다. 검출부의 수량을 구하시오. (단, 하나의 검출부에 접속하는 공기관의 길이는 최대길이를 적용할 것) 배점 : 4

- 실전모범답안

  하나의 검출부분에 접속하는 공기관의 길이는 100m 이하이므로

  ∴ $\dfrac{370\text{m}}{100\text{m}} = 3.7 ≒$ **4개**

- 답 : 4개

2회

01 주어진 진리표를 보고 다음 각 물음에 답하시오. 배점 : 10

A	B	C	Y_1	Y_2
0	0	0	1	0
0	0	1	0	1
0	1	0	1	1
0	1	1	0	1
1	0	0	1	0
1	0	1	0	1
1	1	0	0	1
1	1	1	0	1

(1) 가장 간략화 된 논리식을 적으시오.
- $Y_1 =$
- $Y_2 =$

(2) 무접점회로를 그리시오.

$A \circ$

$B \circ$ $\circ\ Y_1$

$C \circ$ $\circ\ Y_2$

(3) 유접점회로를 그리시오.

• 실전모범답안
(1) • $Y_1 = \overline{C} \cdot (\overline{A} + \overline{B})$
    • $Y_2 = B + C$

(2)

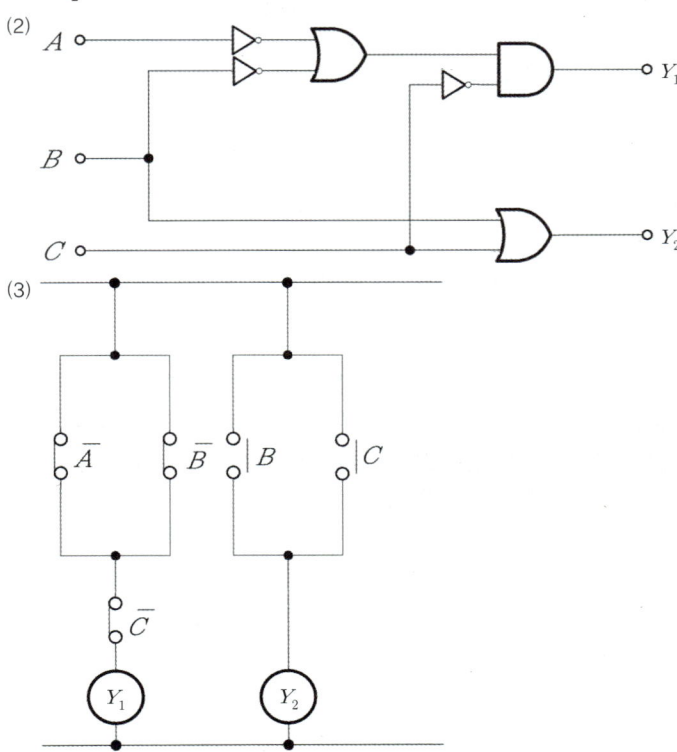

02 누전경보기에 관한 다음 각 물음에 답하시오. 배점 : 6
   (1) 1급 누전경보기와 2급 누전경보기를 구분하는 정격전류 [A]의 기준에 대해 쓰시오.
   (2) 전원은 분전반으로부터 전용회로로 하고 각 극에 각 극을 개폐할 수 있는 무엇을 설치해야 하는지 쓰시오. (단, 배선용차단기는 제외한다.)
   (3) 변류기 용어의 정의를 쓰시오.

• 실전모범답안
  (1) 60A
  (2) 과전류차단기
  (3) 경계전로의 누설전류를 자동적으로 검출하여 이를 누전경보기의 수신부에 송신하는 것을 말한다.

상세해설

(1) **누전경보기의 설치방법 등**(NFTC 303)
경계전로의 정격전류가 60A를 초과하는 전로에 있어서는 1급 누전경보기를, 60A 이하의 전로에 있어서는 1급 또는 2급 누전경보기를 설치할 것. 다만, 정격전류가 60A를 초과하는 경계전로가 분기되어 각 분기회로의 정격전류가 60A 이하로 되는 경우 당해 분기회로마다 2급 누전경보기를 설치한 때에는 당해 경계전로에 1급 누전경보기를 설치한 것으로 본다.

(2) **누전경보기의 설치기준**(NFTC 303)
전원은 분전반으로부터 전용회로로 하고, 각 극에 개폐기 및 15A 이하의 과전류차단기(배선용차단기에 있어서는 20A 이하의 것으로 각 극을 개폐할 수 있는 것)를 설치할 것

(3) **누전경보기의 용어정의**(NFTC 303)
"변류기"란 경계전로의 누설전류를 자동적으로 검출하여 이를 누전경보기의 수신부에 송신하는 것을 말한다.

03 가압송수장치를 기동용 수압개폐방식으로 사용하는 1동, 2동, 3동의 공장 1층에 옥내소화전함과 자동화재탐지설비용 발신기를 다음과 같이 설치하였다. 다음 각 물음에 답하시오. (단, 수신기는 경비실에 있으며 경보방식은 동별 구분 경보방식을 적용한다.) 배점:8

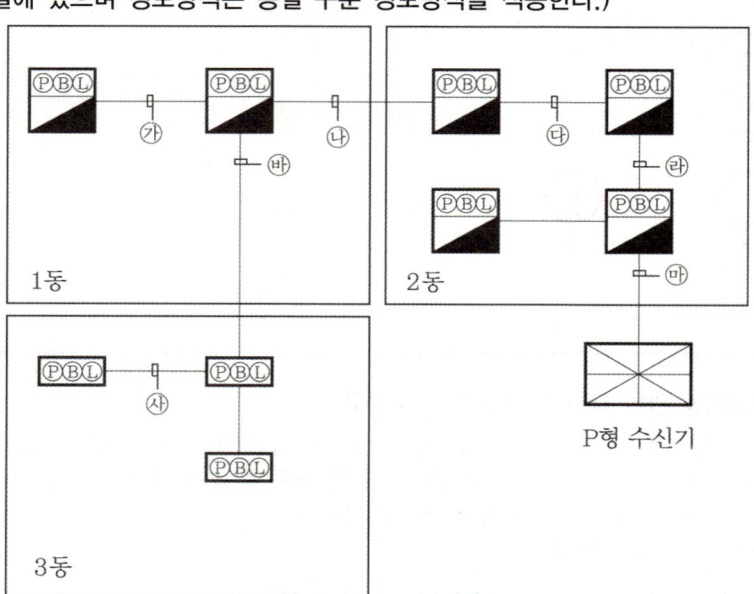

▶▶ 2021 과년도 기출문제

(1) 기호 ㉮~㉳의 전선가닥수를 표시한 도표이다. 전선가닥수를 표 안에 숫자로 쓰시오. (단, 가닥수가 필요 없는 곳은 공란으로 둘 것)

기 호	회로선	회로공통선	경종선
㉮			
㉯			
㉰			
㉱			
㉲			
㉳			
㉴			

(2) 다음은 자동화재탐지설비의 수신기의 설치기준이다. ( ) 안에 알맞은 말을 쓰시오.
- 수위실 등 상시 사람이 근무하는 장소에 설치할 것. 다만, 사람이 상시 근무하는 장소가 없는 경우에는 관계인이 쉽게 접근할 수 있고 관리가 용이한 장소에 설치할 수 있다.
- 수신기가 설치된 장소에는 (①)를 비치할 것. 다만, 모든 수신기와 연결되어 각 수신기의 상황을 감시하고 제어할 수 있는 수신기(주수신기)를 설치하는 경우에는 주수신기를 제외한 기타 수신기는 그렇지 않다.
- 수신기의 (②)는 그 음량 및 음색이 다른 기기의 소음 등과 명확히 구별될 수 있는 것으로 할 것
- 수신기는 (③), (④) 또는 (⑤)가 작동하는 경계구역을 표시할 수 있는 것으로 할 것
- 화재, 가스, 전기 등에 대한 종합방재반을 설치한 경우에는 해당 조작반에 수신기의 작동과 연동하여 감지기, 중계기 또는 발신기가 작동하는 경계구역을 표시할 수 있는 것으로 할 것
- 하나의 경계구역은 하나의 표시등 또는 하나의 문자로 표시되도록 할 것
- 수신기의 조작스위치는 바닥으로부터 높이가 0.8[m] 이상 1.5[m] 이하인 장소에 설치할 것
- 하나의 특정소방대상물에 2 이상의 수신기를 설치하는 경우에는 수신기를 상호간 연동하여 화재발생 상황을 각 수신기마다 확인할 수 있도록 할 것

- 실전모범답안

(1)

기 호	회로선	회로공통선	경종선
㉮	1	1	1
㉯	5	1	2
㉰	6	1	3
㉱	7	1	3
㉲	9	2	3
㉳	3	1	1
㉴	1	1	1

(2) ① 경계구역 일람도
② 음향기구 ③ 감지기
④ 중계기   ⑤ 발신기

상세해설

(1)

기호	회로선	회로 공통선	경종선	경종 표시등 공통선	표시등선	응답선	기동 확인 표시등	합계
㉮	1	1	1	1	1	1	2	8
㉯	5	1	2	1	1	1	2	13
㉰	6	1	3	1	1	1	2	15
㉱	7	1	3	1	1	1	2	16
㉲	9	2	3	1	1	1	2	19
㉳	3	1	1	1	1	1	−	8
㉴	1	1	1	1	1	1	−	6

(2) • 수신기가 설치된 장소에는 (① **경계구역 일람도**)를 비치할 것. 다만, 모든 수신기와 연결되어 각 수신기의 상황을 감시하고 제어할 수 있는 수신기(주수신기)를 설치하는 경우에는 주수신기를 제외한 기타 수신기는 그렇지 않다.
• 수신기의 (② **음향기구**)는 그 음량 및 음색이 다른 기기의 소음 등과 명확히 구별될 수 있는 것으로 할 것
• 수신기는 (③ **감지기**), (④ **중계기**) 또는 (⑤ **발신기**)가 작동하는 경계구역을 표시할 수 있는 것으로 할 것

---

04 P형 1급 수신기와 감지기와의 배선회로에서 P형 1급 수신기 종단저항은 11kΩ, 감시전류는 2mA, 릴레이저항은 950Ω, DC 24V일 때 다음 각 물음에 답하시오. 배점:6
(1) 배선저항 [Ω]을 구하시오.
(2) 감지기가 동작할 때(화재 시) 전류는 몇 [mA]인지 구하시오.

• 실전모범답안

(1) $2 \times 10^{-3} = \dfrac{24}{950 + x + 11 \times 10^3}$

• 답 : 배선저항 : 50[Ω]

(2) $I = \dfrac{24}{950 + 50} = 0.024 \, A = 24 \, mA = $ **24mA**

• 답 : 24mA

상세해설

(1) 작동전류 : $I = \dfrac{\text{회로전압}}{\text{릴레이저항} + \text{배선저항}}$

① 감지기회로 전압은 DC 24[V]이다.
② 배선저항을 구하기 위해 감시전류식을 이용한다.

감시전류 : $I = \dfrac{\text{회로전압}}{\text{릴레이저항} + \text{배선저항} + \text{종단저항}}$

▶▷ 2021 과년도 기출문제

$$2 \times 10^{-3} = \frac{24}{950 + x + 11 \times 10^3}$$

∴ 배선저항 : 50[Ω]

- 답 : 50Ω

(2) 작동전류 I 는

$$\therefore I = \frac{24}{950 + 50} = 0.024 \text{ A} = 24 \text{ mA} = \mathbf{24mA}$$

- 답 : 24mA

---

05 단독경보형감지기의 설치기준이다. ( ) 안에 들어갈 알맞은 내용을 채우시오.   배점 : 5

(1) 각 실마다 설치하되, 바닥면적 (①)m²를 초과하는 경우에는 (①)m²마다 1개 이상을 설치해야 한다.
(2) 이웃하는 실내의 바닥면적이 각각 30m² 미만이고, 벽체의 상부의 전부 또는 일부가 개방되어 이웃하는 실내와 공기가 상호유통되는 경우에는 이를 (②)개의 실로 본다.
(3) 계단실은 최상층의 (③) 천장(외기가 상통하는 (③)의 경우를 제외한다)에 설치할 것
(4) 건전지를 주전원으로 사용하는 단독경보형감지기는 정상적인 (④)를 유지할 수 있도록 건전지를 교환할 것
(5) 상용전원을 주전원으로 사용하는 단독경보형감기지기의 (⑤)는 제품검사에 합격한 것을 사용할 것

- **실전모범답안**
① 150 ② 1 ③ 계단실 ④ 작동상태 ⑤ 2차 전지

상세해설

(1) 각 실마다 설치하되, 바닥면적 (① 150)[m²]를 초과하는 경우에는 (① 150)[m²]마다 1개 이상을 설치해야 한다.
(2) 이웃하는 실내의 바닥면적이 각각 30[m²] 미만이고, 벽체의 상부의 전부 또는 일부가 개방되어 이웃하는 실내와 공기가 상호유통되는 경우에는 이를 (② 1)개의 실로 본다.
(3) 계단실은 최상층의 (③ 계단실) 천장(외기가 상통하는 (③ 계단실)의 경우를 제외한다)에 설치할 것
(4) 건전지를 주전원으로 사용하는 단독경보형감지기는 정상적인 (④ 작동상태)를 유지할 수 있도록 건전지를 교환할 것
(5) 상용전원을 주전원으로 사용하는 단독경보형감지기의 (⑤ 2차 전지)는 제품검사에 합격한 것을 사용할 것

06 다음 미완성된 브리지형 전파정류회로를 완성하고 출력전압의 파형을 그리시오. (단, 입력은 상용전원이고, 권수비는 1:1이며, 평활회로는 없는 것으로 한다.) 배점:6

(1) 전파정류회로를 구성하시오.
(2) 다음은 정류 전의 출력전압파형이다. 정류 후의 출력전압파형을 그리시오.

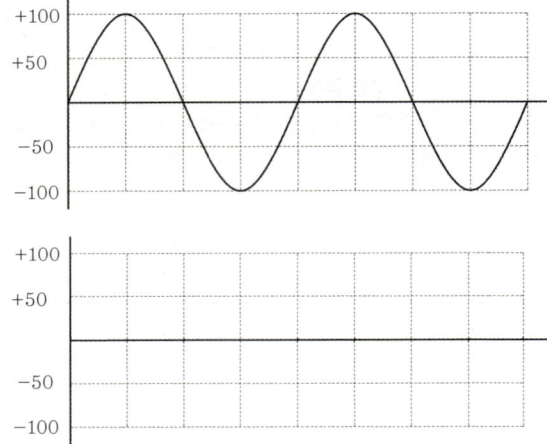

- 실전모범답안
(1)

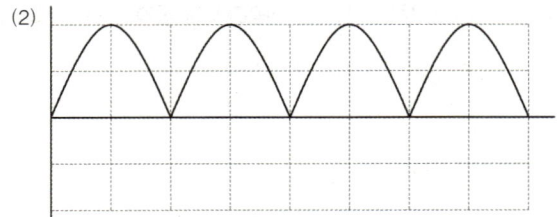

(2)

07 청각장애인용 시각경보장치의 설치기준 3가지를 쓰시오. 배점 : 6

• 실전모범답안
① 복도 · 통로 · 청각장애인용 객실 및 공용으로 사용하는 거실(로비, 회의실, 강의실, 식당, 휴게실, 오락실, 대기실, 체력단련실, 접객실, 안내실, 전시실, 기타 이와 유사한 장소를 말한다)에 설치하며, 각 부분으로부터 유효하게 경보를 발할 수 있는 위치에 설치할 것
② 공연장 · 집회장 · 관람장 또는 이와 유사한 장소에 설치하는 경우에는 시선이 집중되는 무대부 부분 등에 설치할 것
③ 설치높이는 바닥으로부터 2m 이상 2.5m 이하의 장소에 설치할 것. 다만, 천장의 높이가 2m 이하인 경우에는 천장으로부터 0.15m 이내의 장소에 설치해야 한다.

상세해설

자동화재탐지설비 및 시각경보장치의 설치기준(NFTC 203)
1. 복도 · 통로 · 청각장애인용 객실 및 공용으로 사용하는 거실(로비, 회의실, 강의실, 식당, 휴게실, 오락실, 대기실, 체력단련실, 접객실, 안내실, 전시실, 기타 이와 유사한 장소를 말한다)에 설치하며, 각 부분으로부터 유효하게 경보를 발할 수 있는 위치에 설치할 것
2. 공연장 · 집회장 · 관람장 또는 이와 유사한 장소에 설치하는 경우에는 시선이 집중되는 무대부 부분 등에 설치할 것
3. 설치높이는 바닥으로부터 2m 이상 2.5m 이하의 장소에 설치할 것. 다만, 천장의 높이가 2m 이하인 경우에는 천장으로부터 0.15m 이내의 장소에 설치해야 한다.
4. 시각경보장치의 광원은 전용의 축전지설비 또는 전기저장장치(외부 전기에너지를 저장해 두었다가 필요한 때 전기를 공급하는 장치)에 의하여 점등되도록 할 것. 다만, 시각경보기에 작동전원을 공급할 수 있도록 형식승인을 얻은 수신기를 설치 한 경우에는 그렇지 않다.

08 다음의 전선관 부속품에 대한 용도를 간단하게 설명하시오. 배점 : 3
(1) 부싱
(2) 유니온 커플링
(3) 유니버설 엘보우

• 실전모범답안
(1) 부싱 : 전선의 절연피복을 보호하기 위하여 금속관 끝에 취부하여 사용한다.
(2) 유니온 커플링 : 관이 고정되어 있을 때 금속관 상호간을 접속하는 데 사용한다.
(3) 유니버설 엘보우 : 노출배관공사에서 금속관을 직각으로 굽히는 곳에 사용한다.

09 다음은 어느 특정소방대상물의 평면도이다. 건축물의 구조는 내화구조이고, 층의 높이는 4.2m 일 때 다음 각 물음에 답하시오. (단, 설치해야 할 감지기는 차동식스포트형감지기 1종을 설치한다.)

배점 : 8

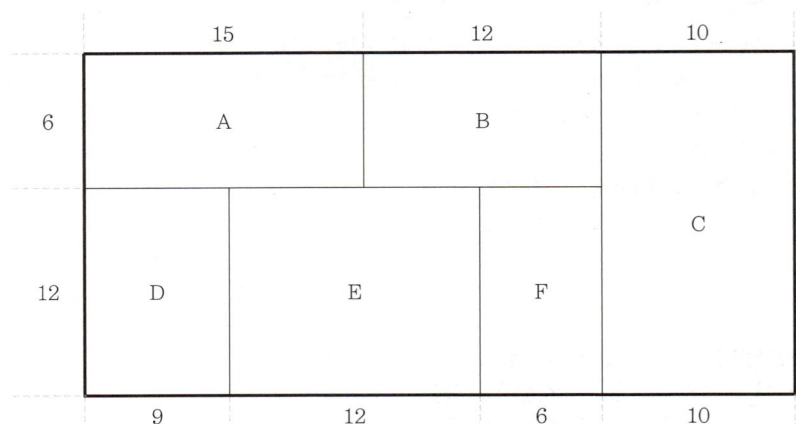

(1) 각 실별로 설치해야 할 감지기의 개수를 구하시오.

구 분	식	답
A		
B		
C		
D		
E		
F		

(2) 해당 특정소방대상물의 총 경계구역수를 구하시오.

- 실전모범답안

(1)

구 분	식	답
A	$\dfrac{15 \times 6}{45} = 2$개	2개
B	$\dfrac{12 \times 6}{45} = 1.6 ≒ 2$개	2개
C	$\dfrac{10 \times (6+12)}{45} = 4$개	4개
D	$\dfrac{9 \times 12}{45} = 2.4 ≒ 3$개	3개
E	$\dfrac{12 \times 12}{45} = 3.2 ≒ 4$개	4개
F	$\dfrac{6 \times 12}{45} = 1.6 ≒ 2$개	2개

(2) • 경계구역 수 $= \dfrac{(15+12+10) \times (6+12)}{600} = 1.11 ≒ 2$경계구역

10 지상 31층 건물에 비상콘센트를 설치하려고 한다. 각 층에 하나의 비상콘센트설비를 설치한다면 최소 몇 회로가 필요한지 쓰시오.

배점 : 4

- 실전모범답안

$\dfrac{21}{10} = 2.1 ≒ 3$회로

상세해설

문제의 조건에 따라 11층부터 31층까지 1개의 비상콘센트가 설치되어, 비상콘센트의 설치개수는 총 21개가 된다. 하나의 전용회로에 설치하는 비상콘센트는 10개 이하이여야 하므로,

∴ $\dfrac{21}{10} = 2.1 ≒ 3$회로

11 유도전동기의 운전을 현장측과 제어실측 어느 쪽에서도 기동 및 정지제어가 가능하도록 가장 간단하게 배선하시오. (단, 푸시버튼 스위치 기동용(PB-on) 2개, 정지용(PB-off) 2개, 전자접촉기 a접점 1개(자기유지용)를 사용할 것)

배점 : 5

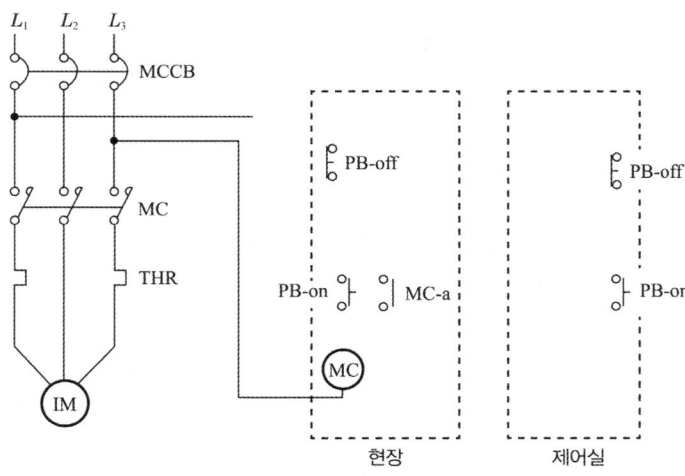

• 실전모범답안

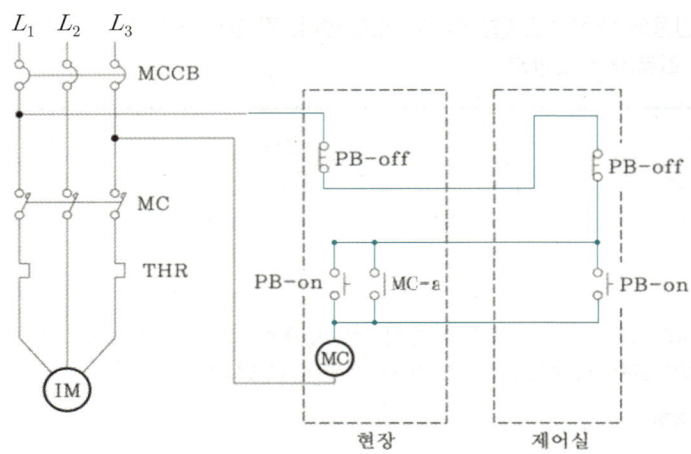

12 비상방송설비의 확성기(Speaker) 회로에 음량조정기를 설치하고자 한다. 결선도를 그리시오.

배점 : 5

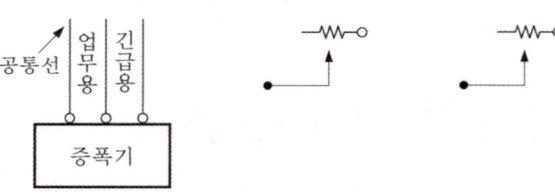

• 실전모범답안

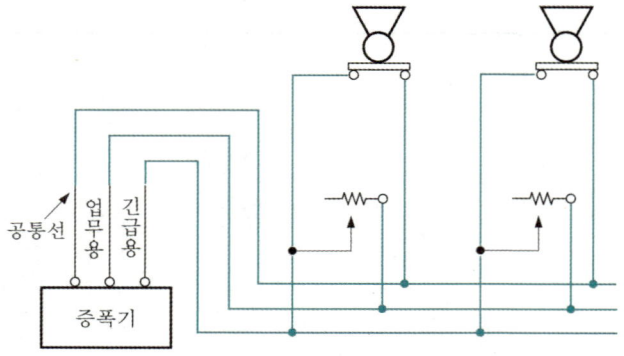

13
일시적으로 발생된 열, 연기 또는 먼지 등으로 연기감지기가 화재신호를 발신할 우려가 있는 곳에 축적기능 등이 있는 자동화재탐지설비의 수신기를 설치해야 한다. 이 경우에 해당하는 장소 3가지를 쓰시오. (단, 축적형감지기가 설치되지 않은 장소이다.) 배점:5

• 실전모범답안
① 지하층·무창층 등으로서 환기가 잘 되지 아니하는 장소
② 실내면적이 40m² 미만인 장소
③ 감지기의 부착면과 실내바닥과의 거리가 2.3m 이하인 장소

14
다음 도시기호를 보고 의미하는 바를 쓰시오. 배점:4

(1)    (2)    (3) 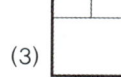   (4)

• 실전모범답안
(1) 감지선
(2) 정온식스포트형감지기
(3) 중계기
(4) 경종

15
화재안전기준상 비상방송설비의 설치기준에 대한 다음 각 물음에 답하시오. 배점:5
(1) 기동장치에 따른 화재신고를 수신한 후 필요한 음량으로 화재발생 상황 및 피난에 유효한 방송이 자동으로 개시될 때까지의 소요시간은 몇 초 이내로 해야 하는가?
(2) 지상 10층, 연면적 3,000m² 초과하는 특정소방대상물에 자동화재탐지설비의 음향장치를 설치하고자 한다. 이 건물에 5층에 화재가 발생할 경우 경보를 발해야 하는 층수를 적으시오.
(3) 실내에 설치하는 확성기는 몇 [W] 이상으로 해야 하는가?
(4) 조작부의 조작스위치는 바닥으로부터 얼마의 높이에 설치해야 하는가?
(5) 음향장치는 정격전압의 몇 [%] 전압에서 음향을 발할 수 있어야 하는가?

• 실전모범답안
(1) 10초
(2) 지상 5층, 지상 6층
(3) 1W
(4) 0.8m 이상 1.5m 이하
(5) 80%

상세해설

비상방송설비의 설치기준(NFTC 202)
1. 확성기의 음성입력은 3W(실내에 설치하는 것에 있어서는 1W) 이상일 것
2. 확성기는 각 층마다 설치하되, 그 층의 각 부분으로부터 하나의 확성기까지의 수평거리가 25m 이하가 되도록 하고, 해당 층의 각 부분에 유효하게 경보를 발할 수 있도록 설치할 것
3. 음량조정기를 설치하는 경우 음량조정기의 배선은 3선식으로 할 것
4. 조작부의 조작스위치는 바닥으로부터 0.8m 이상 1.5m 이하의 높이에 설치할 것
5. 조작부는 기동장치의 작동과 연동하여 해당 기동장치가 작동한 층 또는 구역을 표시할 수 있는 것으로 할 것
6. 증폭기 및 조작부는 수위실 등 상시 사람이 근무하는 장소로서 점검이 편리하고 방화상 유효한 곳에 설치할 것
7. 층수가 5층 이상으로서 연면적이 3,000m²를 초과하는 특정소방대상물은 다음 각 목에 따라 경보를 발할 수 있도록 해야 한다.
   가. 2층 이상의 층에서 발화한 때에는 발화층 및 그 직상층에 경보를 발할 것
   나. 1층에서 발화한 때에는 발화층·그 직상층 및 지하층에 경보를 발할 것
   다. 지하층에서 발화한 때에는 발화층·그 직상층 및 기타의 지하층에 경보를 발할 것
8. 다른 방송설비와 공용하는 것에 있어서는 화재 시 비상경보 외의 방송을 차단할 수 있는 구조로 할 것
9. 다른 전기회로에 따라 유도장애가 생기지 않도록 할 것
10. 하나의 특정소방대상물에 2 이상의 조작부가 설치되어 있는 때에는 각각의 조작부가 있는 장소 상호간에 동시 통화가 가능한 설비를 설치하고, 어느 조작부에서도 해당 특정소방대상물의 전 구역에 방송을 할 수 있도록 할 것
11. 기동장치에 따른 화재신고를 수신한 후 필요한 음량으로 화재발생 상황 및 피난에 유효한 방송이 자동으로 개시될 때까지의 소요시간은 10초 이내로 할 것
12. 음향장치는 다음 각 목의 기준에 따른 구조 및 성능의 것으로 해야 한다.
    가. 정격전압의 80% 전압에서 음향을 발할 수 있는 것을 할 것
    나. 자동화재탐지설비의 작동과 연동하여 작동할 수 있는 것으로 할 것

---

16 자동화재탐지설비에 대한 설치대상(바닥면적 등의 기준)을 적으시오. (단, 전부 또는 조건 없음으로 답한다.) **배점 : 5**

(1) 근린생활시설(목욕장은 제외한다.)
(2) 근린생활시설 중 목욕장
(3) 의료시설(정신의료기관 또는 요양병원은 제외한다.)
(4) 정신의료기관(창살 등은 설치되어 있지 않다.)
(5) 요양병원(정신병원과 의료재활시설은 제외한다.)

- **실전모범답안**
  (1) 연면적 600m² 이상
  (2) 연면적 1,000m² 이상
  (3) 연면적 600m² 이상
  (4) 바닥면적 합계 300m² 이상
  (5) 전부

상세해설

소방시설 설치 및 관리에 관한 법률 시행령 [별표 4]

설치대상		설치조건
• 공동주택 중 아파트등 · 기숙사 및 숙박시설		모든 층
• 층수가 6층 이상인 건축물		모든 층
• 노유자 생활시설		모든 층
• 판매시설 중 전통시장, 지하구		전부 해당
• 숙박시설이 있는 수련시설		수용인원 100명 이상 모든 층
• 의료시설 중 정신의료기관 또는 요양병원	요양병원 (의료재활시설 제외)	전부 해당
	정신의료기관 또는 의료재활시설	바닥면적 300m² 이상
	정신의료기관 또는 의료재활시설(창살 설치)	바닥면적 300m² 미만
• 노유자 생활시설에 해당하지 않는 노유자시설		연면적 400m² 이상 모든 층
• 근린생활시설(목욕장은 제외한다), 의료시설(정신의료기관 및 요양병원은 제외한다), 위락시설, 장례시설 및 복합건축물		연면적 600m² 이상 모든 층
• 근린생활시설 중 조산원 및 산후조리원		연면적 600m² 미만
• 근린생활시설 중 목욕장, 문화 및 집회시설, 종교시설, 판매시설, 운수시설, 운동시설, 업무시설, 공장 · 창고시설, 위험물 저장 및 처리 시설, 항공기 및 자동차 관련 시설, 교정 및 군사시설 중 국방 · 군사시설, 방송통신시설, 발전시설, 관광휴게시설, 지하가(터널은 제외한다)		연면적 1,000m² 이상 모든 층
• 발전시설 중 전기저장시설		연면적 1,000m² 미만
• 교육연구시설(교육시설 내에 있는 기숙사 및 합숙소를 포함한다), 수련시설(수련시설 내에 있는 기숙사 및 합숙소를 포함하며, 숙박시설이 있는 수련시설은 제외한다), 동물 및 식물 관련 시설(기둥과 지붕만으로 구성되어 외부와 기류가 통하는 장소는 제외한다), 자원순환 관련 시설, 교정 및 군사시설(국방 · 군사시설은 제외한다) 또는 묘지 관련 시설		연면적 2,000m² 이상 모든 층
• 지하가 중 터널		길이 1,000m 이상
• 공장 및 창고시설 특수가연물 저장 · 취급		지정수량 500배 이상

---

17 무선통신보조설비에 사용되는 무반사종단저항의 설치위치 및 설치목적을 쓰시오. 배점:5

(1) 설치위치
(2) 설치목적

• 실전모범답안

(1) 설치위치 : 누설동축케이블의 끝 부분
(2) 설치목적 : 전송로로 전송되는 전자파가 종단에서 반사되어 교신을 방해하는 것을 방지하기 위하여 설치한다.

18 감지기의 설치기준이다. (　) 안에 들어갈 알맞은 내용을 쓰시오.　　배점 : 4

　(1) 감지기(차동식분포형의 것을 제외한다)는 실내로의 공기유입구로부터 (①)[m] 이상 떨어진 위치에 설치할 것
　(2) 보상식스포트형감지기는 정온점이 감지기 주위의 평상시 최고온도보다 (②)[℃] 이상 높은 것으로 설치할 것
　(3) 정온식감지기는 주방·보일러실 등으로서 다량의 화기를 취급하는 장소에 설치하되, 공칭작동온도가 최고주위온도보다 (③)[℃] 이상 높은 것으로 설치할 것
　(4) 스포트형감지기는 (④)° 이상 경사되지 않도록 부착할 것

- **실전모범답안**
  ① 1.5　② 20　③ 20　④ 45

상세해설

　(1) 감지기(차동식분포형의 것을 제외한다)는 실내로의 공기유입구로부터 [① 1.5][m] 이상 떨어진 위치에 설치할 것
　(2) 보상식스포트형감지기는 정온점이 감지기 주위의 평상시 최고온도보다 [② 20][℃] 이상 높은 것으로 설치할 것
　(3) 정온식감지기는 주방·보일러실 등으로서 다량의 화기를 취급하는 장소에 설치하되, 공칭작동온도가 최고주위온도보다 [③ 20][℃] 이상 높은 것으로 설치할 것
　(4) 스포트형감지기는 [④ 45]° 이상 경사되지 않도록 부착할 것

4회

01 비상용 전원설비로서 축전지설비를 계획하고자 한다. 사용부하의 방전전류-시간 특성곡선이 다음 그림과 같을 때 다음 각 물음에 답하시오. (단, 축전지 개수는 83개이며, 단위 전지방전 종지전압은 1.06[V]로 하고 축전지 형식은 AH형을 채택하며 또한 축전지용량은 다음과 같은 일반식에 의하여 구한다.)

배점 : 7

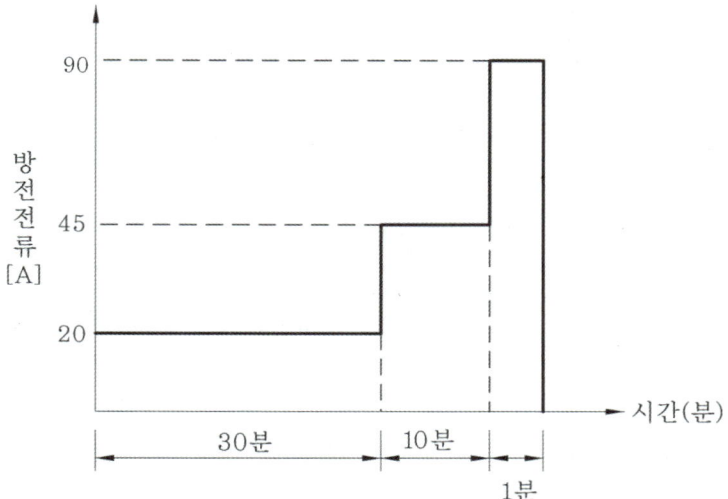

형 식	최저허용전압[V/셀]	0.1분	1분	5분	10분	20분	30분	60분	120분
AH	1.10	0.30	0.46	0.56	0.66	0.87	1.04	1.56	2.60
	1.06	0.24	0.33	0.45	0.53	0.70	0.85	1.40	2.45
	1.00	0.20	0.27	0.37	0.45	0.60	0.77	1.30	2.30

(1) 축전지의 용량 C는 이론상 몇 [Ah] 이상의 것을 선정해야 하는지 구하시오. (단, $D=0.8$)
(2) 축전지의 전해액이 변색되고, 충전 중이 아닌 정지상태에서도 다량으로 가스가 발생하는 원인은 무엇인지 쓰시오.
(3) 부동충전방식을 정류기, 연축전지, 부하를 포함하여 그림으로 나타내시오.

• 실전모범답안

(1) $C = \dfrac{1}{0.8}(0.85 \times 20 + 0.53 \times 45 + 0.33 \times 90)$

  $= 88.187 ≒ 88.19$[Ah]

• 답 : 88.19[Ah]

(2) 불순물 혼입

(3)

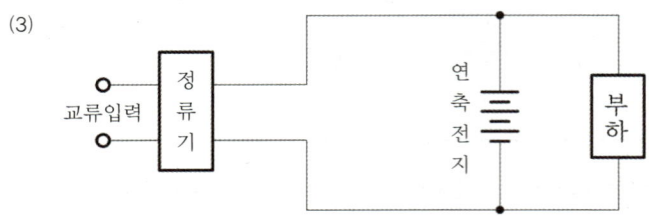

상세해설

축전지의 용량(시간에 따른 방전전류가 증가하는 경우)

축전지의 최저허용전압(방전종지전압)이 1.06[V/셀]이고 방전시간이 각각 $T_1 = 30$[분], $T_2 = 10$[분], $T_3 = 1$[분]이므로 다음 표에 따라 $K_1 = 0.85$, $K_2 = 0.53$, $K_3 = 0.33$가 된다.

형식	최저허용전압[V/셀]	0.1분	1분	5분	10분	20분	30분	60분	120분
AH	1.10	0.30	0.46	0.56	0.66	0.87	1.04	1.56	2.60
	1.06	0.24	0.33	0.45	0.53	0.70	0.85	1.40	2.45
	1.00	0.20	0.27	0.37	0.45	0.60	0.77	1.30	2.30

$C = \dfrac{1}{L}(K_1 I_1 + K_2 I_2 + K_3 I_3)$	축전지의 용량(시간에 따라 방전전류가 변하는 경우)
C : 축전지용량[Ah]	→ $C = \dfrac{1}{L}(K_1 I_1 + K_2 I_2 + K_3 I_3)$ [풀이 ①]
L : 용량저하율(보수율)	→ 0.8
K : 용량환산시간[h]	→ 표를 이용한 용량환산시간 구하기
I : 방전전류[A]	→ 표를 이용한 방전전류 구하기

① 축전지 용량

∴ 축전지의 용량 : $C = \dfrac{1}{0.8}(0.85 \times 20 + 0.53 \times 45 + 0.33 \times 90)$

$= 88.187 ≒ 88.19$[Ah]

---

02 두 입력상태가 같을 때 출력이 없고 두 입력상태가 다를 때 출력이 생기는 회로를 배타적 논리합(Exclusive OR) 회로라 하는데 다음 그림과 같은 배타적 논리합회로에서 각 물음에 답하시오.

배점 : 6

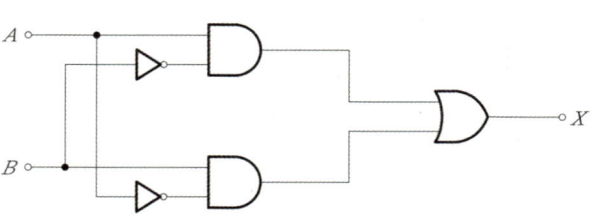

(1) 이 회로의 논리식을 쓰시오.
(2) 이 회로에 대한 유접점 릴레이회로를 그리시오.

(3) 이 회로의 타임차트를 완성하시오.

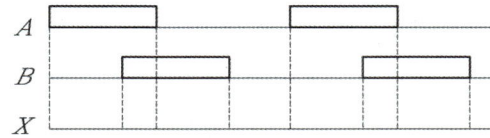

(4) 이 회로의 진리표를 완성하시오.

A	B	C

• 실전모범답안

(1) $X = A\bar{B} + \bar{A}B$

(2)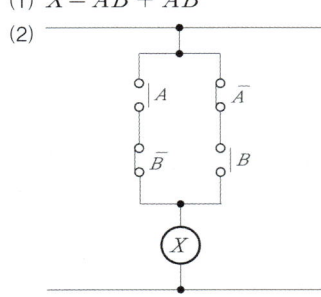

(3)
```
A ▆▆▆▆    ▆▆▆▆
B    ▆▆▆▆    ▆▆▆▆
X ▨▨▨ ▨▨▨ ▨▨▨ ▨▨▨
```

(4)
A	B	C
0	0	0
0	1	1
1	0	1
1	1	0

상세해설

(1)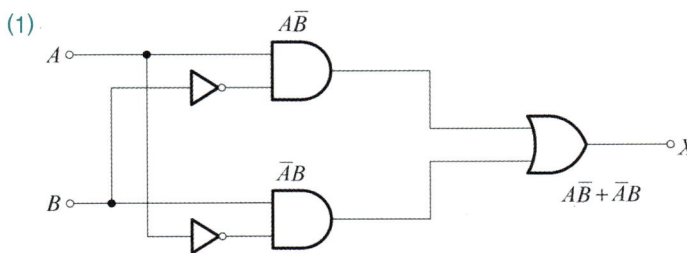

(4)

게이트	논리회로	논리식	시퀀스회로	진리표		
				A	B	X
XOR (Exclusive OR)	A, B → X	$X = A \oplus B$ $= \overline{A}B + A\overline{B}$		0	0	0
				0	1	1
				1	0	1
				1	1	0
XNOR (Exclusive NOR)	A, B → X	$X = A \odot B$ $= \overline{A}\overline{B} + AB$		0	0	1
				0	1	0
				1	0	0
				1	1	1

03 3선식 배선으로 상시 충전되는 유도등의 전기회로에 점멸기를 설치하는 경우에는 어느 때 점등되어야 하는지 그 설치기준 5가지를 쓰시오. 배점 : 5

- 실전모범답안
  ① 자동화재탐지설비의 감지기 또는 발신기가 작동되는 때
  ② 비상경보설비의 발신기가 작동되는 때
  ③ 상용전원이 정전되거나 전원선이 단선되는 때
  ④ 방재업무를 통제하는 곳 또는 전기실의 배전반에서 수동으로 점등하는 때
  ⑤ 자동소화설비가 작동되는 때

04 감지기회로의 도통시험을 위한 종단저항의 설치기준 3가지를 쓰시오. 배점 : 4

- 실전모범답안
  ① 점검 및 관리가 쉬운 장소에 설치할 것
  ② 전용함을 설치하는 경우 그 설치 높이는 바닥으로부터 1.5m 이내로 할 것
  ③ 감지기회로의 끝부분에 설치하며, 종단감지기에 설치할 경우에는 구별이 쉽도록 해당 감지기의 기판 및 감지기 외부 등에 별도의 표시를 할 것

05 어느 건물의 자동화재탐지설비의 P형 수신기를 보니 예비전원표시등이 점등되어 있었다. 어떤 경우에 점등되어 있는지 그 원인을 4가지만 예를 들어 설명하시오. 배점:4

- 실전모범답안
  ① 예비전원이 방전되어 아직 만충전에 도달하지 않은 경우
  ② 예비전원이 불량인 경우
  ③ 예비전원 충전단자가 불량인 경우
  ④ 예비전원 연결단자가 접촉불량인 경우

06 누전경보기의 공칭작동전류치의 정의에 대해 간략히 쓰고, 몇 [mA] 이해야 하는지 쓰시오. 배점:4

- 실전모범답안
  ① 누전경보기를 작동시키기 위하여 필요한 누설전류의 값으로 제조자에 의해 표시된 값
  ② 200[mA]

07 피난유도선은 햇빛이나 전등불에 따라 축광하거나 전류에 따라 빛을 발하는 유도체로서, 어두운 상태에서 피난을 유도할 수 있도록 띠 형태로 설치되는 피난유도시설이다. 축광방식의 피난유도선의 설치기준 3가지를 쓰시오. 배점:5

- 실전모범답안
  ① 구획된 각 실로부터 주출입구 또는 비상구까지 설치할 것
  ② 바닥으로부터 높이 50cm 이하의 위치 또는 바닥면에 설치할 것
  ③ 피난유도 표시부는 50cm 이내의 간격으로 연속되도록 설치할 것

상세해설

축광방식의 피난유도선의 설치기준(NFTC 303)
1. 구획된 각 실로부터 주출입구 또는 비상구까지 설치할 것
2. 바닥으로부터 높이 50cm 이하의 위치 또는 바닥면에 설치할 것
3. 피난유도 표시부는 50cm 이내의 간격으로 연속되도록 설치할 것
4. 부착대에 의하여 견고하게 설치할 것
5. 외부의 빛 또는 조명장치에 의하여 상시 조명이 제공되거나 비상조명등에 의한 조명이 제공되도록 설치 할 것

08 비상경보장치 중 사이렌 및 방출표시등의 설치위치와 설치목적을 쓰시오.

배점 : 4

• 실전모범답안
① 사이렌
- 설치위치 : 방호구역 내
- 설치목적 : 방호구역 내에 있는 사람에게 음향으로 경보하여 대피시키기 위하여
② 방출표시등
- 설치위치 : 방호구역 외 출입구 상부
- 설치목적 : 소화약제의 방출을 알리고, 외부인의 출입을 금지시키기 위하여

09 다음은 지하 2층, 지상 4층 건물의 자동화재탐지설비의 도면이다. 조건을 참조하여 각 물음에 답하시오.

배점 : 7

[조건]
① 각 층의 높이는 4m이다.
② 계단 및 수직경계구역의 면적은 계산과정에서 제외한다.

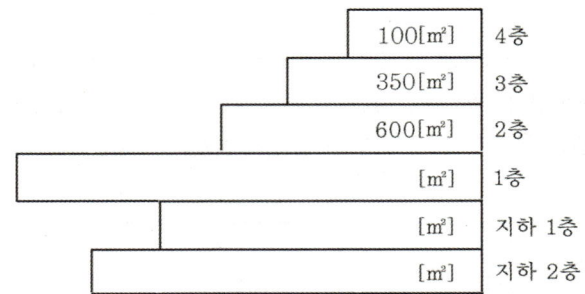

(1) 도면을 보고 경계구역수를 산출하여 표의 빈 칸을 채우시오.

층 수	산출내역	경계구역수
4층		
3층		
2층		
1층		
지하 1층		
지하 2층		

(2) 이 건물에 계단 및 엘리베이터가 각각 1개씩 설치되어 있을 경우 수신기는 P형 몇 회로용을 사용해야 하는지 쓰시오.

• 실전모범답안

(1)

층 수	산출내역	경계구역수
4층 3층	$\dfrac{100+350}{500}=0.9 ≒ 1$	1경계구역
2층	$\dfrac{600}{600}=1$	1경계구역
1층	$\dfrac{1,800}{600}=3$	3경계구역
지하 1층	$\dfrac{1,020}{600}=1.7 ≒ 2$	2경계구역
지하 2층	$\dfrac{1,080}{600}=1.8 ≒ 2$	2경계구역

(2) 〈수평적 경계구역〉
1+1+3+2+2 = 9경계구역
〈수직적 경계구역〉
① 지상 계단 : $\dfrac{4\times 4}{45}=0.355 ≒ 1$경계구역
② 지하 계단 : $\dfrac{4\times 2}{45}=0.17 ≒ 1$경계구역
③ 엘리베이터 : 1경계구역
총 경계구역수 = 9+1+1+1 = 12경계구역
∴ 15회로용 수신기

10 경보방식이 우선경보방식일 경우 다이오드를 바르게 그려 넣으시오. 　배점 : 5

• 실전모범답안

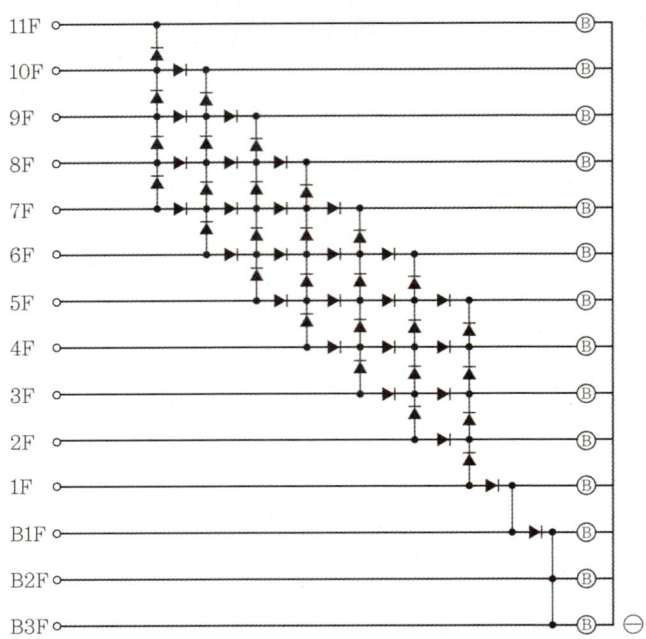

11 그림과 같은 시퀀스회로에서 PB을 눌러 폐회로가 될 때 타이머 T_1(설정시간 : t_1), T_2(설정시간 : t_2), 릴레이 X_2, 신호등 PL에 대한 타임차트를 완성하시오. (단, T_1은 1초, T_2는 2초이며 설정시간 이외의 시간지연은 없다고 본다.)

배점 : 6

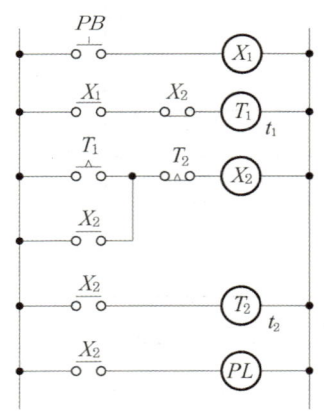 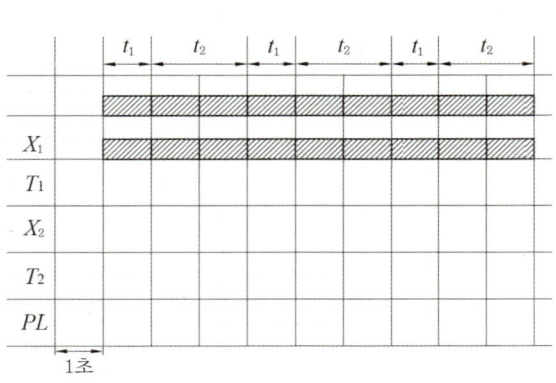

• 실전모범답안

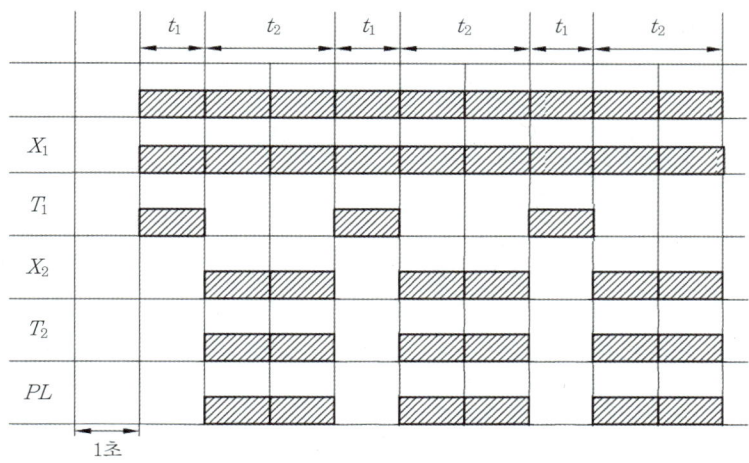

12 다음은 Y-△기동에 대한 시퀀스회로도이다. 그림을 보고 다음 각 물음에 답하시오. 배점 : 7

(1) 도면의 미완성 부분을 결선하고 접점을 표시하시오.

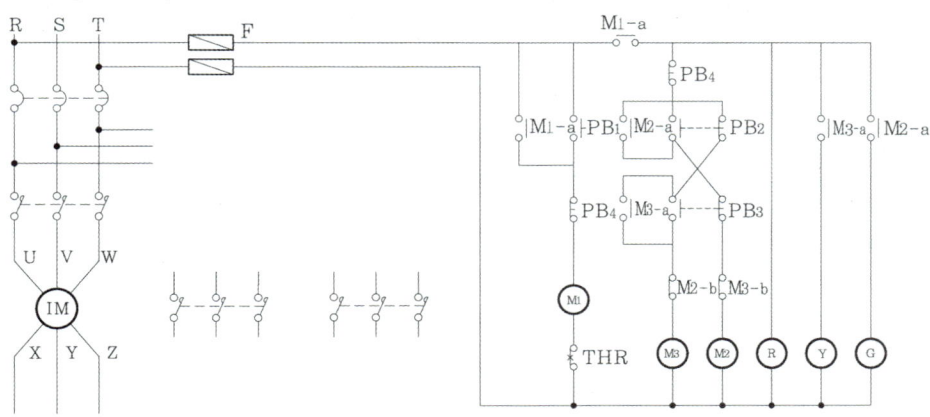

(2) 회로에서 표시등 WL, GL, RL은 각각 어떤 상태를 나타내는지 쓰시오.
- WL :
- GL :
- RL :

• 실전모범답안

(1)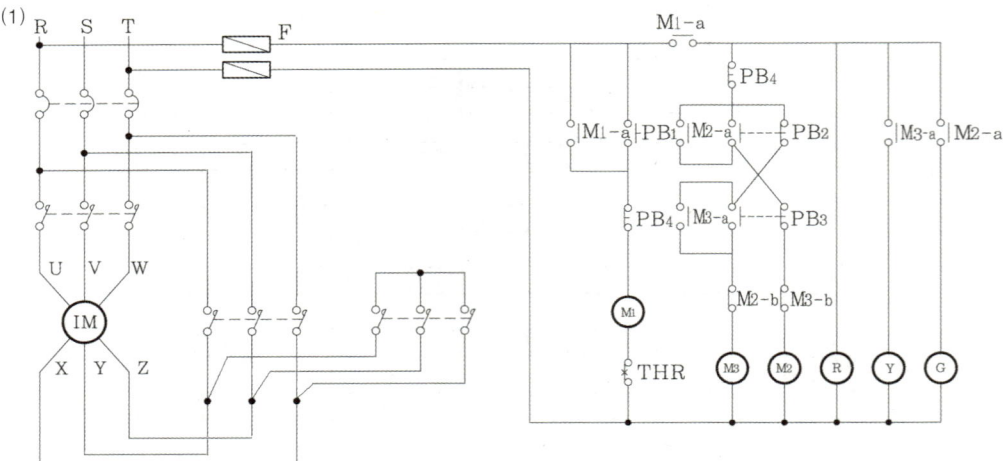

(2) • WL : 정지
　　• GL : Y기동
　　• RL : △기동

---

13 P형 수신기와 감지기 사이에 연결된 선로에 배선저항 10Ω, 릴레이저항 950Ω, 종단저항 10kΩ이고 감시전류가 2.4mA일 때 수신기의 단자전압[V]과 작동전류[mA]를 구하여라. 배점:6

• 실전모범답안

① 수신기의 단자전압

$$2.4\text{mA} = \frac{x}{10+950+10\times 10^3} \times 10^3$$

$$\therefore V = 26.304 ≒ 26.3\text{V}$$

• 답 : 26.3V

② 작동전류

$$I = \frac{26.3}{10+950} \times 10^3 = 27.395\,\text{mA} ≒ 27.4\text{mA}$$

• 답 : 27.4mA

---

14 3상 380V이고 사용하는 정격소비전력 100kW인 전기기구의 부하전류를 측정하기 위하여 변류비 300/5의 변류기를 사용하였다. 이때 2차 전류를 구하여라. (단, 역률은 0.7이다.) 배점:4

• 실전모범답안

$$I_2 = 217.05 \times \frac{5}{300} = 3.617 ≒ 3.62\text{A}$$

• 답 : 3.62A

상세해설

3상 교류전력(전류)

$P = \sqrt{3}\,VI\cos\theta$	3상 교류전력(전류)
P : 단상전력[W]	→ 100[kW]
V : 전압[V]	→ 380[V]
I : 전류[A]	→
$\cos\theta$: 역률	→ 70%

전류 : $I = \dfrac{P}{\sqrt{3}\,V\cos\theta} = \dfrac{100 \times 10^3 \text{W}}{\sqrt{3} \times 380\text{V} \times 0.7} = 217.048 ≒ 217.05\text{A}$

∴ 전류 : $I_2 = 217.05 \times \dfrac{5}{300} = 3.617 ≒ 3.62\text{A}$

• 답 : 3.62A

---

15 다음은 화재안전기준상 내화배선의 공사방법에 관한 사항이다. ( ) 안에 알맞은 말을 쓰시오.

배점 : 5

공사방법
금속관·2종 금속제 가요전선관 또는 합성수지관에 수납하여 내화구조로 된 벽 또는 바닥 등에 벽 또는 바닥의 표면으로부터 (①) 이상의 깊이로 매설해야 한다. 다만, 다음 각 목의 기준에 적합하게 설치하는 경우에는 그렇지 않다. 가. 배선을 (②)을 갖는 배선전용실 또는 배선용 샤프트·피트·덕트 등에 설치하는 경우 나. 배선전용실 또는 배선용 샤프트·피트·덕트 등에 다른 설비의 배선이 있는 경우에는 이로부터 (③) 이상 떨어지게 하거나 소화설비의 배선과 이웃하는 다른 설비의 배선 사이에 배선지름(배선의 지름이 다른 경우에는 가장 큰 것을 기준으로 한다.)의 (④) 이상 높이의 (⑤)을 설치하는 경우

• 실전모범답안

① 25mm ② 내화성능 ③ 15cm ④ 1.5배 ⑤ 불연성 격벽

상세해설

공사방법

금속관·2종 금속제 가요전선관 또는 합성수지관에 수납하여 내화구조로 된 벽 또는 바닥 등에 벽 또는 바닥의 표면으로부터 (① **25mm**) 이상의 깊이로 매설해야 한다. 다만, 다음 각 목의 기준에 적합하게 설치하는 경우에는 그렇지 않다.

가. 배선은 (② **내화성능**)을 갖는 배선전용실 또는 배선용 샤프트·피트·덕트 등에 설치하는 경우
나. 배선전용실 또는 배선용 샤프트·피트·덕트 등에 다른 설비의 배선이 있는 경우에는 이로부터 (③ **15cm**) 이상 떨어지게 하거나 소화설비의 배선과 이웃하는 다른 설비의 배선 사이에 배선지름(배선의 지름이 다른 경우에는 가장 큰 것을 기준으로 한다.)의 (④ **1.5배**) 이상의 높이의 (⑤ **불연성 격벽**)을 설치하는 경우

16 다음 그림은 자동화재탐지설비의 평면을 나타낸 도면이다. 이 도면을 보고 각 물음에 답하시오. (단, 각 실은 이중 천장이 없는 구조이며, 전선관은 16mm 후강 스틸전선관을 사용하여 콘크리트 내 매입 시공한다.)

배점 : 10

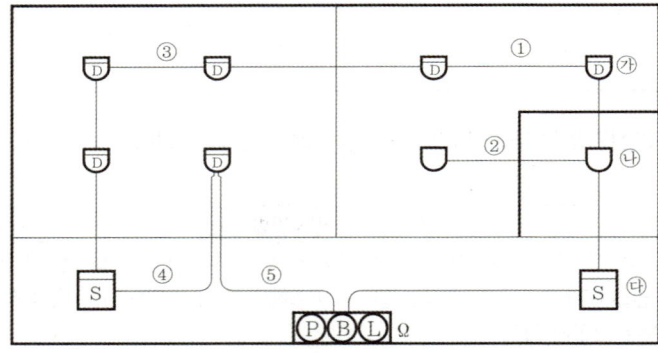

(1) 시공에 소용되는 부싱과 로크너트의 소요개수를 구하시오.
(2) 각 감지기 간과 감지기와 수동발신기 세트 간 (①~⑤)에 배선되는 전선의 가닥수를 구하시오.
(3) 도면에 그려진 심벌 ㉮, ㉯, ㉰의 명칭을 쓰시오.

• 실전모범답안

(1) 부싱 : 22개
로크너트 : 44개

(2) ① 2가닥 ② 4가닥 ③ 2가닥 ④ 2가닥 ⑤ 2가닥

(3) ㉮ 차동식스포트형감지기 ㉯ 정온식스포트형감지기 ㉰ 광전식스포트형감지기(연기감지기)

상세해설

(1)
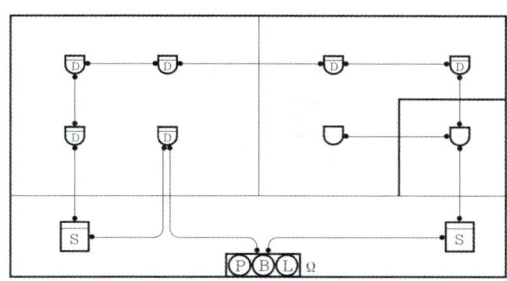

(2)
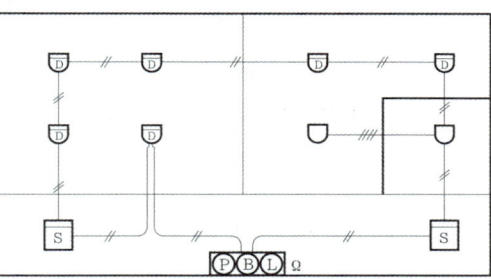

17 다음과 같은 장소에 차동식스포트형감지기 2종을 설치하는 경우와 광전식스포트형감지기 2종을 설치하는 경우 최소감지기 소요개수를 산정하시오. (단, 주요구조부는 내화구조, 감지기의 설치높이는 6m이다.)

배점 : 5

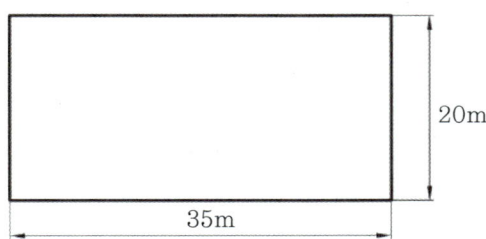

(1) 차동식스포트형감지기(2종) 소요개수
(2) 광전식스포트형감지기(2종) 소요개수

• 실전모범답안

(1) $\dfrac{350}{35} = 10$개

∴ $10 \times 2 = 20$개(2경계구역이므로)

• 답 : 20개

(2) $\dfrac{350}{75} = 4.666 ≒ 5$개

∴ $5 \times 2 = 10$개(2경계구역이므로)

• 답 : 10개

상세해설

(1) 차동식·보상식·정온식 스포트형감지기의 부착높이에 따른 바닥면적기준

(단위 : [m²])

부착높이 및 소방대상물의 구분		감지기의 종류						
		차동식 스포트형		보상식 스포트형		정온식 스포트형		
		1종	2종	1종	2종	특종	1종	2종
4[m] 이상 8[m] 미만	주요구조부를 내화구조로 한 특정소방대상물 또는 그 부분	45	35	45	35	35	30	-
	기타구조의 특정소방대상물 또는 그 부분	30	25	30	25	25	15	-

바닥면적은 35×20=700m²이므로 두 경계구역으로 나누어준다.

조건에 따라 **차동식스포트형 2종**, **내화구조**, **층고 4[m] 이상**이므로 **기준면적은 35[m²]**이 된다. 따라서 감지기 설치개수는

$\dfrac{350}{35} = 10$개

∴ $10 \times 2 = 20$개 (2경계구역이므로)

(2) 연기감지기의 부착높이별 바닥면적기준

(단위 : [m²])

부착높이	감지기의 종류	
	1종 및 2종	3종
4[m] 미만	150	50
4[m] 이상 20[m] 미만	75	설치 불가

바닥면적은 35×20=700m²이므로 두 경계구역으로 나누어준다.

조건에 따라 **광전식스포트형 2종**, **층고 4[m] 이상**이므로 **기준면적은 75[m²]**이 된다. 따라서 감지기 설치개수는

$\dfrac{350}{75} = 4.666 ≒ 5$개

∴ $5 \times 2 = 10$개 (2경계구역이므로)

18. 다음은 유도등 및 유도표지의 설치장소에 따른 종류에 관한 내용이다. 빈 칸에 알맞은 종류의 유도등 및 유도표지를 쓰시오.

배점 : 5

설치장소	유도등 및 유도표지의 종류
1. 공연장, 집회장(종교집회장 포함), 관람장, 운동시설	• 대형 피난구유도등
2. 유흥주점영업시설(유흥주점영업 중 손님이 춤을 출 수 있는 무대가 설치된 카바레, 나이트클럽 또는 그 밖에 이와 비슷한 영업시설만 해당)	
3. 위락시설, 판매시설, 운수시설, 관광숙박업, 의료시설, 장례식장, 방송통신시설, 전시장, 지하상가, 지하철역사	
4. 숙박시설(관광숙박업 외의 것), 오피스텔	
5. 지하층, 무창층 또는 11층 이상인 특정소방대상물	
6. 근린생활시설, 노유자시설, 업무시설, 발전시설, 종교시설(집회장 용도로 사용하는 부분 제외), 교육연구시설, 수련시설, 공장, 창고시설, 교정 및 군사시설(국방·군사시설 제외), 기숙사, 자동차정비공장, 운전학원 및 정비학원, 다중이용업소, 복합건축물	

• 실전모범답안

설치장소	유도등 및 유도표지의 종류
1. 공연장, 집회장(종교집회장 포함), 관람장, 운동시설	• 대형 피난구유도등 • 통로유도등 • 객석유도등
2. 유흥주점영업시설(유흥주점영업 중 손님이 춤을 출 수 있는 무대가 설치된 카바레, 나이트클럽 또는 그 밖에 이와 비슷한 영업시설만 해당)	• 대형 피난구유도등 • 통로유도등 • 객석유도등
3. 위락시설, 판매시설, 운수시설, 관광숙박업, 의료시설, 장례식장, 방송통신시설, 전시장, 지하상가, 지하철역사	• 대형 피난구유도등 • 통로유도등
4. 숙박시설(관광숙박업 외의 것), 오피스텔	• 중형 피난구유도등 • 통로유도등
5. 지하층, 무창층 또는 11층 이상인 특정소방대상물	• 중형 피난구유도등 • 통로유도등
6. 근린생활시설, 노유자시설, 업무시설, 발전시설, 종교시설(집회장 용도로 사용하는 부분 제외), 교육연구시설, 수련시설, 공장, 창고시설, 교정 및 군사시설(국방·군사시설 제외), 기숙사, 자동차정비공장, 운전학원 및 정비학원, 다중이용업소, 복합건축물	• 소형 피난구유도등 • 통로유도등

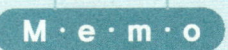

2020년도 제2회 국가기술자격 실기시험문제

자격종목	소방설비기사(전기)	형별	A	수험번호	
시험시간	3시간	일시		성명	

【문제 1】 다음은 중계기의 설치기준에 대한 내용이다. ( ) 안에 알맞은 내용을 쓰시오. (6점)
(1) 수신기에서 직접 감지기회로의 (①)을 하지 않는 것에 있어서는 수신기와 감지기 사이에 설치할 것
(2) 조작 및 점검에 편리하고 화재 및 침수 등의 재해로 인한 피해를 받을 우려가 없는 장소에 설치할 것
(3) 수신기에 따라 감시되지 않는 배선을 통하여 전력을 공급받는 것에 있어서는 전원입력측의 배선에 (②)를 설치하고 해당 전원의 정전이 즉시 수신기에 표시되는 것으로 하며, (③) 및 (④)의 시험을 할 수 있도록 할 것

【문제 2】 논리식 $Y = (A \cdot B \cdot C) + (A \cdot \overline{B} \cdot \overline{C})$를 릴레이회로(유접점회로)와 논리회로(무접점회로)로 바꾸어 그리고 진리표를 완성하시오. (9점)

A	B	C	Y
0	0	0	
0	0	1	
0	1	0	
1	0	0	
1	1	0	
1	0	1	
0	1	1	
1	1	1	

【문제 3】 그림은 배선용 차단기의 심벌이다. 각 기호가 의미하는 바를 쓰시오. (5점)

$\boxed{B}$ 3P ◄── (①)
225AF ◄── (②)
150A ◄── (③)

【문제 4】 40W 중형 피난구유도등이 AC 220V 전원에 연결되어 있다. 전원에 연결된 유도등은 10개이며 유도등의 역률은 60%이다. 공급전류 [A]를 계산하시오. (단, 유도등의 배터리 충전전류는 무시하며 전원공급방식은 단상 2선식이다.) (3점)

【문제 5】 옥내소화전의 비상전원에 대한 다음 각 물음에 답하시오. (6점)

(1) 옥내소화전설비에 비상전원을 설치해야 하는 경우이다. ( ) 안에 알맞은 내용을 쓰시오.
   ① 층수가 7층으로서 연면적이 (㉠)m² 이상인 것
   ② '①'에 해당하지 않는 경우로서 지하층의 바닥면적의 합계가 (㉡)m² 이상인 것

(2) 다음은 옥내소화전 비상전원의 설치기준에 대한 내용이다. ( ) 안에 알맞은 내용을 쓰시오.
   ① 점검에 편리하고 화재 및 침수 등의 재해로 인한 피해를 받을 우려가 없는 곳에 설치할 것
   ② 옥내소화전설비를 유효하게 (㉠)분 이상 작동할 수 있어야 할 것
   ③ 상용전원으로부터 전력의 공급이 중단된 때에는 (㉡)으로 비상전원으로부터 전력을 공급받을 수 있도록 할 것
   ④ 비상전원(내연기관의 기동 및 제어용 축전기를 제외한다)의 설치장소는 다른 장소와 (㉢) 할 것. 이 경우 그 장소에는 비상전원의 공급에 필요한 기구나 설비 외의 것(열병합발전설비에 필요한 기구나 설비는 제외한다)을 두어서는 안 된다.
   ⑤ 비상전원을 실내에 설치하는 때에는 그 실내에 (㉣)을 설치할 것

【문제 6】 예비전원설비에 대한 설명이다. 다음 각 물음에 답하시오. (6점)
(1) 부동충전방식에 대한 회로(개략도)를 간단히 그리시오.
(2) 축전지의 과방전 또는 방치상태에서 기능회복을 위하여 실시하는 충전방식은 무엇인지 쓰시오.
(3) 연축전지의 정격용량은 250Ah이고, 상시 부하가 8kW이며 표준전압이 100V인 부동충전방식의 충전기 2차 충전전류는 몇 [A]인지 구하시오. (단, 축전지의 방전율은 10시간율로 한다.)

【문제 7】 통로유도등의 설치제외장소(경우)에 대해 2가지를 쓰시오. (5점)

【문제 8】 길이 18m의 통로에 객석유도등을 설치하려고 한다. 이때 필요한 객석유도등의 수량은 최소 몇 개 인지 구하시오. (3점)

【문제 9】 주요구조부를 내화구조로 한 특정소방대상물에 자동화재탐지설비용 공기관식 차동식분포형감지기를 설치하려고 한다. 다음 각 물음에 답하시오. (8점)
(1) 공기관의 노출부분은 감지구역마다 몇 [m] 이상으로 해야 하는가?
(2) 하나의 검출부분에 접속하는 공기관의 길이는 몇 [m] 이하로 해야 하는가?
(3) 공기관과 감지구역의 각 변과의 수평거리는 몇 [m] 이하이어야 하는가?
(4) 공기관 상호간의 거리는 몇 [m] 이하이어야 하는가?
(5) 검출부는 몇 도 이상 경사되지 않도록 설치해야 하는가?

【문제 10】 지하 4층, 지상 11층의 건물에 비상콘센트를 설치하려고 한다. 다음 각 물음에 답하시오. (단, 지하 각 층의 바닥면적은 300m²이며, 각 층의 출입구는 1개소이고, 계단에서 가장 먼 부분까지의 수평거리는 20m이다. 콘센트는 1구로 한다.) (6점)

(1) 비상콘센트의 설치대상에 관한 기준이다. ( ) 안에 알맞은 내용을 적으시오.
- 지하층의 층수가 (①) 이상이고 지하층의 바닥면적의 합계가 (②)m² 이상인 것은 지하층의 모든 층

(2) 이 건물에 설치해야 하는 비상콘센트의 설치개수를 구하시오.

【문제 11】 다음은 경계구역의 설정기준에 관한 내용이다. ( ) 안에 알맞은 내용을 쓰시오. (6점)

(1) 하나의 경계구역의 면적은 (①)m² 이하로 하고 한 변의 길이는 (②)m 이하로 할 것. 다만, 해당 특정소방대상물의 주된 출입구에서 그 내부 전체가 보이는 것에 있어서는 한 변의 길이가 (③)m의 범위 내에서 (④)m² 이하로 할 수 있다.

(2) 스프링클러설비·물분무소화설비 또는 (①)의 화재감지장치로서 화재감지기를 설치한 경우의 경계구역은 해당 소화설비의 방사구역 또는 (②)과 동일하게 설정할 수 있다.

【문제 12】 다음은 Y-△기동회로의 미완성 도면이다. 주어진 조건을 이용하여 다음 각 물음에 답하시오. (6점)

─────〈 조 건 〉─────
- Ⓐ : 전류계
- ⓟⓛ : 표시등
- Ⓣ : 스타델타 타이머
- M-1 : 전자접촉기(Y)
- M-2 : 전자접촉기(△)

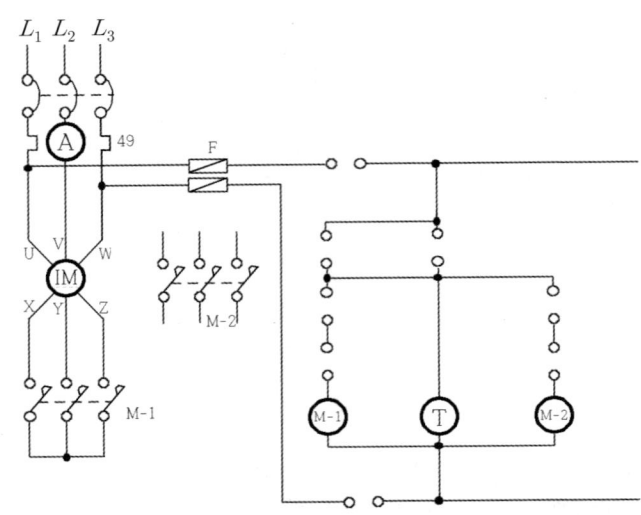

(1) Y-△ 운전이 가능하도록 주회로 부분을 미완성 도면에 완성하시오.
(2) Y-△ 운전이 가능하도록 보조회로(제어회로) 부분을 미완성 도면에 완성하시오.
(3) MCCB를 투입하면 표시등이 점등되도록 미완성 도면에 회로를 구성하시오.

【문제 13】 차동식스포트형감지기는 여러 환경에 따라 감지기의 동작특성이 달라진다. 리크구멍이 축소 되었을 경우와 리크구멍이 확장되었을 경우에 나타나는 작동 특성 현상에 대하여 쓰시오. (4점)

【문제 14】 유량 2,400lpm, 양정 90m인 스프링클러설비용 펌프 전동기의 용량[kW]을 계산하시오. (단, 효율 : 70%, 전달계수 : 1.1) (4점)

【문제 15】 다음의 도면은 어느 사무실 건물의 1층 자동화재탐지설비의 미완성 평면도를 나타낸 것이다. 이 건물은 지상 3층으로 각층의 평면은 1층과 동일하며 연면적은 2,000m²이다. 평면도 및 주어진 조건을 이용하여 각 물음에 답하시오. (9점)

─〈 조 건 〉─

① 계통도 작성 시 각층 수동발신기는 1개씩 설치하는 것으로 한다.
② 계단실의 감지기는 설치를 제외한다.
③ 간선의 사용전선은 HFIX 2.5mm²이며, 공통선은 발신기 공통 1선, 경종·표시등 공통 1선을 각각 사용한다.
④ 계통도 작성 시 전선수는 최소로 한다.
⑤ 전선관공사는 후강전선관으로 콘크리트 내 매립시공한다.
⑥ 각 실은 이중천장이 없는 구조이며, 천장에 감지기를 바로 취부한다.
⑦ 각 실의 바닥에서 천장까지 층고는 2.8m이다.
⑧ 후강전선관의 굵기표는 다음과 같다.
⑨ 화재로 인하여 하나의 층의 지구음향장치 또는 배선이 단락되어도 다른 층의 화재 통보에 지장이 없도록 각 층 배선 상에 유효한 조치를 하였다.

도체 단면적 [mm²]	전선본수								
	1	2	3	4	5	6	7	8	9
	전선관의 최소굵기[mm]								
2.5	16	16	16	16	22	22	22	28	28
4	16	16	16	22	22	22	28	28	28
6	16	16	22	22	22	28	28	28	36
10	16	22	22	22	28	36	36	36	36

[도면]

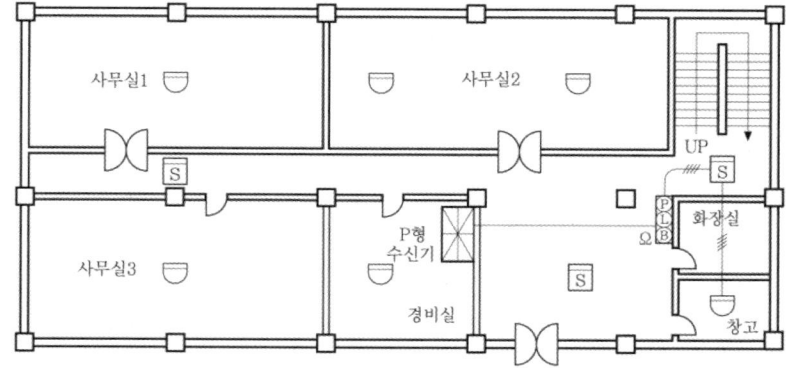

(1) 도면의 P형 수신기는 최소 몇 회로용을 사용해야 하는지 쓰시오.
(2) 수신기에서 발신기세트까지 전선가닥수는 몇 가닥이며, 여기에 사용되는 후강전선관은 몇 [mm]를 사용하는지 쓰시오.
(3) 배관 및 배선을 하여 자동화재탐지설비의 도면을 완성하고 전선가닥수를 표기하도록 하시오.
(4) 간선계통도를 그리시오.

【문제 16】 다음은 자동화재탐지설비의 P형 1급 수신기의 미완성 결선도이다. 결선도를 완성하시오. (단, 발신기에 설치된 단자는 왼쪽으로부터 응답, 지구, 공통이다.) (6점)

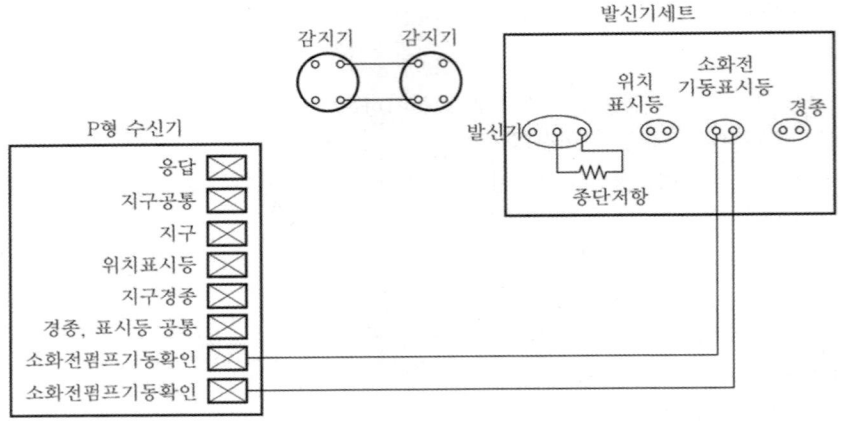

【문제 17】 다음은 자동화재속보설비의 절연저항에 대한 내용이다. ( )에 알맞은 내용을 쓰시오. (4점)

자동화재속보설비의 절연된 (①)와 외함간의 절연저항은 직류 500V의 절연저항계로 측정한 값은 (②)MΩ 이상이어야 하고 교류입력측과 외함간에는 (③)MΩ 이상이어야 한다. 그리고 절연된 선로간의 절연저항은 직류 500[V]의 절연저항계로 측정한 값이 (④)MΩ 이상이어야 한다.

【문제 18】 전동기가 주파수 50Hz에서 극수 4일 때 회전속도가 1,440rpm이다. 주파수를 60Hz로 하면 회전속도는 몇 [rpm]이 되는지 구하시오. (단, 슬립은 일정하다.) (4점)

2020년도 제3회 국가기술자격 실기시험문제

자격종목	소방설비기사(전기)	형별	A	수험번호	
시험시간	3시간	일시		성명	

【문제 1】 그림은 습식 스프링클러설비의 전기적 계통도이다. 그림을 보고 답란의 A~D까지의 배선수와 각 배선의 용도를 쓰시오. (8점)

―〈 조 건 〉――
① 각 유수검지장치에는 밸브 개폐감시용 스위치는 부착되어 있지 않은 것으로 한다.
② 사용전선은 HFIX 전선이다.
③ 배선수는 운전조작상 필요한 최소전선수를 쓰도록 한다.

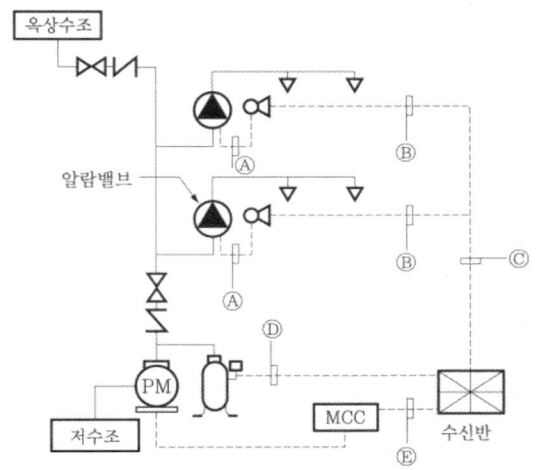

구 분	구 간	전선수	전선굵기	배선의 용도
Ⓐ	알람밸브 ↔ 사이렌		2.5[mm2] 이상	
Ⓑ	사이렌 ↔ 수신반		2.5[mm2] 이상	
Ⓒ	2개 구역일 경우		2.5[mm2] 이상	
Ⓓ	압력탱크 ↔ 수신반		2.5[mm2] 이상	
Ⓔ	MCC ↔ 수신반	5	2.5[mm2] 이상	공통, ON, OFF, 운전표시, 정지표시

【문제 2】 바닥면적이 700m²인 어느 특정소방대상물에 차동식스포트형감지기 2종을 설치하려고 한다. 이때 설치해야 할 감지기의 개수를 구하시오. (단, 특정소방대상물은 내화구조이고 천장의 높이는 4m이다.) (5점)

【문제 3】 접지공사에서 접지봉과 접지선을 연결하는 방법 3가지를 쓰고, 이 중 내구성이 가장 높은 방법은 무엇인지 쓰시오. (3점)
(1) 연결방법
(2) 내구성이 가장 높은 방법

【문제 4】 다음은 급수 레벨제어의 미완성 회로도이다. 주어진 조건을 보고 각 물음에 답하시오.
(7점)

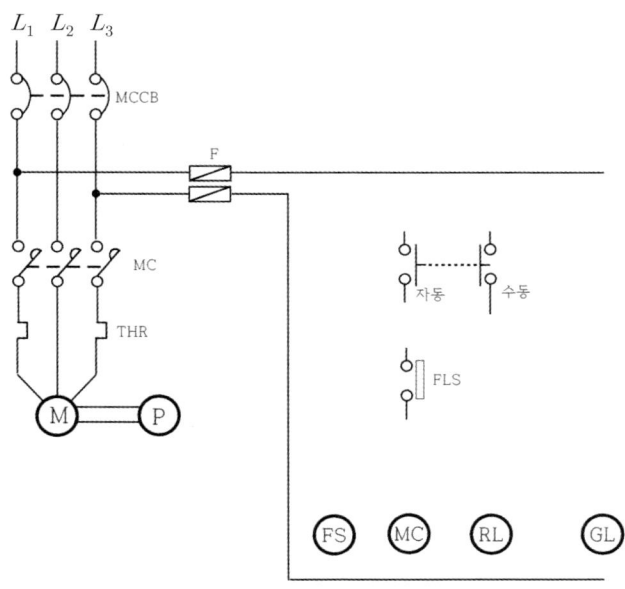

―〈 조 건 〉―
① 평상시 전원이 인가(MCCB 투입)되면 GL램프가 점등된다.
② 자동일 경우 수위가 낮아지면 플롯스위치(FLS)가 동작하여 전자접촉기 MC가 여자되어 RL램프가 점등되고, GL램프가 소등되며, 펌프모터가 작동한다.
③ 급수가 완료되어 플롯스위치(FLS)가 떨어지거나 모터과열로 인해 열동계전기(THR)가 동작하면 전자접촉기 MC가 소자되어 RL램프는 소등되고, GL램프가 점등되며 펌프모터는 정지한다.
④ 수동일 경우 누름버튼스위치 PB-on를 ON시키면 전자접촉기 MC가 여자되어 RL램프가 점등되고, GL램프가 소등되며, 펌프모터가 작동한다.
⑤ 수동일 경우 누름버튼스위치 PB-off를 OFF시키거나 열동계전기 THR이 동작하면 전자접촉기 MC가 소자되어 RL램프가 소등되고, GL램프가 점등되며, 펌프모터가 정지된다.
 - FS 1개, MC-a 접점 1개, MC-b 접점 1개, THR 1ro, PB-a 접점 1개, PB-b 접점 1개를 사용하여 다음 미완성 회로를 완성하시오.

(1) 다음 약호의 명칭을 한글로 쓰시오.
   ① THR
   ② MCCB
(2) 미완성된 회로도를 완성하시오.

【문제 5】 높이 20m 이상의 거실에 설치할 수 있는 감지기를 2가지 쓰시오. (3점)

【문제 6】 3상 380V, 60Hz, 4P, 75HP의 전동기가 있다. 다음 각 물음에 답하시오. (단, 슬립은 5[%]이다.) (6점)
(1) 동기속도는 몇 [rpm]인지 구하시오.
(2) 회전속도는 몇 [rpm]인지 구하시오.

【문제 7】 휴대용 비상조명등을 설치해야 하는 특정소방대상물에 대한 사항이다. 소방시설 적용기준으로 알맞은 내용을 ( ) 안에 쓰시오. (6점)
(1) (①)시설
(2) 수용인원 (②)명 이상의 영화상영관, 판매시설 중 (③), 철도 및 도시철도시설 중 지하역사, 지하가 중 (④)

【문제 8】 다음은 자동화재탐지설비의 화재안전기준에서의 배선 관련사항이다. 각 물음에 답하시오. (6점)

(1) 감지기회로 및 부속회로의 전로와 대지 사이 및 배선 상호간의 절연저항은 1경계구역마다 직류 250V의 절연저항측정기를 사용하여 측정하였을 때 절연저항이 몇 [Ω] 이상이 되도록 해야 하는가?

(2) 자동화재탐지설비의 GP형 수신기의 감지기회로의 배선에 있어서 하나의 공통선에 접속할 수 있는 경계구역은 몇 개 이하이어야 하는지 쓰시오.

(3) 종단저항의 설치기준 2가지를 쓰시오.

【문제 9】 공기관식 감지기 시험방법에 대한 설명 중 ①과 ②에 알맞은 내용을 답란에 쓰시오. (4점)

(1) 검출부의 시험공 또는 공기관의 한쪽 끝에 (①)을(를) 접속하고 시험코크 등을 유동시험 위치에 맞춘 후 다른 끝에 (②)을(를) 접속시킨다.

(2) (②)(으)로 공기를 주입하고 (①) 수위를 눈금의 0점으로부터 100mm 상승시켜 수위를 정지시킨다.

(3) 시험코크 등에 의해 송기구를 개방하여 상승수위의 1/2까지 내려가는 시간(유통시간)을 측정한다.

①	②

【문제 10】 P형 1급 수신기와 감지기와의 배선회로에서 종단저항은 10kΩ, 배선저항은 20Ω, 릴레이 저항은 10Ω이며 회로전압이 DC 24V일 때 다음 각 물음에 답하시오. (4점)
(1) 평소 감시전류는 몇 [mA]인지 구하시오.
(2) 감지기가 동작할 때 (화재 시)의 전류는 몇 [mA]인지 구하시오.

【문제 11】 구부러지지 않은 복도의 길이가 31m일 때 설치해야 하는 복도통로 유도표지의 최소설치 개수를 구하시오. (4점)

【문제 12】 다음은 통로유도등에 관한 사항이다. 각 물음에 답하시오. (6점)
(1) 복도통로유도등은 구부러진 모퉁이 및 보행거리 몇 [m]마다 설치해야 하는가?
(2) 복도통로유도등의 설치높이는 몇 [m]인가? (단, 복도, 통로 중앙부분의 바닥에 설치하는 것은 제외한다.)
(3) 거실통로유도등의 설치높이는 몇 [m]인가? (단, 기둥에 설치하는 것은 제외한다.)

【문제 13】 지상 30m 되는 곳에 100m³의 저수조가 있다. 이 저수조에 양수하기 위하야 30kW의 전동기를 사용한다면 몇 분 후에 저수조에 물이 가득 차는지 구하시오. (단, 펌프 효율은 70%이고, 여유계수는 1.2이다.) (5점)

【문제 14】 비상용 전원설비의 축전지설비를 하려고 한다. 사용되는 부하의 방전전류–시간 특성곡선이 그림과 같을 때 다음 각 물음에 답하시오. (단, 축전지의 용량환산시간계수 K는 주어진 표에 의하여 계산한다.) (7점)

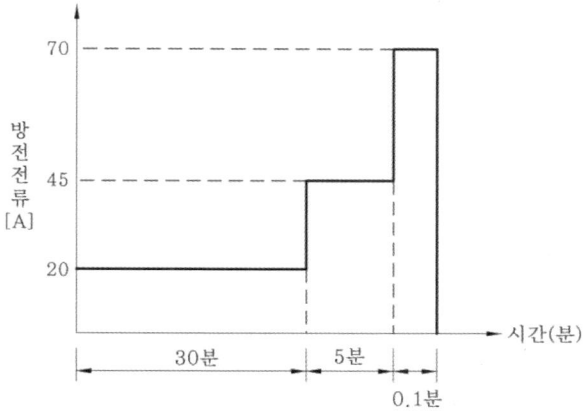

[용량환산시간계수 K(온도 5[℃]에서)]

형 식	최저허용전압[V/셀]	0.1분	1분	5분	10분	20분	30분	60분	120분
AH	1.10	0.30	0.46	0.56	0.66	0.87	1.04	1.56	2.60
	1.06	0.24	0.33	0.45	0.53	0.70	0.85	1.40	2.45
	1.00	0.20	0.27	0.37	0.45	0.60	0.77	1.30	2.30

(1) 보수율이란 무엇이며 일반적으로 그 값은 얼마를 적용하는가?
(2) 단위전지의 방전종지전압(최저사용전압)이 1.06V일 때 축전지용량은 몇 [Ah]가 필요한지 구하시오.
(3) 연축전지와 알칼리축전지의 공칭전압을 쓰시오.

【문제 15】 지상 15층, 지하 5층, 연면적 7,000m²인 특정소방대상물에 자동화재탐지설비의 음향장치를 설치하고자 한다. 다음 각 물음에 답하시오. (5점)
(1) 지상 11층에서 발화한 경우 경보를 발해야 하는 층을 쓰시오.
(2) 지상 1층에서 발화한 경우 경보를 발해야 하는 층을 쓰시오.
(3) 지하 1층에서 발화한 경우 경보를 발해야 하는 층을 쓰시오.

【문제 16】 다음 그림과 같은 자동화재탐지설비의 평면도 ①~⑤의 전선가닥수를 주어진 표의 빈 칸에 쓰시오. (5점)

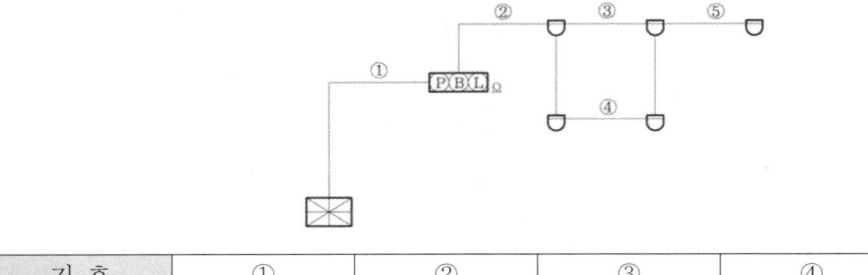

기 호	①	②	③	④	⑤
가닥수					

【문제 17】 3개의 입력 A, B, C 중 어느 것이든 먼저 들어간 입력이 우선 동작하고, 출력 X_A, X_B, X_C를 발생시킨다. 그 다음에 들어가는 신호는 먼저 들어간 신호에 의해서 Lock되어 출력이 없다고 할 때, 다음 그림과 같은 타임차트를 보고 각 물음에 답하시오. (8점)

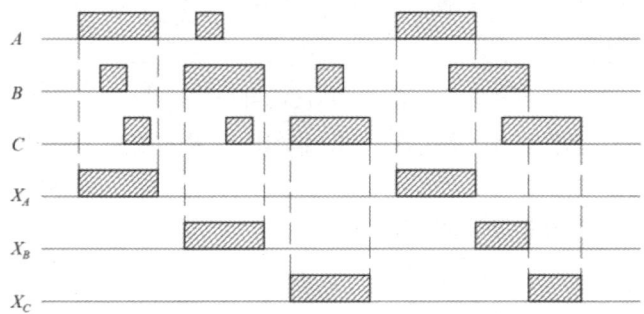

(1) 타임차트를 이용하여 출력 X_A, X_B, X_C에 대한 논리식을 쓰시오.
(2) 타임차트와 같은 동작이 이루어지도록 유접점회로 및 무접점회로를 그리시오.

【문제 18】 다음 그림은 3상 교류회로에 설치된 누전경보기의 결선도이다. 정상상태와 누전 발생 시 a점, b점 및 c점에서 키르히호프의 제1법칙을 적용하여 전류값을 각각 구하여 ( )를 채우시오.
(8점)

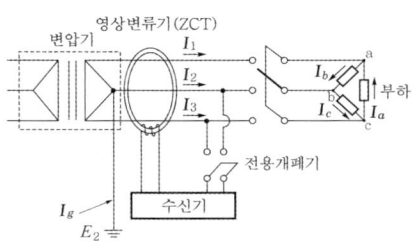

(1) 정상상태 시 선전류

　　a점 : I_1=(①), b점 : I_2=(②), c점 : I_3=(③)

(2) 정상상태 시 선전류의 벡터합

　　$I_1 + I_2 + I_3$=(④)

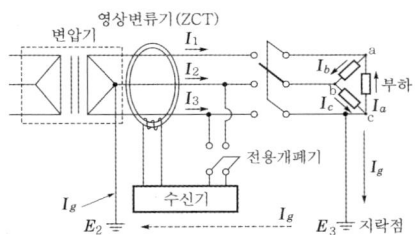

(3) 누전 시 선전류

　　a점 : I_1=(⑤), b점 : I_2=(⑥), c점 : I_3=(⑦)

(4) 누전 시 선전류의 벡터합

　　$I_1 + I_2 + I_3$=(⑧)

2020년도 제4회 국가기술자격 실기시험문제

자격종목	소방설비기사(전기)	형별	A	수험번호	
시험시간	3시간	일시		성명	

【문제 1】 비상콘센트설비에 대한 다음 각 물음에 답하시오. (6점)
(1) 하나의 전용회로에 설치하는 비상콘센트가 7개 있다. 이 경우 전선의 용량은 비상콘센트 몇 개의 공급용량을 합한 용량 이상의 것으로 하는지 쓰시오. (단, 각 비상콘센트의 공급용량은 최소로 한다.)
(2) 비상콘센트의 보호함 상부에 설치하는 표시등의 색은?
(3) 비상콘센트설비의 전원부와 외함 사이의 절연저항을 500V 절연저항계로 측정하였더니 30MΩ이었다. 이 설비에 대한 절연저항의 적합성 여부를 구분하고 그 이유를 설명하시오.

【문제 2】 유도등의 비상전원은 어느 것으로 하며 그 용량은 해당 유도등을 유효하게 몇 분 이상 작동시킬 수 있어야 하는지 쓰시오. (단, 지하상가의 경우이다.) (4점)

【문제 3】 지상 31m 되는 곳에 수조가 있다. 이 수조에 분당 12m³의 물을 양수하는 펌프용 전동기를 설치하여 3상 전력을 공급하려고 한다. 펌프 효율이 65%이고, 펌프측 동력에 10%의 여유를 둔다고 할 때 다음 각 물음에 답하시오. (단, 펌프용 3상 농형 유도전동기의 역률은 100%로 가정한다.) (6점)
(1) 펌프용 전동기의 용량은 몇 [kW]인지 구하시오.
(2) 3상 전력을 공급하고자 단상변압기 2대를 V결선하여 이용하고자 한다. 단상변압기 1대의 용량은 몇 [kVA]인지 구하시오.

【문제 4】 수신기로부터 배선거리 90m의 위치에서 솔레노이드밸브가 접속되어 있다. 솔레노이드밸브가 동작할 때 단자전압[V]을 구하시오. (단, 수신기는 출력전압은 26V라고 하고 전선은 2.5mm² HFIX 전선이며, 솔레노이드의 정격전류는 2A라고 가정한다. 2.5mm² 동선의 m당 전기저항은 0.008Ω이라고 한다.) (4점)

【문제 5】 P형 수신기와 R형 수신기의 신호전송방식에 대해 쓰시오. (4점)
(1) P형 수신기
(2) R형 수신기

【문제 6】 길이 50m의 통로에 객석유도등을 설치하려고 한다. 이때 필요한 객석유도등의 수량은 최소 몇 개인지 구하시오. (3점)

【문제 7】 굴곡장소가 많거나 금속관공사의 시공이 어려운 경우, 전동기와 옥내배선을 연결할 경우 사용하는 공사방법을 쓰시오. (3점)

【문제 8】 청각장애인용 시각경보장치의 설치기준에 대한 다음 ( ) 안을 완성하시오. (4점)
(1) 공연장·집회장·관람장 또는 이와 유사한 장소에 설치하는 경우에는 시선이 집중되는 (①) 등에 설치할 것
(2) 바닥으로부터 (②)m 이하의 높이에 설치할 것. 다만, 천장높이가 2m 이하는 천장에서 (③)m 이내의 장소에 설치해야 한다.

【문제 9】 다음은 공기관식 차동식분포형감지기의 설치도면이다. 다음 각 물음에 답하시오. (단, 주요구조부를 내화구조로 한 소방대상물인 경우이다.) (8점)

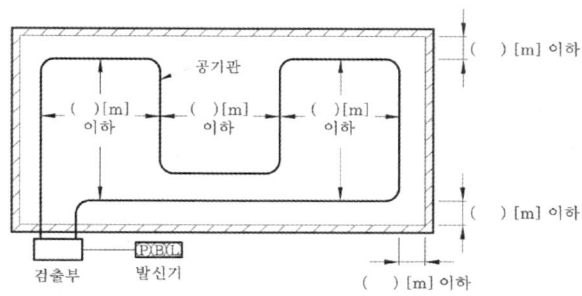

(1) 내화구조일 경우의 공기관 상호간의 거리와 감지구역의 각 변과의 거리는 몇 [m] 이하가 되도록 해야 하는지 도면의 ( ) 안에 쓰시오.
(2) 종단저항을 발신기에 설치할 경우 차동식분포형감지기의 검출부와 발신기 간에 연결해야 하는 전선의 가닥수를 도면에 표기하시오.
(3) 공기관의 노출부분의 길이는 몇 [m] 이상이 되어야 하는지 쓰시오.
(4) 검출부의 설치높이를 쓰시오.
(5) 검출부분에 접속하는 공기관의 길이는 몇 [m] 이하로 해야 하는지 쓰시오.
(6) 공기관의 재질은 무엇인지 쓰시오.
(7) 검출부는 몇 도 이하로 해야 하는지 쓰시오.

【문제 10】 다음은 자동화재탐지설비의 P형 1급 수신기의 미완성 결선도이다. 다음 각 물음에 답하시오. (10점)

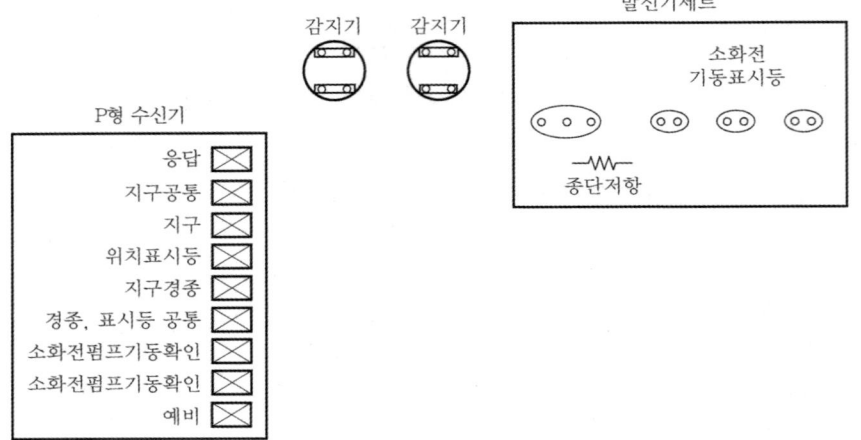

⑴ 결선도를 완성하시오. (단, 발신기에 설치된 단자는 왼쪽으로부터 응답, 지구, 공통이다.)
⑵ 종단저항은 어느선과 어느선 사이에 연결해야 하는지 쓰고, 각 기구의 명칭을 쓰시오.
⑶ 발신기창의 상부에 설치하는 표시등의 색은?
⑷ 발신기표시등은 그 불빛의 부착면으로부터 몇 도 이상의 범위 안에서 몇 [m]의 거리에서 식별할 수 있어야 하는지 쓰시오.

【문제 11】 광전식분리형감지기의 설치기준을 3가지 쓰시오. (6점)

【문제 12】 지하층, 무창층 등으로서 환기가 잘 되지 않거나 감지기의 부착면과 실내 바닥과의 거리가 2.3[m] 이하인 곳으로서 일시적으로 발생한 열, 연기 또는 먼지 등으로 인하여 화재신호를 발신할 우려가 있는 장소에 설치가 가능한 감지기(교차회로방식의 적용이 필요없는 감지기) 5가지를 쓰시오. (단, 축적방식의 감지기는 축적기능이 있는 수신기에 접속하지 않은 것으로 한다.) (5점)

【문제 13】 저항이 100[Ω]인 경동선의 온도가 20℃이고 이 온도에서 저항온도계수가 0.00393이다. 경동선의 온도가 100[℃]로 상승할 때 저항값 [Ω]은 얼마인지 구하시오. (4점)

【문제 14】 다음 표는 어느 건물의 자동화재탐지설비 공사에 소요되는 자재물량이다. 주어진 품셈을 이용하여 내선전공의 노임요율과 공량의 빈 칸을 채우고 인건비를 산출하시오. (10점)

〈 조 건 〉
① 공구손료는 인건비의 3%, 내선전공의 M/D는 100,000원을 적용한다.
② 콘크리트박스는 매립을 원칙으로 하며, 박스커버의 내선전공은 적용하지 않는다.
③ 빈 칸에 숫자를 적을 필요가 없는 부분은 공란으로 남겨둔다.

[표 1] 전선관배관 (m당)

합성수지 전선관		금속(후강)전선관		금속가요전선관	
관의 호칭	내선전공	관의 호칭	내선전공	관의 호칭	내선전공
14	0.04	–	–	–	–
16	0.05	16	0.08	16	0.044
22	0.06	22	0.11	22	0.059
28	0.08	28	0.14	28	0.072
36	0.10	36	0.20	36	0.087
42	0.13	42	0.25	42	0.104
54	0.19	54	0.34	54	0.136
70	0.28	70	0.44	70	0.156

[표 2] 박스(Box) 신설 (개당)

종 별	내선전공
8각 Concrete Box	0.12
4각 Concrete Box	0.12
8각 Outlet Box	0.20
중형 4각 Outlet Box	0.20
대형 4각 Outlet Box	0.20
1개용 Switch Box	0.20
2~3개용 Switch Box	0.20
4~5개용 Switch Box	0.25
노출형 Box(콘크리트 노출기준)	0.29
플로어박스	0.20

[표 3] 옥내배선 (m당, 직종 : 내선전공)

규 격	관내배선	규 격	관내배선
6mm² 이하	0.010	120mm² 이하	0.077
16mm² 이하	0.023	150mm² 이하	0.088
38mm² 이하	0.031	200mm² 이하	0.107
50mm² 이하	0.043	250mm² 이하	0.130
60mm² 이하	0.052	300mm² 이하	0.148
70mm² 이하	0.061	325mm² 이하	0.160
100mm² 이하	0.064	400mm² 이하	0.197

[표 4] 자동화재경보장치 설치

공 종	단 위	내선전공	비 고
Spot형 감지기 (차동식, 정온식, 보상식) 노출형	개	0.13	(1) 천장높이는 4m 기준 1m 증가시마다 5% 가산 (2) 매립형 또는 특수구조인 경우 조건에 따라 선정
시험기(공기관 포함)	개	0.15	(1) 상동 (2) 상동
분포형의 공기관	m	0.025	(1) 상동 (2) 상동
검출기	개	0.30	
공기관식의 Booster	개	0.10	
발신기 P형	개	0.30	
회로시험기	개	0.10	
수신기 P형(기본공수) (회선수 공수 산출 가산요)	대	6.0	[회선수에 대한 산정] 매 1회선에 대해서 | 직종 형식 | 내선전공 | |---|---| | P형 | 0.3 | | R형 | 0.2 | ※ R형은 순신반 인입감시 회선수 기준 [참고] 산정 예 : P형의 10회분 기본공수는 6인, 회선당 할증수는 10×0.3=3 ∴ 6+3=9인
부수신기(기본공수)	대	3.0	
소화전 기동릴레이	대	1.5	
경종	개	0.15	
표시등	개	0.20	
표지판	개	0.15	

(1) 내선전공의 노임요율 및 공량

품 명	규 격	단 위	수 량	노임요율	공 량
수신기	P형 5회로	EA	1		
발신기	P형	EA	5		
경종	DC-24	EA	5		
표시등	DC-24	EA	5		
차동식감지기	스포트형	EA	60		
전선관(후강)	16C	m	70		
전선관(후강)	22C	m	100		
전선관(후강)	28C	m	400		
전선	1.5mm2	m	10,000		
전선	2.5mm2	m	15,000		
콘크리트박스	4각	EA	5		
콘크리트박스	8각	EA	55		
박스커버	4각	EA	5		
박스커버	8각	EA	55		
계					

(2) 인건비

품 명	단 위	공 량	단 가(원)	금 액(원)
내선전공	인			
공구손료	식			
계				

【문제 15】 다음은 3상 유도전동기의 전전압 기동방식회로의 미완성 도면이다. 이 도면을 주어진 조건과 부품들을 사용해서 완성하시오. (단, 조작회로는 220V로 구성하며, 푸시버튼 스위치는 ON용 1개, OFF용 1개를 사용한다.) (5점)

―――――〈 조 건 〉―――――
① 전자접촉기 ⓜⓒ 및 그 보조접점을 사용한다.
② 정지표시등 ⓖⓛ은 전원표시등으로 사용하며, 전동기 운전 시에는 소등되도록 한다.
③ 운전표시등 ⓡⓛ은 운전 시의 표시등으로 사용한다.
④ 퓨즈의 심벌은 ▭으로 표현한다.
⑤ 부저는 열동계전기가 동작된 다음에 리셋버튼을 누를 때까지 계속 울리도록 C접점을 사용해서 그리도록 한다.

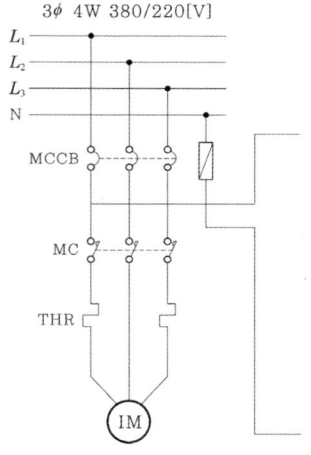

【문제 16】 다음은 브리지 정류회로(전파정류회로)의 미완성 도면이다. 다음 각 물음에 답하시오.
(4점)

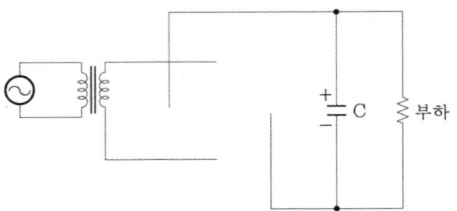

(1) 정류다이오드 4개를 사용하여 회로를 완성하시오.
(2) 회로상 C의 역할을 쓰시오.

【문제 17】 지하 3층, 지상 12층인 특정소방대상물에 설치된 자동화재탐지설비의 음향장치의 설치기준에 관한 사항이다. 다음의 표와 같이 화재가 발생하였을 경우 우선적으로 경보해야 하는 층을 빈 칸에 표시하시오. (단, 경보표시는 ●를 사용한다.) (6점)

구 분	1층 화재 시	지하 1층 화재 시	지하 2층 화재 시	지하 3층 화재 시
5층				
4층				
3층				
2층				
1층	화재(●)			
지하 1층		화재(●)		
지하 2층			화재(●)	
지하 3층				화재(●)

【문제 18】 다음 그림과 같은 유접점 시퀀스회로에 대해 다음 각 물음에 답하시오. (8점)

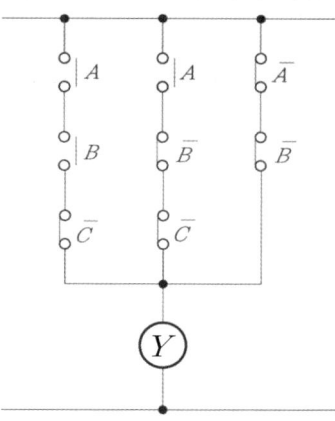

구 분	t_1	t_2	t_3	t_4	t_5	t_6	t_7	t_8
A		▨	▨			▨		
B			▨	▨			▨	
C					▨	▨	▨	
Y								

(1) 그림의 시퀀스회로를 가장 간략화한 논리식으로 표현하시오.
(2) (1)에서 가장 간략화한 논리식을 무접점 논리회로로 그리시오.
(3) 위 회로를 보고 타임차트를 완성하시오.

해설 2020 과년도 기출문제

2회

01 다음은 중계기의 설치기준에 대한 내용이다. ( ) 안에 알맞은 내용을 쓰시오. 배점: 6

(1) 수신기에서 직접 감지기회로의 (①)을 하지 않는 것에 있어서는 수신기와 감지기 사이에 설치할 것
(2) 조작 및 점검에 편리하고 화재 및 침수 등의 재해로 인한 피해를 받을 우려가 없는 장소에 설치할 것
(3) 수신기에 따라 감시되지 않는 배선을 통하여 전력을 공급받는 것에 있어서는 전원입력측의 배선에 (②)를 설치하고 해당 전원의 정전이 즉시 수신기에 표시되는 것으로 하며, (③) 및 (④)의 시험을 할 수 있도록 할 것

- **실전모범답안**
  ① 도통시험 ② 과전류 차단기 ③ 상용전원 ④ 예비전원

상세해설

중계기 설치기준(NFTC 203 2.3.1)
(1) 수신기에서 직접 감지기회로의 (① 도통시험)을 하지 않는 것에 있어서는 수신기와 감지기 사이에 설치할 것
(2) 조작 및 점검에 편리하고 화재 및 침수 등의 재해로 인한 피해를 받을 우려가 없는 장소에 설치할 것
(3) 수신기에 따라 감시되지 않는 배선을 통하여 전력을 공급받는 것에 있어서는 전원입력측의 배선에 (② 과전류 차단기)를 설치하고 해당 전원의 정전이 즉시 수신기에 표시되는 것으로 하며, (③ 상용전원) 및 (④ 예비전원)의 시험을 할 수 있도록 할 것

02 논리식 $Y=(A \cdot B \cdot C)+(A \cdot \overline{B} \cdot \overline{C})$ 를 릴레이회로(유접점회로)와 논리회로(무접점회로)로 바꾸어 그리고 진리표를 완성하시오. 배점: 9

A	B	C	Y
0	0	0	
0	0	1	
0	1	0	
1	0	0	
1	1	0	
1	0	1	
0	1	1	
1	1	1	

• 실전모범답안
(1) 릴레이회로

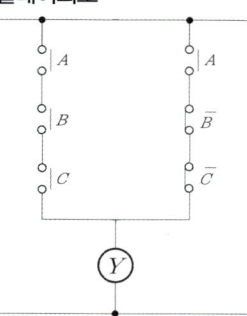

(2) 논리회로

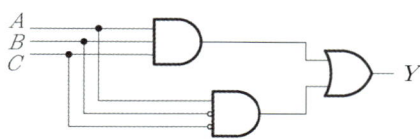

(3) 진리표

A	B	C	Y
0	0	0	0
0	0	1	0
0	1	0	0
1	0	0	1
1	1	0	0
1	0	1	0
0	1	1	0
1	1	1	1

상세해설

논리회로

게이트	논리회로	논리식	시퀀스회로	진리표		
				A	B	X
AND	(A,B → X)	$X = A \cdot B = AB$		0	0	0
				0	1	0
				1	0	0
				1	1	1
OR	(A,B → X)	$X = A + B$		0	0	0
				0	1	1
				1	0	1
				1	1	1

게이트	논리회로	논리식	시퀀스회로	진리표	
NOT	A─▷○─X	$X=\overline{A}$		A	X
				0	1
				1	0
NAND (Not AND)	A,B ─D○─ X	$X=\overline{AB}$		A B	X
				0 0	1
				0 1	1
				1 0	1
				1 1	0
NOR (Not OR)	A,B ─D○─ X	$X=\overline{A+B}$		A B	X
				0 0	1
				0 1	0
				1 0	0
				1 1	0
XOR (Exclusive OR)	A,B ─D─ X	$X=A\oplus B$ $=\overline{A}B+A\overline{B}$		A B	X
				0 0	0
				0 1	1
				1 0	1
				1 1	0
XNOR (Exclusive NOR)	A,B ─D○─ X	$X=A\odot B$ $=\overline{A}\overline{B}+AB$		A B	X
				0 0	1
				0 1	0
				1 0	0
				1 1	1

03 그림은 배선용 차단기의 심벌이다. 각 기호가 의미하는 바를 쓰시오. 배점 : 5

$$\boxed{B} \begin{array}{l} 3P \leftarrow (①) \\ 225AF \leftarrow (②) \\ 150A \leftarrow (③) \end{array}$$

- 실전모범답안
  ① 극수   ② 프레임의 크기   ③ 전격전류

상세해설

배선용 차단기(Molded Case Circuit Breaker ; MCCB)
과부하 및 단락보호를 겸한 차단기로서 퓨즈(fuse)를 사용하지 않아 차단 후에도 반복하여 재투입이 가능하며 반영구적으로 사용이 가능하다.

① 배선용 차단기의 그림기호(심벌)

명 칭	그림기호	적 용

배선용 차단기	B	1. 상자인 경우는 상자의 재질 등을 표기한다.
		2. 극수, 프레임의 크기, 정격전류 등을 표기한다.
		〈보기〉
		B 3P ← 극수
		      225AF ← 프레임의 크기
		      150A ← 정격전류
		3. 모터브레이커를 표시하는 경우는 B를 사용한다.
		4. B 를 S MCB로서 표시하여도 좋다.

---

04 40W 중형 피난구유도등이 AC 220V 전원에 연결되어 있다. 전원에 연결된 유도등은 10개이며 유도등의 역률은 60%이다. 공급전류 [A]를 계산하시오. (단, 유도등의 배터리 충전전류는 무시하며 전원공급방식은 단상 2선식이다.)

배점 : 3

- **실전모범답안**

$$I = \frac{(40 \times 10)}{220 \times 0.6} = 3.03\text{A}$$

- 답 : 3.03A

상세해설

단상 2선식 전력

$P = VI\cos\theta$	단상 2선식 전력(전류)
P : 전력[W]	→ 40W×10개
V : 전압[V]	→ 220V
I : 전류[A]	→ $I = \dfrac{P}{V\cos\theta}$ [풀이①]
$\cos\theta$: 역률	→ 60%

∴ 전류[A] : $I = \dfrac{(40 \times 10)}{220 \times 0.6} = 3.03\text{A}$

05 옥내소화전의 비상전원에 대한 다음 각 물음에 답하시오. [배점 : 6]

(1) 옥내소화전설비에 비상전원을 설치해야 하는 경우이다. ( ) 안에 알맞은 내용을 쓰시오.
 ① 층수가 7층으로서 연면적이 (㉠)m² 이상인 것
 ② '①'에 해당하지 않는 경우로서 지하층의 바닥면적의 합계가 (㉡)m² 이상인 것

(2) 다음은 옥내소화전 비상전원의 설치기준에 대한 내용이다. ( ) 안에 알맞은 내용을 쓰시오.
 ① 점검에 편리하고 화재 및 침수 등의 재해로 인한 피해를 받을 우려가 없는 곳에 설치할 것
 ② 옥내소화전설비를 유효하게 (㉠)분 이상 작동할 수 있어야 할 것
 ③ 상용전원으로부터 전력의 공급이 중단된 때에는 (㉡)으로 비상전원으로부터 전력을 공급받을 수 있도록 할 것
 ④ 비상전원(내연기관의 기동 및 제어용 축전기를 제외한다)의 설치장소는 다른 장소와 (㉢) 할 것. 이 경우 그 장소에는 비상전원의 공급에 필요한 기구나 설비 외의 것(열병합발전설비에 필요한 기구나 설비는 제외한다)을 두어서는 안 된다.
 ⑤ 비상전원을 실내에 설치하는 때에는 그 실내에 (㉣)을 설치할 것

• 실전모범답안
(1) ㉠ 2,000 ㉡ 3,000
(2) ㉠ 20 ㉡ 자동 ㉢ 방화구획 ㉣ 비상조명등

상세해설

옥내소화전의 비상전원

(1) 옥내소화전설비에 비상전원을 설치해야 하는 경우
 ① 층수가 7층으로서 연면적이 (㉠ **2,000**)m² 이상인 것
 ② '①'에 해당하지 않는 경우로서 지하층의 바닥면적의 합계가 (㉡ **3,000**)m² 이상인 것

(2) 옥내소화전 비상전원의 설치기준
 ① 점검에 편리하고 화재 및 침수 등의 재해로 인한 피해를 받을 우려가 없는 곳에 설치할 것
 ② 옥내소화전설비를 유효하게 (㉠ **20**)분 이상 작동할 수 있어야 할 것
 ③ 상용전원으로부터 전력의 공급이 중단된 때에는 (㉡ **자동**)으로 비상전원으로부터 전력을 공급받을 수 있도록 할 것
 ④ 비상전원(내연기관의 기동 및 제어용 축전기를 제외한다)의 설치장소는 다른 장소와 (㉢ **방화구획**) 할 것. 이 경우 그 장소에는 비상전원의 공급에 필요한 기구나 설비 외의 것(열병합발전설비에 필요한 기구나 설비는 제외한다)을 두어서는 안 된다.
 ⑤ 비상전원을 실내에 설치하는 때에는 그 실내에 (㉣ **비상조명등**)을 설치할 것

06 예비전원설비에 대한 설명이다. 다음 각 물음에 답하시오. [배점 : 6]

(1) 부동충전방식에 대한 회로(개략도)를 간단히 그리시오.
(2) 축전지의 과방전 또는 방치상태에서 기능회복을 위하여 실시하는 충전방식은 무엇인지 쓰시오.
(3) 연축전지의 정격용량은 250Ah이고, 상시 부하가 8kW이며 표준전압이 100V인 부동충전방식의 충전기 2차 충전전류는 몇 [A]인지 구하시오. (단, 축전지의 방전율은 10시간율로 한다.)

- **실전모범답안**
  (1) **부동충전방식** : 축전지의 **자기방전**을 **보충**함과 동시에 **상용부하**에 대한 **전력공급**은 충전기가 부담하도록 하되 충전기가 부담하기 어려운 일시적인 **대전류부하**는 축전지로 하여금 부담하게 하는 방식(**축전지**와 **부하**를 충전기에 **병렬**로 **접속**하여 일반적으로 거치용 축전지설비에 가장 많이 사용한다.)

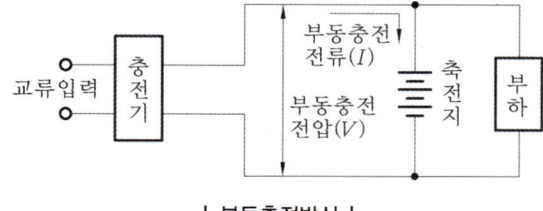

| 부동충전방식 |

  (2) **회복충전방식** : 축전지의 **과방전** 또는 **방치상태**에서 **기능회복**을 위하여 실시하는 충전방식
  (3) **2차 충전전류**

  $$2차\ 충전전류[A] = \frac{축전지의\ 정격용량}{축전지의\ 공칭용량} + \frac{상시부하}{표준전압}$$

  ∴ 2차 충전전류 $= \frac{250}{10} + \frac{8 \times 10^3}{100} = 105A$

07 통로유도등의 설치제외장소(경우)에 대해 2가지를 쓰시오. [배점 : 5]

- **실전모범답안**
  ① 구부러지지 아니한 복도 또는 통로로서 길이가 30m 미만인 복도 또는 통로
  ② 복도 또는 통로로서 보행거리가 20m 미만이고 그 복도 또는 통로와 연결된 출입구 또는 그 부속실의 출입구에 피난구유도등이 설치된 복도 또는 통로

08 길이 18m의 통로에 객석유도등을 설치하려고 한다. 이때 필요한 객석유도등의 수량은 최소 몇 개인지 구하시오. [배점 : 3]

- **실전모범답안**

  $$객석유도등의\ 설치개수 = \frac{객석통로의\ 직선부분의\ 길이[m]}{4} - 1$$

  ∴ 객석유도등의 설치개수 $= \frac{18}{4} - 1 = 3.5 ≒ 4개$

09 주요구조부를 내화구조로 한 특정소방대상물에 자동화재탐지설비용 공기관식 차동식분포형감지기를 설치하려고 한다. 다음 각 물음에 답하시오. [배점 : 8]
(1) 공기관의 노출부분은 감지구역마다 몇 [m] 이상으로 해야 하는가?
(2) 하나의 검출부분에 접속하는 공기관의 길이는 몇 [m] 이하로 해야 하는가?
(3) 공기관과 감지구역의 각 변과의 수평거리는 몇 [m] 이하이어야 하는가?
(4) 공기관 상호간의 거리는 몇 [m] 이하이어야 하는가?
(5) 검출부는 몇 도 이상 경사되지 않도록 설치해야 하는가?

- 실전모범답안
  (1) 20 (2) 100 (3) 1.5 (4) 6 (5) 5

상세해설

공기관식 차동식분포형감지기의 설치기준(NFTC 203)
① 공기관의 **노출부분**은 감지구역마다 **20m 이상**이 되도록 할 것
② 공기관과 감지구역의 각 변과의 수평거리는 1.5m 이하가 되도록 하고, 공기관 상호간의 거리는 6m(주요구조부를 내화구조로 한 특정소방대상물 또는 그 부분에 있어서는 9m) 이하가 되도록 할 것
③ 공기관은 **도중**에서 **분기**하지 않도록 할 것
④ **하나의 검출부분**에 접속하는 공기관의 길이는 **100m 이하**로 할 것
⑤ **검출부**는 **5° 이상** 경사되지 않도록 부착할 것
⑥ **검출부**는 바닥으로부터 **0.8m 이상 1.5m 이하**의 위치에 설치할 것

---

10 지하 4층, 지상 11층의 건물에 비상콘센트를 설치하려고 한다. 다음 각 물음에 답하시오. (단, 지하 각 층의 바닥면적은 300m²이며, 각 층의 출입구는 1개소이고, 계단에서 가장 먼 부분까지의 수평거리는 20m이다. 콘센트는 1구로 한다.) [배점 : 6]
(1) 비상콘센트의 설치대상에 관한 기준이다. ( ) 안에 알맞은 내용을 적으시오.
 • 지하층의 층수가 (①) 이상이고 지하층의 바닥면적의 합계가 (②)m² 이상인 것은 지하층의 모든 층
(2) 이 건물에 설치해야 하는 비상콘센트의 설치개수를 구하시오.

- 실전모범답안
  (1) ① 3층 ② 1,000
  (2) 5개

상세해설

(2) 비상콘센트설비의 설치대상(소방시설 설치 및 관리에 관한 법률 시행령 [별표 4])

설치대상	설치조건
층수가 11층 이상인 특정소방대상물	11층 이상의 층
지하 3층 이상이고 지하층 바닥면적의 합계가 1,000m² 이상	지하층의 모든 층
터널	500m 이상

11 다음은 경계구역의 설정기준에 관한 내용이다. ( ) 안에 알맞은 내용을 쓰시오. 배점:6

(1) 하나의 경계구역의 면적은 (①)m² 이하로 하고 한 변의 길이는 (②)m 이하로 할 것. 다만, 해당 특정소방대상물의 주된 출입구에서 그 내부 전체가 보이는 것에 있어서는 한 변의 길이가 (③)m의 범위 내에서 (④)m² 이하로 할 수 있다.
(2) 스프링클러설비·물분무등소화설비 또는 (①)의 화재감지장치로서 화재감지기를 설치한 경우의 경계구역은 해당 소화설비의 방사구역 또는 (②)과 동일하게 설정할 수 있다.

• 실전모범답안

(1) ① 600 ② 50 ③ 50 ④ 1,000
(2) ① 제연설비 ② 제연구역

상세해설

경계구역의 설정기준(NFTC 203)

(1) 하나의 경계구역의 면적은 (① 600)m² 이하로 하고 한 변의 길이는 (② 50)m 이하로 할 것. 다만, 해당 특정소방대상물의 주된 출입구에서 그 내부 전체가 보이는 것에 있어서는 한 변의 길이가 (③ 50)m의 범위 내에서 (④ 1,000)m² 이하로 할 수 있다.
(2) 스프링클러설비·물분무등소화설비 또는 (① 제연설비)의 화재감지장치로서 화재감지기를 설치한 경우의 경계구역은 해당 소화설비의 방사구역 또는 (② 제연구역)과 동일하게 설정할 수 있다.

12 다음은 Y-△기동회로의 미완성 도면이다. 주어진 조건을 이용하여 다음 각 물음에 답하시오. 배점:6

[조건]
- Ⓐ : 전류계
- ㉠ : 표시등
- Ⓣ : 스타델타 타이머
- M-1 : 전자접촉기(Y)
- M-2 : 전자접촉기(△)

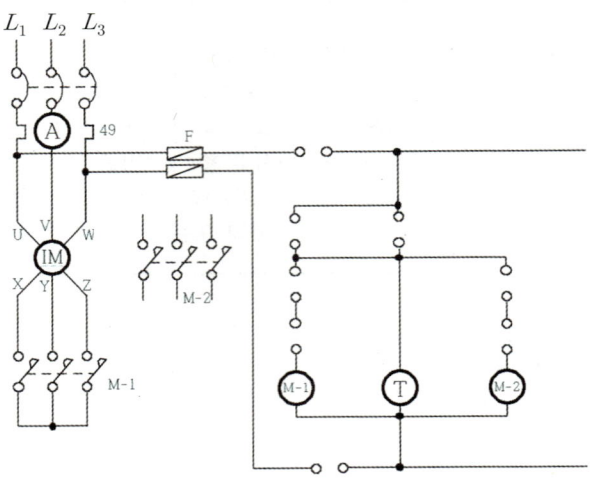

(1) Y-△ 운전이 가능하도록 주회로 부분을 미완성 도면에 완성하시오.
(2) Y-△ 운전이 가능하도록 보조회로(제어회로) 부분을 미완성 도면에 완성하시오.
(3) MCCB를 투입하면 표시등이 점등되도록 미완성 도면에 회로를 구성하시오.

• 실전모범답안
시퀀스 응용회로(Y-△기동회로)

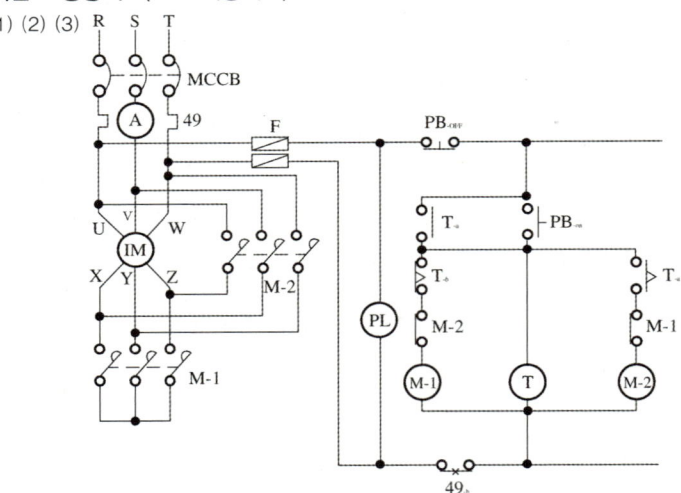

13 차동식스포트형감지기는 여러 환경에 따라 감지기의 동작특성이 달라진다. 리크구멍이 축소되었을 경우와 리크구멍이 확장되었을 경우에 나타나는 작동 특성 현상에 대하여 쓰시오.

배점 : 4

• 실전모범답안
① 리크공이 수축된 경우 : 비화재보의 원인이 되며, 감지기의 작동시간이 빨라진다.
② 리크공이 확장된 경우 : 감지기의 작동시간이 늦어진다.

14 유량 2,400lpm, 양정 90m인 스프링클러설비용 펌프 전동기의 용량[kW]을 계산하시오. (단, 효율 : 70%, 전달계수 : 1.1)

배점 : 4

• 실전모범답안

$$P = \frac{9.8 \times 2.4 \times \frac{1}{60} \times 90 \times 1.1}{0.7} = 55.44 \text{kW}$$

• 답 : 55.44kW

상세해설

전동기용량(수계소화설비의 펌프)

$P = \dfrac{9.8QHK}{\eta}$	전동기용량(수계소화설비의 펌프)
P : 전동기의 용량[kW]	→ $P = \dfrac{9.8QHK}{\eta}$ [풀이②]
Q : 토출량(양수량)[m³/s]	→ $1l = 0.001\text{m}^3$ [풀이①]
H : 전양정[m]	→ 90m
K : 여유계수(전달계수)	→ 1.1
η : 효율	→ 0.7

∴ 전동기용량 : $P = \dfrac{9.8 \times 2.4 \times \dfrac{1}{60} \times 90 \times 1.1}{0.7} = 55.44\text{kW}$

15 다음의 도면은 어느 사무실 건물의 1층 자동화재탐지설비의 미완성 평면도를 나타낸 것이다. 이 건물은 지상 3층으로 각층의 평면은 1층과 동일하며 연면적은 2,000m²이다. 평면도 및 주어진 조건을 이용하여 각 물음에 답하시오.

배점 : 9

[조건]
① 계통도 작성 시 각층 수동발신기는 1개씩 설치하는 것으로 한다.
② 계단실의 감지기는 설치를 제외한다.
③ 간선의 사용전선은 HFIX 2.5mm²이며, 공통선은 발신기 공통 1선, 경종·표시등 공통 1선을 각각 사용한다.
④ 계통도 작성 시 전선수는 최소로 한다.
⑤ 전선관공사는 후강전선관으로 콘크리트 내 매립시공한다.
⑥ 각 실은 이중천장이 없는 구조이며, 천장에 감지기를 바로 취부한다.
⑦ 각 실의 바닥에서 천장까지 층고는 2.8m이다.
⑧ 후강전선관의 굵기표는 다음과 같다.
⑨ 화재로 인하여 하나의 층의 지구음향장치 또는 배선이 단락되어도 다른 층의 화재 통보에 지장이 없도록 각 층 배선 상에 유효한 조치를 하였다.

도체 단면적 [mm²]	전선본수									
	1	2	3	4	5	6	7	8	9	10
	전선관의 최소굵기[mm]									
2.5	16	16	16	16	22	22	28	28	28	28
4	16	16	16	22	22	22	28	28	28	28
6	16	16	22	22	22	28	28	28	36	36
10	16	22	22	22	28	36	36	36	36	36

[도면]

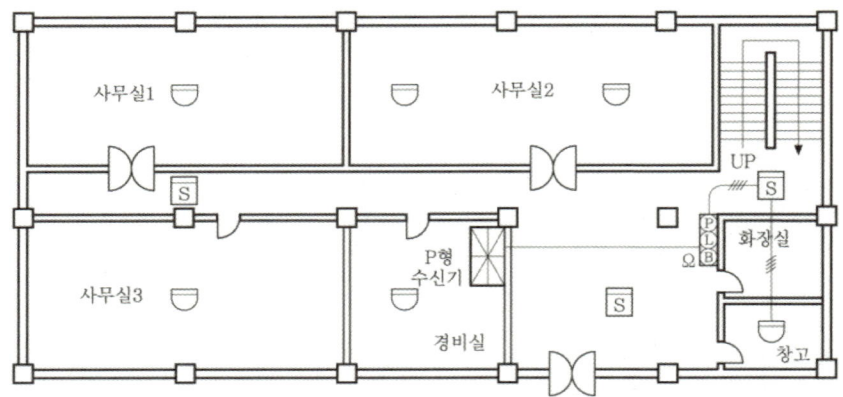

(1) 도면의 P형 수신기는 최소 몇 회로용을 사용해야 하는지 쓰시오.
(2) 수신기에서 발신기세트까지 전선가닥수는 몇 가닥이며, 여기에 사용되는 후강전선관은 몇 [mm]를 사용하는지 쓰시오.
(3) 배관 및 배선을 하여 자동화재탐지설비의 도면을 완성하고 전선가닥수를 표기하도록 하시오.
(4) 간선계통도를 그리시오.

- **실전모범답안**
  (1) 5회로용
  (2) 28mm
  (3)

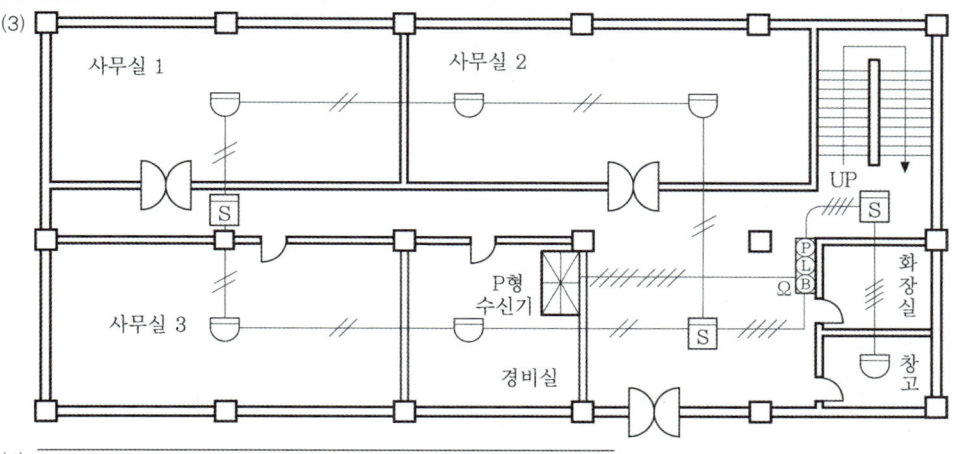

  (4)

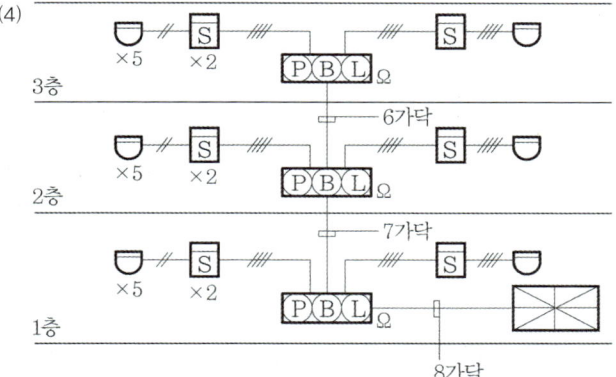

상세해설

(1) P형 수신기의 회로수

한 층에 종단저항이 1개소이므로 **층별 1회로**이다. 따라서 1회로×3개 층＝3회로가 된다. 그러나, P형 수신기의 최소 회로수는 5회로이므로 **5회로용**을 선정한다.

(2) 전선가닥수 & 전선관의 굵기
  ① 경보방식
    ㉠ 일제경보방식 : 화재로 인한 경보 발령 시 **전 층에 동시에 경보**를 발하는 방식
    ㉡ 우선경보방식(직상발화) : 층수가 **11층**(공동주택의 경우에는 16층) 이상의 특정소방대상물은 발화층에 따라 경보하는 층을 달리하여 경보를 발할 수 있도록 할 것
    ※ 문제조건에서 지상 3층이므로 일제경보방식으로 풀어야 한다.

② 자동화재탐지설비의 전선가닥수(P형)
📢 **일제경보방식(기본 가닥수 : 6가닥)**

구분	가닥수	전선의 사용 용도(가닥수)					
		회로 공통선	경종·표시등 공통선	경종선	표시 등선	발신 기선	회로선
		① 회로선 7가닥 초과 시마다 1가닥 추가 ② 조건에 따라 추가	① 1가닥 ② 조건에 따라 추가	1가닥	① 1가닥 ② 조건에 따라 추가		종단저항수 또는 경계구역수 또는 발신기세트수마다 1가닥 추가
1층 발신기 ↕ 수신기	8	1	1	1	1	1	3

③ 전선관의 규격

전선규격	전선관의 규격			
	16mm	22mm	28mm	36mm
1.5mm²	1~9가닥	10가닥	11~17가닥	-
2.5mm²	1~4가닥	5~7가닥	8~12가닥	13~21가닥

📢 Tip 계통도 작성 시 발신기만 표시하는 경우가 많다. 감지기와 종단저항도 표시하자!!

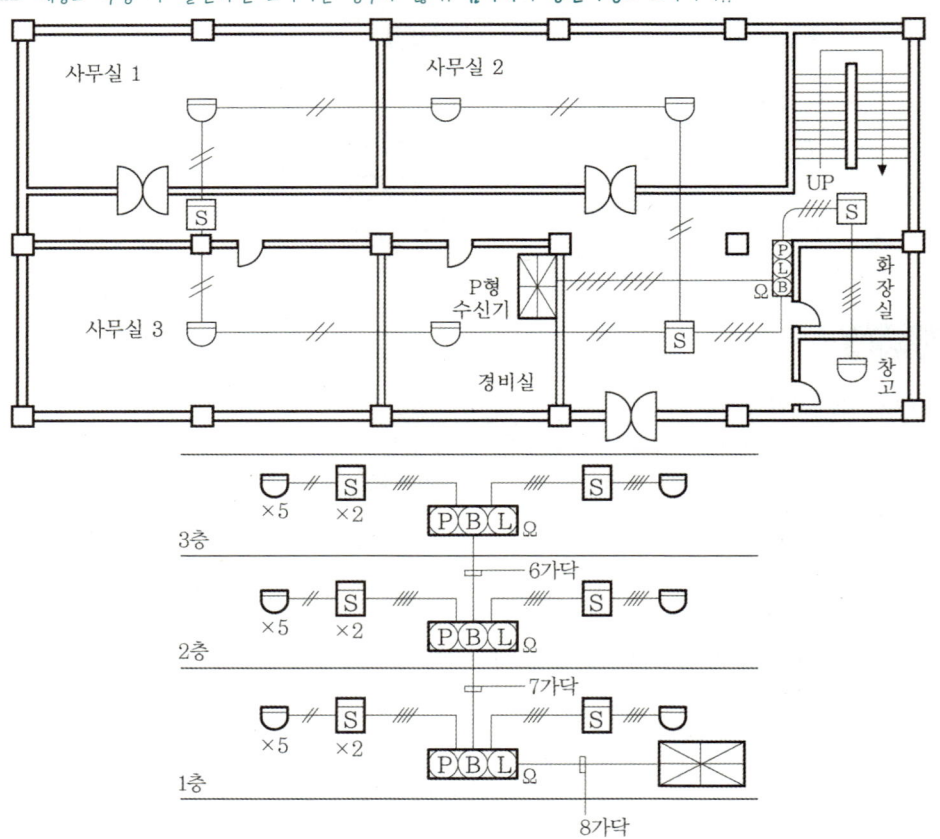

16 다음은 자동화재탐지설비의 P형 1급 수신기의 미완성 결선도이다. 결선도를 완성하시오. (단, 발신기에 설치된 단자는 왼쪽으로부터 응답, 지구, 공통이다.)

배점 : 6

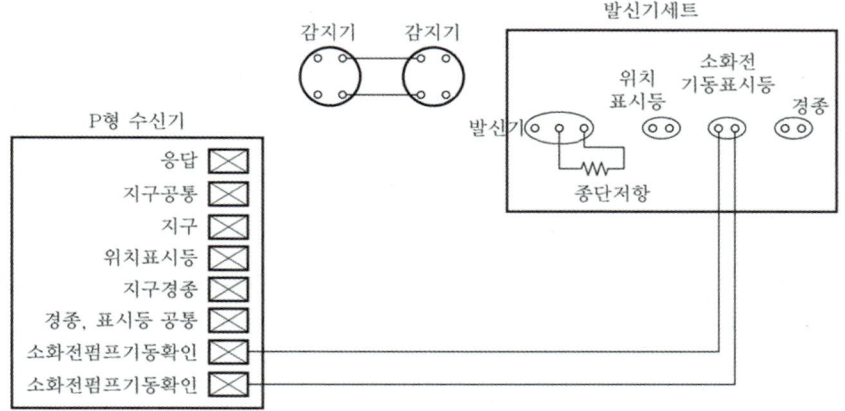

• 실전모범답안

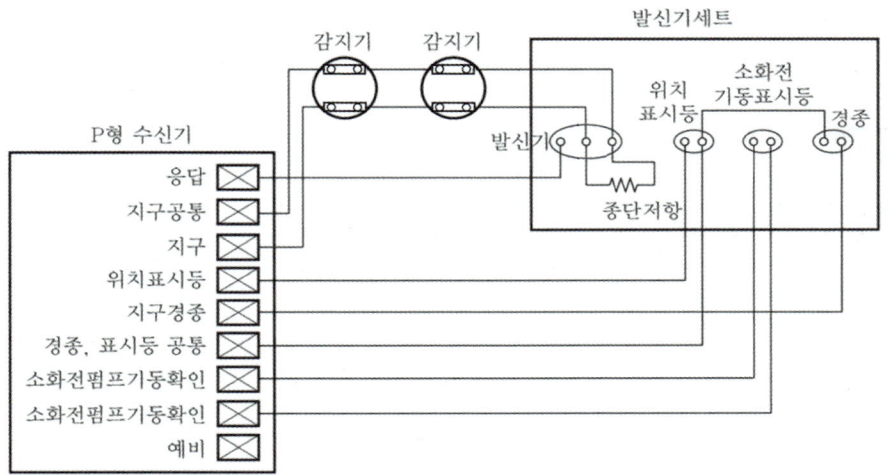

17 다음은 자동화재속보설비의 절연저항에 대한 내용이다. ( )에 알맞은 내용을 쓰시오. 배점 : 4

자동화재속보설비의 절연된 (①)와 외함간의 절연저항은 직류 500[V]의 절연저항계로 측정한 값은 (②)MΩ 이상이어야 하고 교류입력측과 외함간에는 (③)MΩ 이상이어야 한다. 그리고 절연된 선로간의 절연저항은 직류 500[V]의 절연저항계로 측정한 값이 (④)MΩ 이상이어야 한다.

• 실전모범답안
 ① 충전부 ② 5 ③ 20 ④ 20

상세해설

자동화재속보설비의 절연저항시험

절연저항계	구 분	절연저항
직류 500 [V]	• 절연된 충전부와 외함간	5[MΩ] 이상
	• 절연된 선로간 • 교류입력측과 외함간	20[MΩ] 이상

---

18 전동기가 주파수 50Hz에서 극수 4일 때 회전속도가 1,440rpm이다. 주파수를 60Hz로 하면 회전속도는 몇 [rpm]이 되는지 구하시오. (단, 슬립은 일정하다.) 　배점 : 4

• 실전모범답안

$$s = 1 - \frac{1,440 \times 4}{120 \times 50} = 0.04$$

$$\therefore N = \frac{120 \times 60}{4}(1 - 0.04) = 1,728 \text{rpm}$$

• 답 : 1,728rpm

상세해설

전동기의 회전속도

$N = \frac{120f}{P}(1-s) = N_s(1-s)$	회전속도
N : 회전속도[rpm]	→ 1,440rpm → [풀이②]
f : 주파수[Hz]	→ 50Hz → 60Hz
P : 극수	→ 4
s : 슬립	→ [풀이①]
N_s : 동기속도[rpm]	→ (1)에서 구한 값

① 슬립

$$s = 1 - \frac{1,440 \times 4}{120 \times 50} = 0.04$$

② 주파수 변경 후 회전속도

$$\therefore 회전속도 \ N = \frac{120 \times 60}{4}(1 - 0.04) = 1,728 \text{rpm}$$

3회

01 그림은 습식 스프링클러설비의 전기적 계통도이다. 그림을 보고 답란의 A~D까지의 배선수와 각 배선의 용도를 쓰시오. 　배점 : 8

[조건]
① 각 유수검지장치에는 밸브 개폐감시용 스위치는 부착되어 있지 않은 것으로 한다.
② 사용전선은 HFIX 전선이다.
③ 배선수는 운전조작상 필요한 최소전선수를 쓰도록 한다.

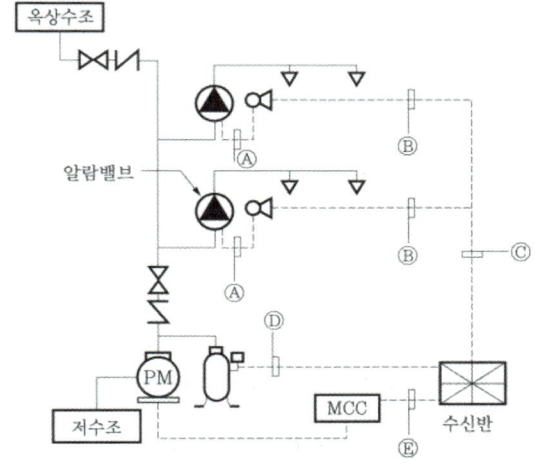

구 분	구 간	전선수	전선굵기	배선의 용도
Ⓐ	알람밸브 ↔ 사이렌		2.5[mm²] 이상	
Ⓑ	사이렌 ↔ 수신반		2.5[mm²] 이상	
Ⓒ	2개 구역일 경우		2.5[mm²] 이상	
Ⓓ	압력탱크 ↔ 수신반		2.5[mm²] 이상	
Ⓔ	MCC ↔ 수신반	5	2.5[mm²] 이상	공통, ON, OFF, 운전표시, 정지표시

- **실전모범답안**

구 분	구 간	전선수	전선굵기	배선의 용도
Ⓐ	알람밸브 ↔ 사이렌	2	2.5[mm²] 이상	PS(유수검지스위치) 2 (공통 1, PS 1)
Ⓑ	사이렌 ↔ 수신반	3	2.5[mm²] 이상	공통 1, PS(유수검지스위치) 1, 사이렌 1
Ⓒ	2개 구역일 경우	5	2.5[mm²] 이상	공통 1, PS(유수검지스위치) 2, 사이렌 2
Ⓓ	압력탱크 ↔ 수신반	2	2.5[mm²] 이상	PS(압력스위치) 2 (공통 1, PS 1)
Ⓔ	MCC ↔ 수신반	5	2.5[mm²] 이상	공통, ON, OFF, 운전표시, 정지표시

상세해설

습식 스프링클러설비의 전선가닥수

기본 가닥수	공통	TS (탬퍼스위치)	PS (유수검지스위치)	사이렌
가닥수의 증감조건	무조건 1가닥	① 습식밸브(알람체크밸브) 수마다 1가닥씩 추가 ② 문제의 조건에 따라 증감	습식밸브 (알람체크밸브) 수마다 1가닥씩 추가	습식밸브(알람체크밸브) 수마다 1가닥씩 추가

02 바닥면적이 700m²인 어느 특정소방대상물에 차동식스포트형감지기 2종을 설치하려고 한다. 이때 설치해야 할 감지기의 개수를 구하시오. (단, 특정소방대상물은 내화구조이고 천장의 높이는 4m이다.)
배점 : 5

- 실전모범답안

  감지기 설치개수 = $\dfrac{350\,m^2}{35\,m^2}$ = 10개, 10개 × 2구역 = 20개

- 답 : 20개

상세해설

차동식 · 보상식 · 정온식 스포트형감지기의 부착높이에 따른 바닥면적기준

(단위 : [m²])

부착높이 및 소방대상물의 구분		감지기의 종류						
		차동식 스포트형		보상식 스포트형		정온식 스포트형		
		1종	2종	1종	2종	특종	1종	2종
4[m] 미만	주요구조부를 내화구조로 한 특정소방대상물 또는 그 부분	90	70	90	70	70	60	20
	기타 구조의 특정소방대상물 또는 그 부분	50	40	50	40	40	30	15
4[m] 이상 8[m] 미만	주요구조부를 내화구조로 한 특정소방대상물 또는 그 부분	45	35	45	35	35	30	설치 불가
	기타 구조의 특정소방대상물 또는 그 부분	30	25	30	25	25	15	설치 불가

하나의 경계구역의 면적은 600m² 이하이므로 바닥면적 700m²를 두 구역으로 나누면 350m²가 된다. 조건에 따라 차동식스포트형감지기 2종, 내화구조, 층고 4m이므로 기준면적은 35m²가 된다.

∴ 감지기 설치개수 = $\dfrac{350\,m^2}{35\,m^2}$ = 10개, 10개 × 2구역 = 20개

※ 문제조건에서 층고가 4m로 주어졌기 때문에 표에서 4m 이상 8m 미만의 조건에 따라 기준면적을 정해야 해요! 4m로 주어졌을 때 시험장에서 가장 헷갈릴 수 있다고 했었던 부분!! 또한, 경계구역을 2구역으로 나누지 않고 계산하여도 20개가 나오지만, 이는 해설과정에서 감점요인이 될 수 있어요!

03 접지공사에서 접지봉과 접지선을 연결하는 방법 3가지를 쓰고, 이 중 내구성이 가장 높은 방법은 무엇인지 쓰시오. 배점 : 3

(1) 연결방법
(2) 내구성이 가장 높은 방법

• 실전모범답안
접지공사에서 접지봉과 접지선을 연결하는 방법
(1) ① 용융접속
② 납땜접속
③ 슬리브를 이용한 압착접속
(2) 용융접속

04 다음은 급수 레벨제어의 미완성 회로도이다. 주어진 조건을 보고 각 물음에 답하시오. 배점 : 7

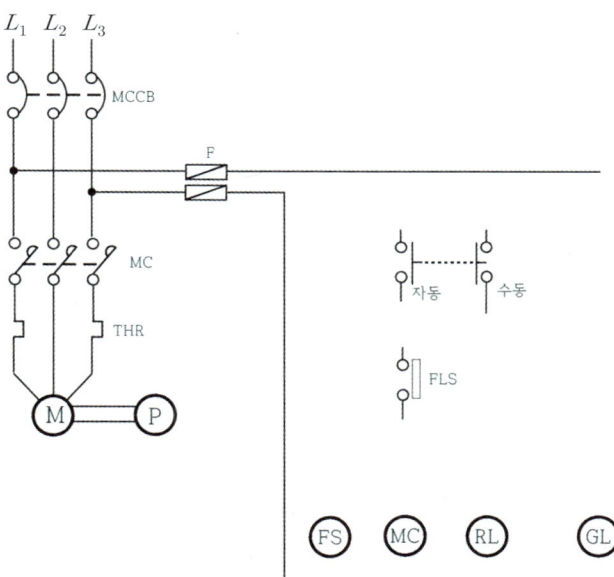

[조건]
① 평상시 전원이 인가(MCCB 투입)되면 GL램프가 점등된다.
② 자동일 경우 수위가 낮아지면 플롯스위치(FLS)가 동작하여 전자접촉기 MC가 여자되어 RL램프가 점등되고, GL램프가 소등되며, 펌프모터가 작동한다.
③ 급수가 완료되어 플롯스위치(FLS)가 떨어지거나 모터과열로 인해 열동계전기(THR)가 동작하면 전자접촉기 MC가 소자되어 RL램프는 소등되고, GL램프가 점등되며 펌프모터는 정지한다.
④ 수동일 경우 누름버튼스위치 PB-on를 ON시키면 전자접촉기 MC가 여자되어 RL램프가 점등되고, GL램프가 소등되며, 펌프모터가 작동한다.
⑤ 수동일 경우 누름버튼스위치 PB-off를 OFF시키거나 열동계전기 THR이 동작하면 전자접촉기 MC가 소자되어 RL램프가 소등되고, GL램프가 점등되며, 펌프모터가 정지된다.
– FS 1개, MC-a 접점 1개, MC-b 접점 1개, THR 1ro, PB-a 접점 1개, PB-b 접점 1개를 사용하여 다음 미완성 회로를 완성하시오.

(1) 다음 약호의 명칭을 한글로 쓰시오.
   ① THR
   ② MCCB
(2) 미완성된 회로도를 완성하시오.

• 실전모범답안
(1) ① 열동계전기 ② 배선용 차단기
(2)

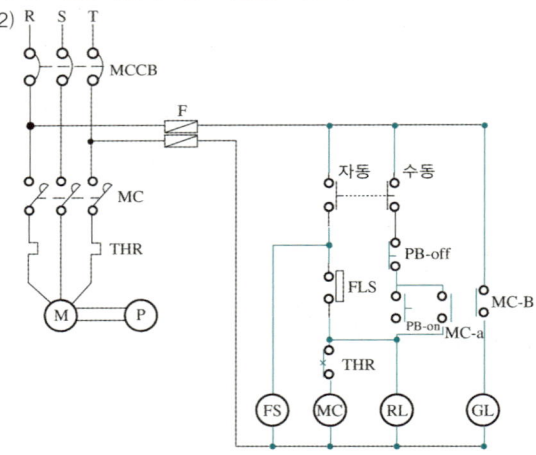

상세해설

(1) 열동계전기
① 서머릴레이라고도 하며 주로 전동기의 과부하 보호용으로 사용된다.
   ㉠ 역할 : 전동기에 과부하가 걸리면 전원을 차단하여 전동기를 정지시킨다.
   ㉡ 설치목적 : 전동기의 소손을 방지하기 위하여

② 배선용 차단기(Molded Case Circuit Breaker ; MCCB)
과부하 및 **단락보호**를 겸한 **차단기**로서 **퓨즈**(fuse)를 사용하지 않아 **차단** 후에도 **반복**하여 **재투입**이 가능하며 **반영구적**으로 사용이 가능하다.

배선용 차단기의 그림기호(심벌)

명 칭	그림기호	적 용

배선용 차단기	B	1. 상자인 경우는 상자의 재질 등을 표기한다.
		2. 극수, 프레임의 크기, 정격전류 등을 표기한다.
		〈보기〉
		B 3P ← 극수
		    225AF ← 프레임의 크기
		    150A ← 정격전류
		3. 모터브레이커를 표시하는 경우는 B 를 사용한다.
		4. B 를 S MCB로서 표시하여도 좋다.

05 높이 20m 이상의 거실에 설치할 수 있는 감지기를 2가지 쓰시오. [배점 : 3]

- 실전모범답안
  ① 불꽃감지기
  ② 광전식(분리형, 공기흡입형) 중 아날로그방식

상세해설

감지기의 부착높이별 설치기준(NFTC 203)

부착높이	감지기의 종류
8[m] 이상 15[m] 미만	• 차동식분포형 • 이온화식 1종 또는 2종 • 광전식(스포트형, 분리형, 공기흡입형) 1종 또는 2종 • 연기복합형 • 불꽃감지기
15[m] 이상 20[m] 미만	• 이온화식 1종 • 광전식(스포트형, 분리형, 공기흡입형) 1종 • 연기복합형 • 불꽃감지기
20[m] 이상	• 불꽃감지기 • 광전식(분리형, 공기흡입형) 중 아날로그방식

[비고] 1. 감지기별 부착높이 등에 대하여 별도로 형식승인을 받은 경우에는 그 성능 인정범위 내에서 사용할 수 있다.
2. 부착높이 20m 이상에 설치되는 광전식 중 아날로그방식의 감지기는 공칭감지농도 하한값이 감광률 5%/m 미만인 것으로 한다.

06 3상 380V, 60Hz, 4P, 75HP의 전동기가 있다. 다음 각 물음에 답하시오. (단, 슬립은 5[%]이다.)

배점:6

(1) 동기속도는 몇 [rpm]인지 구하시오.
(2) 회전속도는 몇 [rpm]인지 구하시오.

• 실전모범답안

(1) $N_S = \dfrac{120 \times 60\text{Hz}}{4} = 1{,}800\text{rpm}$

• 답 : 1,800rpm

(2) $N = 1{,}800(1 - 0.05) = 1{,}710\text{rpm}$

• 답 : 1,710rpm

상세해설

(1) 동기속도

$N_s = \dfrac{120f}{P}$	동기속도
N_s : 동기속도[rpm]	→ $N_s = \dfrac{120f}{P}$ [풀이①]
f : 주파수[Hz]	→ 60Hz
P : 극수	→ 4

① 동기속도 : $N_S = \dfrac{120 \times 60\text{Hz}}{4} = 1{,}800\text{rpm}$

(2) 회전속도

$N = \dfrac{120f}{P}(1-s) = N_s(1-s)$	회전속도
N : 회전속도[rpm]	→ ①
f : 주파수[Hz]	→ 60Hz
P : 극수	→ 4
s : 슬립	→ 5%
N_s : 동기속도[rpm]	→ (1)에서 구한 값

① 회전속도 : $N = 1{,}800(1 - 0.05) = 1{,}710\text{rpm}$

07 휴대용 비상조명등을 설치해야 하는 특정소방대상물에 대한 사항이다. 소방시설 적용기준으로 알맞은 내용을 ( ) 안에 쓰시오.

배점:6

(1) (①)시설
(2) 수용인원 (②)명 이상의 영화상영관, 판매시설 중 (③), 철도 및 도시철도시설 중 지하역사, 지하가 중 (④)

• 실전모범답안
① 숙박
② 100
③ 대규모점포
④ 지하상가

상세해설

휴대용 비상조명등 설치대상(소방시설 설치 및 관리에 관한 법률 시행령 [별표 4], 다중이용업소의 안전관리에 관한 특별법 시행규칙)

설치대상	설치조건
• 숙박시설	전부 해당
• 영화상영관 • 대규모점포 • 지하역사 • 지하상가	수용인원 100명 이상
• 다중이용업소	영업장 안의 구획된 실마다 설치

---

08 다음은 자동화재탐지설비의 화재안전기준에서의 배선 관련사항이다. 각 물음에 답하시오.

배점 : 6

(1) 감지기회로 및 부속회로의 전로와 대지 사이 및 배선 상호간의 절연저항은 1경계구역마다 직류 250V의 절연저항측정기를 사용하여 측정하였을 때 절연저항이 몇 [Ω] 이상이 되도록 해야 하는가?
(2) 자동화재탐지설비의 GP형 수신기의 감지기회로의 배선에 있어서 하나의 공통선에 접속할 수 있는 경계구역은 몇 개 이하이어야 하는지 쓰시오.
(3) 종단저항의 설치기준 2가지를 쓰시오.

• 실전모범답안
(1) 0.1MΩ
(2) 7개
(3) ① **점검** 및 **관리**가 **쉬운 장소**에 설치할 것
② **전용함**을 설치하는 경우 그 **설치높이**는 바닥으로부터 1.5m 이내로 할 것

상세해설

(1), (2) **자동화재탐지설비 배선의 설치기준**(NFTC 203)
① **전원회로의 전로**와 **대지 사이** 및 **배선 상호간의 절연저항**은 전기사업법에 따른 기술기준이 정하는 바에 의하고, **감지기회로** 및 **부속회로의 전로**와 **대지 사이** 및 **배선 상호간의 절연저항**은 1경계구역마다 직류 250V의 절연저항측정기를 사용하여 측정한 절연저항이 0.1MΩ 이상이 되도록 할 것
② **P형 수신기** 및 **GP형 수신기**의 감지기회로의 배선에 있어서 **하나**의 **공통선**에 접속할 수 있는 **경계구역**은 7개 이하로 할 것

(3) **종단저항의 설치기준(NFTC 203)**
① **점검** 및 **관리**가 **쉬운 장소**에 설치할 것
② **전용함**을 설치하는 경우 그 **설치높이**는 바닥으로부터 **1.5m 이내**로 할 것
③ 감지기회로의 **끝부분**에 설치하며, **종단감지기**에 설치할 경우에는 구별이 쉽도록 해당 감지기의 **기판** 및 감지기 외부 등에 별도의 **표시**를

---

09 공기관식 감지기 시험방법에 대한 설명 중 ①과 ②에 알맞은 내용을 답란에 쓰시오.

배점: 4

- 검출부의 시험공 또는 공기관의 한쪽 끝에 (①)을(를) 접속하고 시험코크 등을 유동시험 위치에 맞춘 후 다른 끝에 (②)을(를) 접속시킨다.
- (②)(으)로 공기를 주입하고 (①) 수위를 눈금의 0점으로부터 100mm 상승시켜 수위를 정지시킨다.
- 시험코크 등에 의해 송기구를 개방하여 상승수위의 1/2까지 내려가는 시간(유통시간)을 측정한다.

①	②

- **실전모범답안**
① 마노미터 ② 공기주입시험기

상세해설

공기관식 차동식분포형감지기의 유통시험 순서

①	②
마노미터	공기주입시험기

① 검출부의 시험콕 레버위치를 중앙(PA)에 위치한다.
② 공기관의 일단(P1)을 제거한 후, 그곳에 **마노미터**를 접속시키고 다른 한쪽에 **공기주입시험기**를 접속시킨다.
③ 공기주입시험기로 공기를 주입시켜 마노미터의 수위를 100mm로 유지시킨다.
④ 시험콕을 하단[DL]으로 이동시키는 등에 의하여 급기구를 개방한다.
⑤ 이때 수위가 1/2(50mm)이 될 때까지의 시간을 측정한다.

10 P형 1급 수신기와 감지기와의 배선회로에서 종단저항은 10kΩ, 배선저항은 20Ω, 릴레이저항은 10Ω이며 회로전압이 DC 24V일 때 다음 각 물음에 답하시오. 〔배점 : 4〕
  (1) 평소 감시전류는 몇 [mA]인지 구하시오.
  (2) 감지기가 동작할 때 (화재 시)의 전류는 몇 [mA]인지 구하시오.

• 실전모범답안
  (1) 감시전류 $I = \dfrac{회로전압}{릴레이저항 + 배선저항 + 종단저항}$

  ∴ 감시전류 : $I = \dfrac{24}{10 + 20 + 10 \times 10^3} = 0.0023928[A] = 2.392[mA] ≒ 2.39[mA]$

• 답 : 2.39[mA]

  (2) 작동전류 $I = \dfrac{회로전압}{릴레이저항 + 배선저항}$

  ∴ 작동전류 : $I = \dfrac{24}{10 + 20} = 0.8[A] = 800[mA]$

• 답 : 800[mA]

11 구부러지지 않은 복도의 길이가 31m일 때 설치해야 하는 복도통로 유도표지의 최소설치개수를 구하시오. 〔배점 : 4〕

• 실전모범답안

복도통로 유도표지의 설치개수 = $\dfrac{구부러진 곳이 없는 부분의 보행거리[m]}{15} - 1$

∴ 유도표지의 설치개수 = $\dfrac{31[m]}{15[m]} - 1 = 1.066 ≒ 2개$

• 답 : 2개

12 다음은 통로유도등에 관한 사항이다. 각 물음에 답하시오. 〔배점 : 6〕
  (1) 복도통로유도등은 구부러진 모퉁이 및 보행거리 몇 [m]마다 설치해야 하는가?
  (2) 복도통로유도등의 설치높이는 몇 [m]인가? (단, 복도, 통로 중앙부분의 바닥에 설치하는 것은 제외한다.)
  (3) 거실통로유도등의 설치높이는 몇 [m]인가? (단, 기둥에 설치하는 것은 제외한다.)

• 실전모범답안
  (1) 20m
  (2) 1m 이하
  (3) 1.5m 이상

상세해설

통로유도등의 설치기준(NFTC 303)

① 복도통로유도등의 설치기준
  ㉠ 복도에 설치하되 피난구유도등이 설치된 출입구의 맞은편 복도에는 입체형으로 설치하거나, 바닥에 설치할 것
  ㉡ 구부러진 모퉁이 및 설치된 통로유도등을 기점으로 **보행거리 20m**마다 설치할 것
  ㉢ 바닥으로부터 **높이 1m 이하**의 위치에 설치할 것. 다만, **지하층** 또는 **무창층**의 용도가 **도매시장·소매시장·여객자동차터미널·지하역사** 또는 **지하상가**인 경우에는 **복도·통로 중앙부분**의 **바닥**에 설치해야 한다.
  ㉣ 바닥에 설치하는 통로유도등은 **하중**에 따라 **파괴되지 아니하는 강도**의 것으로 할 것

② 거실통로유도등의 설치기준
  ㉠ 거실의 **통로**에 설치할 것. 다만, 거실의 통로가 **벽체** 등으로 **구획**된 경우에는 복도통로유도등을 설치해야 한다.
  ㉡ **구부러진 모퉁이** 및 **보행거리 20m**마다 설치할 것
  ㉢ 바닥으로부터 **높이 1.5m 이상**의 위치에 설치할 것. 다만, **거실통로에 기둥**이 설치된 경우에는 **기둥부분**의 **바닥**으로부터 높이 **1.5m 이하**의 위치에 설치할 수 있다.

---

13 지상 30[m] 되는 곳에 100[m³]의 저수조가 있다. 이 저수조에 양수하기 위하야 30[kW]의 전동기를 사용한다면 몇 분 후에 저수조에 물이 가득 차는지 구하시오. (단, 펌프 효율은 70[%]이고, 여유계수는 1.2이다.) 　배점 : 5

- 실전모범답안

$$t = \frac{9.8\,QHK}{P\eta} = \frac{9.8 \times 100[\text{m}^3] \times 30[\text{m}] \times 1.2}{30[\text{kW}] \times 0.7} = 1,680[\text{초}] = 28[\text{분}]$$

- 답 : 28분

상세해설

전동기용량(시간)

$P\eta t = 9.8\,QHK$	전동기용량(시간)
P : 전동기의 용량[kW]	→ 30kW
η : 효율	→ 70%
t : 시간[s]	→ $t = \dfrac{9.8\,QHK}{P\eta}$　[풀이①]
Q : 토출량(양수량)[m³]	→ 100m³
H : 전양정[m]	→ 30m
K : 여유계수(전달계수)	→ 1.2

① 전동기용량(시간)

$$\therefore t = \frac{9.8QHK}{P\eta} = \frac{9.8 \times 100[\text{m}^3] \times 30[\text{m}] \times 1.2}{30[\text{kW}] \times 0.7} = 1,680[\text{초}] = 28[\text{분}]$$

$$(\because \frac{1,680}{60} = 28[\text{분}])$$

14 비상용 전원설비의 축전지설비를 하려고 한다. 사용되는 부하의 방전전류-시간 특성곡선이 그림과 같을 때 다음 각 물음에 답하시오. (단, 축전지의 용량환산시간계수 K는 주어진 표에 의하여 계산한다.)

배점 : 7

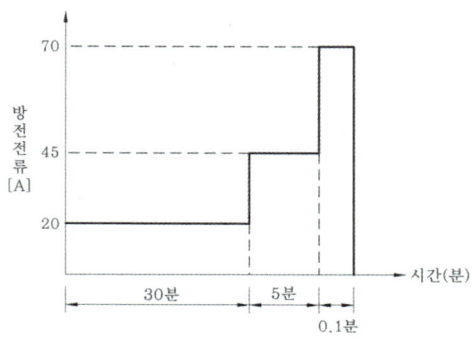

[용량환산시간계수 K(온도 5[℃]에서)]

형 식	최저허용전압[V/셀]	0.1분	1분	5분	10분	20분	30분	60분	120분
	1.10	0.30	0.46	0.56	0.66	0.87	1.04	1.56	2.60
AH	1.06	0.24	0.33	0.45	0.53	0.70	0.85	1.40	2.45
	1.00	0.20	0.27	0.37	0.45	0.60	0.77	1.30	2.30

(1) 보수율이란 무엇이며 일반적으로 그 값은 얼마를 적용하는가?
(2) 단위전지의 방전종지전압(최저사용전압)이 1.06V일 때 축전지용량은 몇 Ah가 필요한지 구하시오.
(3) 연축전지와 알칼리축전지의 공칭전압을 쓰시오.

- **실전모범답안**
(1) 축전지설비에서 축전지를 **장기간 사용**하거나 **사용조건** 등의 **변경**으로 인한 **용량변화**를 보상하는 **보정치**로 보통 **0.8**을 적용한다.

(2) $C = \frac{1}{0.8}(0.85 \times 20 + 0.45 \times 45 + 0.24 \times 70) = 67.562 ≒ 67.56[\text{Ah}]$

- **답** : 67.56[Ah]

(3) ① 알칼리축전지 : 1.2V
② 연축전지 : 2.0V

상세해설

(1) 용량저하율(보수율)

축전지설비에서 축전지를 **장기간 사용**하거나 **사용조건** 등의 **변경**으로 인한 **용량변화**를 보상하는 **보정치**로 보통 0.8을 적용한다.

(2) 축전지의 용량(시간에 따른 방전전류가 증가하는 경우)

축전지의 최저허용전압(방전종지전압)이 1.06[V/셀]이고 방전시간이 각각 $T_1 = 30$[분], $T_2 = 5$[분], $T_3 = 0.1$[분]이므로 다음 표에 따라 $K_1 = 0.85$, $K_2 = 0.45$, $K_3 = 0.24$가 된다.

형 식	최저허용전압[V/셀]	0.1분	1분	5분	10분	20분	30분	60분	120분
AH	1.10	0.30	0.46	0.56	0.66	0.87	1.04	1.56	2.60
	1.06	0.24	0.33	0.45	0.53	0.70	0.85	1.40	2.45
	1.00	0.20	0.27	0.37	0.45	0.60	0.77	1.30	2.30

$C = \dfrac{1}{L}(K_1 I_1 + K_2 I_2 + K_3 I_3)$	축전지용량(시간에 따라 방전전류가 변하는 경우)
C : 축전지용량[Ah]	→ $C = \dfrac{1}{L}(K_1 I_1 + K_2 I_2 + K_3 I_3)$ [풀이 ①]
L : 용량저하율(보수율)	→ 0.8
K : 용량환산시간[h]	→ 표를 이용한 용량환산시간 구하기
I : 방전전류[A]	→ 표를 이용한 방전전류 구하기

① 축전지용량

∴ 축전지의 용량 : $C = \dfrac{1}{0.8}(0.85 \times 20 + 0.45 \times 45 + 0.24 \times 70)$

$= 67.562 ≒ 67.56$[Ah]

(3) 축전지의 비교

구 분	알칼리축전지	연축전지
기전력	1.32[V]	2.05~2.08[V]
공칭전압	1.2[V]	2.0[V]
방전종지전압	0.96[V]	1.6[V]
공칭용량	5[Ah]	10[Ah]
충전시간	짧다	길다
수명	15~20년	5~15년
종류	소결식, 포켓식	클래드식, 페이스트식
기계적 강도	강하다	약하다
가격	비싸다	싸다
특징	비교적 단시간에 대전류를 사용하는 부하에 사용된다.	장시간 일정전류를 취하는 부분에 사용된다.

15 지상 15층, 지하 5층, 연면적 7,000m²인 특정소방대상물에 자동화재탐지설비의 음향장치를 설치하고자 한다. 다음 각 물음에 답하시오.
배점: 5

(1) 지상 11층에서 발화한 경우 경보를 발해야 하는 층을 쓰시오.
(2) 지상 1층에서 발화한 경우 경보를 발해야 하는 층을 쓰시오.
(3) 지하 1층에서 발화한 경우 경보를 발해야 하는 층을 쓰시오.

• 실전모범답안

(1) 지상 11층, 지상 12층, 지상 13층, 지상 14층, 지상 15층
(2) 지상 1층, 지상 2층, 지상 3층, 지상 4층, 지상 5층
   지하 1층, 지하 2층, 지하 3층, 지하 4층, 지하 5층
(3) 지상 1층, 지하 1층, 지하 2층, 지하 3층, 지하 4층, 지하 5층

상세해설

경보방식
① 일제경보방식
   화재로 인한 경보발령 시 **전층**에 경보를 발하는 방식
② 우선경보방식
   층수가 11층 이상인 특정소방대상물 또는 16층 이상인 공동주택의 경우 적용

발화층	경보층
2층 이상	발화층+직상 4개 층
1층	발화층+직상 4개 층+지하층
지하층	발화층+직상층+기타 지하층

16 다음 그림과 같은 자동화재탐지설비의 평면도 ①~⑤의 전선가닥수를 주어진 표의 빈 칸에 쓰시오.
배점: 5

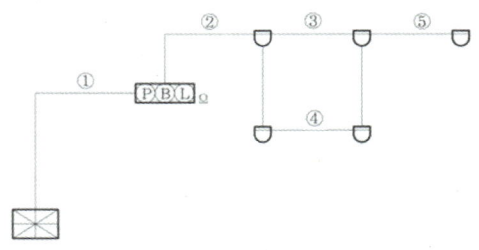

기호	①	②	③	④	⑤
가닥수					

• 실전모범답안

기호	①	②	③	④	⑤
가닥수	6	4	2	2	4

자동화재탐지설비의 전선가닥수

🔹 일제경보방식(기본 가닥수 : 6가닥)

번호	가닥수	전선의 사용용도(가닥수)					
		회로 공통선	경종·표시등 공통선	경종선	표시등선	발신기선	회로선
		① 회로선 7가닥 초과 시마다 1가닥 추가	① 1가닥	1가닥	① 1가닥		종단저항수 또는 경계구역수 또는 발신기세트수마다 1가닥 추가
		② 조건에 따라 추가	② 조건에 따라 추가		② 조건에 따라 추가		
①	6	1	1	1	1	1	1
②	4	2	–	–	–	–	2
③	2	1	–	–	–	–	1
④	2	1	–	–	–	–	1
⑤	4	2	–	–	–	–	2

---

17 3개의 입력 A, B, C 중 어느 것이든 먼저 들어간 입력이 우선 동작하고, 출력 X_A, X_B, X_C를 발생시킨다. 그 다음에 들어가는 신호는 먼저 들어간 신호에 의해서 Lock되어 출력이 없다고 할 때, 다음 그림과 같은 타임차트를 보고 각 물음에 답하시오. [배점:8]

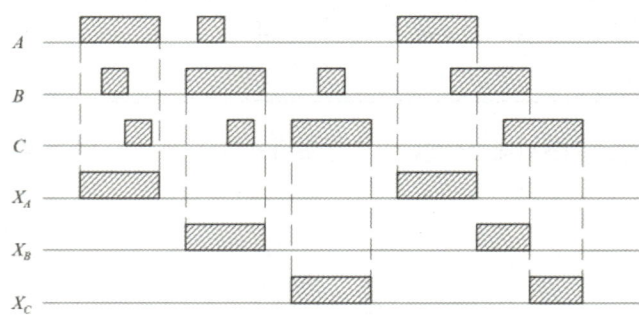

(1) 타임차트를 이용하여 출력 X_A, X_B, X_C에 대한 논리식을 쓰시오.
(2) 타임차트와 같은 동작이 이루어지도록 유접점회로 및 무접점회로를 그리시오.

- 실전모범답안

(1) ① $X_A = A \cdot \overline{X_B} \cdot \overline{X_C}$
  ② $X_B = B \cdot \overline{X_A} \cdot \overline{X_C}$
  ③ $X_C = C \cdot \overline{X_A} \cdot \overline{X_B}$

(2)

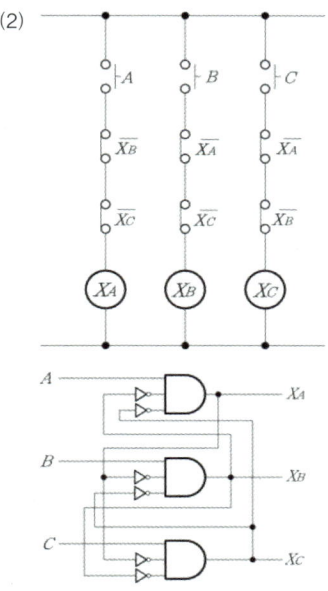

상세해설

(1), (2) 인터록(Inter Lock)회로
상대동작 금지회로라고도 하며 **우선도**가 높은 측의 회로를 ON시키면 상대측의 회로는 열려서 작동되지 않도록 하는 방식의 회로(**서로 상대측에 b접점으로 구성**된다.)
A 입력 시 X_A만 출력되며, X_B, X_C는 동작되지 않는다.

$X_A = A \cdot \overline{X_B} \cdot \overline{X_C}$

마찬가지로 B와 C 입력 시도 동일하기 상대측 회로는 출력되지 않는다.
- 스위치 A를 먼저 누르면 X_A가 동작되고 인터록접점 X_A가 열린다. 따라서 이후 스위치 B 또는 C를 눌러도 X_B, X_C는 동작되지 않는다.
- 스위치 B를 먼저 누르면 X_B가 동작되고 인터록접점 X_B가 열린다. 따라서 이후 스위치 A 또는 C를 눌러도 X_A, X_C는 동작되지 않는다.
- 스위치 C를 먼저 누르면 X_C가 동작되고 인터록접점 X_C가 열린다. 따라서 이후 스위치 A 또는 B를 눌러도 X_A, X_B는 동작되지 않는다.
- 또한 스위치 A를 먼저 눌렀을 때 동작시점부터 복귀시점까지 X_A가 동작되고 이후 스위치 B를 눌렀을 때 X_A 복귀시점부터 X_B가 동작되며 이후 스위치 C를 눌렀을 때 X_B 복귀시점부터 X_C가 동작된다.

18 다음 그림은 3상 교류회로에 설치된 누전경보기의 결선도이다. 정상상태와 누전 발생 시 a점, b점 및 c점에서 키르히호프의 제1법칙을 적용하여 전류값을 각각 구하여 ( )를 채우시오.

배점 : 8

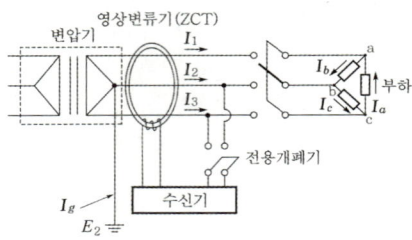

(1) 정상상태 시 선전류
    a점 : I_1=(①), b점 : I_2=(②), c점 : I_3=(③)

(2) 정상상태 시 선전류의 벡터합
    $I_1 + I_2 + I_3$=(④)

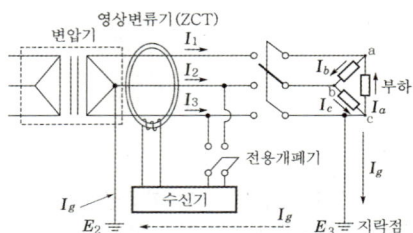

(3) 누전 시 선전류
    a점 : I_1=(⑤), b점 : I_2=(⑥), c점 : I_3=(⑦)

(4) 누전 시 선전류의 벡터합
    $I_1 + I_2 + I_3$=(⑧)

- 실전모범답안

① $\dot{I}_b - \dot{I}_a$

② $\dot{I}_c - \dot{I}_b$

③ $\dot{I}_a - \dot{I}_c$

④ 0

⑤ $\dot{I}_b - \dot{I}_a$

⑥ $\dot{I}_c - \dot{I}_b$

⑦ $\dot{I}_a - \dot{I}_c + \dot{I}_g$

⑧ $\dot{I}_g$

상세해설

(1) 3상 3선식 전기회로

전류(I)의 흐름이 같은 방향일 경우 : +
전류(I)의 흐름이 같은 방향일 경우 : −

① 누설전류가 없을 경우(정상 시)

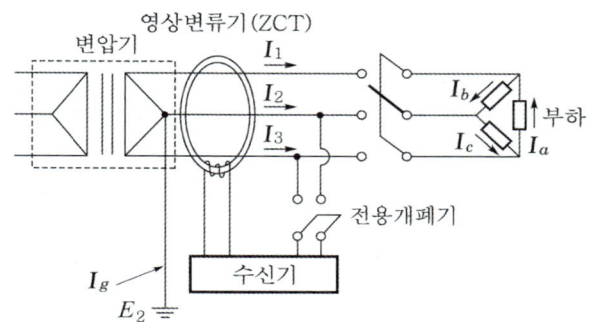

| 누설전류가 없을 경우 |

$$\dot{I}_1 = \dot{I}_b - \dot{I}_a$$
$$\dot{I}_2 = \dot{I}_c - \dot{I}_b$$
$$\dot{I}_3 = \dot{I}_a - \dot{I}_c$$
$$\therefore \dot{I}_1 + \dot{I}_2 + \dot{I}_3 = \dot{I}_b - \dot{I}_a + \dot{I}_c - \dot{I}_b + \dot{I}_a - \dot{I}_c = 0$$

② 누설전류가 있을 경우

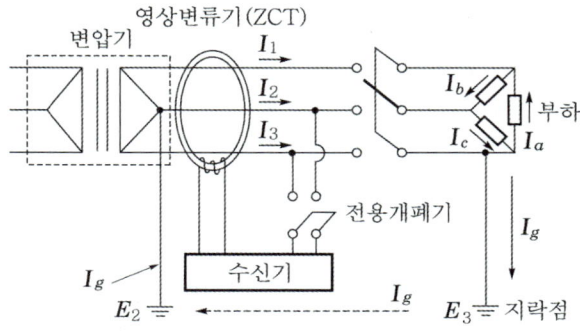

| 누설전류가 있을 경우 |

$$\dot{I}_1 = \dot{I}_b - \dot{I}_a$$
$$\dot{I}_2 = \dot{I}_c - \dot{I}_b$$
$$\dot{I}_3 = \dot{I}_a - \dot{I}_c + \dot{I}_g$$
$$\therefore \dot{I}_1 + \dot{I}_2 + \dot{I}_3 = \dot{I}_b - \dot{I}_a + \dot{I}_c - \dot{I}_b + \dot{I}_a - \dot{I}_c + \dot{I}_g = \dot{I}_g$$

4회

01 비상콘센트설비에 대한 다음 각 물음에 답하시오. [배점: 6]

(1) 하나의 전용회로에 설치하는 비상콘센트가 7개 있다. 이 경우 전선의 용량은 비상콘센트 몇 개의 공급용량을 합한 용량 이상의 것으로 하는지 쓰시오. (단, 각 비상콘센트의 공급용량은 최소로 한다.)
(2) 비상콘센트의 보호함 상부에 설치하는 표시등의 색은?
(3) 비상콘센트설비의 전원부와 외함 사이의 절연저항을 500V 절연저항계로 측정하였더니 30MΩ이었다. 이 설비에 대한 절연저항의 적합성 여부를 구분하고 그 이유를 설명하시오.

- 실전모범답안
  (1) 3개
  (2) 적색
  (3) 절연저항이 20MΩ 이상이므로 적합하다.

상세해설

(1) 비상콘센트설비 전원회로의 설치기준(NFTC 504)
  ① 비상콘센트설비 **전원회로**는 **단상교류 220[V]**인 것으로서, 그 **공급용량은 1.5[kVA] 이상**인 것으로 할 것
  ② 하나의 **전용회로**에 설치하는 **비상콘센트는 10개 이하**로 할 것. 이 경우 **전선의 용량은 각 비상콘센트**(비상콘센트가 **3개 이상**인 경우에는 **3개**)의 **공급용량을 합한 용량 이상**의 것으로 해야 한다.

(2) 비상콘센트 보호함의 설치기준(NFTC 504)
  ① 보호함 **상부에 적색의 표시등**을 설치할 것. 다만, 비상콘센트의 보호함을 **옥내소화전함** 등과 접속하여 설치하는 경우에는 옥내소화전함 등의 표시등과 **겸용**할 수 있다.

(3) 비상콘센트설비의 절연저항시험 및 절연내력(NFTC 504)
  ① 절연저항은 전원부와 외함 사이를 500[V] 절연저항계로 측정할 때 20[MΩ] 이상일 것

02 유도등의 비상전원은 어느 것으로 하며 그 용량은 해당 유도등을 유효하게 몇 분 이상 작동시킬 수 있어야 하는지 쓰시오. (단, 지하상가의 경우이다.) [배점: 4]

- 실전모범답안
  20분

상세해설

유도등 전원의 설치기준(NFTC 303)
① 상용전원
  유도등의 전원은 **축전지, 전기저장장치**(외부 전기에너지를 저장해 두었다가 필요할 때 전기를 공급하는 장치) 또는 **교류전압**의 **옥내간선**으로 하고, **전원**까지의 **배선**은 **전용**으로 해야 한다.
② 비상전원
  ㉠ 축전지로 할 것
  ㉡ 유도등을 **20분 이상** 유효하게 작동시킬 수 있는 용량으로 할 것. 다만, 다음의 특정소방대상물의 경우에는 그 **부분**에서 **피난층**에 이르는 부분의 유도등을 **60분 이상** 유효하게 작동시킬 수 있는 용량으로 해야 한다.
    ▪ **지하층**을 **제외한** 층수가 **11층 이상의 층**
    ▪ **지하층** 또는 **무창층**으로서 용도가 **도매시장ㆍ소매시장ㆍ여객자동차터미널ㆍ지하역사** 또는 **지하상가**

---

03 지상 31m 되는 곳에 수조가 있다. 이 수조에 분당 12m³의 물을 양수하는 펌프용 전동기를 설치하여 3상 전력을 공급하려고 한다. 펌프 효율이 65%이고, 펌프측 동력에 10%의 여유를 둔다고 할 때 다음 각 물음에 답하시오. (단, 펌프용 3상 농형 유도전동기의 역률은 100[%]로 가정한다.)

배점 : 6

(1) 펌프용 전동기의 용량은 몇 [kW]인지 구하시오.
(2) 3상 전력을 공급하고자 단상변압기 2대를 V결선하여 이용하고자 한다. 단상변압기 1대의 용량은 몇 [kVA]인지 구하시오.

• 실전모범답안

(1) $P = \dfrac{9.8 \times 12\text{m}^3 \times \dfrac{1}{60}\sec \times 31\text{m} \times 1.1}{0.65} = 102.824 ≒ 102.82\text{kW}$

• 답 : 102.82kW

(2) $P_1 = \dfrac{P_A}{\sqrt{3}} = \dfrac{102.82}{\sqrt{3}} = 59.363 ≒ 59.36\text{kVA}$

• 답 : 59.36kVA

상세해설

(1) 전동기의 용량

$P = \dfrac{9.8QHK}{\eta}$	전동기용량(수계소화설비의 펌프)
P : 전동기의 용량[kW]	→ $P = \dfrac{9.8QHK}{\eta}$ [풀이①]
Q : 토출량(양수량)[m³/s]	→ $15\text{m}^3 \times \dfrac{1\min}{60\text{s}}$
H : 전양정[m]	→ 31
K : 여유계수(전달계수)	→ 1.1
η : 효율	→ 65%

① 전동기용량

∴ 전동기의 용량 : $P = \dfrac{9.8 \times 12\text{m}^3 \times \dfrac{1}{60}\sec \times 31\text{m} \times 1.1}{0.65} = 102.824 = 102.82\text{kW}$

(2) V결선 시의 단상변압기 1대의 용량

$P_V = \sqrt{3}\,P_1 = P_A$	V결선 시의 단상변압기 1대의 용량
P_V : V결선 시 변압기의 출력[kVA]	→ $P_V = \sqrt{3}\,P_1$
P_1 : 단상변압기 1대의 용량[kVA]	→ $P_1 = \dfrac{P_A}{\sqrt{3}}$ [풀이①]
P_A : 부하용량[kVA]	→ (1)에서 구한 값

① V결선의 단상변압기 1대의 용량

∴ V결선의 단상변압기 1대의 용량 : $P_1 = \dfrac{P_A}{\sqrt{3}} = \dfrac{102.82}{\sqrt{3}} = 59.363 = 59.36\text{kVA}$

---

04 수신기로부터 배선거리 90m의 위치에서 솔레노이드밸브가 접속되어 있다. 솔레노이드밸브가 동작할 때 단자전압 [V]을 구하시오. (단, 수신기는 출력전압은 26V라고 하고 전선은 2.5mm² HFIX 전선이며, 솔레노이드의 정격전류는 2A라고 가정한다. 2.5mm² 동선의 m당 전기저항은 0.008Ω이라고 한다.)

배점 : 4

- 실전모범답안
  26 − (2×2×0.72) = 23.12V

상세해설

전압강하(단상 2선식)

$$e = V_s - V_r = 2IR$$

배선저항(R)은 m당 전기저항이 0.008Ω이므로 90m일 때 0.72Ω이 된다.

∴ 단자전압 : $V_r = V_s - 2IR = 26 - (2 \times 2A \times 0.72Ω) = 23.12V$

---

05 P형 수신기와 R형 수신기의 신호전송방식에 대해 쓰시오. 배점:4
  (1) P형 수신기
  (2) R형 수신기

- **실전모범답안**
  (1) 개별전송방식(1 : 1 접점방식)
  (2) 다중전송방식

상세해설

P형 수신기와 R형 수신기의 비교

구 분	(1) P형 수신기	(2) R형 수신기
시스템 구성	수신기, 감지기, 발신기	감지기, 발신기 등 이외 각종 local 장치와 수신기, 중계기
전송방식	**개별전송방식(1 : 1 접점방식)**	**다중전송방식**
신호종류	공통신호	고유신호
화재표시	표시등(lamp)	액정표시장치(LCD)
표시방식	창구식, 지도식	창구식, 지도식, CRT식, 디지털식
배관배선공사	선로수가 많아 복잡하다.	선로수가 적어 간단하다.
수신반 가격	저가	고가
유지관리	선로수가 많고 수신기에 자가진단기능이 없으므로 어렵다.	선로수가 적고 자가진단기능에 의해 고장발생을 자동으로 경보·표시하므로 쉽다.
도통시험	수신기에서 수동으로 시험	자동으로 검출되어 표시됨
설치장소	• 소규모 빌딩 • 단지규모가 적은 아파트 • 부지가 넓지 않은 공장 등	• 초고층 빌딩 • 대단지 아파트 • 부지가 넓은 공장 등
시스템 작동	감지기, 발신기 등 local장치의 신호를 수신하여 화재표시 및 경보를 발한다.	local장치가 동작 시 이를 중계기에서 고유신호로 변환하여 수신기에 통보하며, 수신기는 화재표시 및 경보를 발하고, 수신기에서는 이에 대응하는 출력신호를 중계기를 통하여 송신한다.
신뢰성	수신기 고장 시 전체 시스템 기능이 마비된다.	수신기 고장 시에도 중계기는 독자적으로 그 기능을 유지할 수 있다.

구 분	(1) P형 수신기	(2) R형 수신기
전압강하	선로의 길이에 따라 전압강하가 발생하므로 굵은 전선을 사용한다.	굵은 전선을 사용치 않더라도 전압강하의 우려가 없다.
신축, 변경, 증설	어렵다.	용이하다.

06 길이 50m의 통로에 객석유도등을 설치하려고 한다. 이때 필요한 객석유도등의 수량은 최소 몇 개인지 구하시오. 배점:3

- 실전모범답안

$$\frac{50[m]}{4} - 1 = 11.5 ≒ 12개(소수점 이하는 절상)$$

- 답 : 12개

상세해설

객석유도등의 설치개수

$$객석유도등의\ 설치개수 = \frac{객석통로의\ 직선부분의\ 길이[m]}{4} - 1$$

객석유도등의 설치개수 = $\frac{50[m]}{4} - 1 = 11.5 ≒ 12개$(소수점 이하는 절상)

07 굴곡장소가 많거나 금속관공사의 시공이 어려운 경우, 전동기와 옥내배선을 연결할 경우 사용하는 공사방법을 쓰시오. 배점:3

- 실전모범답안

  가요전선관공사

상세해설

가요전선관 시설장소의 제한(내선규정 2235-2)
① 가요전선관 배선은 외상을 받을 우려가 있는 장소에 시설하여서는 안 된다. 다만, 적당한 방호장치를 시설하는 경우는 적용하지 않는다.
② 가요전선관은 2종 가요전선관일 것. 다만, 전개된 장소 또는 점검할 수 있는 은폐된 장소로 건조한 장소에 사용하는 것(옥내배선의 사용전압이 400[V] 이상인 경우는 전동기에 접속한 부분으로 가요성을 필요로 하는 부분에 사용하는 것에 한한다.)은 1종 가요전선관을 사용할 수 있다.

가요전선관공사

실무에서는 흔히들 '플렉시블공사'라고 하므로 답안작성 시 유의하도록 하자.

---

08 청각장애인용 시각경보장치의 설치기준에 대한 다음 ( ) 안을 완성하시오. [배점 : 4]

(1) 공연장·집회장·관람장 또는 이와 유사한 장소에 설치하는 경우에는 시선이 집중되는 (①) 등에 설치할 것
(2) 바닥으로부터 (②)m 이하의 높이에 설치할 것. 다만, 천장높이가 2m 이하는 천장에서 (③)m 이내의 장소에 설치해야 한다.

• 실전모범답안
(1) ① 무대부 부분
(2) ② 2 이상 2.5   ③ 0.15

상세해설

청각장애인용 시각경보장치의 설치기준(NFTC 203)

① **복도·통로·청각장애인용 객실** 및 **공용**으로 사용하는 **거실**(로비, 회의실, 강의실, 식당, 휴게실, 오락실, 대기실, 체력단련실, 접객실, 안내실, 전시실, 기타 이와 유사한 장소를 말한다)에 설치하며, 각 부분으로부터 **유효하게 경보**를 발할 수 있는 위치에 설치할 것
(1) **공연장·집회장·관람장** 또는 이와 유사한 장소에 설치하는 경우에는 **시선이 집중되는** (① **무대부 부분**) 등에 설치할 것
(2) 설치높이는 바닥으로부터 (② **2m 이상 2.5m**) **이하**의 장소에 설치할 것. 다만, **천장의 높이가 2m 이하**인 경우에는 천장으로부터 (③ **0.15**)m **이내**의 장소에 설치해야 한다.

---

09 다음은 공기관식 차동식분포형감지기의 설치도면이다. 다음 각 물음에 답하시오. (단, 주요구조부를 내화구조로 한 소방대상물인 경우이다.) [배점 : 8]

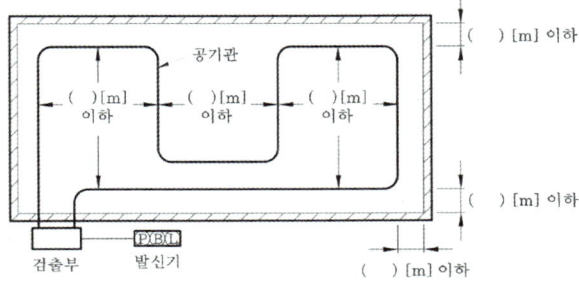

(1) 내화구조일 경우의 공기관 상호간의 거리와 감지구역의 각 변과의 거리는 몇 [m] 이하가 되도록 해야 하는지 도면의 ( ) 안에 쓰시오.
(2) 종단저항을 발신기에 설치할 경우 차동식분포형감지기의 검출부와 발신기 간에 연결해야 하는 전선의 가닥수를 도면에 표기하시오.
(3) 공기관의 노출부분의 길이는 몇 [m] 이상이 되어야 하는지 쓰시오.
(4) 검출부의 설치높이를 쓰시오.
(5) 검출부분에 접속하는 공기관의 길이는 몇 [m] 이하로 해야 하는지 쓰시오.
(6) 공기관의 재질은 무엇인지 쓰시오.
(7) 검출부는 몇 도 이하로 해야 하는지 쓰시오.

• 실전모범답안
(1) 20m (2) 100m (3) 1.5m (4) 9m (5) 5°

상세해설

공기관식 차동식분포형감지기의 설치기준(NFTC 203)
① 공기관의 **노출부분**은 감지구역마다 **20m 이상**이 되도록 할 것
② 공기관과 감지구역의 각 변과의 수평거리는 1.5m 이하가 되도록 하고, 공기관 상호간의 거리는 6m (주요구조부를 내화구조로 한 특정소방대상물 또는 그 부분에 있어서는 9m) 이하가 되도록 할 것
③ 공기관은 **도중**에서 **분기**하지 않도록 할 것
④ 하나의 **검출부분**에 접속하는 **공기관의 길이**는 **100m 이하**로 할 것
⑤ **검출부**는 **5° 이상** 경사되지 않도록 부착할 것
⑥ **검출부**는 **바닥**으로부터 **0.8m 이상 1.5m 이하**의 위치에 설치할 것

공기관식 차동식분포형감지기
① 공기관의 재질 : 동관(중공동관)
② 공기관의 규격
　㉠ 두께 : 0.3[mm] 이상
　㉡ 외경 : 1.9[mm] 이상
③ 공기관의 지지금속기구
　㉠ 스테이플
　㉡ 스티커

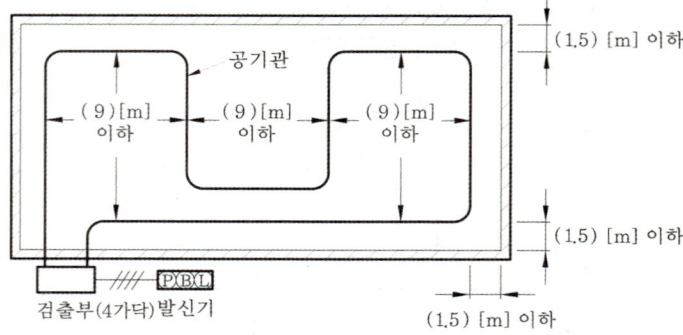

10 다음은 자동화재탐지설비의 P형 1급 수신기의 미완성 결선도이다. 다음 각 물음에 답하시오.

배점 : 10

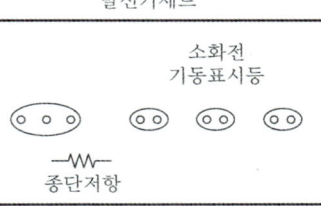

(1) 결선도를 완성하시오. (단, 발신기에 설치된 단자는 왼쪽으로부터 응답, 지구, 공통이다.)
(2) 종단저항은 어느선과 어느선 사이에 연결해야 하는지 쓰고, 각 기구의 명칭을 쓰시오.
(3) 발신기창의 상부에 설치하는 표시등의 색은?
(4) 발신기표시등은 그 불빛의 부착면으로부터 몇 도 이상의 범위 안에서 몇 [m]의 거리에서 식별할 수 있어야 하는지 쓰시오.

• **실전모범답안**

(1) (2)

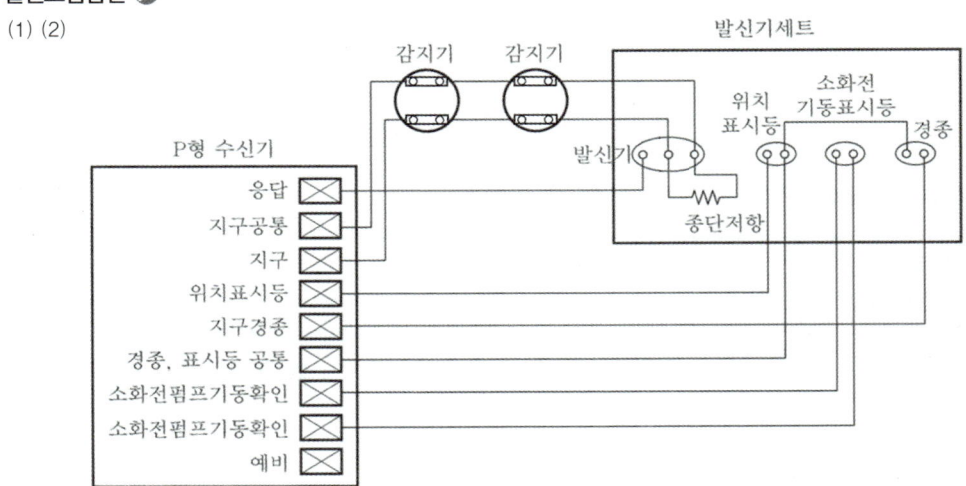

(3) 적색
(4) ① 15 ② 10

상세해설

(1), (2) 결선도 완성

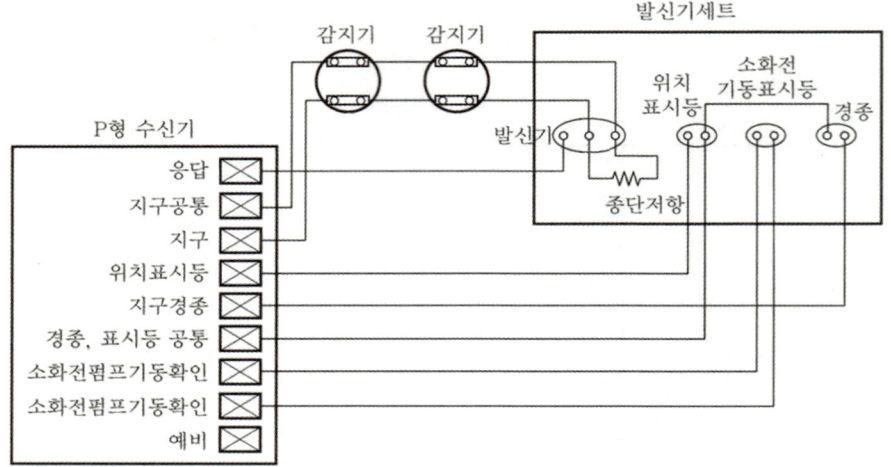

(3), (4) 발신기의 설치기준(NFTC 203)
① **조작**이 **쉬운 장소**에 설치하고, **스위치**는 바닥으로부터 **0.8[m] 이상 1.5[m] 이하**의 높이에 설치할 것
② 특정소방대상물의 **층**마다 설치하되, 해당 층의 각 부분으로부터 하나의 발신기까지의 **수평거리가 25[m] 이하**가 되도록 할 것. 다만, **복도** 또는 **별도로 구획된 실**로서 **보행거리**가 40[m] 이상일 경우에는 **추가**로 설치해야 한다.
③ **기둥** 또는 **벽**이 설치되지 아니한 **대형공간**의 경우 발신기는 설치대상장소의 **가장 가까운 장소**의 **벽** 또는 **기둥** 등에 설치할 것
④ 발신기의 **위치**를 표시하는 **표시등**은 함의 **상부**에 설치하되, 그 불빛은 부착면으로부터 **15° 이상**의 **범위** 안에서 **부착지점**으로부터 10[m] **이내**의 어느 곳에서도 **쉽게 식별**할 수 있는 **적색등**으로 해야 한다.

---

11. 광전식분리형감지기의 설치기준을 3가지 쓰시오. [배점 : 6]

- **실전모범답안**
  ① 감지기의 수광면은 햇빛을 직접 받지 않도록 설치할 것
  ② 광축(송광면과 수광면의 중심을 연결한 선)은 나란한 벽으로부터 0.6[m] 이상 이격하여 설치할 것
  ③ 감지기의 송광부와 수광부는 설치된 뒷벽으로부터 1[m] 이내 위치에 설치할 것

상세해설

광전식분리형감지기의 설치기준(NFTC 203)
① 감지기의 수광면은 햇빛을 직접 받지 않도록 설치할 것
② 광축(송광면과 수광면의 중심을 연결한 선)은 나란한 벽으로부터 0.6[m] 이상 이격하여 설치할 것
③ 감지기의 송광부와 수광부는 설치된 뒷벽으로부터 1[m] 이내 위치에 설치할 것
④ 광축의 높이는 천장 등(천장의 실내에 면한 부분 또는 상층의 바닥하부면을 말한다) 높이의 80[%] 이상일 것
⑤ 감지기의 광축의 길이는 공칭감시거리 범위 이내일 것

12 지하층, 무창층 등으로서 환기가 잘 되지 않거나 감지기의 부착면과 실내 바닥과의 거리가 2.3m 이하인 곳으로서 일시적으로 발생한 열, 연기 또는 먼지 등으로 인하여 화재신호를 발신할 우려가 있는 장소에 설치가 가능한 감지기(교차회로방식의 적용이 필요없는 감지기) 5가지를 쓰시오. (단, 축적방식의 감지기는 축적기능이 있는 수신기에 접속하지 않은 것으로 한다.)

배점 : 5

- 실전모범답안
  ① 아날로그방식의 감지기
  ② 다신호방식의 감지기
  ③ 축적방식의 감지기
  ④ 복합형감지기
  ⑤ 정온식감지선형감지기

상세해설

감지기의 적응성
(1) 지하층, 무창층 등으로서 환기가 잘 되지 않거나 실내면적이 40[m²] 미만인 장소, 감지기의 부착면과 실내 바닥과의 거리가 2.3[m] 이하인 곳으로서 일시적으로 발생한 열, 연기 또는 먼지 등으로 인하여 화재신호를 발신할 우려가 있는 장소에 설치가 가능한 감지기
(2) 비화재보의 우려가 있는 곳에 설치가 가능한 감지기
(3) 교차회로방식 배선의 감지기에 사용되지 않는 감지기
(4) 지하공동구에 설치가 가능한 감지기

(1), (2), (3), (4)에 적응성이 있는 감지기
  ① 아날로그방식의 감지기
  ② 다신호방식의 감지기
  ③ 축적방식의 감지기
  ④ 복합형감지기
  ⑤ 정온식감지선형감지기
  ⑥ 분포형감지기
  ⑦ 불꽃감지기
  ⑧ 광전식분리형감지기

13 저항이 100[Ω]인 경동선의 온도가 20[℃]이고 이 온도에서 저항온도계수가 0.00393이다. 경동선의 온도가 100[℃]로 상승할 때 저항값 [Ω]은 얼마인지 구하시오.

배점 : 4

- 실전모범답안
  $R_2 = 100 \times [1 + 0.00393 \times (100[℃] - 20[℃])] = 131.44[Ω]$
  - 답 : 131.44[Ω]

상세해설

전선의 저항온도계수

$$R_2 = R_1[1+\alpha_{t1}(t_2-t_1)]$$

여기서, R_2 : $t_2[℃]$에서의 도체의 저항[Ω] → ①
R_1 : $t_1[℃]$에서의 도체의 저항[Ω] → 100Ω
α_{t1} : $t_1[℃]$에서의 저항온도계수 → 0.00393
t_2 : 상승 후 온도[℃] → 100℃
t_1 : 상승 전 온도[℃] → 200℃

① 경동선의 저항(도체의 저항)
$R_2 = 100 \times [1+0.00393 \times (100[℃]-20[℃])] = $ **131.44[Ω]**

---

14 다음 표는 어느 건물의 자동화재탐지설비 공사에 소요되는 자재물량이다. 주어진 품셈을 이용하여 내선전공의 노임요율과 공량의 빈 칸을 채우고 인건비를 산출하시오. 배점 : 10

[조건]
① 공구손료는 인건비의 3%, 내선전공의 M/D는 100,000원을 적용한다.
② 콘크리트박스는 매립을 원칙으로 하며, 박스커버의 내선전공은 적용하지 않는다.
③ 빈 칸에 숫자를 적을 필요가 없는 부분은 공란으로 남겨둔다.

[표 1] 전선관배관 (m당)

합성수지 전선관		금속(후강)전선관		금속가요전선관	
관의 호칭	내선전공	관의 호칭	내선전공	관의 호칭	내선전공
14	0.04	–	–	–	–
16	0.05	16	0.08	16	0.044
22	0.06	22	0.11	22	0.059
28	0.08	28	0.14	28	0.072
36	0.10	36	0.20	36	0.087
42	0.13	42	0.25	42	0.104
54	0.19	54	0.34	54	0.136
70	0.28	70	0.44	70	0.156

[표 2] 박스(Box) 신설
(개당)

종 별	내선전공
8각 Concrete Box	0.12
4각 Concrete Box	0.12
8각 Outlet Box	0.20
중형 4각 Outlet Box	0.20
대형 4각 Outlet Box	0.20
1개용 Switch Box	0.20
2~3개용 Switch Box	0.20
4~5개용 Switch Box	0.25
노출형 Box(콘크리트 노출기준)	0.29
플로어박스	0.20

[표 3] 옥내배선
(m당, 직종 : 내선전공)

규 격	관내배선	규 격	관내배선
6mm² 이하	0.010	120mm² 이하	0.077
16mm² 이하	0.023	150mm² 이하	0.088
38mm² 이하	0.031	200mm² 이하	0.107
50mm² 이하	0.043	250mm² 이하	0.130
60mm² 이하	0.052	300mm² 이하	0.148
70mm² 이하	0.061	325mm² 이하	0.160
100mm² 이하	0.064	400mm² 이하	0.197

[표 4] 자동화재경보장치 설치

공 종	단 위	내선전공	비 고
Spot형 감지기 (차동식, 정온식, 보상식) 노출형	개	0.13	(1) 천장높이는 4m 기준 1m 증가시마다 5% 가산 (2) 매립형 또는 특수구조인 경우 조건에 따라 선정
시험기(공기관 포함)	개	0.15	(1) 상동 (2) 상동
분포형의 공기관	m	0.025	(1) 상동 (2) 상동
검출기	개	0.30	
공기관식의 Booster	개	0.10	
발신기 P형	개	0.30	
회로시험기	개	0.10	
수신기 P형(기본공수) (회선수 공수 산출 가산요)	대	6.0	[회선수에 대한 산정] 매 1회선에 대해서 <table><tr><th>형식\직종</th><th>내선전공</th></tr><tr><td>P형</td><td>0.3</td></tr><tr><td>R형</td><td>0.2</td></tr></table>※ R형은 순신반 인입감시 회선수 기준 [참고] 산정 예 : P형의 10회분 기본공수는 6인, 회선당 할증수는 10×0.3=3 ∴ 6+3=9인
부수신기(기본공수)	대	3.0	
소화전 기동릴레이	대	1.5	
경종	개	0.15	
표시등	개	0.20	
표지판	개	0.15	

(1) 내선전공의 노임요율 및 공량

품 명	규 격	단 위	수 량	노임요율	공 량
수신기	P형 5회로	EA	1		
발신기	P형	EA	5		
경종	DC-24	EA	5		
표시등	DC-24	EA	5		
차동식감지기	스포트형	EA	60		
전선관(후강)	16C	m	70		
전선관(후강)	22C	m	100		
전선관(후강)	28C	m	400		
전선	1.5mm²	m	10,000		
전선	2.5mm²	m	15,000		
콘크리트박스	4각	EA	5		
콘크리트박스	8각	EA	55		
박스커버	4각	EA	5		
박스커버	8각	EA	55		
계					

(2) 인건비

품 명	단 위	공 량	단 가(원)	금 액(원)
내선전공	인			
공구손료	식			
계				

• 실전모범답안

(1) 내선전공의 노임요율 및 공량

품 명	규 격	단 위	수 량	노임요율	공 량
수신기	P형 5회로	EA	1	100,000원	6+(5×0.3)=7.5
발신기	P형	EA	5	100,000원	5×0.3=1.5
경종	DC-24	EA	5	100,000원	5×0.15=0.75
표시등	DC-24	EA	5	100,000원	5×0.2=1
차동식감지기	스포트형	EA	60	100,000원	60×0.13=7.8
전선관(후강)	16C	m	70	100,000원	70×0.08=5.6
전선관(후강)	22C	m	100	100,000원	100×0.11=11
전선관(후강)	28C	m	400	100,000원	400×0.14=56
전선	1.5mm²	m	10,000	100,000원	10,000×0.01=100
전선	2.5mm²	m	15,000	100,000원	15,000×0.01=150
콘크리트박스	4각	EA	5	100,000원	5×0.12=0.6
콘크리트박스	8각	EA	55	100,000원	55×0.12=6.6
박스커버	4각	EA	5		
박스커버	8각	EA	55		
계					348.35

(2) 인건비

품 명	단 위	공 량	단가(원)	금액(원)
내선전공	인	348.35	100,000원	34,835,000
공구손료	식	10.45	100,000원	1,045,050
계				35,880,050

※ 노임요율이라는 단어 자체를 실무에서 사용하지 않기 때문에 문제에서 원하는 바를 정확히 확인하기 어려운 부분이 있는 문제! 전하고자 하는 바를 답안작성 과정에서 보여주고 답안이 맞다면 정답 처리 해주는 것으로 확인됩니다!

15 다음은 3상 유도전동기의 전전압 기동방식회로의 미완성 도면이다. 이 도면을 주어진 조건과 부품들을 사용해서 완성하시오. (단, 조작회로는 220[V]로 구성하며, 푸시버튼 스위치는 ON용 1개, OFF용 1개를 사용한다.) 배점 : 5

[조건]
① 전자접촉기 ⓂⒸ 및 그 보조접점을 사용한다.
② 정지표시등 ⒼⓁ은 전원표시등으로 사용하며, 전동기 운전 시에는 소등되도록 한다.
③ 운전표시등 ⓇⓁ은 운전 시의 표시등으로 사용한다.
④ 퓨즈의 심벌은 ▭ 으로 표현한다.
⑤ 부저는 열동계전기가 동작된 다음에 리셋버튼을 누를 때까지 계속 울리도록 C접점을 사용해서 그리도록 한다.

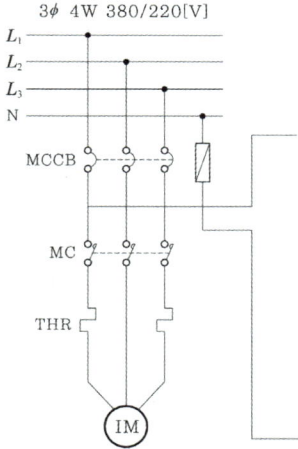

• 실전모범답안

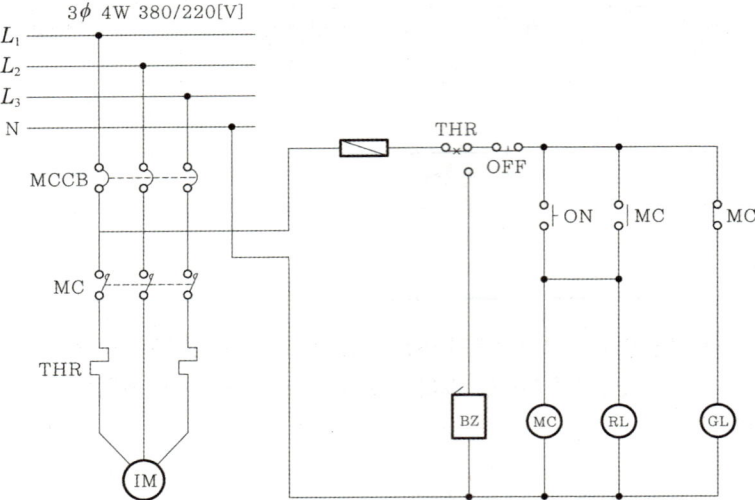

16 다음은 브리지 정류회로(전파정류회로)의 미완성 도면이다. 다음 각 물음에 답하시오.

배점 : 4

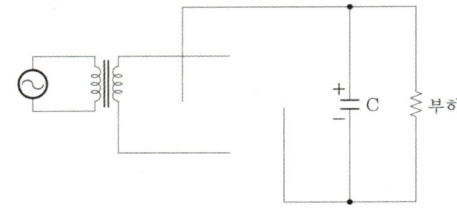

(1) 정류다이오드 4개를 사용하여 회로를 완성하시오.
(2) 회로상 C의 역할을 쓰시오.

• 실전모범답안
(1) 브리지 정류회로(전파정류회로)

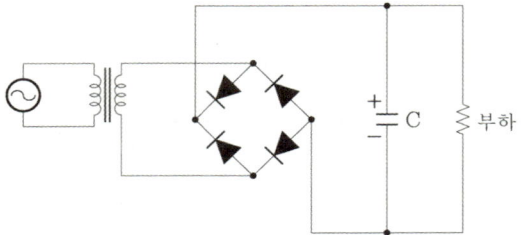

(2) 콘덴서(Condenser)
브리지회로의 출력측에 **병렬**로 설치하며 **직류전압**을 일정하게 유지시킨다.

17 지하 3층, 지상 12층인 특정소방대상물에 설치된 자동화재탐지설비의 음향장치의 설치기준에 관한 사항이다. 다음의 표와 같이 화재가 발생하였을 경우 우선적으로 경보해야 하는 층을 빈 칸에 표시하시오. (단, 경보표시는 ●를 사용한다.)

배점 : 6

구 분	1층 화재 시	지하 1층 화재 시	지하 2층 화재 시	지하 3층 화재 시
5층				
4층				
3층				
2층				
1층	화재(●)			
지하 1층		화재(●)		
지하 2층			화재(●)	
지하 3층				화재(●)

• 실전모범답안

구 분	1층 화재 시	지하 1층 화재 시	지하 2층 화재 시	지하 3층 화재 시
5층	●			
4층	●			
3층	●			
2층	●			
1층	화재(●)	●		
지하 1층	●	화재(●)	●	●
지하 2층	●	●	화재(●)	●
지하 3층	●	●	●	화재(●)

상세해설

경보방식

① 일제경보방식
   화재로 인한 경보발령 시 **전층**에 경보를 발하는 방식

② 우선경보방식
   층수가 **11층** 이상인 특정소방대상물 또는 **16층** 이상인 **공동주택**의 경우 적용

발화층	경보층
2층 이상	발화층 + 직상 4개 층
1층	발화층 + 직상 4개 층 + 지하층
지하층	발화층 + 직상층 + 기타 지하층

18 다음 그림과 같은 유접점 시퀀스회로에 대해 다음 각 물음에 답하시오. [배점:8]

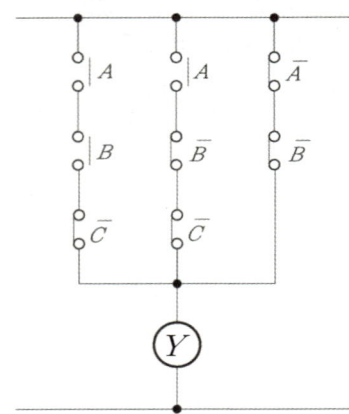

구 분	t_1	t_2	t_3	t_4	t_5	t_6	t_7	t_8
A		▨	▨			▨		
B			▨	▨			▨	
C					▨	▨	▨	
Y								

(1) 그림의 시퀀스회로를 가장 간략화한 논리식으로 표현하시오.
(2) (1)에서 가장 간략화한 논리식을 무접점 논리회로로 그리시오.
(3) 위 회로를 보고 타임차트를 완성하시오.

- 실전모범답안

(1) $Y = \overline{AB} + \overline{AC}$

(2)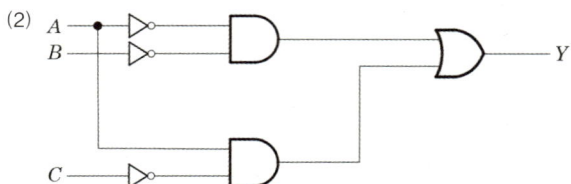

(3)

	t_1	t_2	t_3	t_4	t_5	t_6	t_7	t_8
A		▨	▨			▨		
B			▨	▨			▨	
C					▨	▨	▨	
Y	▨	▨	▨		▨	▨	▨	▨

상세해설

(1), (2), (3)

게이트	논리회로	논리식	시퀀스회로	진리표
AND	(A, B 입력 AND 게이트 → X)	$X = A \cdot B = AB$	(A, B 직렬 접점, X_a)	A B X 0 0 0 0 1 0 1 0 0 1 1 1
OR	(A, B 입력 OR 게이트 → X)	$X = A + B$	(A, B 병렬 접점, X_a)	A B X 0 0 0 0 1 1 1 0 1 1 1 1
NOT	(A 입력 NOT 게이트 → X)	$X = \overline{A}$	(A 접점, X_b)	A X 0 1 1 0
NAND (Not AND)	(A, B 입력 NAND 게이트 → X)	$X = \overline{AB}$	(A, B 직렬 접점, X_b)	A B X 0 0 1 0 1 1 1 0 1 1 1 0
NOR (Not OR)	(A, B 입력 NOR 게이트 → X)	$X = \overline{A + B}$	(A, B 병렬 접점, X_a)	A B X 0 0 1 0 1 0 1 0 0 1 1 0
XOR (Exclusive OR)	(A, B 입력 XOR 게이트 → X)	$X = A \oplus B$ $= \overline{A}B + A\overline{B}$	($\overline{A}, A, B, \overline{B}$ 접점, X_a)	A B X 0 0 0 0 1 1 1 0 1 1 1 0
XNOR (Exclusive NOR)	(A, B 입력 XNOR 게이트 → X)	$X = A \odot B$ $= \overline{A}\overline{B} + AB$	($A, \overline{A}, B, \overline{B}$ 접점, X_a)	A B X 0 0 1 0 1 0 1 0 0 1 1 1

M·e·m·o

2019년도 국가기술자격 실기시험문제

자격종목	소방설비기사(전기)	형별	A	수험번호	
시험시간	3시간	일시		성명	

【문제 1】 자동화재탐지설비에 사용되는 감지기의 절연저항시험을 하려고 한다. 사용기기와 판정기준 및 측정위치를 쓰시오. (단, 정온식감지선형감지기는 제외한다.) (6점)

(1) 사용기기 :

(2) 판정기준 :

(3) 측정위치 :

【문제 2】 무선통신보조설비의 분배기, 분파기, 혼합기에 대하여 간단하게 설명하시오. (6점)

【문제 3】 비상조명등의 설치기준에 대한 다음 (   ) 안을 완성하시오. (5점)
(1) 예비전원을 내장하는 비상조명등에는 평상시 점등여부를 확인할 수 있는 (①)를 설치하고 해당 조명등을 유효하게 작동시킬 수 있는 용량의 (②)와 (③)를 내장할 것
(2) 비상전원은 비상조명등을 (④) 이상 유효하게 작동시킬 수 있는 용량으로 할 것. 다만, 다음의 특정소방대상물의 경우에는 그 부분에서 피난층에 이르는 부분의 비상조명등을 (⑤) 이상 유효하게 작동시킬 수 있는 용량으로 해야 한다.
  – 지하층을 제외한 층수가 11층 이상의 층
  – 지하층 또는 무창층으로서 용도가 도매시장·소매시장·여객자동차터미널·지하역사 또는 지하상가

【문제 4】 차동식스포트형감지기의 구조를 나타낸 그림이다. ①~④의 각 명칭을 쓰시오. (4점)

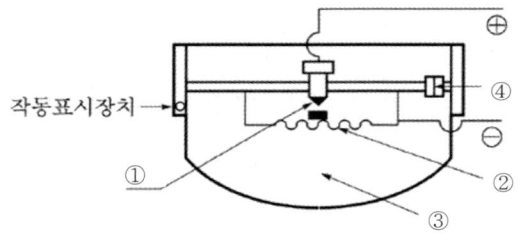

【문제 5】 다음은 소방시설의 배선방식에 관한 내용이다. 다음 각 물음에 답하시오. (6점)
(1) 송배선방식에 대해 설명하시오.
(2) 교차회로방식에 대해 설명하시오.
(3) 교차회로방식으로 적용하는 설비 5가지를 쓰시오.

【문제 6】 자동화재탐지설비의 구성요소인 감지기의 설치개략도이다. 그림을 참고하여 다음 물음에 답하시오. (5점)

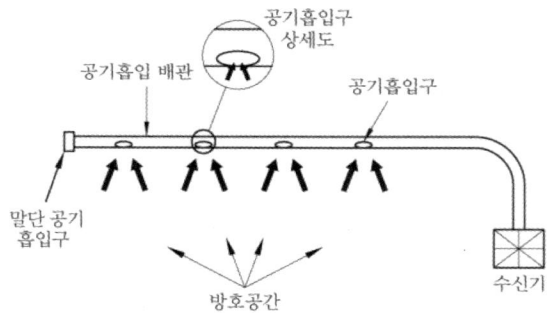

(1) 이 감지기의 동작원리에 대해 설명하시오.
(2) 이 감지기에서 공기흡입 배관망에 설치된 가장 먼 공기흡입지점(말단공기흡인구)에서 감지기 부분(수신기)까지 몇 초 이내에 연기를 이송할 수 있는 성능이 있어야 하는지 쓰시오.

【문제 7】 어느 특정소방대상물의 한 층의 바닥면적이 500m²이다. 차동식스포트형감지기 1종을 설치할 경우 한 개 층에 설치되는 감지기는 몇 개인지 구하시오. (단, 주요구조부는 내화구조이며, 감지기의 설치높이는 4.5m이다.) (4점)

【문제 8】 금속관공사(배선)에 이용되는 부품의 명칭을 쓰시오. (3점)
(1) 관이 고정되어 있지 않을 때 금속관 상호간을 접속하는 데 사용하는 부품
(2) 전선의 절연피복을 보호하기 위하여 금속관 끝에 취부하여 사용하는 부품
(3) 박스와 금속관을 고정시킬 때 사용하는 부품

【문제 9】 다음을 영문 약자로 나타내시오. (4점)
(1) 누전차단기
(2) 누전경보기
(3) 영상변류기
(4) 전자접촉기

【문제 10】 공기관식 차동식분포형감지기의 설치기준에 대한 다음 (   ) 안을 완성하시오. (10점)
(1) 공기관의 노출부분은 (①)이 되도록 할 것
(2) 공기관은 도중에서 (②)하도록 할 것
(3) 하나의 검출부분에 접속하는 공기관의 길이는 (③)로 할 것
(4) 검출부는 5° 이상 (④)할 것
(5) 공기관과 감지구역의 각 변과의 수평거리는 (⑤)가 되도록 하고, 공기관 상호간의 거리는 6m(주요 구조부를 내화구조로 한 특정소방대상물 또는 그 부분에 있어서는 9m) 이하가 되도록 할 것

【문제 11】 P형 수신기의 동시작동시험을 하는 목적을 쓰시오. (3점)

【문제 12】 공통선을 시험하는 목적과 그 방법을 쓰시오. (6점)
(1) 목적
(2) 방법

【문제 13】 다음은 준비작동식 스프링클러설비의 계통도이다. 그림을 보고 각 물음에 답하시오. (단, 감지기 공통선과 전원 공통선을 분리해서 사용하고, 프리액션밸브용 압력스위치, 탬퍼스위치 및 솔레노이드밸브의 공통선은 1가닥을 사용한다.) (7점)

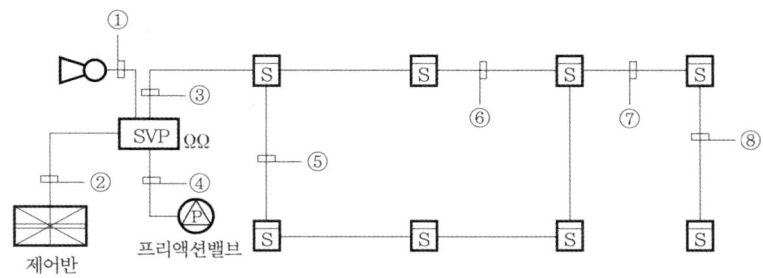

(1) 그림을 보고 ①~⑧까지의 가닥수를 쓰시오.

기 호	①	②	③	④	⑤	⑥	⑦
가닥수							

(2) ②의 가닥수와 배선내역을 쓰시오.

②	가닥수	내 역

【문제 14】 자동화재탐지설비의 R형 수신기에 대한 다음 각 물음에 답하시오. (6점)
(1) R형 수신기의 전송방식에 대해 설명하시오.
(2) R형 수신기의 시스템 작동에 대한 설명이다. (   )에 들어갈 알맞은 말을 쓰시오.
   - local장치가 동작 시 이를 중계기에서 (   )로 변환하여 수신기에 통보하며, 수신기는 화재표시 및 경보를 발하고, 수신기에서는 이에 대응하는 출력신호를 중계기를 통하여 송신한다.
(3) R형 수신기는 local장치의 동작으로 인한 신호 입력 시 몇 초 이내에 응답해야 하는가?

【문제 15】 주어진 조건을 이용하여 자동화재탐지설비의 수동발신기 간 연결간선수를 구하고 각 선로의 용도를 표시하시오. (8점)

── 〈 조 건 〉──
① 선로의 수는 최소로 하고 발신기 공통선은 1선, 경종 및 표시등 공통선을 1선으로 하고 7경계구역이 넘을 시 발신기 공통선, 경종 및 표시등 공통선은 각각 1선씩 추가하는 것으로 한다.
② 건물의 규모는 지상 6층, 지하 2층으로 연면적은 3,500m²인 것으로 한다.
③ 화재로 인하여 하나의 층의 지구음향장치 또는 배선이 단락되어도 다른 층의 화재 통보에 지장이 없도록 각 층 배선 상에 유효한 조치를 하였다.

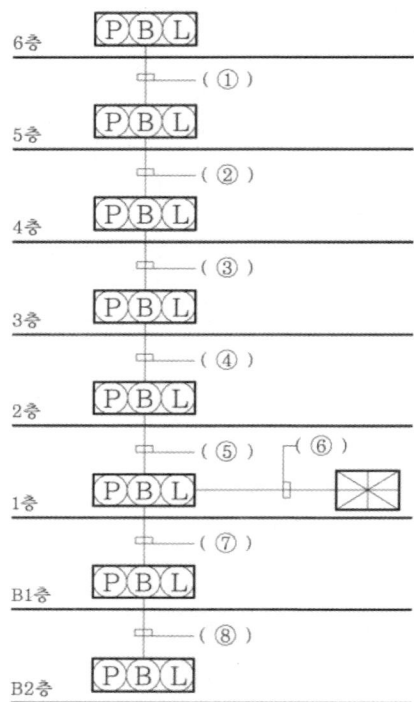

〈답안 작성 예시(7선)〉
• 수동발신기 지구선 : 2선
• 수동발신기 응답선 : 1선
• 수동발신기 공통선 : 1선
• 경종선 : 1선
• 표시등선 : 1선
• 경종 및 표시등 공통선 : 1선

【문제 16】 다음은 플롯스위치(float switch)에 의한 펌프모터의 레벨제어에 관한 미완성 도면이다. 도면을 보고 다음 각 물음에 답하시오. (7점)

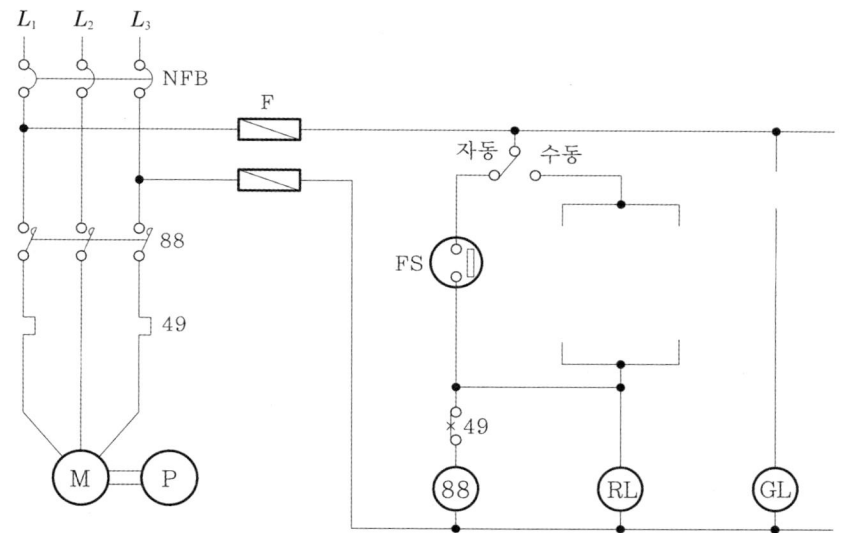

(1) 배선용 차단기(NFB)의 명칭을 원어(우리말 발음)로 쓰고, 이 차단기의 특징을 쓰시오.
(2) 제어회로 '49'의 명칭을 쓰시오.
(3) 동작 접점을 '수동'으로 연결하였을 때 푸시버튼스위치(PB-on, PB-off)와 접촉기 접점만으로 제어회로를 구성하시오. (단, 전원을 투입하면 'GL램프'는 점등되나 PB-on 스위치를 ON하면 'GL램프'는 소등되고 'RL램프'는 점등된다.)

【문제 17】 다음 그림은 옥내소화전설비의 블록다이어그램이다. 각 구성요소 간 배선을 내화배선, 내열배선, 일반배선으로 구분하여, 블록다이어그램을 완성하시오.
(단, 내화배선: ■ 내열배선: ▨ 일반배선: ───) (5점)

```
                                          시동표시등
                                          위치표시등
                                          기동장치
   비상전원    제어반    전동기 펌프        소화전함
```

【문제 18】 3상, 380V, 30kW 스프링클러 펌프용 유도전동기이다. 전동기의 역률이 60%일 때 역률을 90%로 개선할 수 있는 전력용 콘덴서의 용량은 몇 [kVA]인지 구하시오. (5점)

해설 2019 과년도 기출문제

01 자동화재탐지설비에 사용되는 감지기의 절연저항시험을 하려고 한다. 사용기기와 판정기준 및 측정위치를 쓰시오. (단, 정온식감지선형감지기는 제외한다.) 배점:6
 (1) 사용기기 :
 (2) 판정기준 :
 (3) 측정위치 :

• 실전모범답안
 (1) 직류 500V 절연저항계
 (2) 50MΩ 이상 시 정상
 (3) 절연된 단자 간 및 단자와 외함 간

상세해설

감지기의 절연저항시험

절연저항계	구 분	측정개소	절연저항	예 외
직류 500 V	• 감지기	• 절연된 단자 간 및 단자와 외함 간	50MΩ 이상	정온식감지선형감지기 : 1,000MΩ 이상

02 무선통신보조설비의 분배기, 분파기, 혼합기에 대하여 간단하게 설명하시오. 배점:6

• 실전모범답안
 ① 분배기 : 신호의 전송로가 분기되는 장소에 설치하는 것으로 **임피던스 매칭**(Matching)과 **신호 균등분배**를 위해 사용하는 장치를 말한다.
 ② 분파기 : 서로 다른 주파수의 합성된 신호를 분리하기 위해서 사용하는 장치를 말한다.
 ③ 혼합기 : 2 이상의 **입력신호**를 원하는 비율로 조합한 **출력**이 **발생**하도록 하는 장치를 말한다.

상세해설

무선통신보조설비 용어의 정의(NFTC 505)
 ① 누설동축케이블 : 동축케이블의 외부 도체에 가느다란 홈을 만들어서 **전파가 외부로 새어나갈 수 있도록** 한 케이블을 말한다.
 ② 분배기 : 신호의 전송로가 분기되는 장소에 설치하는 것으로 **임피던스 매칭**(Matching)과 **신호 균등분배**를 위해 사용하는 장치를 말한다.
 ③ 분파기 : 서로 다른 주파수의 합성된 신호를 분리하기 위해서 사용하는 장치를 말한다.

④ 혼합기 : 2 이상의 입력신호를 원하는 비율로 조합한 출력이 발생하도록 하는 장치를 말한다.
⑤ 증폭기 : 전압·전류의 진폭을 늘려 감도 등을 개선하는 장치를 말한다.

03 비상조명등의 설치기준에 대한 다음 (   ) 안을 완성하시오.

배점 : 5

(1) 예비전원을 내장하는 비상조명등에는 평상시 점등여부를 확인할 수 있는 (①)를 설치하고 해당 조명등을 유효하게 작동시킬 수 있는 용량의 (②)와 (③)를 내장할 것
(2) 비상전원은 비상조명등을 (④) 이상 유효하게 작동시킬 수 있는 용량으로 할 것. 다만, 다음의 특정소방대상물의 경우에는 그 부분에서 피난층에 이르는 부분의 비상조명등을 (⑤) 이상 유효하게 작동시킬 수 있는 용량으로 해야 한다.
 - 지하층을 제외한 층수가 11층 이상의 층
 - 지하층 또는 무창층으로서 용도가 도매시장·소매시장·여객자동차터미널·지하역사 또는 지하상가

• 실전모범답안
(1) ① 점검스위치   ② 축전지   ③ 예비전원 충전장치
(2) ④ 20   ⑤ 60

상세해설

비상조명등의 설치기준(NFTC 304)
① 특정소방대상물의 각 거실과 그로부터 지상에 이르는 복도·계단 및 그 밖의 통로에 설치할 것
② 조도는 비상조명등이 설치된 장소의 각 부분의 바닥에서 1lx 이상이 되도록 할 것
③ 예비전원을 내장하는 비상조명등에는 평상시 점등여부를 확인할 수 있는 점검스위치를 설치하고 해당 조명등을 유효하게 작동시킬 수 있는 용량의 축전지와 예비전원 충전장치를 내장할 것
④ 예비전원을 내장하지 아니하는 비상조명등의 비상전원은 자가발전설비, 축전지설비 또는 전기저장장치(외부 전기에너지를 저장해 두었다가 필요한 때 전기를 공급하는 장치)를 다음의 기준에 따라 설치해야 한다.
  ㉠ 점검에 편리하고 화재 및 침수 등의 재해로 인한 피해를 받을 우려가 없는 곳에 설치할 것
  ㉡ 상용전원으로부터 전력의 공급이 중단된 때에는 자동으로 비상전원으로부터 전력을 공급받을 수 있도록 할 것
  ㉢ 비상전원의 설치장소는 다른 장소와 방화구획 할 것. 이 경우 그 장소에는 비상전원의 공급에 필요한 기구나 설비 외의 것(열병합발전설비에 필요한 기구나 설비는 제외한다)을 두어서는 안 된다.
  ㉣ 비상전원을 실내에 설치하는 때에는 그 실내에 비상조명등을 설치할 것
⑤ 비상전원은 비상조명등을 20분 이상 유효하게 작동시킬 수 있는 용량으로 할 것. 다만, 다음의 특정소방대상물의 경우에는 그 부분에서 피난층에 이르는 부분의 비상조명등을 60분 이상 유효하게 작동시킬 수 있는 용량으로 해야 한다.
  ㉠ 지하층을 제외한 층수가 11층 이상의 층
  ㉡ 지하층 또는 무창층으로서 용도가 도매시장·소매시장·여객자동차터미널·지하역사 또는 지하상가

04 차동식스포트형감지기의 구조를 나타낸 그림이다. ①~④의 각 명칭을 쓰시오. [배점 : 4]

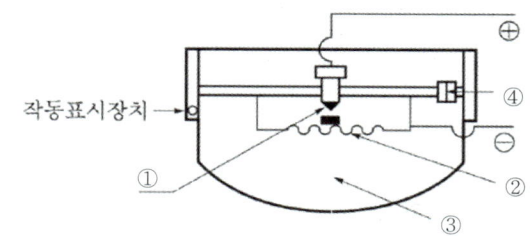

• 실전모범답안

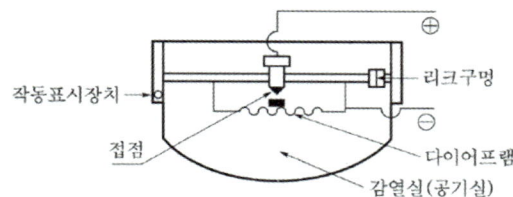

05 다음은 소방시설의 배선방식에 관한 내용이다. 다음 각 물음에 답하시오. [배점 : 6]
(1) 송배선방식에 대해 설명하시오.
(2) 교차회로방식에 대해 설명하시오.
(3) 교차회로방식으로 적용하는 설비 5가지를 쓰시오.

• 실전모범답안
(1) **수신기**에서 **회로도통시험**을 용이하게 하기 위하여 배선의 도중에서 **분기하지 않는 방식**
(2) **설비**의 **오작동**을 **방지**하기 위하여 **2개 이상의 회로**가 **교차**되도록 **설치**하여 인접한 2개 이상의 회로가 **동시**에 **작동**해야 설비가 작동되도록 하는 방식
(3) ① 준비작동식 스프링클러설비
    ② 일제살수식 스프링클러설비
    ③ 이산화탄소소화설비
    ④ 할론소화설비
    ⑤ 할로겐화합물 및 불활성기체 소화설비

상세해설

소방시설의 배선방식
(1) **송배선식 배선(보내기 배선)**
수신기에서 회로도통시험을 용이하게 하기 위하여 배선의 도중에서 분기하지 않는 방식
〈적용설비〉
① 자동화재탐지설비
② 제연설비

(2), (3) 교차회로방식
　　① 교차회로방식 : 설비의 **오작동**을 **방지**하기 위하여 **2개 이상**의 회로가 **교차**되도록 **설치**하여 인접한 2개 이상의 회로가 **동시**에 **작동**해야 **설비**가 **작동**되도록 하는 방식
　　〈적용설비〉
　　㉠ 준비작동식 스프링클러설비
　　㉡ 일제살수식 스프링클러설비
　　㉢ 이산화탄소소화설비
　　㉣ 할론소화설비
　　㉤ 할로겐화합물 및 불활성기체 소화설비
　　㉥ 분말소화설비

06 자동화재탐지설비의 구성요소인 감지기의 설치개략도이다. 그림을 참고하여 다음 물음에 답하시오.

배점 : 5

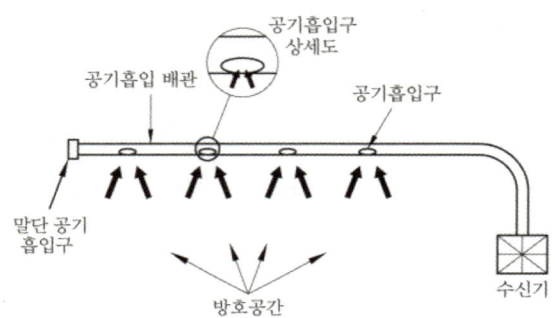

(1) 이 감지기의 동작원리에 대해 설명하시오.
(2) 이 감지기에서 공기흡입 배관망에 설치된 가장 먼 공기흡입지점(말단공기흡인구)에서 감지기 부분(수신기)까지 몇 초 이내에 연기를 이송할 수 있는 성능이 있어야 하는지 쓰시오.

• 실전모범답안
(1) **평상 시 공기흡입펌프**가 **흡입배관**을 통하여 **주위공기**를 계속 **흡입**하고 **화재발생 시** 흡입된 공기 중에 함유된 **연소생성물**의 성분을 분석하여 화재를 감지한다.
(2) 120초

상세해설

광전식공기흡입형감지기
(1) 광전식공기흡입형감지기
　　① 구성요소 : 흡입배관, 공기흡입펌프(aspirator), 감지부, 제어부, 필터
　　② 동작원리 : 평상 시 **공기흡입펌프**가 **흡입배관**을 통하여 **주위공기**를 계속 **흡입**하고 **화재발생 시** 흡입된 공기 중에 함유된 **연소생성물**의 성분을 분석하여 화재를 감지한다.
(2) 감지기의 형식승인 및 제품검사의 기술기준 제19조(광전식감지기의 공칭축적시간의 구분, 공칭감시거리, 화재정보신호 및 감도시험)

공기흡입형 광전식감지기의 공기흡입장치는 공기배관망에 설치된 가장 먼 샘플링 지점에서 감지부분까지 120초 이내에 연기를 이송할 수 있어야 한다.

07
어느 특정소방대상물의 한 층의 바닥면적이 500m²이다. 차동식스포트형감지기 1종을 설치할 경우 한 개 층에 설치되는 감지기는 몇 개인지 구하시오. (단, 주요구조부는 내화구조이며, 감지기의 설치높이는 4.5m이다.)

배점 : 4

- 실전모범답안

$$\frac{500\text{m}^2}{45\text{m}^2} = 11.111 ≒ 12\text{개(소수점 이하는 절상)}$$

- 답 : 12개

상세해설

감지기의 설치개수

차동식·보상식·정온식 스포트형 감지기의 부착높이에 따른 바닥면적기준

(단위 : [m²])

부착높이 및 소방대상물의 구분		감지기의 종류						
		차동식 스포트형		보상식 스포트형		정온식 스포트형		
		1종	2종	1종	2종	특종	1종	2종
4m 미만	주요구조부를 내화구조로 한 특정소방대상물 또는 그 부분	90	70	90	70	70	60	20
	기타 구조의 특정소방대상물 또는 그 부분	50	40	50	40	40	30	15
4m 이상 8m 미만	주요구조부를 내화구조로 한 특정소방대상물 또는 그 부분	45	35	45	35	35	30	설치 불가
	기타 구조의 특정소방대상물 또는 그 부분	30	25	30	25	25	15	설치 불가

조건에 따라 **차동식 스포트형 1종, 내화구조, 층고 4m 이상**이므로 기준면적은 **45m²**가 된다. 따라서 감지기 설치개수는

$$\frac{500\text{m}^2}{45\text{m}^2} = 11.111 ≒ 12\text{개(소수점 이하는 절상)}$$

08 금속관공사(배선)에 이용되는 부품의 명칭을 쓰시오. 배점:3

(1) 관이 고정되어 있지 않을 때 금속관 상호간을 접속하는 데 사용하는 부품
(2) 전선의 절연피복을 보호하기 위하여 금속관 끝에 취부하여 사용하는 부품
(3) 박스와 금속관을 고정시킬 때 사용하는 부품

- **실전모범답안**
  (1) 커플링
  (2) 부싱
  (3) 로크너트

상세해설

금속관용 부속품

명 칭	용 도	외 형
노멀밴드	금속관을 직각으로 굽히는 곳에 사용한다.	
유니버설 엘보	노출배관공사에서 금속관을 직각으로 굽히는 곳에 사용한다.(T형과 크로스형이 있다.)	
부싱	전선의 절연피복을 보호하기 위하여 금속관 끝에 취부하여 사용한다.	
로크너트	박스와 금속관을 고정할 때 사용한다.(박스 구멍당 2개를 사용한다.)	
링리듀셔	금속관을 아우트렛박스에 로크너트만으로 고정하기 어려울 때 보조적으로 사용한다.	
커플링	관이 고정되어 있지 않을 때 금속관 상호간을 접속하는 데 사용한다.	

명 칭	용 도	외 형
유니언커플링	관이 고정되어 있을 때 금속관 상호간을 접속하는 데 사용한다.	
엔트렌스 캡	인입구 또는 인출구의 금속관 관단에 설치하여 빗물 침입을 방지하는 데 사용한다.	
리머	금속관의 끝부분을 다듬질하는 데 사용한다.	
새들	금속관을 벽이나 천장 등에 고정하는 데 사용한다.	

09 다음을 영문 약자로 나타내시오.

배점 : 4

(1) 누전차단기
(2) 누전경보기
(3) 영상변류기
(4) 전자접촉기

• 실전모범답안

(1) 누전차단기(Electric Leakage Breaker : ELB)
(2) 누전경보기(Earth Leakage Detector : ELD)
(3) 영상변류기(Zero Phase Sequence Current Transformer : ZCT)
(4) 전자접촉기(Magnetic Contactor : MC)

10 공기관식 차동식분포형감지기의 설치기준에 대한 다음 ( ) 안을 완성하시오.

배점 : 10

(1) 공기관의 노출부분은 (①)이 되도록 할 것
(2) 공기관은 도중에서 (②)하도록 할 것
(3) 하나의 검출부분에 접속하는 공기관의 길이는 (③)로 할 것
(4) 검출부는 5° 이상 (④)할 것
(5) 공기관과 감지구역의 각 변과의 수평거리는 (⑤)가 되도록 하고, 공기관 상호간의 거리는 6m(주요 구조부를 내화구조로 한 특정소방대상물 또는 그 부분에 있어서는 9m) 이하가 되도록 할 것

• 실전모범답안
  ① 감지구역마다 20m 이상   ② 분기하지 아니   ③ 100m 이하
  ④ 경사되지 아니하도록 부착   ⑤ 1.5m 이하

상세해설

공기관식 차동식스포트형감지기의 설치기준(NFTC 203)
① 공기관의 노출부분은 (감지구역마다 20m 이상   )이 되도록 할 것
② 공기관과 감지구역의 각 변과의 수평거리는 (1.5m 이하   )가 되도록 하고, 공기관 상호간의 거리는 6m(주요 구조부를 내화구조로 한 특정소방대상물 또는 그 부분에 있어서는 9m) 이하가 되도록 할 것
③ 공기관은 도중에서 (분기하지 아니   )하도록 할 것
④ 하나의 검출부분에 접속하는 공기관의 길이는 (100m 이하   )로 할 것
⑤ 검출부는 5° 이상 (경사되지 아니하도록 부착   )할 것
⑥ 검출부는 바닥으로부터 0.8m 이상 1.5m 이하의 위치에 설치할 것

---

11 P형 수신기의 동시작동시험을 하는 목적을 쓰시오. [배점 : 3]

• 실전모범답안
  감지기가 동시에 수 회선 작동하더라도 수신기의 기능에 이상유무를 확인하기 위한 시험

---

12 공통선을 시험하는 목적과 그 방법을 쓰시오. [배점 : 6]
  (1) 목적
  (2) 방법

• 실전모범답안
  (1) 목적 : 공통선이 담당하고 있는 경계구역의 수의 적정여부를 확인하기 위한 시험
  (2) 방법 : • 수신기 내 접속단자의 회로 공통선을 1선 제거한다.
           • 회로도통시험의 예에 따라 회로선택스위치를 회로별로 회전시킨다.
           • 전압계 또는 LED를 확인하여 '단선'을 지시한 경계구역의 회선수를 점검한다.

상세해설

수신기의 기능시험
① 동시작동시험(1회선은 제외)
    감지기가 동시에 수 회선 작동하더라도 수신기의 기능에 이상유무를 확인하기 위한 시험
    ㉠ 시험방법
        • 주전원에 따라 행한다.
        • 5회선(5회선 미만은 전 회선)을 동시에 작동시킨다(회선별로 복구가 되지 말 것).

- 위의 경우 주음향장치 및 지구음향장치를 명동시킨다.
- 부수신기와 표시기를 함께 설치하고 있는 것에 있어서는 이 전부를 작동상태로 한다.
  ⓒ 가부판정의 기준 : 각 회선을 동시에 작동시켰을 때 수신기, 부수신기, 표시기, 음향장치 등의 기능에 이상이 없어야 하며, 또한 유효하게 화재작동을 계속하는 것으로 할 것
② 공통선시험
  공통선이 담당하고 있는 경계구역의 수의 적정여부를 확인하기 위한 시험
  ㉠ 시험방법
   - 수신기 내 접속단자의 회로 공통선을 1선 제거한다.
   - 회로도통시험의 예에 따라 회로선택스위치를 회로별로 회전시킨다.
   - 전압계 또는 LED를 확인하여 '단선'을 지시한 경계구역의 회선수를 점검한다.
  ㉡ 가부판정의 기준 : 공통선이 담당하고 있는 경계구역의 수가 7 이하일 것

13 다음은 준비작동식 스프링클러설비의 계통도이다. 그림을 보고 각 물음에 답하시오. (단, 감지기 공통선과 전원 공통선을 분리해서 사용하고, 프리액션밸브용 압력스위치, 탬퍼스위치 및 솔레노이드밸브의 공통선은 1가닥을 사용한다.)

배점 : 7

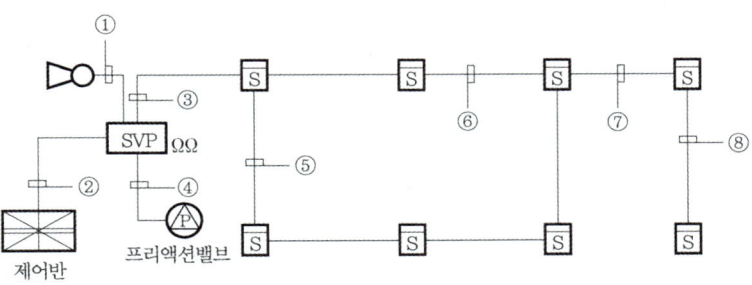

(1) 그림을 보고 ①~⑧까지의 가닥수를 쓰시오.

기호	①	②	③	④	⑤	⑥	⑦	⑧
가닥수								

(2) ②의 가닥수와 배선내역을 쓰시오.

②	가닥수	내 역

- **실전모범답안**

(1)
기호	①	②	③	④	⑤	⑥	⑦	⑧
가닥수	2	9	8	4	4	4	8	4

(2)
②	가닥수	내 역
	9	전원 +, −, 감지기 A, 사이렌, 감지기 B, 기동, 밸브개방확인, 밸브주의, 감지기 공통

상세해설

준비작동식 스프링클러설비의 전선가닥수

(1) 전선가닥수

① 준비작동식 스프링클러설비의 전선가닥수

기본 가닥수	감시제어반(수신반) ↔ SVP (기본 가닥수 : 8가닥)							SVP(슈퍼비죠리판넬) ↔ 준비작동식밸브 (프리액션밸브, P/V) (기본 가닥수 : 4가닥)			
	전원 +	전원 −	감지기A	사이렌	감지기B	기동	밸브 개방 확인	밸브 주의 (TS)	공통	TS	PS	SOL
가닥수의 추가 조건	1가닥		① 준비작동식밸브(프리액션밸브(P/V)) 수마다 1가닥씩 추가 ② 밸브주의(TS)선은 조건에 따라 추가						① 기본 4가닥 ② 조건에 따라 추가			

※ 1. 문제의 조건에서 감지기 공통선을 별도로 사용하라고 하였을 경우 감지기 공통선 1가닥을 추가할 것
　2. 사이렌선 : 지하층에 관한 문제에서 우선경보방식의 조건이 있을 경우 지하 모든 층에 경보가 되므로 1가닥으로 산출한다.
　3. 기타 배선 : 문제의 조건에 따라 추가 가능

② 배선내역

구 분	배선수	배선의 용도
①	2	사이렌 2(공통 1, 사이렌 1)
②	9	전원 +, −, 감지기 A, 사이렌, 감지기 B, 기동, 밸브개방확인, 밸브주의, 감지기 공통
③	8	공통 4, 회로 4
④	4	공통선, TS(탬퍼스위치), PS압력(압력스위치), SOL(솔레노이드밸브)
⑤	4	공통 2, 회로 2
⑥	4	공통 2, 회로 2
⑦	8	공통 4, 회로 4
⑧	4	공통 2, 회로 2

※ 1. 문제 조건에서 감지기 공통선과 전원 공통선은 분리해서 사용하므로 ②의 기본 가닥수는 10가닥이 된다.
　2. 문제 조건에서 프리액션밸브용 압력스위치(PS), 탬퍼스위치(TS) 및 솔레노이드밸브(SOL)의 공통선은 1가닥을 사용한다.

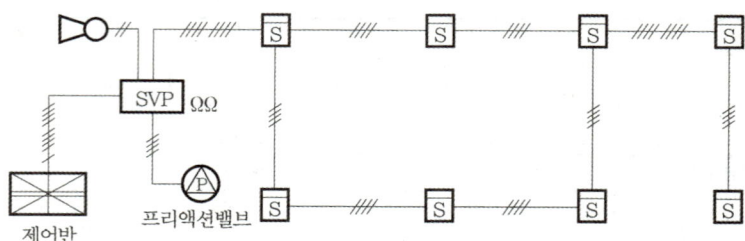

14 자동화재탐지설비의 R형 수신기에 대한 다음 각 물음에 답하시오. 배점:6

(1) R형 수신기의 전송방식에 대해 설명하시오.
(2) R형 수신기의 시스템 작동에 대한 설명이다. ( )에 들어갈 알맞은 말을 쓰시오.
  - local장치가 동작 시 이를 중계기에서 ( )로 변환하여 수신기에 통보하며, 수신기는 화재표시 및 경보를 발하고, 수신기에서는 이에 대응하는 출력신호를 중계기를 통하여 송신한다.
(3) R형 수신기는 local장치의 동작으로 인한 신호 입력 시 몇 초 이내에 응답해야 하는가?

• 실전모범답안
 (1) 다중전송방식
 (2) 고유신호
 (3) 5초

상세해설

R형 중계기

(1), (2) P형 수신기와 R형 수신기의 비교

구 분	P형 수신기	R형 수신기
시스템 구성	수신기, 감지기, 발신기	감지기, 발신기 등 이외 각종 local 장치와 수신기, 중계기
전송방식	개별전송방식(1 : 1 접점방식)	다중전송방식
신호 종류	공통신호	고유신호
화재표시	표시등(lamp)	액정표시장치(LCD)
표시방식	창구식, 지도식	창구식, 지도식, CRT식, 디지털식
배관 배선공사	선로수가 많아 복잡하다.	선로수가 적어 간단하다.
수신반 가격	저가	고가
유지관리	선로수가 많고 수신기에 자가진단기능이 없으므로 어렵다.	선로수가 적고 자가진단기능에 의해 고장발생을 자동으로 경보·표시하므로 쉽다.
도통시험	수신기에서 수동으로 시험	자동으로 검출되어 표시됨
설치장소	• 소규모 빌딩 • 단지규모가 적은 아파트 • 부지가 넓지 않은 공장 등	• 초고층 빌딩 • 대단지 아파트 • 부지가 넓은 공장 등
시스템 작동	감지기, 발신기 등 local장치의 신호를 수신하여 화재표시 및 경보를 발한다.	local장치가 동작 시 이를 중계기에서 고유신호로 변환하여 수신기에 통보하며, 수신기는 화재표시 및 경보를 발하고, 수신기에서는 이에 대응하는 출력신호를 중계기를 통하여 송신한다.
신뢰성	수신기 고장시 전체 시스템 기능이 마비된다.	수신기 고장시에도 중계기는 독자적으로 그 기능을 유지할 수 있다.
전압강하	선로의 길이에 따라 전압강하가 발생하므로 굵은 전선을 사용한다.	굵은 전선을 사용치 않더라도 전압강하의 우려가 없다.
신축, 변경, 증설	어렵다.	용이하다.

(3) 각 설비의 소요시간

구 분	소요시간
P형 수신기 R형 수신기 중계기	5초 이내
비상방송설비	10초 이하
P형 수신기(축적형) R형 수신기(축적형) 가스누설경보기	60초 이내

15 주어진 조건을 이용하여 자동화재탐지설비의 수동발신기 간 연결간선수를 구하고 각 선로의 용도를 표시하시오.

배점:8

[조건]
① 선로의 수는 최소로 하고 발신기 공통선은 1선, 경종 및 표시등 공통선을 1선으로 하고 7경계구역이 넘을 시 발신기 공통선, 경종 및 표시등 공통선은 각각 1선씩 추가하는 것으로 한다.
② 건물의 규모는 지상 6층, 지하 2층으로 연면적은 3,500m²인 것으로 한다.
③ 화재로 인하여 하나의 층의 지구음향장치 또는 배선이 단락되어도 다른 층의 화재 통보에 지장이 없도록 각 층 배선 상에 유효한 조치를 하였다.

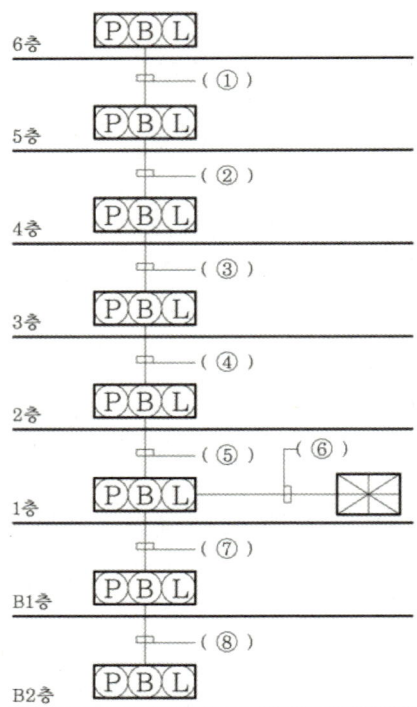

<답안 작성 예시(7선)>
- 수동발신기 지구선 : 2선
- 수동발신기 응답선 : 1선
- 수동발신기 공통선 : 1선
- 경종선 : 1선
- 표시등선 : 1선
- 경종 및 표시등 공통선 : 1선

• 실전모범답안

구 분	①	②	③	④	⑤	⑥	⑦	⑧
수동발신기 지구선	1선	2선	3선	4선	5선	8선	2선	1선
수동발신기 응답선	1선	1선	1선	1선	1선	1선	1선	1선
수동발신기 공통선	1선	1선	1선	1선	1선	2선	1선	1선
경종선	1선	1선	1선	1선	1선	1선	1선	1선
표시등선	1선	1선	1선	1선	1선	1선	1선	1선
경종 및 표시등 공통선	1선	1선	1선	1선	1선	2선	1선	1선
합계	6선	7선	8선	9선	10선	15선	7선	6선

상세해설

자동화재탐지설비의 전선가닥수

전선가닥수

① 경보방식
층수가 6층으로서 11층 미만이므로 일제경보방식으로 풀어야 한다.

② 자동화재탐지설비의 전선가닥수(P형)

🔸 일제경보방식(기본 가닥수 : 6가닥)

번호	가닥수	전선의 사용 용도(가닥수)					
		회로 공통선	경종·표시등 공통선	경종선	표시등선	발신기선	회로선
		① 회로선 7가닥 초과 시 마다 1가닥 추가 ② 조건에 따라 추가	① 1가닥 ② 조건에 따라 추가	1가닥	① 1가닥 ② 조건에 따라 추가		종단저항수 또는 경계구역수 또는 **발신기세트수마다** 1가닥 추가
①	6	1	1	1	1	1	1
②	7	1	1	1	1	1	2
③	8	1	1	1	1	1	3
④	9	1	1	1	1	1	4
⑤	10	1	1	1	1	1	5
⑥	15	2	2	1	1	1	8
		※ 회로선 7가닥 초과 시마다 회로 공통선 및 경종·표시등 공통선(문제조건) 1가닥씩 추가					
⑦	7	1	1	1	1	1	2
⑧	6	1	1	1	1	1	1

※ 1. 답안 작성 예시가 주어질 시 예시에 따라 작성해야 한다.
2. **경종·표시등 공통선**을 조건에서 추가하라고 하는 경우가 있다. 주의하자!!

16 다음은 플롯스위치(float switch)에 의한 펌프모터의 레벨제어에 관한 미완성 도면이다. 도면을 보고 다음 각 물음에 답하시오.

배점: 7

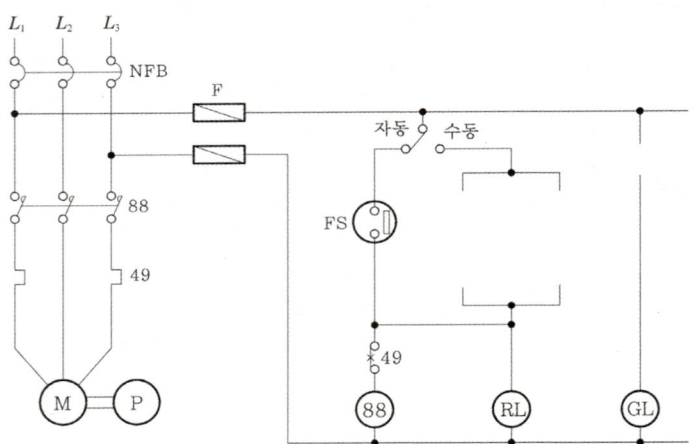

(1) 배선용 차단기(NFB)의 명칭을 원어(우리말 발음)로 쓰고, 이 차단기의 특징을 쓰시오.
(2) 제어회로 '49'의 명칭을 쓰시오.
(3) 동작 접점을 '수동'으로 연결하였을 때 푸시버튼스위치(PB-on, PB-off)와 접촉기 접점만으로 제어회로를 구성하시오. (단, 전원을 투입하면 'GL램프'는 점등되나 PB-on 스위치를 ON하면 'GL램프'는 소등되고 'RL램프'는 점등된다.)

- 실전모범답안
(1) ① 원어 : No Fuse Breaker
② 특징 : 퓨즈를 사용하지 않아 차단 후에도 반복하여 재투입이 가능하며 반영구적으로 사용이 가능하다.
(2) 회전기 온도계전기(열동계전기)
(3)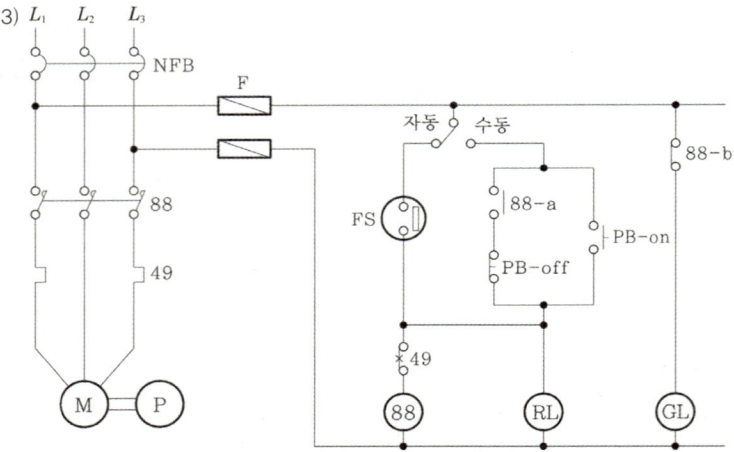

17 다음 그림은 옥내소화전설비의 블록다이어그램이다. 각 구성요소 간 배선을 내화배선, 내열배선, 일반배선으로 구분하여, 블록다이어그램을 완성하시오.
(단, 내화배선 : ■   내열배선 : ▨   일반배선 : ———)

배점 : 5

- 실전모범답안

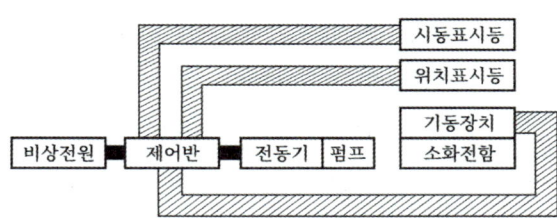

18 3상, 380V, 30kW 스프링클러 펌프용 유도전동기이다. 전동기의 역률이 60%일 때 역률을 90%로 개선할 수 있는 전력용 콘덴서의 용량은 몇 [kVA]인지 구하시오.

배점 : 5

- 실전모범답안

콘덴서의 용량 : $Q_C = 30\text{kW} \times \left(\dfrac{\sqrt{1-0.6^2}}{0.6} - \dfrac{\sqrt{1-0.9^2}}{0.9}\right) = 25.47\text{kVA}$

- 답 : 25.47kVA

상세해설

전력용 콘덴서의 용량

	전력용 콘덴서의 용량
$\begin{aligned} Q_C &= P(\tan\theta_1 - \tan\theta_2) \\ &= P\left(\dfrac{\sin\theta_1}{\cos\theta_1} - \dfrac{\sin\theta_2}{\cos\theta_2}\right) \\ &= P\left(\dfrac{\sqrt{1-\cos^2\theta_1}}{\cos\theta_1} - \dfrac{\sqrt{1-\cos^2\theta_2}}{\cos\theta_2}\right)[\text{kVA}] \end{aligned}$	
Q_C : 콘덴서의 용량[kVA]	➔ $= P\left(\dfrac{\sqrt{1-\cos^2\theta_1}}{\cos\theta_1} - \dfrac{\sqrt{1-\cos^2\theta_2}}{\cos\theta_2}\right)[\text{kVA}]$ [풀이①]
P : 유효전력[kW]	➔ 30kW
$\cos\theta_1$: 개선 전 역률	➔ 60%
$\cos\theta_2$: 개선 후 역률	➔ 90%

∴ 콘덴서의 용량 : $Q_C = 30\text{kW} \times \left(\dfrac{\sqrt{1-0.6^2}}{0.6} - \dfrac{\sqrt{1-0.9^2}}{0.9}\right) = 25.47\text{kVA}$

M·e·m·o

M·e·m·o

M·e·m·o

저자약력

이항준

- 동명대학교 기계과 졸업
- 소방기술사, 소방시설관리사, 소방설비기사, 소방설비산업기사
- 소방실무(설계 / 공사 / 감리 / 점검) 24년
- 저서) 한방에 끝내는 소방설비기사 / 산업기사 합격노트 필기 / 실기 [(주)메이크 순]
  한방에 끝내는 소방시설관리사 필기 / 실기[(주)메이크 순]
  한방에 끝내는 화재안전기준 [(주)메이크 순]
- 이력) edu-Fire 기술학원 원장(소방시설관리사 필기 / 실기, 소방설비기사 / 산업기사 강의)
  소방청 중앙소방기술심의 위원 / 지방소방기술심의 위원
  소방청 소방산업 진흥정책 심의위원
  소방청 성능위주소방설계확인 평가위원
  국립소방연구원 화재안전기술기준 전문
  위원회 부위원장
  중앙 소방학교 외래 교수
  LH 주거안전 닥터스 자문위원
  한국소방안전원 외래교수
  부산시 안전관리자문단 위원
  부산시 건설본부 외부전문가
  한국기술사회 소방분회장
  한국소방기술사회 부산지회장

심민우

- 부경대학교 소방공학과 학사
- 소방시설관리사 / 소방설비기사 / 위험물산업기사
- 소방실무(공사 / 점검 / 시설관리) 경력 9년
- 저) 한방에 끝내는 소방설비기사 / 산업기사(전기분야) 필기 / 실기 [(주)메이크 순]
  한방에 끝내는 소방시설관리사 필기 [(주)메이크 순]
- 현) edu-Fire 기술학원 대표강사(소방시설관리사)
  (주)한국전기소방 점검팀 부장
  한국소방안전원 외래교수
  소방학교 외래교수

2025 한방에 끝내는 소방설비기사·산업기사 실기합격노트 전기편 과년도문제집

초 판 인 쇄 일	2024년 12월 30일
초 판 발 행 일	2025년 1월 3일
편 저 자	이항준 · 심민우
발 행 인	김 미 란
발 행 처	(주)메이크 순(make soon)
전 화 번 호	070-4416-1190
F A X	051-817-5118
주 소	부산광역시 부산진구 부전로 75-5, 3층(부전동)
정 가	**35,000원**

※ 본 책자의 부분 혹은 전체를 허락없이 복사, 복제하는 것은 저작권법에 저촉됩니다.

ISBN 979-11-88029-98-3 (13530)